高等职业教育“十四五”规划教材

配合饲料加工工艺与设备

第3版

方希修　黄　涛　孙群英　主编

中国农业大学出版社
·北京·

内 容 简 介

本书采用项目形式，对饲料产品与质量、饲料输送、原料接收、投料与清理、粉碎、配料、混合、成型、包装、添加剂预混料生产、饲料企业安全与环境管理、饲料厂自动控制、饲料加工工艺与质量管理等进行了系统详细论述。此外，配有实验实训项目，便于学习者掌握内容的实质。本书配有附录，收录了饲料加工设备术语、饲料加工设备图形符号等国家专业标准，体现了科学性、先进性、实用性和针对性。本教材可供全国高等农业院校动物科学专业、畜牧兽医专业、饲料与动物营养专业、饲料加工专业、草业科学专业与水产养殖专业师生和科研单位、饲料加工厂及基层畜牧饲料科技人员在教学与工作中参考使用。

图书在版编目(CIP)数据

配合饲料加工工艺与设备/方希修，黄涛，孙群英主编. —3 版. —北京：中国农业大学出版社，2015.4(2024.8 重印)

ISBN 978-7-5655-1194-3

Ⅰ.①配… Ⅱ.①方…②黄…③孙… Ⅲ.①配合饲料-饲料加工②配合饲料-饲料加工设备 Ⅳ.①S816.8

中国版本图书馆 CIP 数据核字(2015)第 046601 号

书　　名 配合饲料加工工艺与设备　第 3 版

作　　者 方希修　黄　涛　孙群英　主编

策划编辑	康昊婷	**责任编辑**	田树君
封面设计	郑　川　李尘工作室	**责任校对**	王晓凤
出版发行	中国农业大学出版社		
社　　址	北京市海淀区圆明园西路 2 号	**邮政编码**	100193
电　　话	发行部 010-62731190，2620		读者服务部 010-62732336
	编辑部 010-62732617，2618		出　版　部 010-62733440
网　　址	http://www.cau.edu.cn/caup	**e-mail**	cbsszs @ cau.edu.cn
经　　销	新华书店		
印　　刷	北京时代华都印刷有限公司		
版　　次	2015 年 5 月第 3 版　2024 年 8 月第 3 次印刷		
规　　格	787×1 092　16 开本　19.5 印张　485 千字		
定　　价	50.00 元		

编审人员

主　编　方希修　黄　涛　孙群英

副主编　孙攀峰　周庆安　尤明珍　齐富刚　方　圆　安凤英

编　者　方希修（江苏农牧科技职业学院）
黄　涛（辽宁医学院畜牧兽医学院）
孙群英（山东畜牧兽医职业学院）
孙攀峰（河南农业职业学院）
周庆安（杨陵职业技术学院）
尤明珍（江苏农牧科技职业学院）
齐富刚（江苏农牧科技职业学院）
方　圆（上海海洋大学）
安凤英（北京农业职业学院）
吴　颖（辽宁医学院畜牧兽医学院）
李梦云（河南牧业经济学院）
陈继红（河南农业职业学院）
周根来（江苏农牧科技职业学院）
王冬梅（江苏农牧科技职业学院）
张响英（江苏农牧科技职业学院）
邓留坤（杨陵职业技术学院）
秦永林（江苏牧羊集团有限公司）

审　稿　管军军（河南工业大学）

前　言

我国饲料工业起步于20世纪70年代中后期，20世纪90年代迅猛发展。到2011年全国工业饲料总产量已经突破1.8亿t，总产值达到6 348亿元，总体规模已位居全球第一位。经过几十年的发展，已形成包括配合饲料加工业、饲料添加剂工业、饲料原料工业、饲料机械制造工业和动物营养与饲料科学科研、教育、标准、检测等较为完备的饲料工业体系。《饲料工业“十二五”发展规划》中指出：2010年，全国饲料生产企业10 843家，比2005年减少4 675家；年产50万t以上的饲料企业或企业集团30家，饲料产量占全国总产量的42%，分别比2005年增加13家和17个百分点。2010年，工业饲料总产量1.62亿t、总产值4 936亿元，分别是2005年的1.5倍和1.8倍，年均增长率分别达8.6%和12.5%。其中，配合饲料、浓缩饲料和添加剂预混合饲料产量分别为1.30亿t、2 648万t和579万t，与2005年相比，分别增长67.1%、6.0%和22.7%。饲料产品质量稳步提高，安全状况不断改善。产业集中度明显提高。饲料行业联合、重组、兼并步伐加快，饲料行业生产经营方式转变呈现新格局。

《配合饲料加工工艺与设备》是饲料与动物营养专业的主干专业课。通过本门课的理论学习和实践锻炼，可以掌握饲料加工工艺与设备的具体操作技能和整体驾驭专业知识的能力，培养出从事配合饲料加工技术、生产组织管理、质量控制的高技术技能型人才。本书采用项目形式，对饲料产品与质量、饲料输送、原料接收、投料与清理、粉碎、配料、混合、成型、包装、添加剂预混料生产、饲料企业安全与环境管理、饲料厂自动控制、饲料加工工艺与质量管理等进行了系统详细论述，便于学习和实践。此外，配有职业能力和职业资格测试题目。党的二十大报告指出，教育、科技、人才是全面建设社会主义现代化国家的基础性、战略性支撑。本书内容体现了科学性、先进性、实用性和针对性，便于学习者掌握内容的实质。

本书由教学、科研和生产第一线技术人员在第1版的基础上系统修改，编写组具有“产学研”结合，职称高，学历高，教学、科研与生产经验丰富的特点。编者们总结了近年来饲料加工工艺与设备科研成果，参考了国内外相关的著作、杂志、会议材料、论文集、学位论文、饲料加工设备制造企业的技术资料、饲料加工企业生产及管理方面的经验、教师教学科研成果等。本教材可供全国高等农业院校动物科学专业、畜牧兽医专业、动物营养与饲料加工专业、草业科学专业、水产养殖专业师生和科研单位、饲料加工厂及基层畜牧饲料科技人员在教学与工作中参考应用。

由于编者业务水平有限，难免存在缺欠，恳请读者在教学和生产实践中，提出批评意见，以便更正。

编　者

2024年7

目　　录

绪　论

饲料工业是我国新兴的基础工业。经过20多年的发展，我国饲料工业已初具规模，成为世界第一饲料生产大国，是国民经济支柱产业之一。饲料工业的迅速发展，对饲料机械工业提出了更高、更新的要求，迫使饲料机械工业迅速提高制造装备能力和工艺水平。

现代饲料工业逐步走向集团化，装备以中大型为核心的成套化，生产经营逐步走向一体化，企业类型以适应国情而趋向多元化。我国饲料工业要适应经济全球化的发展趋势和国际饲料集团进入中国市场参与竞争的挑战。

一、世界饲料工业的发展概况

饲料工业的发端，一般认为起始于1875年美国勃兰顿福特(Blatohford's)公司和威斯康星州丰拉克市的国家食品公司(National Food Company)所创建的犊牛饲料加工公司。最初的配合饲料只是利用谷物和工业副产品加工的简单混合物，第二次世界大战以后，维生素、微量元素、抗生素等饲料添加剂的使用，使配合饲料的使用效果有了质的飞跃，饲料工业开始飞速发展，饲料工业成为发达国家国民经济的支柱产业。20世纪70年代，第一家计算机控制饲料厂出现，标志着饲料业进入了一个崭新的阶段。

1960—1980年，是欧、美、日等国家饲料年产量迅速增长期。纵观发达国家的饲料工业发展历史，20世纪50年代中期到70年代中期的20年间是大发展时期，到80年代已经进入平稳发展阶段。1997年世界饲料工业产品总产量为6.05亿t，人均饲料占有量105 kg，创历史最高纪录。目前配合饲料产量排名依次为：美国、中国、巴西、日本、法国、加拿大、墨西哥、德国、西班牙和荷兰。

根据国际饲料工业联合会执行理事亚里克桑德介绍，2011年全球工业饲料产量为8.73亿t，其中亚洲为3.05亿t，欧洲为2亿t，北美洲为1.85亿t，拉丁美洲为1.25亿t(图0-1和图0-2)。

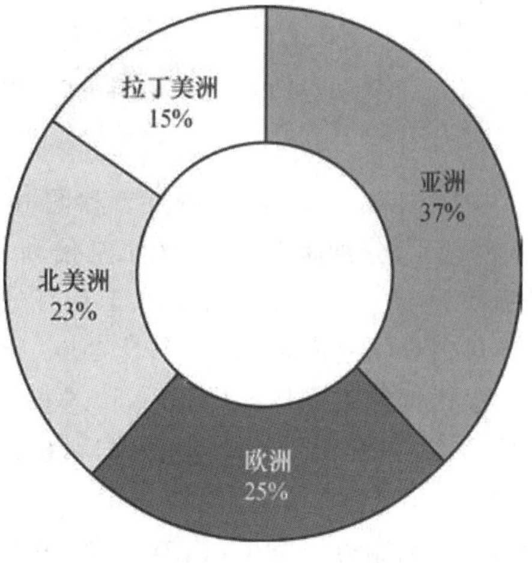

图0-1　2011年全球饲料产量地区分布

(数据来源：国际饲料协会　中国产业咨询网整理)

美国饲料工业情况(图0-3和图0-4)。根据美国饲料工业协会最新数据统计，2011年，美国饲料产量约为1.7亿t，其中禽类饲料达8 474万t，约占全部饲料产量的50%，近三年各品种产量基本保持稳定。

欧盟饲料工业情况(图0-5和图0-6)。2010

年，数据显示欧盟饲料产量为 1.5 亿 t，比 2009 年增加 1.4%，但仍低于 2008 年 1.53 亿 t 的水平，2011 年产量略有回落，禽类饲料首次超过猪饲料成为第一大品种。

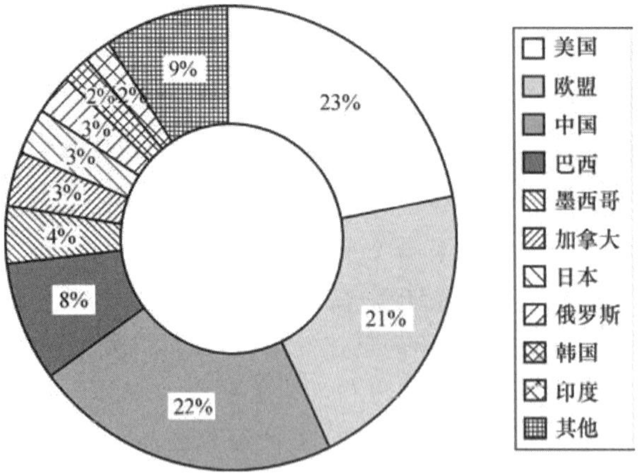

图 0-2 2010 年全球十大饲料生产国占比
（数据来源：国际饲料协会 中国产业咨询网整理）

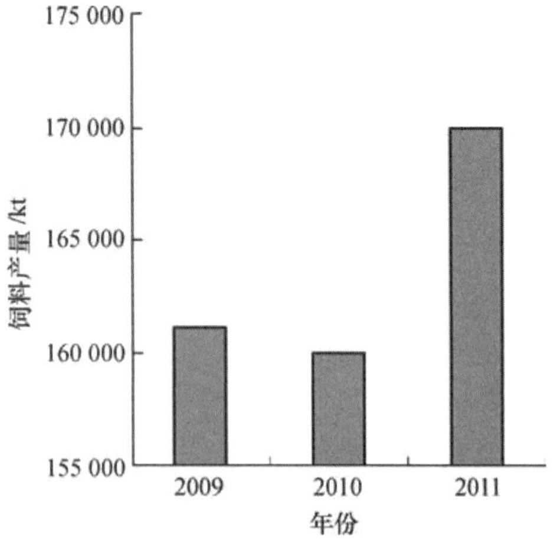

图 0-3 2009—2011 年美国饲料产量
（数据来源：国际饲料协会 中国产业咨询网整理）

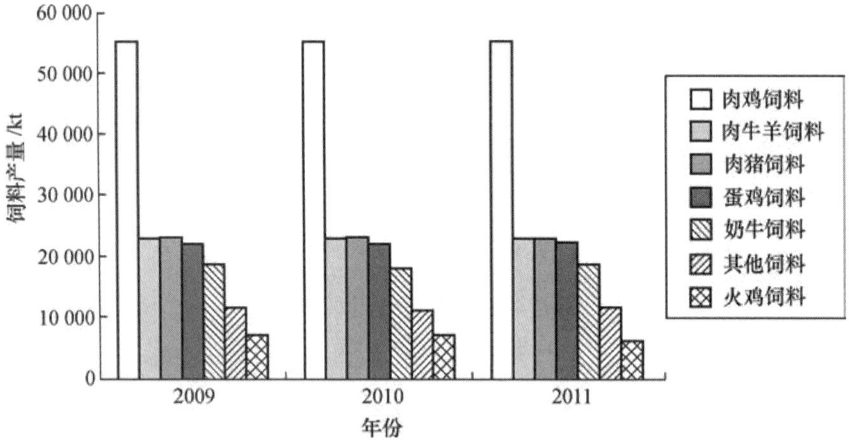

图 0-4 2009—2011 年美国饲料品种
（数据来源：国际饲料协会 中国产业咨询网整理）

中国饲料工业情况（图 0-7 和图 0-8）。2011 年全国工业饲料总产量 1.81 亿 t、总产值 6 348 亿元，分别是 2005 年的 1.7 倍和 2.3 倍，总体规模已位居全球第一位；饲料产品质量合格率 95.5%，比 2005 年提高 3.1 个百分点；年产 50 万 t 以上的饲料企业或企业集团 30 家，饲料产量占全国总产量的 42%，比 2005 年提高 17 个百分点。

巴西饲料工业情况（图 0-9 和图 0-10）。2011 年，巴西饲料产量达到 6 200 万 t，连续三年出现增产，在饲料结构中，家禽饲料也是第一大品种，加上猪饲料，两大品种产量合计占比超过 80%。

以上数据可以看出，美国、欧盟、中国、巴西合计饲料产量约占全球产量的 75%；在产品结构中，家禽饲料成为全球最大的饲料品种，而随着人口的增加及城镇化的发展，中国已经成为世界第一大饲料生产国。总体来看，欧盟及美国为代表的发达国家，饲料产量维持平稳态势，以巴西、中国、印度为代表的新兴经济体，饲料产量仍保持较快增长趋势。中国产业咨询网(www.chanyezixun.com)认为，考虑已有产能分布及饲料生产技术要求，全球饲料主产区的分布情况在较长时间内将维持目前格局，随着人口不断增加及规模化养殖不断普及，全球饲料产量仍将保持目前稳定增长的态势。

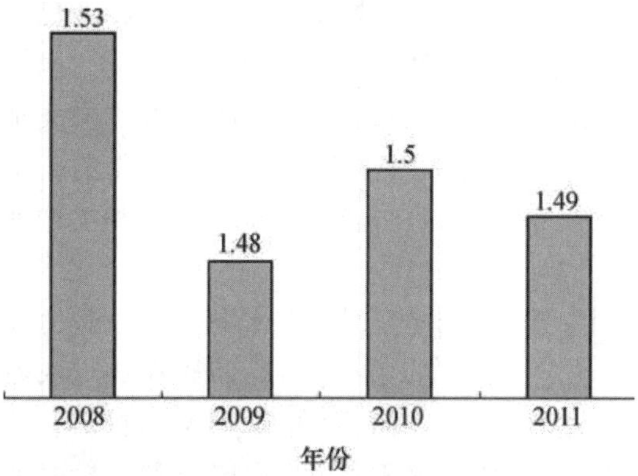

图 0-5 2008—2011 年欧盟饲料产量(亿 t)

(数据来源：国际饲料协会 中国产业咨询网整理)

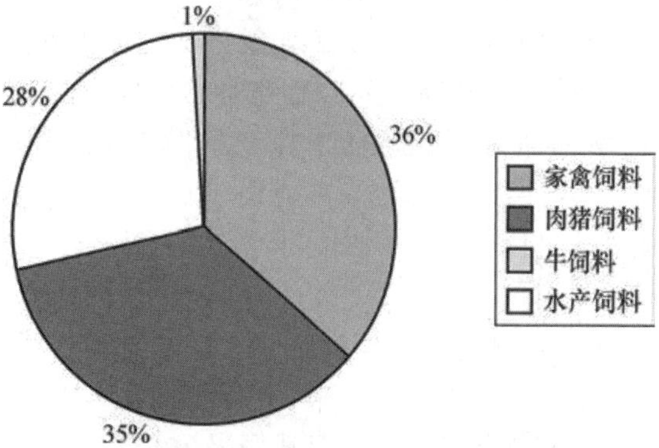

图 0-6 2011 年欧盟饲料品种占比

(数据来源：国际饲料协会 中国产业咨询网整理)

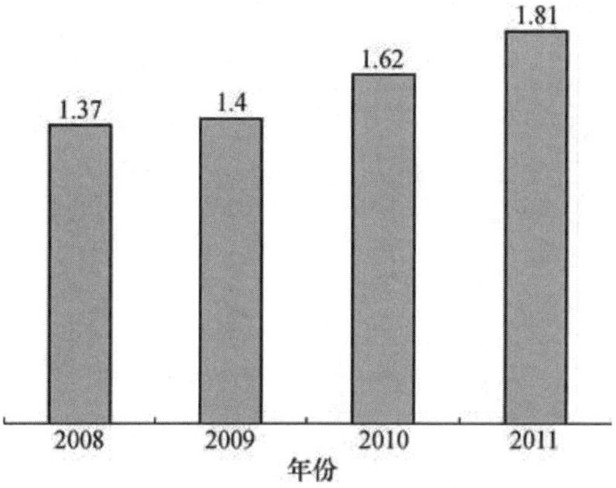

图 0-7 2008—2011 年中国饲料产量(亿 t)

(数据来源：国际饲料协会 中国产业咨询网整理)

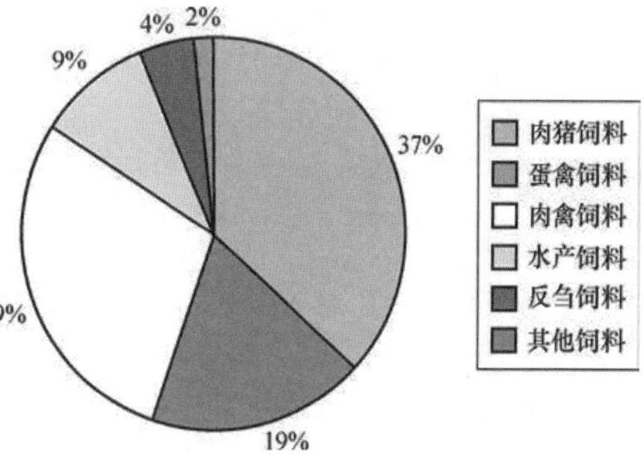

图 0-8 2010 年我国饲料品种占比

(数据来源：国际饲料协会 中国产业咨询网整理)

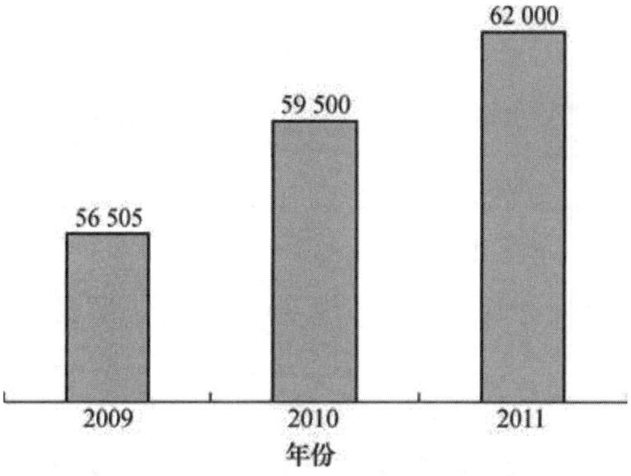

图 0-9 2009—2011 年巴西饲料产量(kt)

(数据来源：国际饲料协会 中国产业咨询网整理)

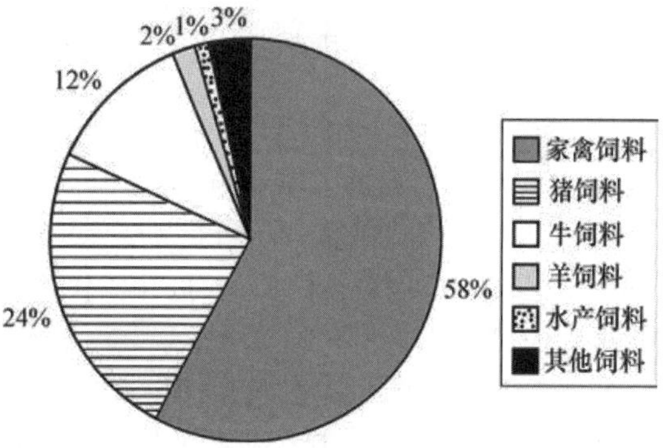

图 0-10 2011 年巴西饲料品种占比

(数据来源：国际饲料协会 中国产业咨询网整理)

饲料工业随着畜牧业规模化和集约化迅速发展，新的加工技术被逐步引入饲料工业，对原料简单的粉碎和混合已经不能适应饲料工业发展的需要。现代饲料的加工工艺已经包括去皮、膨胀与膨化、碾压、压片和制粒。原料质量监测、成本控制、工艺标准化、计算机控制等先进的管理手段被广泛采用，新型饲料添加剂也被越来越多的运用。

动物营养代谢规律的研究取得令人瞩目的成就，加上动物育种技术的进步，饲料工业已经由100多年前简单的加工业发展成为门类齐全，拥有先进技术和装备的工业产业。发达国家饲料加工业的发展，极大地带动了谷物贸易、动物养殖、医药卫生、机械制造、油料加工、肉类加工、乳品加工、小麦及玉米加工业、环境保护等行业的发展。同时饲料工业的发展也得益于饲料工业本身的技术创新和应用以及20世纪医药、生物、机械、原料加工等与饲料工业相关产业的技术进步。

饲料工业的发展趋势。第一，产能向大企业集中，行业集中度不断提升，表0-1中数据显示2010年全球十大饲料企业产量占全球产量比例为17.5%。第二，饲料生产正在成为农牧养殖企业的一个生产环节，一体化农牧集团成为饲料生产和消费的重要力量。第三，饲料行业的竞争越来越集中于产品质量及安全性方面。第四，饲料添加剂成为一个具有高科技含量的竞争品种。

表 0-1 2010 年全球十大饲料生产企业

公司名称	总部所在国	产量/(10^6 t)
正大集团	泰国	23.2
嘉吉	美国	15.9
新希望	中国	16
蓝多湖	美国	10.1
泰森食品	美国	10
巴西食品	巴西	9.9
泰高	荷兰	8.7
全农	日本	7.5
东方希望	中国	6.5
唐人神	中国	4.9
英国联合农产品集团(ABAgri)	英国	4.7
广东温氏	中国	4.1
格隆(GLON)	法国	3.6

数据来源：国际饲料协会　中国产业咨询网整理。

全球经济一体化步伐的加快，近几年快速的集团化进程，世界饲料工业的生产、贸易将会发生重大的转折。

21世纪前10年，世界饲料生产资源将会进入较快的整合时期，世界饲料生产中心将发生较大程度的漂移，世界饲料企业的发展进入一体化、多元化的“预热期”，特别是经济发展较快的发展中国家将表现得更为明显。到2010年，饲料生产年增长率按1%计算，工业饲料产量将会达到6.5亿t以上，人均消耗饲料为95 kg左右。

2010—2025 年，世界饲料工业的发展将会进入持续、稳定和较快的发展时期，世界饲料工业的产业结构和资源配置进一步优化，世界饲料生产中心经过 10 年的逐渐漂移基本达到稳定状态，世界饲料企业一体化、多元化的格局将逐渐形成，世界饲料生产和消费的比例基本保持均衡，世界饲料经济运行质量和效益出现明显的改善和提高。2010—2025 年，预计世界饲料总产量将达到 7.8 亿 t，人均年消耗饲料约为 100 kg。

二、我国饲料工业的兴起与发展

我国饲料工业起步于 20 世纪 70 年代中后期。1984 年，《1984—2000 年全国饲料工业发展纲要(试行草案)》颁布，我国饲料工业走上了快速发展的轨道。20 世纪 90 年代迅猛发展，到 20 世纪末期，成为世界第二饲料生产大国。经过几十年的发展，我国饲料工业形成了包括饲料加工业、饲料添加剂工业、饲料原料工业、饲料机械制造工业和饲料科研、教育、标准、检测等较为完备的饲料工业体系，成为国民经济支柱产业之一。

农业部编制的《饲料工业"十二五"发展规划》指出："十一五"期间，饲料工业抓住国民经济实力快速增长、强农惠农政策体系不断完善、城乡居民收入水平稳步提高的战略机遇，克服养殖业波动、国际金融危机、质量安全事件等不利因素冲击，始终坚持扩大内需拓市场、规范企业强基础、转变方式促提升、加强监管保安全的发展方向，继续保持稳定发展势头。饲料工业的发展，为保证动物性食品稳定供应提供了坚实的物质基础，为数百万人创造了就业岗位，在推动新农村建设、繁荣农村经济、促进农民增收、带动养殖业生产方式转变等方面做出了巨大贡献。

(1)产量持续较快增长　2010 年，工业饲料总产量 1.62 亿 t、总产值 4 936 亿元，分别是 2005 年的 1.5 倍和 1.8 倍，年均增长率分别达 8.6%和 12.5%，世界饲料生产大国地位进一步巩固。其中，配合饲料、浓缩饲料和添加剂预混合饲料产量分别为 1.30 亿 t、2 648 万 t 和 579 万 t，与 2005 年相比，分别增长 67.1%、6.0%和 22.7%。

(2)产品质量稳步提升　农业部和各级饲料管理部门以严厉打击违禁添加物为重点，持续开展饲料质量安全专项整治，着力强化监督检测和日常监管，饲料产品质量稳步提高，安全状况不断改善。在监测指标不断增加的情况下，2010 年全国饲料产品质量合格率达 93.89%，比 2005 年提高 1.5 个百分点；饲料中违禁添加物检出率持续下降，商品饲料中连续 6 年未检出"瘦肉精"。

(3)产业集中度明显提高　饲料行业联合、重组、兼并步伐加快，饲料行业生产经营方式转变呈现新格局。2010 年，全国饲料生产企业 10 843 家，比 2005 年减少 4 675 家；年产 50 万 t 以上的饲料企业或企业集团 30 家，饲料产量占全国总产量的 42%，分别比 2005 年增加 13 家和 17 个百分点。一批大型饲料企业向养殖、屠宰、加工等环节延伸产业链，成为养殖业产业化发展的骨干力量。

(4)国产饲料添加剂优势突显　除蛋氨酸仍主要依赖进口外，主要饲料级氨基酸不仅满足国内市场需求，而且成为全球重要的氨基酸供应基地。2010 年赖氨酸、苏氨酸和色氨酸产量分别达到 64.0 万 t、6.5 万 t 和 1 170 t；饲料生产所需的 14 种维生素全部实现国产化，2010 年总产量 62.5 万 t，占国际市场份额达 50%以上。

(5)技术支撑能力不断增强　饲料机械制造业专业化发展迅速，能够生产数十个系列、200 余种产品，不仅满足国内饲料生产需要，而且远销国际市场。饲料科技投入稳步增加，技术创新能力明显增强，配合饲料转化率继续提高，对养殖业技术进步的贡献率达50%以上。全国饲料生产企业62.1万员工中，37.0%具有大专以上学历，比2005年提高11.2个百分点，成为现代养殖技术推广的中坚力量。

(6)监督管理体系日益健全 《饲料生产企业审查办法》、《饲料添加剂安全使用规范》相继发布，《饲料和饲料添加剂管理条例》再次修订，饲料标准化工作稳步推进，以《条例》为核心、配套规章和规范性文件为基础的饲料法规标准体系基本健全。经过应对各种突发事件和保障奥运会、世博会、亚运会等重大活动考验，以国家饲料质检中心为龙头、部省级质检中心为骨干的饲料质检体系能力大幅提升。

今后几年中国饲料工业的发展的主要趋势：

饲料产量。饲料总产量达到2亿t。其中，配合饲料产量1.68亿t，浓缩饲料产量2 600万t，添加剂预混合饲料产量600万t，主要饲料添加剂品种全部实现国内生产。

企业发展。年产50万t以上的饲料企业集团达到50家，其饲料产量占全国总产量的比例达到50%以上，饲料企业抗风险能力明显增强。饲料企业将逐步实现规模化。饲料工业企业的发展表现为横向联合和纵向发展。横向联合是指饲料加工企业通过市场机制，采用兼并、收购等多种重组方式，组建跨地区、跨行业、跨所有制形式经营的大型饲料企业集团，实现资本运营和低成本扩张，形成规模效益。纵向发展是指饲料加工企业向饲料原料、畜禽养殖、加工及销售等环节延伸，逐步形成包括农民在内的多元化利益主体的"一条龙"企业集团。

饲料行业的管理将走上健全轨道。今后，饲料工业标准化体系将日趋完善，国家将继续加大制订推动饲料工业健康发展的法规和政策的力度，特别是关于饲料质量监督管理的法规，以确保我国饲料工业在法制的良性轨道上前进。从政策上看，国家将继续实行一些有利于饲料工业发展的优惠政策，如信贷制度改革、贷款降息、流动资金供应等。饲料工业所处的大环境将日益完善化、合理化。加入WTO后，机遇与挑战并存，只有加快企业体制改革，加强饲料行业管理，提高企业的整体素质，才能使我国的饲料工业得到进一步的发展。

科技投入将不断扩大，饲料工业发展中科技贡献率将不断提高。结构调整步伐加快。我国配合产品结构、企业结构的调整将加快。在产品结构方面，浓缩饲料和预混料比例继续提高，配合饲料中全价颗粒饲料的比重加大。饲料添加剂的发展步伐将进一步加快。随着养殖业养殖结构的调整，饲料产品种类的结构也不断调整。奶牛饲料、特种经济动物饲料、宠物饲料等所占的比例将提高。在企业组织结构方面，大型化、集团化、一体化趋势进一步增强，品牌效应和规模效应更加显著，生产集中度明显提高。

资源利用。秸秆饲用量增加1 000万t，饲用秸秆处理利用率达到50%。杂粕、糟渣、食品加工副产品等存量较大的非粮饲料资源优质化处理利用水平明显提高。生物技术的应用使饲料原料的来源更广，生物技术在饲料工业中将发挥着越来越强的作用。世界范围内，配合饲料的加工中配合饲料中常规能量饲料(如玉米)和蛋白质饲料(如大豆)的比重将不断降低。

节能减排。低氮、低磷等环保型饲料产品研发与推广取得明显进展，饲料产品中矿物质、微量元素和药物饲料添加剂使用更加规范，饲料工业单位产值能耗稳步下降。环境保护、食品安全及消费者对饲料工业提出更高的要求。随着人类对环境保护、食品安全及健康的进一步关注，饲料工业将面临更为严峻的挑战，饲料工业要不断用高新技术来迎接这一挑战。为确保食品安全，必须建立、实施饲料安全生产的监控体系。

质量安全。安全评价、检验检测和监督执法三位一体的饲料安全保障体系基本建立，饲料产品质量合格率达到95%以上，饲料产品质量安全水平进一步提高。

三、饲料工业发展面临的挑战

"十二五"期间，我国饲料工业发展面临着新的机遇。随着人民生活水平提高，城镇化进程加快，动物性产品需求仍呈刚性增长，饲料工业还有较大市场潜力；随着养殖业生产方式加快转变，尤其是标准化规模养殖加速发展，饲料工业对养殖业的支撑地位将更加突出，产业拓展的空间也更为广阔。与此同时，未来五年饲料工业面临的挑战更加严峻，新的矛盾和问题更加突出，保持全面均衡持续发展的难度越来越大，对饲料工业发展的要求更高。

(1)饲料资源结构性制约突出　我国豆粕生产主要依靠进口大豆，2010年进口大豆5 480万t，对进口的依存度达75%，鱼粉进口依存度也在70%以上。饲用玉米用量已超过1.1亿t，占国内玉米年产量的64%，玉米供应日趋紧张。长远来看，随着养殖业和饲料工业持续增长，大宗饲料原料的供求矛盾将进一步加剧，饲料原料价格不断上涨、波动更加频繁是必然趋势。

(2)质量安全形势日趋复杂　饲料安全是动物性食品安全的基础，社会关注度和媒体聚焦度不断加大。非法使用违禁添加物、制售假冒伪劣饲料等问题还没有从根本上解决，生产、流通和使用等环节质量安全隐患依然存在。这些问题是监管薄弱、主体复杂、诚信缺失等各种因素交织作用的结果。

(3)产业整体素质仍然较低　我国饲料行业总体上仍处于转型提升阶段，各方面素质有待提高。从生产环节看，全国饲料企业超过1万家，大部分是中小企业，管理水平参差不齐，企业低水平经营、产品科技含量不高、市场无序竞争等问题突出；从经营环节看，全国饲料销售门店数十万家，法律法规意识淡薄，拆包、分装、前店后厂等现象依然存在。从使用环节看，养殖场户数量过亿元，养殖者总体素质不高，滥用饲料添加剂和非法添加物的行为时有发生。

(4)科技支撑依然不足　总体来看，饲料科技领域引进技术多，自主创新少，一般性科技成果多，重大突破性成果少。科研与技术推广结合不紧密，成果转化速度慢，水平不高。未来五年，随着现代养殖业加快推进，饲料行业科技在提高资源利用效率、保障产品质量安全、促进节能减排等方面面临艰巨的任务。

(5)政策环境有待优化　近年来，大宗饲料原料价格上涨明显，能源、运输和劳动力等成本也大幅上升，饲料行业盈利水平逐年下滑，不仅影响饲料工业和养殖业发展，还会传导至消费市场，导致动物性食品价格上涨。此外，饲料工业还面临抗风险能力薄弱、技术改造滞后、贷款难、用地难等问题，严重制约行业转型升级。

四、饲料工业发展的主要任务

(一)加强饲料资源开发利用

保障大宗原料供应基本稳定。加强国际国内玉米、大豆等大宗原料生产及供求形势监测分析，及时发布预测预警信息，指导饲料生产企业合理安排饲料原料采购计划。支持饲料生产企业参与东北玉米临时收储。鼓励饲料企业运用期货等金融工具，规避饲料原料价格波动风险。

开发利用能量蛋白资源。开展饲料资源普查，摸清非粮饲料资源家底。支持饼粕、糟渣、玉米酒精糟等粮油食品加工副产物和薯类等饲料原料优质化处理和规范化利用，丰富能量蛋白饲料来源。研究推广利用早籼稻、小麦、大麦等饲料原料。加强各类替代资源生物学价值评定,完善饲料基础数据库。

推进优质饲草生产与高效利用。鼓励利用中低产田、冬闲田和不适合粮食生产的土地种植牧草和饲用作物,发展优质饲草加工业。继续推进秸秆养畜,改善秸秆收贮设备设施条件,推广青贮、氨化、微贮等处理技术,培育农作物秸秆商业化处理利用模式,提高秸秆饲用量和饲用效率。鼓励发展全株青贮玉米,推广以优质青贮饲料为基础的优质高效饲养模式。

(二)发展优质安全高效饲料产品

开发新型饲料添加剂产品,稳定维生素类饲料添加剂生产能力,推进技术改造,加强污染物减排和治理。着力提升蛋氨酸生产能力,促进其他氨基酸生产技术更新,增强饲用氨基酸国际竞争力,降低氨基酸生产成本。加强酶制剂、微生物制剂、有机微量元素、植物提取物等新型饲料添加剂研发、生产与应用。

推广安全环保型饲料产品。综合运用营养平衡技术和新型饲料添加剂产品,研究开发低氮、低磷、低微量元素排放饲料配方技术,推广环保型饲料产品,促进养殖污染物减排。综合利用微生物制剂、植物提取物等新型安全饲料添加剂产品,减少抗生素等药物饲料添加剂使用。

发展特色饲料产品。针对地方典型品种资源、特色养殖模式和特种动物、特色畜产品、水产品生产,研究推广配套饲料产品,丰富饲料产品种类,拓展饲料工业发展空间。鼓励饲料生产企业与养殖基地对接,发展按需研发、订单生产模式。

(三)加快推动发展方式转变

促进饲料企业整合。鼓励饲料企业采取兼并重组、产业联盟等形式进行整合融合,提高行业集中度。支持饲料生产企业向饲料原料生产、畜牧水产养殖、畜产品加工等领域延伸产业链,增强抗风险和可持续发展能力。鼓励有条件的饲料企业到国外投资办厂、兼并收购,拓展发展空间,开拓国际市场。

提高经营管理水平。制定实施饲料生产企业质量安全管理规范,引导企业推行生产全过程质量安全控制,建立产品质量安全追溯体系。加强饲料企业检验检测条件建设,严格执行原料进厂把关、产品出厂检验等质量安全管理制度。加快推进现代企业制度,构建饲料行业诚信体系,增强社会责任意识。

增强持续发展能力。支持饲料生产企业建立技术研发中心,参与国家重大科技项目,提高自主创新能力。支持饲料行业技术改造,采用先进生产设备与工艺,降低加工损耗,提高加工效率。鼓励饲料生产企业推进“厂场对接”销售模式,推广配合饲料散装运输和储存利用,降低包装和销售中间环节费用,走循环经济发展模式。

(四)加强饲料质量安全监管

强化基础支撑。修改完善《饲料和饲料添加剂管理条例》配套规章规范和强制性标准,及时更新饲料添加剂品种目录和饲料原料目录。改善基层监督执法条件,加强执法人员培训,提高基层监督执法效能。加强饲料安全评价基地建设,系统开展饲料添加剂、非粮饲料原料和潜在有毒有害物质安全评价。提高饲料质检机构装备水平和人员素质,加强饲料中有毒有害物质确证检测技术、快速检测技术和潜在风险物筛查鉴定技术研究。

严格行政许可。修改饲料和饲料添加剂生产企业准入条件,提高准入门槛。健全饲料行政许可工作机制,加强现场审核和复核,严肃查处申报中弄虚作假行为。严格执行年度备案审查制度,健全日常监督检查制度。加强新饲料和饲料添加剂审定、进口饲料和饲料添加剂产品登记工作,强化获证产品跟踪监管。推进饲料行政许可基础数据信息化管理,实现动态更新和远程查询。

强化监督执法。以违禁添加物为重点,继续组织实施全国饲料质量安全监测计划,逐步增加监测指标,提高监测频次,根据预警监测结果动态调整监测指标。加强饲料生产、经营和使用环节日常监管,严肃查处各种违法违规行为。建立违法违规的饲料生产、经营企业“黑名单”制度,实施重点监管。推进畜牧兽医综合执法,完善跨省信息通报和联动执法工作机制。

五、本课程学习内容

本课程的主要内容包括配合饲料生产各工序的加工工艺;设备配置及主要设备的工作原理、合理选型与使用;各工序的质量控制;饲料企业安全与卫生管理等内容。

本课程包括理论教学与实训教学。通过本课程的学习,熟悉配合饲料生产各工序的工艺流程,掌握质量控制技术,学会主要设备选型配套与加工机组操作,培养出从事配合饲料加工技术、生产组织管理、质量控制的高技术技能型人才。

“配合饲料加工工艺与设备”以“动物营养学”、“饲料原料学”、“饲料添加剂学”、“饲料加工机械”等课程为基础,具有专业性、实践性强的特点。在学习过程中应注意理论和实践相结合,通过实训培养自己的动手能力。

通过本课程的学习,基本的专业理论知识与实践联系更紧密,为学生将来能更好地适应饲料行业发展打好坚实的基础。

项目1 配合饲料产品与质量

【项目设置描述】

配合饲料是根据动物营养需要，将多种饲料原料按饲料配方经工业化生产的饲料。严格把握饲料产品质量，正确使用配合饲料产品，对于保障畜牧业经济效益，维护食品安全和环境保护有着重要意义。

【学习目标】

1. 掌握配合饲料产品的分类方法。
2. 理解配合饲料常见的理化特性。
3. 理解加工工艺如何影响饲料产品质量。
4. 能够准确地对饲料产品进行分类。
5. 会判断配合饲料产品质量的优劣。

任务1-1 饲料产品分类

根据动物营养需要，将多种饲料原料按饲料配方经工业化生产的饲料称配合饲料(formular feed)。配合饲料产品的种类多样，通常根据营养价值、物理性状、适用动物等，将配合饲料进行分类。

一、按照营养价值分类

按照营养价值，配合饲料可分为添加剂预混合饲料、浓缩饲料、全价配合饲料和精料补充饲料四类。

1. 添加剂预混合饲料

添加剂预混合饲料是由一种或多种饲料添加剂与载体或稀释剂按一定比例配制的均匀混合物，简称预混料(premix)。通常在配合饲料中添加0.01%～5%，一般按最终配合饲料产品的总需求为依据设计，因其含有的微量活性组分常是配合饲料饲用效果的重要因素，常称其为配合饲料的核心。

(1)单项预混合饲料　是指由一种或一类饲料添加剂与载体或稀释剂配制而成的均匀混合物。例如维生素预混料、微量元素预混料。用于生产复合预混料或直接用于生产配合饲料或浓缩饲料、精料补充料等。通常包括微量元素预混料、维生素预混料、药物预混料等。

①微量元素预混料。一种或多种微量矿物元素化合物与载体或稀释剂按一定比例配制的均匀混合物。

②维生素预混料。一种或多种维生素与载体或稀释剂按一定比例配制的均匀混合物。

(2)复合预混合饲料　是指由微量元素、维生素、氨基酸和非营养性添加剂中任何两类或两类以上的组分与载体或稀释剂按一定比例配制的均匀混合物。用于生产配合饲料或浓缩饲料、精料补充料等。

2. 浓缩饲料(concentrate)

浓缩饲料由蛋白质饲料、矿物质饲料和添加剂预混料按一定比例配制的均匀混合物。是配合饲料的中间产品，一般在全价配合饲料中占10%～40%。

3. 全价配合饲料(complete)

全价配合饲料是根据动物实际营养需要由能量饲料、蛋白质饲料、矿物质饲料以及各种添加剂配制而成，不需要加任何成分就可直接饲喂，并获得最大经济效益的饲料简称配合饲料。全价配合饲料中各种营养物质和能量均衡全面，是发挥动物生产水平最理想的配合饲料。其产品可直接饲喂动物，无须再添加其他单体饲料。目前集约化饲养的蛋鸡、肉鸡、猪等畜禽及鱼、虾、鳗等水产动物，均是直接饲喂全价饲料。

4. 精料补充饲料(supplement)

精料补充饲料是为补充以粗饲料、青饲料、青贮饲料为基础的草食饲养动物的营养，而由多种饲料原料按一定比例配制的饲料。

上述四种饲料间的关系如图1-1所示。

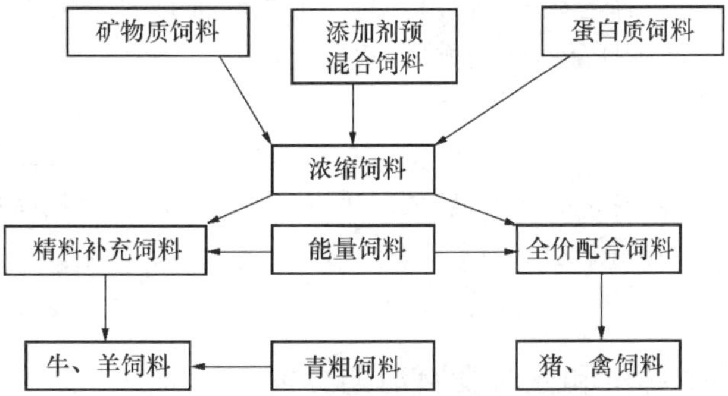

图1-1　预混合饲料、浓缩饲料、精料补充饲料与全价配合饲料的相互关系

二、按照物理性状分类

根据饲料物理性状，配合饲料可分为粉状饲料、颗粒饲料、压扁饲料、块状饲料、液体饲料等。

1. 粉状饲料(mash)

粉状饲料是指多种饲料原料的粉状混合物。粉料是配合饲料最常用的形式。其优点是生产加工工艺简单，加工成本较低。缺点是生产时粉尘大，损失较大，加工、贮藏和运输等过程中养分易受外界环境的干扰而失活，易引起动物挑食，饲喂时浪费大，同时利用粉料喂动物，对青饲料或渣饲料不能充分利用。粉料的粒度应根据动物种类、年龄等不同而有差异，我国已有明确规定。

2. 颗粒饲料

颗粒饲料是用压模将粉状饲料挤压而成的粒状饲料。其优点是饲料容重大，适口性好，可提高动物采食量，避免动物挑食，减少粉料在运输、饲喂时的浪费，缩小饲料体积，便于保管，饲料利用率高。缺点是加工过程中由于加热加压处理，部分维生素、酶等的活性受到影响，生产工艺流程复杂，加工成本高。

根据加工工艺不同，颗粒饲料分普通颗粒饲料、碎粒料、膨化颗粒饲料、软颗粒饲料等。

(1)普通颗粒饲料(hard pellets) 常见的柱状硬颗粒饲料，普遍应用于养殖业。

(2)碎粒料(crumbles) 又称破碎料。是颗粒饲料经碎粒机破碎成的2～4 mm大小的碎粒。这类饲料的主要优点是解决了生产小动物颗粒饲料时费工、费时、费电、产量低等问题，它具有颗粒饲料的各种优点，适于饲喂雏鸡及小动物。

(3)膨化颗粒饲料(又称漂浮饲料)(expanded pellets) 是经调质、增压挤出模孔和骤然降压过程而制得的膨松颗粒饲料。用于水产动物、经济动物、肉仔鸡、仔猪等。其优点是适口性好，易于消化吸收，是幼龄动物的良好开食饲料。同时膨化饲料密度小，多孔，保水性好，比水轻，可漂浮在水中，是水产养殖上的最佳浮饵。

(4)软颗粒饲料(soft pellets) 含水量高的颗粒饲料，应用于水产养殖。

3. 压扁饲料

压扁饲料是指将籽实饲料(玉米、大麦、高粱)去皮(反刍动物可不去皮)，加入16%的水，通过蒸汽加热到120℃左右，用压扁机压制成扁片状，然后冷却干燥处理制成的。压扁饲料的优点是，由于加热时压扁饲料中一部分淀粉糊化，动物能很好地消化吸收，压扁后饲料表面积增大，消化液可充分浸透且消化酶充分作用，因此，能提高饲料的消化率和能量利用效率。压扁饲料可单独饲喂动物，应用广泛，使用方便，效果良好。

4. 块状饲料(blocks)

块状饲料是指由某种饲料原料或混合料压制而成的大团块。部分饲料原料为运输和贮存需要，常压制成块状。饲料工业产品中，反刍动物应用的舔砖属于块状饲料。

5. 液体饲料(liquid formula)

液体饲料以液体饲料原料为主要成分的配合饲料。应用于幼龄动物饲养。

三、按照适用动物种类和生长发育时期分类

根据动物消化系统特点分为以下几类：

①单胃动物配合饲料(如猪、鸡、鸭用配合饲料等)；

②反刍动物配合饲料(如牛、羊用配合饲料等)；

③草食动物配合饲料(如马属动物、家兔用配合饲料等)；

④水产动物配合饲料(如鱼、虾、蟹用配合饲料等)。

但每种动物根据年龄、生长阶段、不同生理时期及生产用途不同，又可具体分为阶段性的配合饲料。如产蛋鸡的配合饲料，按日产蛋率可分为产蛋率大于80%、产蛋率65%～80%、产蛋率小于65%，共3种配合饲料。

任务 1-2 饲料的理化特性

一、容重

容重指单位体积中饲料的质量，以 kg/m^3 表示，用容重器测定。将物料倒入底部装有拉板的漏斗内，在漏斗下放一个 1 L 的容量升筒，升筒距漏斗下口 5 cm，打开拉板使物料自然流入升筒中等溢出后刮平并称重。测 3 次，计算平均值。

粉粒状原料的容重与原料的结构性质、粒度、含水量、含杂量及形状等因素有关。一般无机类或矿物质原料的容重值大。有机类如谷物类、豆类等原料的容重较小。无机类原料水分含量高时容重小，而有机类原料含水量高时容重大。粉状饲料成品的容重主要取决于其原料组成。颗粒状饲料成品的容重则除了受原料组成的影响外，还与受压条件与过程有关。

容重是衡量饲料原料和成品质量的重要指标之一，容重是选择和评价某些原料的依据。如谷实类和蛋白质饲料，容重大时籽实饱满，品质也好，即单位体积内的营养物质多；对于颗粒饲料成品，其容重大时，表明其压制质量好。容重是设计仓容、选择配料秤、混合机、粉碎机以及其他加工和输送设备的重要依据。容重是粉碎机、混合机、配料秤、制粒机工作效果的主要影响因素之一。

二、粒度和均匀度

(一)粒度

粒度是物料工艺特性的重要指标之一，对于籽粒状原料和颗粒饲料、压扁饲料、膨化颗粒饲料、块状饲料等较大的粒状物料，其粒度用长、宽、厚或直径和长度来表示。通常也有测定一定数量的粒子的尺寸，然后求其平均值，同时要测出其最大和最小的粒度尺寸。这些尺寸是控制操作过程的依据。

粒度与原料的选择、检验、加工设备技术参数的操作条件控制有很大关系。例如，它是进行筛理的依据；它与粉碎电耗、制粒电耗密切相关，如粉碎粒度细时，能耗大。它与动物的饲养要求有关；它对于动物的混合过程和混合后饲料质量的保持都有很大的影响。因为粒度差异大的粒子难以混合均匀，且易产生分离。

(二)混合均匀度

混合均匀度是指混合物中各组分均匀分布的程度，即混合物中任意单位容积内所含某种组分的粒子数与其平均含量的接近程度。混合均匀度是评价饲料加工质量优劣的一个重要指标，是确定加工混合时间及改进工艺流程的重要依据。混合均匀度不好往往造成同一批饲料局部营养成分不足，导致动物营养缺乏症；而局部营养成分过剩，轻者造成营养浪费，重者可能引起中毒。

影响均匀度的因素很多，主要有混合机的性能、混合工艺(投料顺序、充满系数、混合机转速、混合时间等)以及原料物理特性等几个方面。对于同一台混合机，要根据不同原料组成通过试验来确定最佳的混合时间，确保混合均匀度。

混合均匀度通常用变异系数(CV)表示，计算公式为：

$$变异系数(CV)=\frac{S}{m}\times 100\%$$

式中，S 为标准差；m 为平均值。

三、含水量

含水量是衡量饲料原料与成品质量的重要指标。饲料含水量对饲料原料的营养成分含量、饲料的加工贮存过程都有很大的影响。如水分含量高的饲料贮存性能差，颗粒水分含量高时将使粉碎机的产量降低。此外，由于水分含量高，在某些原料间将产生化学反应，降低饲料的营养价值。

四、黏度

黏度是液态饲料的基本特性之一，表示流体内部阻止本身流动的切应力的大小，一般以"厘泊"表示。黏度变化会影响液体的产量，降低仪表的精密度，引起泵中产生空穴现象，降低在干混合料中被吸收的速度，降低分散效率，并会引起凝聚作用。

温度对黏度有至关重要的影响。通常液体黏度随温度的升高而降低，随温度的下降而增加。糖蜜、油脂等液体饲料在输送管道上往往需要设置加热装置以降低其黏度。在冬季，粉状饲料中糖蜜的添加量需要降低，因为冬季其吸收率降低会使饲料显得很湿。

五、散落性与自动分级

(一)散落性

散落性是指粉粒状饲料自然下落至某一平面时有向四周流散、并形成一圆锥体的性质。散粒状饲料的散落性大小以静止角表示。所谓静止角是指粉粒状物料自然下落到平面时形成的圆锥形堆，其锥体的斜面与水平面的夹角。一般散落性与物料的表面特性、含水量、容重、粒度等因素有关。如含水量高时，散落性变差。各种原料随粒度减小其散落性变差。表面近似为球形时，物料的散落性好。散落性好的物料，静止角小。散落性对于物料的贮存设施(如料仓)、输送设备(如溜管)和各种输送的设计选用都有较大影响。特别对于粉料仓出料口的设计影响较大。因为散落性不好的原料容易造成仓内结块等现象。散落性在一定意义上代表了物料的流动特性。

(二)自动分级

由于比重、粒度等不同，在运动过程中，在物料内部产生分类集聚的现象称为自动分级。自动分级对原料的清理和分级是有利的，因为杂质集聚便于清理。自动分级对于饲料的混合是一种反作用，同时也是降低产品质量的一项重要因素。在成品的处理上常常用减少输送距离和选用不易引起自动分级作用的设备来保证成品的均匀度。

六、强度

颗粒状物料的强度是指颗粒抵抗破坏的能力，有抗压强度和抗剪强度两项衡量指标。抗压强度是指饲料颗粒受到外加压力时抵抗破碎的能力，通常用硬度计测量。抗剪强度是指饲料颗粒抵抗剪切破坏的能力，通常用剪切仪测量。

饲料颗粒的强度与饲料的种类、结构、形状、大小、成分、水分、温度等多种因素有关。矿物质饲料的强度通常高于植物性饲料。植物性颗粒原料主要是谷实类和豆类，这些原料中含纤维多、水分适中且结构密实的强度就高。如大麦和燕麦的强度就高于玉米和高粱。此外，蛋白质含量较高的籽实类较蛋白质含量低的籽实类的强度要高些，如豆类的强度较玉米、高粱要高些。饲料颗粒强度对粉碎和制粒工艺效果有较大的影响。因为强度大的颗粒将会增加粉碎的困难和动力消耗，同时也会增加设备的磨损。

七、吸湿性与吸附性

(一)吸湿性

吸湿性指饲料对水分的吸附与散失的性能。某些饲料具有较强的吸湿性，如食盐、鱼粉等。许多矿物元素的硫酸盐类也较其他形式的盐如碳酸盐和氧化物的吸湿性强。吸湿性强的饲料，其稳定性能差，易发霉或失效。某些饲料吸湿后还会自身分解，在配合饲料中也会影响其他饲料的贮藏和品质。

(二)吸附性

吸附性是指饲料原料将其他原料吸附于自身表面上的性能。具有吸附作用的物质称为吸附剂，被吸附的物质称为吸附物。吸附是固体表面特性之一。吸附性是为饲料微量添加剂选择载体和稀释剂、为液体添加剂选择载体的依据之一。为了使微量添加剂在饲料中混合均匀，需要先选择具有良好吸附性的载体与其进行预混合，然后再将其均匀地混合到大批量的饲料中，以保证饲料的效价与安全性。但某种饲料粒子间的吸附作用过强时，也是造成内摩擦系数大、物料流动性差、易结块的原因。

八、摩擦因数

(一)壁面摩擦角

壁面摩擦角表示物料与固体壁面之间的摩擦，它是粉状粒料的群体特性。壁面摩擦角的度量常以物料与壁面之间的摩擦系数表示，或以该摩擦系数的反正切值表示。壁面摩擦角分为静摩擦角和动摩擦角，通常动摩擦系数比静摩擦系数要小20%左右。壁面摩擦角对于物料的接收、存仓、料管及其他加工设备的设计是很重要的参量。

(二)内摩擦角

内摩擦角为将物料沿内部某一断面切断产生滑动时，作用于此面的剪切力与垂直力之比的反正切。因为颗粒相互啮合是产生切断阻力的主要原因，所以物料的内摩擦角受颗粒表面的粗糙度、附着水分以及粒度分布等因素的影响。对于同一种物料，内摩擦角一般随空隙率的增大大致呈线性关系减小。

任务 1-3 饲料生产工艺与产品质量

一、饲料产品的质量指标与标准

(一)配合饲料的质量指标

1. 感官指标(sensory index)

感官指标是对饲料原料或成品的色泽、气味、外观性状等所做的规定。饲料感官指标通过感官检验(或借助放大镜等)而获得。饲料的感官指标受饲料来源、组成(配方)、加工技术、贮藏条件、掺假等因素影响。感官指标一般要求:饲料色泽正常一致,无异味、异臭,无结块、发霉、发酵变质,无杂质。

2. 水分(moisture)

饲料的水分关系到饲料的贮藏性能、营养成分含量。因此,必须规定饲料的水分含量。

3. 营养成分指标(nutritive index)

营养成分指标是对饲料原料或成品的营养成分含量或营养价值所做的规定。通常包括:饲料的可利用能量、粗蛋白、粗脂肪、粗纤维、粗灰分、钙、磷、食盐、必需氨基酸、维生素、微量元素等。饲料营养成分指标受饲料来源、组成(配方)、加工技术、贮藏等因素的影响。

4. 加工质量指标(process quality index)

加工质量指标是对饲料原料或成品的粒度、混合均匀度、糊化度等所做的规定。

(1)粒度(particle size) 是指饲料原料或成品的粗细程度。饲料粒度通常用三层筛网法测定,在此基础上计算所测物料的粒度。比如,产蛋鸡饲料,4.40 mm 直径筛筛下物≥100%,2.0 mm 直径筛筛上物≤15%。

(2)混合均匀度(mixing uniformity) 是指饲料产品中各组分分布的均匀程度。用变异系数(CV)表示。变异系数越大,混合均匀度越低。一般全价配合饲料 $CV \leqslant 10\%$,添加剂预混料≤7%。国外相应为 7%、5%。

(3)颗粒饲料粉化率(percentage of powdered pellets) 颗粒饲料在特定测试条件下,产生的粉末重量占其总重量的百分比。

(4)颗粒饲料耐水性(water durability of pellets) 供水产动物食用的颗粒饲料在水中抗溶蚀的能力。

(5)颗粒饲料硬度(hardness or pellets) 颗粒饲料对外压力所引起变形的抵抗能力。

5. 卫生标准(sanitation standard)

饲料卫生标准是对饲料中天然、次生、外源性污染的有毒有害物质及病原微生物的安全限量所作的规定。饲料的卫生指标必须符合国家《饲料卫生标准》的规定。

(二)配合饲料的质量标准

饲料相关标准质量标准包括如下几类:

国家强制性标准(GB),如《饲料卫生标准》等;国家推荐性标准(GB/T),如各种测定方法标准等；行业标准(ZB、SB、JB、HB、NY、YY 等)；地方标准(DB)。此外，企业可在符合国家标准的基础上，制定相应产品的企业标准(QB)。

二、生产工艺对产品质量的影响

从原料选购到成品包装储存，凡影响配合饲料加工工艺每道工序的各种因素都会影响饲料产品的质量。

(一)原料选购中的质量控制

饲料原料是生产饲料的基础，也是影响产品质量的关键。原料进厂时必须严格按质量标准验收，要对原料按规定方法取样，进行水分和感官指标的检验，不符合标准的，应直接退货。合格的填写质检报告单，质检报告单随车过磅。

(二)原料储存中的质量控制

由于饲料原料在储存时常会受到微生物污染，导致原料品质下降，严重影响后续加工生产。为了防止饲料原料的微生物污染，原料入库时应按规定要求进行堆放，做好防潮、防霉工作，注意通风。同时，在储存过程中，品管部门要定期对原料进行质量检查，发现问题及时解决，不留安全隐患。另外，要坚持先进先出原则，防止储存时间过长。

(三)投料过程中的质量控制

(1)原料的验质　虽然在入库过程中对原料进行了严格的检验，但由于储存环境、储存时间等因素的影响，饲料原料的品质还会发生不同程度的变化，所以在投入时还要重视原料的质量，如果发现原料结块、变质或异味，都应及时通知质检人员，坚决杜绝不合格原料投入生产线。

(2)地坑格栅　一般大中型饲料厂投入原料时，原料大多经过地下刮板输送机进入生产线，所以投料前应检查地坑格栅是否安全就位，原料中有时有大块杂质或结块，如任意投入刮板机，大块杂质或结块就会影响饲料质量或损坏刮板机及其他设备。所以投料时在刮板机的地坑上一定要有格栅。

(3)磁选　磁选装置的作用主要是清除原料中的金属杂质，其完好程度直接影响饲料加工设备的正常使用。因为在大批原料投料时，原料中不可避免地有铁质杂质。如铁质杂质进入生产线，就有可能会损坏粉碎机和制粒机等设备。所以，必须加强磁选装置的维护，并定期清理，一般每班至少清理 1～2 次。如不及时清理，磁选装置就会失去其应有的功能。

(4)初清筛　初清筛是把进入生产线的原料中的杂质(如绳头、纸片、木屑等)进一步除去的装置。初清筛的完整和正常工作是非常重要的。初清筛必须定期清理，一般每班清理 1 次。如不及时清理，就会发生堵料现象。如初清筛破损，其作用就会丧失，一些杂质进入粉碎机堵塞粉碎机筛孔，影响粉碎机的生产能力，从而影响生产的正常进行。

(5)振动筛　振动筛的作用是在投料生产线上把不用粉碎的原料绕过粉碎机进入下一工序，筛上物进入粉碎机粉碎。其筛上物和筛下物是有严格区分界限。所以，振动筛功能的好坏，将直接影响本工序的加工质量。振动筛一般根据对物料的不同要求安装不同规格的筛网，必须检查核定筛网规格。另外，每班必须检查筛网的完好程度，如发生破损应马上更换，否则，不应作为筛下物的物料进入筛下，造成物料筛分不清而影响产品质量。

(6)原料仓　原料仓是配料过程中电子秤直接领取原料的缓冲仓,一般根据常用配方中物料的使用多少来选配原料仓的大小。大宗原料如玉米选用筒仓或较大的仓;鱼粉、石粉等用量较少的原料选用较小的原料仓。为保证原料仓中原料的质量,必须检查原料仓(筒仓)是否有漏雨现象。有时有的原料在仓中存放时间过长,在使用前应检查仓中原料的质量是否发生变化,如有质量问题必须停用仓中原料,将仓中原料放出并将仓中残留物清理干净,再重新投入合格原料后使用。一般料仓在设计时考虑了物料的溜角问题,但也不排除料仓原料的结块问题。有时物料水分过大或其他原因粘在仓壁上,所以,对原料仓要进行定期(如每2个月)清扫和检查,以防止物料在仓中发生结块后不下料影响生产,或发霉结块后进入饲料中影响饲料质量。正常情况下,应保持仓中所存放原料相对稳定,如在某一仓中改放另一种原料时,必须将料仓中原料放净,确认仓中无残留后再放入新的原料,杜绝料仓混料。

(四)粉碎与输送过程中的质量控制

(1)粉碎机　粉碎机是饲料加工过程中减小原料粒度的加工设备。粉碎机对产品质量的影响非常明显,所以应定期检查粉碎机锤片是否磨损,筛网有无漏洞、漏缝、错位等,一般每班1次。操作人员应经常注意观察粉碎机的粉碎能力和粉碎机排出的物料粒度。一般粉碎机超出常规的粉碎能力,可能是因为粉碎机筛网被打漏而形成无过筛下料,物料粒度将会过大。检查粉碎机排出物料,如发现有整粒谷物(玉米等)或粒度过粗的情况,应及时停机检查粉碎机筛网有无漏洞或筛网错位与其侧挡板间形成漏缝,发现问题及时进行修理。整粒谷物或粒度过粗不仅会造成产品质量问题,还会降低制粒机的制粒性能和颗粒饲料的质量。检查粉碎机有无积热现象,如粉碎机堵料,粉碎机下口输送设备故障或锤片磨损粉碎能力降低时,都会使被粉碎的物料发热。无论是什么原因,粉碎物料积热应及时解决,否则会毁坏粉碎机或对物料造成不良影响,从而影响饲料质量,甚至引发火灾。

(2)转向阀、分配器　转向阀是改变或控制物料流动方向的阀门。开机前控制操作人员应检查转向阀的方向是否正确、到位。如分配器转向错误或不到位,投入的原料就会进入非指定料仓,从而形成投料错误,生产出的产品就不可能是合格的产品。分配器的功能与转向阀类似,在开机或工作过程中也应保持在正确位置上。有的分配器在原料仓顶部,来控制投入的原料进入不同的料仓。

(3)溜管　一般溜管设计安装时都保持了一定的溜角,不会发生堵料现象,如有过大或过细的物料在其中溜过时,有时也有堵料现象。这就要求设备维护人员及时清理,保障物料畅通。如使用时间过长,发生锈蚀或磨损而漏料,应及时更换或补漏,保障溜管的正常工作。不然发生漏料不仅造成损失,而且还会影响饲料质量。

(4)提升和输送设备　大中型饲料厂的提升(斗式提升机)和输送(刮板式输送机和螺旋式输送机)设备很多,它们负责把物料送达指定部位。应定期检查有无漏料或散落现象,同时检查提升和输送过程的磁铁口是否关紧。

(五)称量过程中的质量控制

称量是配料的关键,是执行配方的首要环节。称量的准确与否,对饲料产品的质量起至关重要的作用。一般配方设计比较精确,保险系数在一定范围内,出于对配方成本的考虑不可能有太大的允许误差,所以,操作人员必须有很强的责任心,严格按配方执行。在原料变化或其他情况需要对配方进行变动时,要请技术人员来进行调整,不得任意变动,保证配方的科学性与严谨性。

一般小型饲料厂采用人工称量配料，然后投入搅拌机，这就要求操作人员一定要有很强的责任心和质量意识，否则人为误差很可能造成严重的质量问题。首先，要求每周由技术管理人员对磅秤进行1次校准和保养，每年至少1次由标准计量部门进行检验。其次，每次称量必须把磅秤周围打扫干净，称量后将散落在磅秤或称量器具上的物料全部倒入搅拌机中，以保证进入搅拌机的原料数量准确。第三，一般不用容器来指示数量，因为这样计量的准确度很差。切忌用估计值来作为投料数量。第四，要有正确的称量顺序。大型饲料厂一般采用自动称量系统。称量系统中最常用的是电子秤，由于电子秤由计算机控制自动称量或置零，秤体上的粉尘或其他物品都会直接影响称量效果，因此，必须保持电子秤体的清洁，并坚决禁止在秤体上放置任何物品或人为撞动电子秤体。电子秤的校对与检验同磅秤。在用计算机控制配料过程时需要根据喂料器的大小和饲料原料容重的不同来调整下料速度。调整饲料原料的落差以保证在配料周期所规定的称重时间内完成配料称量，并达到所要求的计量精度。同时及时发现并排除因饲料原料在配料仓内结块而出现喂料速度过慢甚至输送器空转的现象。

为了保证各种微量成分，特别是药物性添加剂，准确均匀地添加到配合饲料中，保证其安全有效地使用，称量时要求使用灵敏度高的秤或天平，所用秤的灵敏度至少应达到0.1%。要在接近秤的最大称量的情况下称量微量成分，可根据称量不同品种原料的实际用量来配备不同的秤。秤的灵敏度和准确度至少每月进行1次校正。在配料过程中，原料的使用和库存要每批每日有记录，有专人负责管理并定期对生产和库存情况进行核查。手工配料时，应使用不锈钢料铲，并做到专料专用，以免发生混料造成相互污染。

(六)配料搅拌过程中的质量控制

饲料原料只有在搅拌机中均匀混合，饲料中的营养成分才能均匀分布。如果不能将饲料原料混合均匀，配方的目的就不能完全实现，饲料的质量就不能保障。如果微量成分如维生素、氨基酸、微量元素和药物混合不均匀，将直接影响饲料的质量，影响畜禽生长速度，不能充分发挥其作用，造成很大的浪费，甚至引起畜禽中毒。

(1)原料的添加顺序　为了保证饲料的均匀搅拌，加入各种饲料原料的顺序是十分关键的，正确的顺序应为：先加入量大的原料；再加入微量成分如添加剂、氨基酸、药物等；后用喷雾嘴喷入液体原料如油、水、液体氨基酸等；最后加入潮湿原料。

(2)搅拌机的混合均匀度　混合均匀度指搅拌机搅拌饲料能达到的均匀程度，一般用变异系数来表示。饲料的变异系数越小，说明饲料搅拌越均匀；反之，越不均匀。一般生产成品饲料时，要求变异系数不大于10%；生产预混料添加剂时，要求变异系数不大于5%。

(3)搅拌时间　搅拌时间应以搅拌均匀为限。最佳搅拌时间取决于搅拌机的类型（卧式或立式）和原料的性质（粒度、形状、形态及容重）。确定最佳搅拌时间是十分必要的。搅拌时间不够，饲料搅拌不均匀，影响饲料质量；搅拌时间过长，不仅浪费时间和能源，对搅拌均匀度也无益处；一般搅拌机的搅拌时间为：卧式搅拌机：3～7 min，立式搅拌机：8～15 min。最佳搅拌时间指达到混合均匀度最高（变异系数最小）时，所需要的最短搅拌时间。最佳搅拌时间与搅拌机类型、原料的物理性质如粒度、流散性等有关。

(4)配料搅拌过程应注意的问题　加药饲料的生产应根据药物类型，先生产药物含量高的饲料，再依次生产药物含量低的饲料；不应在生产一种加药饲料后生产不加药的奶牛饲料（药物残留）；在生产加药猪饲料后，只能生产另一种猪饲料；在生产加药鸡饲料后，只能生产另一种鸡饲料或猪饲料；在生产加药肉牛饲料后，只能生产另一种肉牛饲料；卧式搅拌机饲料的最大装入量应不高于螺带高度，最小装入量应不低于搅拌机主轴以上 10 cm 的高度；立式搅拌机残留料较多，但容易混料。更换配方时，应将搅拌机中残留的饲料清理干净。

（5）保证搅拌机正常工作　对搅拌机进行维护和检查，是保障饲料搅拌均匀合格的工作基础。检查搅拌机螺旋或桨叶是否开焊；检查搅拌机螺旋或桨叶是否磨损，卧式搅拌机的工作料面是否平整，料面差距大时说明桨叶已磨损；卧式搅拌机在打开下口排料时，是否能完全将料排入缓冲仓；在搅拌机工作时检查搅拌机下口是否漏料进缓冲仓；定期清除搅拌机轴和桨叶上的绳头等杂物；检查油或其他液体添加系统是否打开，流量是否正常。

（七）制粒过程中的质量控制

（1）对设备的要求　生产前要对设备进行检查和维护，以确保产品的质量。它包括以下几个方面：制粒机上口的磁铁要每班清理 1 次，如果不能清理，饲料中的铁质可能进入制粒机环模，影响制粒机的正常工作。检查环模和压辊的磨损情况。定期给压辊加润滑脂，保证压辊的正常工作。检查冷却器是否有物料积压，检查冷却器内的冷却盘或筛面是否损坏。破碎机辊筒要定期检查，如辊筒波纹齿磨损变钝，会降低破碎能力，降低产品质量。每班检查分级筛筛面是否有破洞、堵塞和黏结现象，筛面必须完整无破损，以达到正确的颗粒分级效果。检查制粒机切刀。切刀磨损过钝，会使饲料粉末增加。检查蒸汽的汽水分离器，以保证进入调质器的蒸汽质量。不然会影响生产能力和饲料颗粒质量。换料时，检查制粒机上方的缓冲仓和成品仓是否完全排空，以防止发生混料。

（2）调质技术　猪鸡饲料一般含有较多的玉米，淀粉含量高，而粗纤维含量较低。因此，颗粒饲料的结构和强度全靠调质技术，用热蒸汽来软化原料，以提高饲料的制粒性能。在调质过程中，饲料中的淀粉会发生部分糊化，糊化的淀粉起黏合作用，提高了饲料的颗粒成型率。一般调质器的调质时间在 10～20 s，延长调质时间可以起到以下作用：增加淀粉糊化；提高饲料温度，减少有害微生物；改进生产效率，提高颗粒质量，蒸汽压力较低时，能更快地将热和水散发出去，为了提高调质效果，必须控制蒸汽压力。一般生产颗粒饲料可根据实际操作的需要，调整饲料的水分在 16%～18%，温度在 75～85℃。

（3）压辊间隙　正确调整压辊间隙可以延长环模和压辊的使用寿命，提高生产效率和颗粒质量。调整要求如下，将压辊调到当环模低速旋转时，压辊只碰到环模的高点。这个间隙使环模和压辊间的金属接触减到最小，减少磨损，又存在足够的压力使压辊转动。

（4）制粒原料的粉碎粒度　应根据颗粒产品的粒度，决定原料粉碎的粒度要求。粒度太细，加工速度低，生产率下降；粒度太粗，颗粒成型率下降，颗粒易破损。可根据不同用途来调整饲料的粒度，肉鸡饲料的粒度可大些，在 15～20 目即可；鱼虾饲料的粒度要求细些，一般在 40～60 目；一些特殊饲料的粒度要求更细，在 80～120 目。

（5）对颗粒的要求　颗粒成型率，用小于粒径 20%的丝网筛筛分颗粒饲料，如颗粒饲料的粒径为 5.0 mm，则用 4.0 mm 的丝网筛筛分。筛上物的百分比即可代表颗粒成型率。畜禽饲料的颗粒成型率要求大于 95%，鱼虾饲料的颗粒成型率要求大于 98%。颗粒长度，直径在 4 mm 以下的饲料颗粒其长度为其粒径的 2～5 倍，直径在 4 mm 以上的饲料颗粒其长度为其粒径的 1.5～3 倍。

(八)包装和仓储过程的质量控制

包装和仓储过程是饲料加工和质量控制的最后一道工序。按规定的加工工艺进行操作和合理的质量控制,是饲料质量控制的重要环节。

(1)包装饲料的质量控制　包装前的质量检查:饲料经过包装,其外观质量缺陷不容易被发现。所以,包装前的检查是十分必要的。包装前应检查和核实以下几个方面:被包装的饲料和包装袋及饲料标签是否正确无误;包装秤的工作是否正常;包装秤设定的数量是否与要求的重量一致;从成品仓中放出部分待包装饲料,由质检人员进行检验,检查饲料的颜色、粒度、气味以及颗粒饲料的长度、光滑度、颗粒成型率等,并按规定要求对饲料取样。包装饲料的重量应在规定的范围之内,一般误差应控制在1%～2%;打包人员应随时注意饲料的外观,发现异常情况及时报告质检人员,听候处理;缝包人员要保证缝包质量,不得将漏缝和掉线的包装饲料放入下一工序;质检人员应定时抽查检验,包括包装的外观质量和包重。

(2)散装饲料的质量控制　散装饲料的质量控制一般比袋装饲料简单。在装入运料车前对饲料的外观检查同包装前;定期检查卡车地磅的称量精度;检查从成品仓到运料车间的所有分配器、输送设备和闸门的工作是否正常;检查运料车是否有残留饲料,如果运送不同品种的饲料要清理干净,防止不同饲料间的交叉污染。

(3)仓储过程中应注意的问题　饲料贮藏工艺也直接影响饲料产品的质量,这就需要有良好的仓储条件和正确贮藏方法,保证饲料不发霉,不腐败变质。贮藏饲料的仓库应该不漏雨、不潮湿、门窗齐全、防晒、防热、防太阳辐射、通风良好、干净、卫生;不要把饲料同有毒物品放在一起,禁止与化肥、农药以及有腐蚀性、易潮湿的物品存放在一起。定期对饲料成品库进行清理,发现变质或过期饲料及时请有关人员处理。

【岗位操作任务】

1. 能够准确地对饲料产品进行分类。
2. 会判断配合饲料产品质量的优劣。

【知识拓展】

影响配合饲料质量的因素

一、饲料配方因素

电脑配方软件的应用使饲料配方的约束条件增加到十几个甚至更多,使得配合饲料的质量有了飞跃性的提高,但在实施上却忽视了动物试验的检验环节。多数配方未做动物试验就用于生产,忽视了地理条件的不同、饲养地水质的不同、饲料原料产地的不同、动物品种及杂交组合的不同、饲养方式不同等对配合饲料质量的影响。一个好的配方必须是经过当地的动物及饲养条件下的饲养试验检验的。方法多采用先在本厂内的试验场进行严格的科学试验,检测项目尽可能多些,鉴于食品安全性日益被人们所重视,有条件的最好做这方面的测定。然后选择有代表性的区域(点)在养殖户中做中试,以检测动物增重、饲料报酬、经济效益等主要指标。最后扩大到面上的试验,推广扩大试验以观察指标为主。许多饲料厂都有自己的养殖场,但多数都把它当作消化退回料或仓库下脚料之用。面上的试验也应科学、严谨。按照科学的饲养试验方法来操作。

二、原料的检测问题

1. 霉菌毒素的检测

以往的原料也有霉变的问题，但多数是用量较少的原料（如花生饼、粕等），对配合饲料产品影响不大。故人们一直不重视它。随着国家贮备粮的新陈更替，大量的陈玉米、稻谷用于饲料，玉米、稻谷都是占配合饲料比例大的原料，如果它们出问题，配合饲料能不受影响？由于配合饲料使用了大量的陈玉米，致使妊娠母猪流产率提高，小母猪假发情的现象更是屡见不鲜。饲料的霉菌毒素不但影响饲养动物的生产性能，还可能因残留而影响畜禽食品的安全，影响到人的健康。

2. 原料掺假物的镜检

多数厂家只重视常规养分的测定，如测定粗蛋白、水分、灰分等，而忽视镜检的鉴别检查。有些饲料，常规成分检测是较难区别其质量好坏的。鱼粉中的掺假物就是较典型的例子。如鱼粉中掺有植物性的饼粕（多为廉价的棉、菜粕）和劣质的动物性蛋白料（如水解羽毛粉、蹄角粉、血粉、皮革粉、肉骨粉等），测定粗蛋白、纯蛋白是无法加以区别的，而镜检却是很好的鉴别方法，可直接镜检或用酸碱除去颜色、溶去可溶物后镜检，每一种物质都有其特有的显微结构，在显微镜下有“一目了然”的效果。原料的掺假现象是较严重的，不但价格较贵的原料（如氨基酸、维生素、鱼粉、豆粕等）掺假，就连价格低廉的统糠，有的也掺有黄泥粉、白泥粉等。

三、使用抗菌药物问题

在饲料中使用非治疗量的抗菌药物作为促长剂，因其残留和细菌耐药问题最终被全面禁用虽然已形成共识，但我国离全面禁用可能仍有一段时间。所以猪禽饲料使用抗菌药物还是较为普遍的现象。问题是，多数厂家在使用抗菌药物上都带有很大的盲目性，表现在超量和多种药剂同时使用，因为他们不知道哪种药物最好，这种现象在幼龄动物饲料中特别突出。目的在于较好地预防疾病，但却忽视了“是药三分毒”的副作用。小猪阶段天天吃超量的药，可能对机体造成永久性的损伤。饲料企业可以在自己的销售区域内广泛采样，做细菌的分离培养和药敏试验，选用高敏药物，这样不但用药少，效果好，副作用小，同时也降低了成本。

四、饲料系酸力问题

有些饲料厂家喜欢将矿物质饲料当填充料使用，这样做就忽视了两个问题。一是易造成矿物元素代谢的紊乱；二是提高了饲料的系酸力。饲料系酸力指饲料结合酸的能力，即指一定质量的饲料对酸性物质具有的酸度缓冲能力，也称为饲料酸缓冲力、酸中和力、酸结合力或酸结合系数。有资料表明，仔猪饲料的系酸力在 20 时最好，超过 30 就可能使饲料的质量下降。因为提高了饲料的系酸力，就必然会降低饲料在胃肠道中的酸度，其结果是饲料的消化率下降，同时也抑制胃肠道有益微生物的生长和增加有害微生物大量繁殖的可能性。

此外，检验制度实施上的打折扣，也是影响产品质量不稳定的因素，制度上是每批原料必须检验合格才能进厂，产品检验合格后才能出厂。但仍有部分厂，当原料产地不变、外观无大的差异时就免检了。当原料、配方不变时，就不是每批产品必检了。委托检验的指标，好的厂是每季度检 1 次，较一般的半年 1 次，有的甚至 1 年才检 1 次。设备性能的检测也不按要求进行，如搅拌机搅拌的最佳时间是多少？可能不知道，但它们对配合饲料质量的影响是很大的，希望生产厂家重视。

职业能力和职业资格测试

1. 配合饲料产品按营养价值可以分为哪些类型？试说明它们之间的关系。
2. 与其他形态的饲料相比，颗粒饲料具有哪些优缺点？
3. 饲料的各理化特性如何影响其生产加工？
4. 配合饲料加工工艺各环节如何影响产品的质量？
5. 如何提高配合饲料的质量？

项目 2　饲料输送

【项目设置描述】

输送是饲料生产过程中不可缺少的环节，为了达到良好的输送效果，必须根据物料的性质、工艺要求及输送位置的不同选择适宜的输送设备与工艺。本项目重点介绍了饲料厂常用的带式输送机、刮板输送机、螺旋输送机、斗式提升机和气力输送设备的结构、特点、选用和维护保养技术。

【学习目标】

1. 掌握常用输送设备的结构和工作特点。
2. 掌握输送设备的选用和维修保养技术。
3. 了解输送设备的常见故障及排除方法。

任务 2-1　机械输送设备与工艺

机械输送设备与工艺

(一)胶带输送机

1. 结构及特点

(1)结构　带式输送机是以输送胶带作为承载、输送物料的主要构件，是饲料厂常用的水平或倾斜的装卸输送机械，它可输送粉状、粒状、块状和袋装物料。带式输送机的主要组成部分如图 2-1 所示。除输送胶带外，主要部件是驱动滚筒、托辊、加料和卸料机构、张紧装置和传动装置等。物料由进料斗进入输送带上，被输送到输送机的另一端。若需在输送带的中间部位卸料，需设置卸料小车。

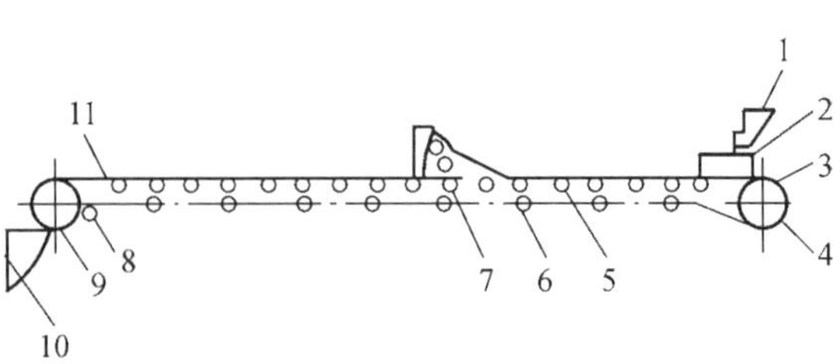

图 2-1　带式输送机的主要组成部分

1. 加料斗　2. 给料机　3. 被动滚筒　4. 张紧装置　5. 上托轮　6. 下托轮　7. 中间卸料器　8. 张紧滚筒　9. 驱动滚筒　10. 卸料溜槽　11. 胶带

带式输送机按其使用特点分为固定式和移动式两类：移动式主要用来完成物料装卸工作，固定式主要用来完成固定输送线上的物料输送任务。

输送带通常用橡胶带，一般常用的是

普通型和轻型，其规格尺寸可查国家标准。对于饲料厂，由于它的原料和成品的容重一般小于 1 t/m^3，故可采用轻型橡胶带；在倾斜输送时，可采用花纹型的橡胶带。其宽度一般为 300、400、500、650、800、1 000 mm 等。其配套的滚筒宽度应比橡胶带的宽度要大 100～120 mm。橡胶带层数一般以 3～5 层为宜。输送长度可达 30～40 m。其传动效率为 0.94～0.98。

(2)特点　带式输送机的主要优点是结构简单、工作平稳可靠、操作维护方便、噪声小、不损伤被输送物料、物料残留量少，在整个长度上都可以装料，输送量大、能耗低。缺点是难于密封，输送粉料时易起粉尘。

2. 选用及维护

(1)选用　主要根据输送物料性质、生产率、输送距离等要求来选用胶带输送机。一般对成形后的颗粒饲料和膨化饲料，可选用水平形式的带式输送机，在制成品打包处可选用槽形托辊带式输送机。袋装原料向库房输送，可选用移动式带式输送机。输送形式确定后，根据生产率来确定所需的带宽、输送长度、输送速度，选择相应型号的胶带输送机。

(2)使用与操作

①开启前应先检查胶带松紧程度。胶带过松下垂，会发生物料抛散，胶带打滑空转；胶带过紧，会影响胶带接头处强度。

②胶带输送机要求空载启动，以降低启动阻力。待运转正常后，再开始给料，停机时，应先停止给料，待机上的物料输送完毕，再关闭电动机，并切断电源。如有几台输送机串联工作，开机的顺序是由后往前，最后开第一台输送机，停机的顺序正好相反。

③胶带输送机的进料必须控制均匀，投料应在胶带中部。

④要防止进料斗导料槽板与胶带直接接触，以致使胶带表面磨损。

(3)维护　输送机工作时，应空载启动，这样可减小牵引阻力，减轻带与带的摩擦和磨损。工作中，应注意检查胶带与托辊的运转情况，如胶带出现过松、托辊出现不转动等情况，应停机检查，排除故障。胶带要保持清洁，避免与油脂类物料接触。输送机要控制好均匀进料，避免超载运行。中部卸料时，尽量减少导料滑板与胶带的接触，以减轻磨损。工作停止时，应将输送带上的物料输送完毕再停机。平时应定期对输送机的转动零部件进行保养润滑；调整好托辊位置，防止胶带跑偏；调整好胶带张紧力，防止胶带打滑。带式输送机故障及排除方法见表 2-1。

(二)刮板输送机

1. 结构及特点

(1)结构　刮板输送机(图 2-2)是利用装于牵引构件(链条或工程塑料)的刮板沿着固定的料槽拖带物料前进并在开口处卸料的输送设备。它主要由刮板链条、隔板、张紧装置、驱动轮、密封料槽和传动装置等组成。工作时，链条与安装在链条上的刮板被驱动轮带动，物料受到刮板链条在运动方向的推力，促使物料间的内摩擦力足以克服物料与槽壁的摩擦阻力，而使物料能以连续流动的整体进行输送，达到了从入料口进入的物料沿料槽刮到出料口卸出的目的。它适合长距离输送大小均匀的块状、粒状和粉状物料。刮板输送有水平和倾斜两种基本输送形式。按刮板料槽形状又分为平槽[图 2-2(a)]和 U 形槽[图 2-2(b)]两种：前者主要用于输送粒料，后者为一种残留物自清式连续输送设备，主要用于配合饲料厂和预混合饲料厂输送粉料。

表 2-1 带式输送机常见故障及排除方法

故障现象	产生原因	排除方法
皮带打滑	1. 初张力太小 2. 传动滚筒与输送带间的摩擦力不够 3. 滚筒轴承或托辊轴承损坏 4. 启动速度太快 5. 输送带负荷超过电机能力	1. 调整拉紧装置,加大初张力 2. 在滚筒上加些松香末 3. 更换轴承 4. 慢速启动 5. 调整负荷
跑偏	安装精度不够	1. 调整托辊组的位置 2. 安装调心托辊组 3. 调整驱动滚筒与改向滚筒位置 4. 张紧处的调整 5. 用挡料板阻挡物料,改变物料的下落方向和位置
撒料	1. 转载点处的撒料 2. 凹段皮带悬空时的撒料 3. 跑偏时的撒料	1. 控制输送能力上,加强维护保养 2. 在设计时应尽可能采用较大的凹段曲率半径或者在胶带机凹弧处增加压带装置 3. 调整胶带的跑偏
胶带使用寿命较短	1. 胶带的使用状况不当 2. 胶带的质量不理想	1. 保证清扫器的可靠好用,回程胶带上应无物料 2. 选用优质胶带
托辊辊皮磨断	1. 托辊旋转阻力过大 2. 皮带清扫不干净 3. 托辊辊皮材料不耐磨	1. 选择设计先进且旋转阻力优于国家标准的托辊 2. 设计先进的清扫托辊

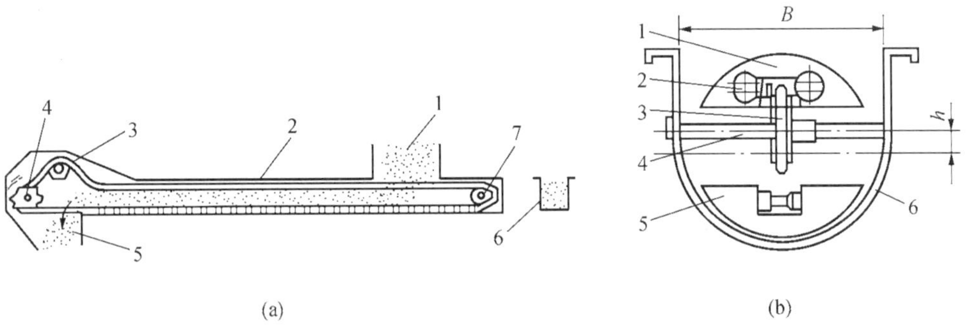

图 2-2 刮板输送机

(a)刮板输送机(平槽)

1. 加料口 2. 链条刮板 3. 张紧轮 4. 驱动轮 5. 卸料口 6. 机壳 7. 从动轮

(b)自清刮板机断面(U 形槽)

1、5. 刮板 2. 链条 3. 托轮 4. 中间轴 6. U 形壳体

(2)特点　同胶带输送机相比,刮板输送机不需要众多的滚动轴承和昂贵的橡胶带,具有结构简单、体积小等优点,其制造、安装、使用和维护都很方便。由于料槽密闭,物料不会飞扬,因而物料损耗少,工人劳动条件好。与输送量相同的其他类型输送机相比,料槽截面积小,占地面积也少,既可多点加料,也可多点卸料(最好一个点卸料)。由于料槽是封闭的箱形,因此刚度大,不需要支承料槽的框架,当跨度大时,只设置简易支承台即可。U形刮板输送机因刮板和料槽为配合的弧形,且用抗磨性强的工程塑料制成,因此噪声低、残留物料极少,且使用寿命长。与螺旋输送机,特别是与气力输送机相比,功耗小。缺点是颗粒料在运送过程中易被挤碎,其破碎率为3%~5%,或对粉料压实成块引起浮链,料槽与刮板磨损较快。为了安全生产,配置流量控制装置及出口处设置防堵料位器或行程开关。

2. 选用及维护

(1)选用　一般选用刮板输送机进行输送的物料多为粒料、粉料及碎块料。黏性大的物料一般不采用刮板输送机。生产中可根据输送距离和输送量的要求,查找有关资料,选择所需的刮板输送机的规格型号。

(2)使用与操作

①开启前应先检查电机运转方向是否正确、刮板链条有无异常。

②刮板输送机要求空载启动和空载停机。启动后先运转一定时间,待设备运转平稳后,再开始均匀加料。若在满载运输过程中发生紧急停机后再启动,必须先点动几次,或适量排出机槽内物料。

③若有数台输送机组合成一条输送线,启动时应先开动料流终端的一台,然后由后往前逐个开启,停机顺序则为由前往后。

(3)维修与保养

①要定期检查机器各部的情况,特别是刮板链条和驱动装置(如刮板严重变形或脱落、链条的开口销脱落等),使其处于完好无损状态。

②经常观察刮板链条松紧程度,随时调整。

③保证输送机上所有轴承和驱动部分的润滑程度,但刮板链条、支承导辊及头轮等部件不得涂抹润滑油。

④严防物料中掺入铁件、大块硬物、杂物等混入输送机内,以免损伤设备或造成其他事故。如发生堵塞等现象,应停机检查排除。

⑤输送机运行中易发生断链、链条跑偏卡链、浮链等故障。通常超载、跑偏使牵引力过大,会发生断链;两链轮安装误差过大,会发生跑偏卡链;刮板角度不正,易发生浮链。

⑥一般情况下,刮板输送机一季度小修一次,半年中修一次,两年大修一次。

刮板输送机常见故障及排除方法见表2-2。

表2-2　刮板输送机常见故障及排除方法

故障现象	产生原因	排除方法
堵塞	1. 后序设备发生故障 2. 进料流量突然增加 3. 传动设备故障	1. 关闭进料口,排除后序设备故障 2. 清除入口处过多存料,控制流量 3. 排除传动故障

续表2-2

故障现象	产生原因	排除方法
机内发出异声	1. 异物进入机内 2. 刮板与链条连接松动	1. 停机处理，清除机内异物 2. 停机，紧固
轴承发热	1. 缺少润滑油、脂 2. 油孔堵塞，轴承内有脏物 3. 滚子损坏 4. 轴承装配不当	1. 加够润滑油、脂 2. 疏通油孔，清除轴承内脏物 3. 更换新的轴承 4. 重新安装、调整
刮板链条跑偏	1. 输送机安装不良 ①料槽不直线度过大 ②头尾轮不对中 ③轴承偏斜 2. 料槽可能变形 3. 张紧装置调整后尾轮偏斜	1. 检查、调整或重新安装 2. 料槽整形 3. 重新调整张紧轮
刮板链条拉断	1. 强度不够 2. 硬物落入料槽卡住链条 3. 链条制造质量差 4. 链条磨损 5. 超载	1. 校核强度 2. 排除杂物 3. 检查更换 4. 更换 5. 均匀加料
刮板拉弯断裂	1. 料槽不平直 2. 法兰处错位	1. 检查安装质量 2. 检查安装质量
头轮和刮板链条啮合不良	1. 头轮偏斜 2. 料槽安装不对中 3. 链条节距伸长 4. 头轮轮齿磨损	1. 检查调整 2. 检查调整 3. 更换 4. 修复或更换

(三)螺旋输送机

1. 结构及特点

(1)结构　螺旋输送机(图2-3)常称绞龙，是一种利用螺旋叶片(或桨叶)的旋转推动物料沿着料槽移动而完成水平、倾斜和垂直的输送任务。其工作原理是叶片在槽内旋转推动物料克服重力、对料槽的摩擦力等阻力而沿着料槽向前移动。对高倾角和垂直螺旋输送机(图2-4)，叶片要克服物料重力及离心力对槽壁所产生的摩擦力而使物料向上运移，为此，后者必须具有较大的动力和较高的螺旋转速，故称它为快速螺旋输送机；前者螺旋转速较低，相应称为慢速螺旋输送机。将螺旋体作某些变形，有着不同作用，完成不同任务。如用作供料装置(螺旋供料器)、搅拌设备(立式混合机的垂直绞龙、卧式混合机的螺带等)、连续烘干设备、连续加压设备等。

(2)特点　螺旋输送机的主要优点是：结构简单，紧凑；安装灵活方便，适应性好；密封好，灰尘不外扬；可以多点进料和卸料；工艺布置简洁；在输送过程中，对物料有搅拌、混合和冷却作用。其主要缺点是：由于物料与叶片、机壳有摩擦，动力消耗较大；搅拌和挤压对易碎物料有破碎作用；对过载反应敏感，杂质较多时易造成输送机堵塞。

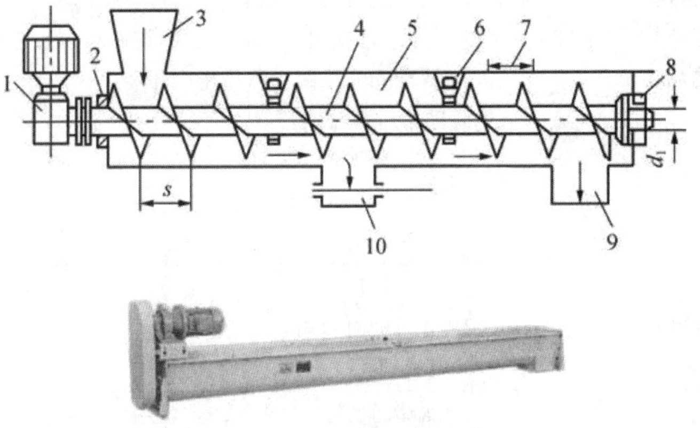

图 2-3 TLSS 水平螺旋输送机

1. 驱动装置 2. 首端轴承 3. 装料斗 4. 轴 5. 料槽 6. 中间轴承 7. 中间加料口 8. 末端轴承 9. 末端卸料口 10. 中间卸料口

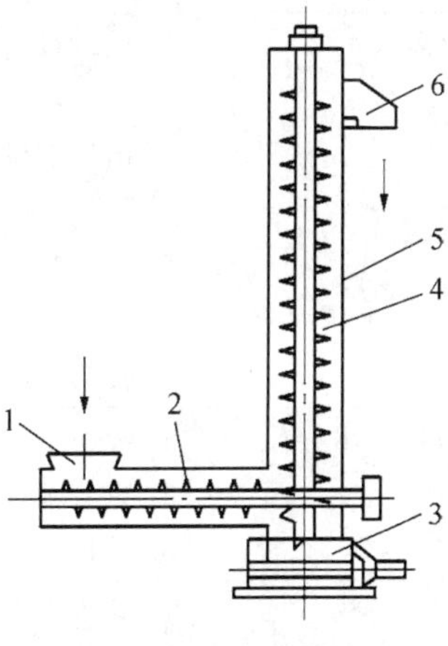

图 2-4 垂直螺旋输送机

1. 加料口 2. 水平喂料螺旋 3. 驱动装置 4. 垂直螺旋 5. 机壳 6. 卸料口

2. 选用及维护

(1)选用 螺旋输送机选用时，应根据被输送物料特性、输送距离、输送量，以及工艺要求进行选择。螺旋输送机常用于短距离输送物料，输送距离一般在 20 m 以内，也可作倾斜角小于 20°的倾斜输送物料，垂直输送多选用斗式提升机。它适宜输送不怕或不易被破碎的颗粒料和粉料。生产中，先根据生产率要求选螺旋直径，确定输送机其余参数，计算工作转速，进行验算。如不符合，应重新进行选择计算。输送机的长度可根据物料输送距离确定，进出料口的大小、数目根据工艺要求设计。

(2)使用与操作

①进入螺旋输送机的物料，应先经过清理，除去大块杂质或纤维性杂质，以保证螺旋输送机的正常运转。

②螺旋输送机开启前，应先检查料槽内有无堵塞，特别是悬挂轴承处，应清理后空车启动。

③螺旋输送机正常工作时，必须将料槽内物料输送完毕后，方可关机。

(3)维修与保养

①在运转过程中，不得用手或其他物件深入槽内捞取物料，如发现大块杂质或纤维类杂质，必须立即停机处理。

②不得在螺旋输送机盖板上行走，以免盖板翻倒引发安全事故。

③各处轴承应经常检查润滑情况，防止缺油造成磨损。

④输送黏性、脂肪或水分含量高的物料时，要经常利用停机间隙，清除黏附在螺旋叶片、机壳和悬挂轴承上的黏附物，以免料槽容积减少阻力增加，使得电耗增加，输送量降低，甚至堵塞。

螺旋输送机常见故障与排除方法见表 2-3。

表 2-3 螺旋输送机常见故障与排除方法

故 障	原 因	排除方法
堵塞	1. 后续设备发生故障 2. 进机流量突然增加 3. 出机溜管异物堵塞 4. 传动设备故障	1. 关闭进料门，切断动力 2. 打开出机溜管操作孔盖板，排除机内存料 3. 针对故障原因采取措施 ①排除后续故障 ②清除入口处过多的存料，控制进机流量 ③清除出机溜管异物 4. 排除传动故障
机内发出异声	1. 异物进入机内 2. 螺旋叶片松动或脱落 3. 悬挂轴承松动	1. 停机处理 2. 清除机内异物 3. 紧固零件
轴承发热	1. 缺少润滑油、脂 2. 油孔堵塞，轴承内有异物 3. 轴瓦或滚子损坏 4. 轴承装配不当	1. 加够润滑油、脂 2. 疏通油孔，清洗轴承 3. 更换轴承或轴瓦 4. 重新安装调整

(四)斗式提升机

1. 结构及特点

(1)结构　斗式提升机(图 2-5)是环绕在驱动轮(头轮)和张紧轮上的环形牵引构件(畚斗带或钢链条)上，每隔一定距离安装一畚斗，通过机头(鼓轮、链轮)驱驶而带动牵引构件在提升管中运行，完成物料提升的专用垂直输送设备。机座安有张紧机构(可调)，保持牵引构件张紧状态。

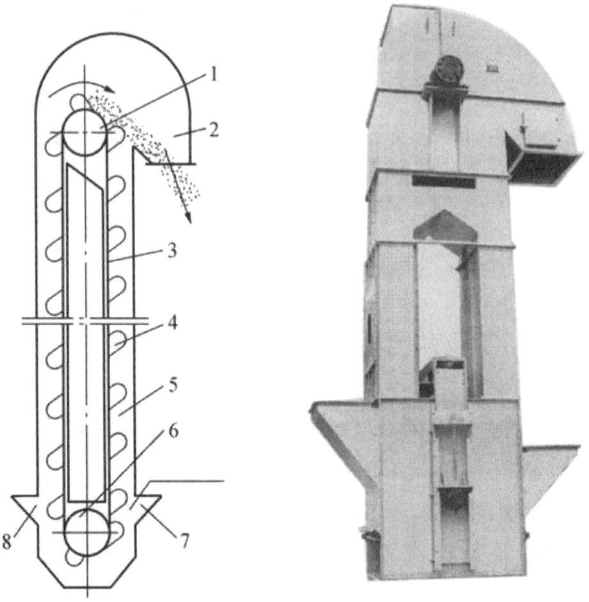

图 2-5　TDTG 斗式提升机

1. 驱动轮　2. 卸料口　3. 提升带(或链)　4. 畚斗
5. 提升管　6. 张紧轮　7、8. 进料口

斗式提升机主要构件有畚斗、牵引构件、提升管、机座和机头等。

按其安装形式，斗式提升机可分为移动式和固定式；以畚斗深浅可分为深斗型和浅斗型；按畚斗底有无又分为有底型和无底型；近期又出现圆形畚斗；以牵引构件不同可分为链式和带式；以提升管外形不同分为方形和圆形；按卸料方式的不同可分为离心式卸料、重力式卸料和混合式卸料。

(2)特点 斗式提升机的优点是按垂直方向输送物料，因而占地很小；提升物料稳定，提升高和输送量大；在全封闭罩壳内进行工作，不易扬尘；与气力输送相比，其优点是适应性强、省电，其能耗仅为气力输送的1/10～1/5。斗式提升机的缺点是输送物料的种类受到限制，只适用于散粒物料和碎块物料；过载敏感性大，容易堵塞，必须均匀给料。

2. 选用及维护

(1)选用 在饲料加工中，如需垂直输送的是粒料、粉料或碎块料，且输送高度大时，可选用斗式提升机。可先根据实际生产率确定斗式提升机的型号，再根据工艺要求和输送高度，确定斗式提升机的全高。斗式提升机的全高确定要满足物料从斗式提升机卸出后，沿溜管重力输送时溜管的最小倾角要求。

(2)使用与操作

①斗式提升机装配完成后，加注必要的润滑油，需先进行空载试车2 h。在无负荷试车无异常情况下，需进行16 h的负荷试车。

②斗式提升机必须空车启动，停机前需卸完全部物料。

③向提升机供料应均匀，出料管必须通畅，以免进料过多或排料不畅造成堵塞。

④正常运转时，严禁打开提升机机头上罩或抽开机座插门。

⑤更换物料品种必须在将机内物料卸完并停机后进行。

(3)维修与保养

①在运转过程中，不得用手或其他物件伸入机内捞取物料，如发现堵塞，必须立即停机，拉开机座插门清除堵塞物，使提升带运转后插上插板，然后才能重新进料。

②定期检查畚斗及各部件，及时调整张紧装置，保证畚斗带在机筒正中间运行。

③滚动轴承应经常检查润滑情况，建议采用钙基润滑油。

④为避免大块异物进入损坏畚斗，原料进料坑上应加装铁栅。

斗式提升机常见故障与排除方法见表2-4。

表2-4 斗式提升机常见故障与排除方法

故障现象	产生原因	排除方法
回流过多	1. 进料流量突然增加 2. 后续设备发生故障	1. 控制进机流量 2. 关闭进料闸门，打开机座前后料门，排除机内存料，排除后续设备故障
物料堵塞	1. 供料先于启动或供料过多 2. 畚斗带打滑 3. 传动带打滑或脱落，或传动设备发生故障 4. 有大块物体(杂物)潜入机座，卡死畚斗	1. 严格遵守开、停车规程，严格控制供料量 2. 调整机座手轮，张紧畚斗带 3. 张紧传动带，排除传动设备故障 4. 打开机座插板、清理

续表2-4

故障现象	产生原因	排除方法
机内发出异常声响	1. 异物进入机内 2. 畚斗螺钉松动、脱落,畚斗移动或脱落 3. 畚斗带跑偏 4. 畚斗带连接螺栓松动脱落	1. 停机处理,清除机内异物 2. 停机检查,紧固畚斗螺钉,调整畚斗位置 3. 调节机座手轮,纠正畚斗带 4. 停机检查,紧固畚斗带连接螺栓

任务 2-2 气力输送设备与工艺

一、气力输送设备

(一)气力输送装置的类型

气力输送是利用风机在管道内形成一定流速的空气风压来输送散粒体物料的方法。常用的气力输送装置按其设备组合形式不同,可分为吸入式、压送式和混合式三种类型,如图 2-6 所示。

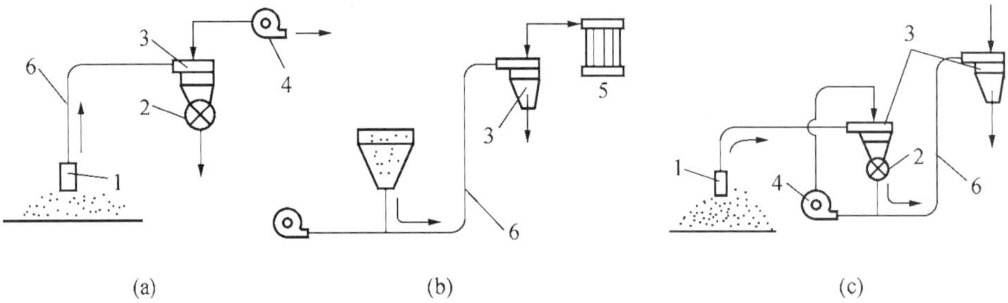

图 2-6 气力输送装置类型

(a)吸入式 (b)压送式 (c)混合式

1. 吸嘴 2. 关风器 3. 离心卸料器 4. 风机 5. 除尘器 6. 料管

(1)吸入式(图 2-6a) 它由吸嘴、输料管、卸料器(刹克龙)、关风器、风机等组成。风机工作时,从整个系统中抽气,使输料管内的空气压力低于大气压(即负压)。在压力差的作用下,气流和物料形成的混合物从吸嘴吸入输料管,经输料管送至离心卸料器中,物气分离。物料由卸料器底部的关风器卸出,而空气流(含有微尘)通过风机(或再经过其他除尘器进一步净化)排向大气中。

(2)压送式(图 2-6b) 它是在正压(高于 1 个标准大气压)状态下进行工作的。风机把具有一定压力的空气压入输料管中,由供料器向输料管供料,空气携带物料沿着输料管运至离心卸料器将物料卸出,空气经除尘器(如袋式除尘器)净化后排入大气中。

(3)混合式(图 2-6c) 它是由吸入式和压送式两部分组成,具有两者的特点,可以从数点吸取物料和压送至较远处多点卸料,输送距离和输送量适应范围较广。但结构复杂,风机工作条件较差，因此从离心卸料器出来的空气含尘量较大。混合式一般制成一个移动式机组，用于既要集料又要分配的场合，粉尘经过风机，为此对风机要求较高。

(二)气力输送装置的主要部件

气力输送装置的主要部件有吸料器、关风器、离心风机和离心卸料器(刹克龙)等。

(1)吸料器(吸嘴，又称接料器) 它是吸送式气力输送的第一个装置。吸嘴有直口、斜口、扁口和喇叭口等，图 2-7a 为喇叭口吸嘴的结构示意。工作时利用管内负压将物料和空气从喇叭口吸入，其上部的孔用来补充空气的不足。图 2-7b 是固定式吸料器中使用效果较好的诱导式吸料器。物料从侧面入口进入，从上、下补充空气，形成料气混合流向上被吸进输料管道中。

压送式气力输送的供料方式要采用强制性的，常采用的有叶轮式、螺旋式和喷射式等几种形式。叶轮供料器和吸送式的关风器是同一构件，在不同位置起不同作用而已。螺旋式供料器在粉碎机供料方式已作介绍。现将常用的喷射式供料器(图 2-7c)做一简介。

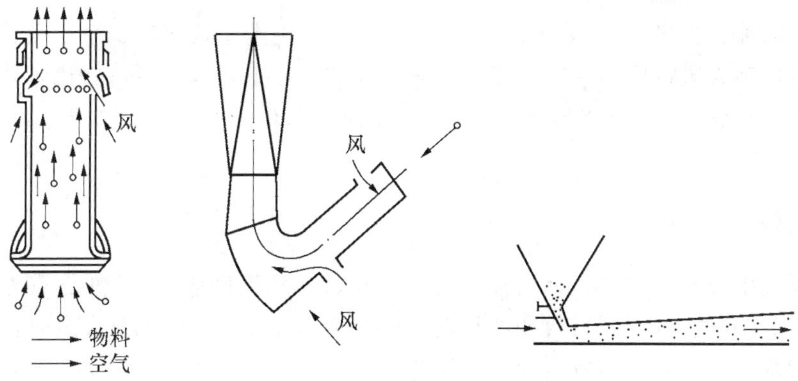

图 2-7 吸送式用的吸嘴

(a)接料器 (b)压送式用的喷射式供料器 (c)喷射式供料器

喷射式供料器是在供料斗下方的通道处变窄，以增大气流速度，此处静压低于大气压，利用负压将物料从料斗吸入输料管中，供料口前方沿物料运送方向的管径逐渐扩大(扩散角约 8°)，气流速度下降而恢复正常速度，输送状态转入正常。

(2)关风器 它用于压入式的供料和吸送式的卸料，它将管道内的高压或卸料器内的负压与大气隔离并进行排料，如图 2-8 所示。在壳体内水平安装一个圆柱形叶轮(即带凹槽转子)，壳体两端用端盖密封，壳体上部为进料口，用法兰与卸料器(或料斗)的出料口连接，下部为排料口。压送工作时，物料由进料口落入格室(槽)内，当格室转到下面时物料卸出。为了提高格室中物料的充满系数，壳体上装有均压管，在格室转到装料位置之前时，格室中的高压气体从均压管中排出，使格室充满物料。但对压送关风器的设计制造精度远高于一般低压关风器。

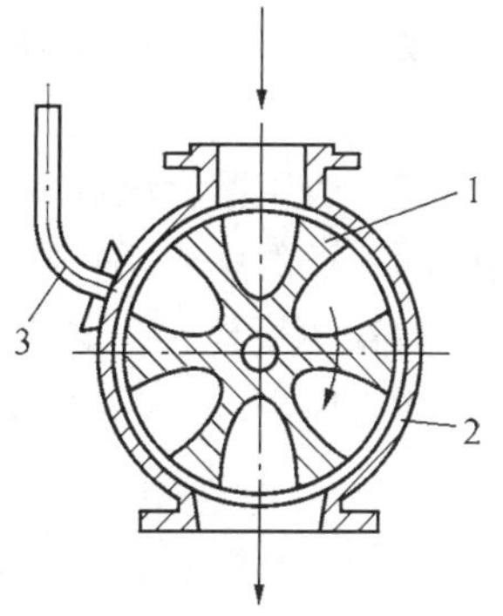

图 2-8 关风器

1. 叶轮(转子) 2. 外壳 3. 均压管

(3)离心风机 风机是气力输送装置中的动力设备，它从吸气口吸进空气，并对空气加压来输送物料（压送式）；或从输送管道中吸出空气，在管道内造成负压来输送物料（吸入式）。不论哪种形式，都是由机械能变为空气能，用空气能来输送物料。根据风机产生风压的大小，离心风机分为低压（压力小于 1 kPa）、中压（压力 1～3 kPa）和高压（压力 3～15 kPa）。气力输送中多采用高压离心风机（图 2-9）。

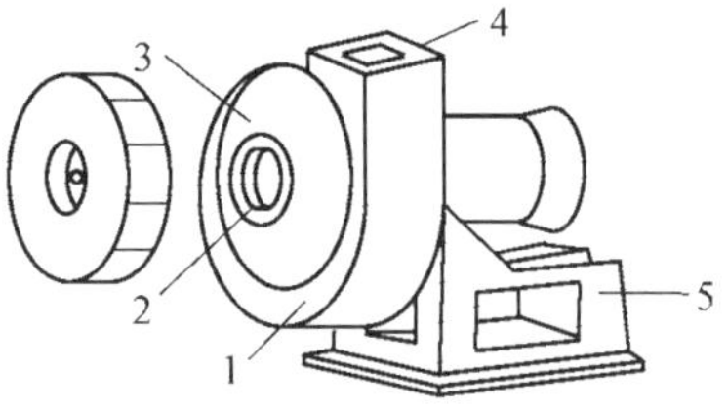

图 2-9 离心风机结构

1. 机壳 2. 叶轮 3. 进风口 4. 出风口 5. 机座

工作时，电机带动风机叶轮和叶片高速旋转，空气从进风口进入叶片之间的流道内，并在离心力作用下向四周流动，集中于蜗壳形机壳内，从出风口排出，与此同时叶轮中心部位将形成低压区，外面的空气在内外压力差的作用下，不断进入风机，以填补叶片流道内排出的空气。在叶片的作用下，气体获得能量，作为气力输送的动力。

国产风机的种类很多，其系列由两组数字构成，第一组数字代表风机全压系数的 10 倍（取整数），第二组数字为风机比转速。在相同叶轮直径和转速下，全压系数高、比转速低者为高压风机，反之为低压风机。一般比转速＞60 为低压风机，30～60 为中压风机，15～30 为高压风机。

二、辅助输送装置

在输送系统中，除了上述输送设备外，尚有一些附件和辅助装置，例如靠重力自流的溜管和溜槽；用来截流和放流的闸门；改变物料流向的三通分配器，以及将物料流向转到所指定的料仓群的任意料仓（容器）的溜管自动分配器等。

（1）溜槽和溜管 溜槽是用作袋装物料的降运。常用的有平溜槽和螺旋溜槽两种。

袋装平溜槽一般用厚 30～50 mm 木板制成 U 形，其宽度比袋包宽度大 100 mm，侧板高应比装包厚度大 1/2，平滑槽的倾斜与水平的夹角应为 1°～1.5°，使袋包在槽内下滑速度不超过 1.15 m/s，以免滑速过高而造成袋包损坏或发生伤人事故。在实际条件下，由于空间不允许倾斜角做得那样小，常常在溜槽内安上一些缓冲物（如曲折导向板、弹簧缓冲器或安上突脊等），以增加袋包与溜槽和缓冲物的摩擦阻力，起到阻尼和缓冲作用，以达到减速的目的。

螺旋溜槽是用于袋包垂直下滑的装置。一般用厚 2～3 mm 的薄钢板或厚 30～50 mm 的木板做成。按螺旋数可分为单螺旋和双螺旋溜槽，分别在一处和两处投包（在两个不同地点卸下）。

溜管一般用薄钢板制成，为便于观察物料流动情况并及时发现堵塞，局部采用玻璃或有机玻璃。薄钢板的厚度：输送粒料采用 1.0～1.5 mm；输送粉料，则采用 0.5～0.7 5 mm。输送物料的溜管必须具有一定的断面和倾斜度：饲料厂的溜管，断面直径一般取 ϕ75～250 mm，根据输送能力而定；溜管的最小倾斜角度则根据溜管材料和输送物料的物理特性而定。

（2）闸门 料仓、秤斗的加料和卸料不可能无止境地进行，进行到一定程度或一定数量需要停止加料和卸料，则常用闸门来实现。按推动闸门的动力可分手动、气动和电动。但闸门的结构基本相同。

（3）三通分配器 当溜管内的物料按工艺要求分成两路或改变流向时，应设三通分配器。三通分配器按流向可分旁三通和正三通；按驱动动力可分为手动和电动。现多采用电动，以便实现自动化控制。电动是由电动机经少齿减速器带动阀门板及撞块转动，转至一定角度后由撞块碰触行程开关，使电机停止转动，以达到改变物料流向的目的。阀门板可作正反两个方向旋转。出料管的夹角有45°、60°两种。

(4)溜管分配器　溜管分配器是从斗式提升机(或其他输送设备)运来的物料，经由一转动溜管和若干个固定溜管而自动流入指定仓位料仓的现代化饲料厂的一种设备。其结构简单、制造成本低、安装连接紧凑方便，可简化工艺流程、减少物料的交叉污染、节省动力并降低饲料厂的设备投资。据资料，它比刮板输送机、螺旋输送机可节省动力25%～50%。但比配用水平输送机向料仓分配物料时，物料提升要高，即要求厂房建筑高度有所增加，因此建筑成本要增加。

根据饲料厂规模大小和工艺要求，配套的分配器仓位可为3～30个，输送物料(容重0.5 t/m^3)的能力为6～50 t/h。溜管分配器必须安置在料仓群中心的上方，并保证有足够的倾斜角。根据物料不同，倾斜角为40°～60°。

三、气力输送设备的特点

(一)优点

与机械输送相比，气力输送具有以下优点：

①结构简单，设备费用较低，工艺布置灵活，易于实现自动化。

②物料输送是在管道内进行，整个系统具有密封性，能有效地控制粉尘飞扬，物料损失和对环境污染小，同时，被输送物料不致吸湿、污损和混入杂质，保证物料的质量，这些优点对负压输送更为显著。

③装卸方便，可在输送的同时进行干燥、加热、冷却、分选、粉碎、混合和除尘等工艺过程。

④物料粉碎后，采用气力输送或吸风，可显著地提高粉碎机的生产能力，还可吸走热量，降低物料温度，防止水分凝结，提高产品质量，使机器不易锈蚀。

⑤输送生产率高，输送距离可长可短，最长可达2～3 km。

(二)缺点

与机械输送相比，气力输送具有以下缺点：

①能耗高。

②被输送物料的块度、黏度和湿度受到一定的限制，怕碎物料不宜采用气力输送。

③管道及其他与被输送物料接触的构件易被磨损，特别是管道弯头处的磨损最为严重，易被击穿。

④噪声较大，需采取消声措施。

四、气力输送装置的保养

①应时常检查、清理空气滤清器，必要时加以更换。

②保证放气阀正常工作以排放气泵的压力。

③大多数气泵有油位观察口，保持压缩机或气泵的合适油位至关重要。

④单向阀必须正常工作，以防一旦气泵停止时杂物进入气泵。

⑤关风器处于良好工作状态，如果间隙超过允许偏差将意味着气压损失。

任务 2-3 输送质量控制

一、输送质量

输送质量受输送设备和工艺等多种因素的影响，其中输送设备的类型、设备性能、输送工艺是影响输送质量的最主要因素。为了达到理想的输送效果，输送设备和工艺应符合下列要求：

①输送能力适度，供料时连续均匀；止料时，断料及时；工作时，运转稳定。

②输送过程尽可能避免各种成分的分离。

③输送设备在其工艺过程中，要求饲料全进全出，先进先出，无残留变质。

④当配方变动后，输送设备能方便、准确、迅速地调整输送量，以保证工艺的要求。

⑤输送设备密封性能好，产生粉尘少，噪声小，尤其是工厂内部使用的设备，要保证有良好的生产环境。

⑥要求输送设备结构简单，经久耐用，使用可靠，维修方便，能耗低。

二、防止交叉污染的措施

①各种输送设备及管路等内表面应光滑。当更换饲料配方时，必须对输送设备及管路彻底清理。

②应尽量减少混合成品的输送距离，防止饲料分级。

③输送过程应尽量使用分配器和自流的形式，少用水平输送。水平输送设备可以采用自清式刮板输送机。在满足工艺要求的前提下，尽量减少物料的提升次数及过渡料斗的数量。

④吸风除尘系统尽可能设置独立的风网，将收集的粉尘直接送回到原处，尤其是加药的复合预混料更应这样。

⑤药物添加剂必须直接添加到混合机中。对于加药饲料生产尽可能采用专用生产线，以最大限度地降低交叉污染。

⑥饲料加工过程中要减少物料的残留，首先要保证物料在设备中能够“先进先出”。

【岗位操作任务】

输送机械设备的观察与使用

一、目的要求

通过观察各种输送机械设备，了解输送机械设备的类型、特点、用途、构造和使用方法。能根据具体饲料加工工艺的需要，合理选择相应的输送设备和辅助设备。

二、材料与仪器设备

带式输送机、螺旋式输送机、刮板式输送机、斗式提升机、气力输送设备及辅助设备等。

三、内容与方法步骤

①观察带式输送机、螺旋式输送机、刮板式输送机、斗式提升机与气力输送设备的构造，了解其特点、用途和使用方法。

②观察电动(气动)闸门、三通分配器、旋转分配器、溜管的构造，了解其特点、用途和使用方法。

四、操作报告

根据观察到的内容总结出输送机械设备的类型、特点、用途，分别写出其基本构造和使用方法。

五、分析与讨论

根据观察到的各类输送机械设备情况进行分析与讨论，比较其特点和适应性。

【知识拓展】

一、刮板输送机使用中的问题及解决方法

(一)提高输送量

刮板输送机使用中遇到的问题之一是非满负荷运转。刮板输送机的输送量是由被传送物料的横截面积和链条速度决定的。一般来讲，如果一条输送机有输送量问题，无外乎这两个因素。要想解决这个问题，首先必须精确地测出输送机的输送量。如果刮板输送机达不到额定输送量，可以从以下几个方面来寻找原因，从而找到解决问题的办法。

1. 检查刮板输送机的速度

核查输送机是否在驱动轴速度下运转。在安装和维护时，驱动装置上的滑槽可能安装不正确，或者驱动装置上的皮带松了而打滑，使输送机在低于额定转速下运转。

2. 检查刮板输送机内的物料厚度

物料厚度不合理有几个原因：一是刮板输送机安装的倾斜角度不合理，而通常设计的输送机只能在某个坡度范围内运行才最佳。另一个原因是刮板输送机进料不顺畅或不充足，如进料设备不匹配、进料门不正常、进料口有障碍物等。针对不同的原因采取相应的措施，增加物料的厚度和进料均匀度。

(二)防止积料

对于中间卸料的刮板输送机来说，积料是使用中的另一大问题。刮板输送机可以设计成多个中间卸料点的方式，但是多个中间卸料点使积料的可能性大大增加，最终使物料塞住刮板输送机的头部或者引起交叉污染。有三个方法可以解决刮板输送机的积料问题。

①尽量加长中间卸料口的长度，这样物料在到达卸料口的末端前，有足够的时间卸掉。卸料口的长度随物料的厚度和链条速度的不同而不同。一般来说，卸料口长一些为好。大多数典型卸料口（谷物输送）长度应该在 91.44 cm 以上。另外，刮板输送机卸料门下的过渡部分不应该阻碍物料通过。

②如果为了增加刮板输送机的输送量，链条速度增加了，刮板输送机的卸料口也要加长。

③设有中间卸料口的刮板输送机一般应在链条上加装一些回料斗。少量的谷物或饲料不能在中间口卸掉，而传送到刮板输送机的头部，如果头部的门是关的，物料最终会在头部堆积起来。回料斗拾起没有下去的物料，带到刮板输送机的尾部，然后它又被传送到刮板输送机的卸料口。

刮板输送机是大型饲料厂的通用设备，需要小心使用和精心维护，可以大大减少故障，从而提高饲料厂生产的连续性，进而提高整个加工过程的生产效率。

二、饲料厂刮板输送机操作规程

①生产运转时，应先开车后加料，加料应由小到大逐步加在到额定输送量，停车时，应先停止进料，待机槽内物料卸完后再停车。

②不得带负载开车。如遇特殊情况，满载停车，再次起动时，应先适当排除机槽内物料。

③经常观察刮板条松紧程度，并随时调整。

④每班机头传动链条加油润滑 2 次。

⑤机头与尾部温升不得超过 65℃。(利用螺栓拉开盖板，可直接看到轴承)。

⑥每班结束时，应清除缠绕在刮板上的麻线等杂物，并清理尾部积料。

⑦定期检修，拆卸清理，及时更换磨损零件。

职业能力和职业资格测试

1. 带式输送机有哪些优缺点？如何选用和维护？
2. 刮板输送机有哪些优缺点？如何选用和维护？
3. 螺旋输送机有哪些优缺点？如何选用和维护？
4. 斗式提升机有哪些优缺点？如何选用和维护？
5. 与机械输送设备相比，气力输送设备有哪些优缺点？
6. 如何提高输送质量？

项目 3　饲料原料接收

【项目设置描述】

原料接收任务是将饲料厂所需的各种原料用一定运输设备运送到厂内，包括检验、计量、初清(或不清理)、输送入库存放或直接投入使用等作业单元。原料接收能力必须满足饲料厂的生产需要，并采用适用、先进的工艺和设备，以便及时接收原料，减轻工人的劳动强度、节约能耗、降低生产成本、保护环境。饲料厂原料接收和成品输出的吞吐量大，特别瞬时接收量大，所以饲料厂接收设备的接收能力应该大，一般为饲料厂生产能力的 3～5 倍。此外，原料形态繁多(粒状、粉状、块状和液态等)，包装形式各异(散装、袋装、瓶装、罐装等)，这对原料接收工作带来复杂性。

【学习目标】

1. 理解饲料原料接收的程序。
2. 掌握饲料接收与储藏过程的工艺、技术和管理规程。
3. 能够进行不同类型饲料原料的安全储存。
4. 熟悉饲料原料接收的安全操作。
5. 熟练掌握配合饲料工厂原料的正确接收与科学储存。

任务 3-1　饲料原料接收设备

饲料厂规模较小时，常用汽车运输原料和成品。具有一定规模并有水运和铁路的条件，则应充分利用船舶和火车运输物料，以便降低运输费用。

原料的接收设备主要有各类输送设备(如刮板输送机、带式输送机、螺旋输送机、斗式提升机、气力输送机)以及一些附属设备和设施(如地中衡、储存仓及卸货台、卸料坑设施等)。接收设备应根据原料的特性、数量、输送距离、能耗等来选用。

一、地中衡

地中衡是饲料工厂原料、成品计量的重要设备，对进出工厂物料的数量起到监督作用，成为饲料厂必备的设备之一。

(一)地中衡的作用与分类

地中衡用于以陆路运输为主的饲料厂。当装载原料的汽车或空载的机动车驶上地中衡的承重秤台时，其重量数据可以及时、准确地显示出来。地中衡的称重传感器、底座等许多部件一般安装在地平面之下，而承重秤台的表面一般与地平面的高程一致，以方便机动车的上下。由于地中衡的主要部件位于地平面之下，因此称为地中衡，也称为地磅。它们被广泛用于各种卡车和火车的发货和收货称重，可分别称出毛重、皮重和净重。

地中衡按结构和功能可分为机械式、机电结合式和电子式三类，以机械式为最基本型。机械式和机电结合式的秤体安放在地下的基坑里，秤体上表面与地面持平。如果电子式的秤体直接放在地面上或架在浅坑上，秤体表面高于地面，两端带有坡度，可移动使用，又称无基坑汽车衡。按照称重时车辆的运动状态，地中衡可分为静态地中衡与动态地中衡。静态地中衡能保证较高的精确性，动态地中衡应用虽然不及静态地中衡，但称重速度很高。静态地中衡和动态地中衡常使用水平限位器来防止横向力的影响，并利用减振器减小振动和动态的影响。还有一称单轴的平台秤，它对车辆的前轮和后轮依次进行单轴称重，最后算出累计值。此种地中衡既能保证称重精度，又能减小坑道和台面的尺寸，节省空间。目前，饲料厂地中衡大多数采用电子式，其分辨率高，操作简便，价格性能比好，称重结果可直接输入计算机等外围设备进行处理，便于饲料原料接收与库存管理。电子秤还可以实现快速称重，遥控称重，以及把称重读数信息输入计算机做进一步处理或者库存管理。当需要直观的重量读数时，可安装一个辅助的电子显示器，便于供需双方共同监督。

(二)地中衡的位置

地中衡应布置在地势高处，以防地面雨水流入地下室，其位置应距汽车转弯处 10～20 m，以保证汽车出入方便。地中衡一般安装于工厂大门的向阳、背风一侧，处于物料流的中心位置，交通便利。

(三)地中衡的选择

地中衡的选型取决于饲料广实际的饲料原料接收量。选择型号时需考虑以下几个方面的内容：①最大称重量：称量范围要适当，不要过大或过小。如果预计到将来要扩大接收量，选择型号和安装时应加以考虑。选型时还要考虑既能自动操作，也能人工操作；②安放位置：与已有的建筑物、邻近的提升机、楼板之间需要有一定的间距；③安装：应备好正确的安装图纸，以便做好安装前的准备。一般地中衡的安装必须由其生产厂家技术人员或具有衡器安装资质的人员安装；④掌握有关资料：包括索取和妥善保存使用说明书，以便安装、操作和维修。目前，国内生产地中衡的型号为 SCS-××型，“××”代表其最大称重的吨数，用户可依据各自的最大运输车辆载重量选择。

(四)地中衡的日常使用与维护技术

①秤台四周间隙内不得卡有石子、煤块等异物。

②经常检查限位间隙是否合理，限位螺栓与秤体不应碰撞接触。

③禁止在秤台上进行电弧焊作业，若必须在秤台进行电弧焊作业。请注意：断开信号电缆与称重显示控制器的连接；电弧焊的地线必须设置在被焊部位附近，并牢固接触在秤体上；切不可以使用传感器成为电弧焊回路的一部分。

④司磅人员和仪表维修人员均需通过专门培训才能从事操作和维修。

⑤衡器安装后，应妥善保存说明书、合格证、安装图等资料，并经当地计量部门或国家认可的计量部门检定合格后，方可投入使用。

⑥系统加电前，必须检查电源的接地装置是否可靠。下班停机后，必须切断电源。

⑦衡器使用前应检查秤体是否灵活，各配套部件的性能是否良好。

⑧称重显示控制器需先开机预热，一般为 30 min 左右。

⑨为保证系统计量准确，应有防雷击设施。

⑩对于安装在野外的地中衡，应定期检查基坑内的排水装置，避免堵塞。

⑪要保持接线盒内干燥，一旦接线盒内有湿空气和水滴浸入，可用电吹风吹干。

⑫为保证衡器正常计量，应定期对其进行校准。

⑬吊装计量重物时，不应有冲击现象；计量车载重物时，不应超过系统的额定秤量。

⑭汽车衡轴载与传感器容量、传感器支点距离等因素有关。一般汽车衡禁止接近最大秤量的铲车之类的短轴距车辆过衡。

⑮车辆上、下秤台时，慢速通过，禁止秤台上急速刹车或加速离去。

二、地坑

为了方便物料的接收，减轻工人劳动强度，一般饲料厂原料，特别是散装原料或需要进仓的原料，首先卸入地坑之中。地坑，也叫下料坑，用于接纳饲料原料并使之稳定进入后续设备的斗槽形设施。对于袋装原料，一般要人工拆袋后倒入地坑。通过自卸汽车运输的散装原料，只需行驶到地坑边上，将原料卸入地坑之内，即可完成物料到车间或储存库的过程。地坑的上口面与地面几乎平齐，方便原料的倒入。

(一)地坑的结构

地坑结构见图 3-1。

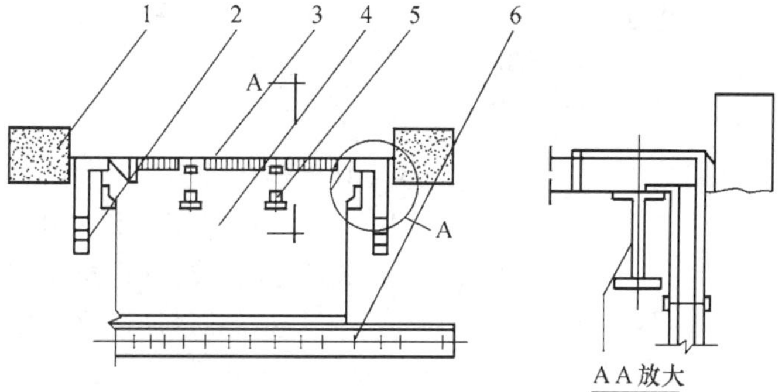

图 3-1 地坑结构示意图

1. 基础 2. 吸尘风道 3. 栅筛 4. 地坑容积
5. 支撑梁 6. 坑底水平输送机

（引自饶应昌．饲料加工工艺与设备．中国农业出版社，1996）

(二)地坑的建筑要求

一般地坑的宽度应该大于自卸汽车车厢的宽度。地坑的底部有一台水平输送机，再通过斗提机、初清筛、磁选器后送入立筒仓储存或直接进入待粉碎仓或配料仓进行饲料生产。

在地下水位较高的地方，地坑应该做好防水、防潮处理。

三、栅筛

原料接收地坑上应有 $\phi 8 \sim 12$ mm 的圆钢条编制成的栅筛，以清理大杂，还可保护人身安全。栅筛的格间隙约为 40 mm，其旁边或正中上方装有吸风罩，以除尘和除轻杂，其风速为 1.2～1.5 m/s，可以明显减少粉尘。

四、料仓

(一)料仓的作用

在饲料工厂中广泛地使用各种料仓，其功能是对散体物料的接收、贮存、卸出、倒仓、料位指示等，起着平衡生产过程，保证生产连续进行，节省人力，提高机械化程度的作用。

(二)料仓的种类

按其用途可分原料仓、中间仓和成品仓。原料仓有筒仓和房式仓库，筒仓多用钢筋水泥、钢板制作，多为圆筒形，大中型饲料厂多采用。它在节约地面面积、减少劳力、提高机械化程度、进行倒仓、防止物料变质等方面有很大优越性，但制造、管理的成本较高。房式仓库，建筑成本低，多用于小型饲料厂。中间仓有配料仓和缓冲仓，一般用钢板或混凝土制作成矩形(或方形)或圆筒形。成品仓除钢制仓外，还用房式仓库贮存成品(袋装)。料仓按结构形式(断面形状)可分圆形仓、矩形仓(含方形)和多边形仓。圆形仓多用于原料、成品的贮存，也有用作中间仓。其强度好，容积利用高。矩形仓或方形仓，其特点是可以联壁，节约钢材，充分利用其空间，多用于配料仓。多边形仓(六边、八边)也可联壁，但结构较复杂，应用较少。

料仓按深径比，即料仓深度 h(不计斗仓深度)与料仓直径 D 或宽度 A 之比，可分为深仓和浅仓。比值大于 1.5 为深仓，小于 1.5 为浅仓。深仓单位容积造价低，经济，但流动性差。浅仓卸料性能好，因仓下部物料受上部物料的重量压力较小。

(三)料位器

用来显示料仓内物料高度(满仓、空仓或某一高度料位)的一种监控装置称为料位指示器或简称料位器。通常在立筒仓上安装有满仓(上)和空仓(下)两个料位器，当进料机将筒仓装满时，上料位器即发出相应讯号，使操作人员及时关闭进料机或调换仓号；当料仓卸空时，下料位器即发出空仓讯号或警报，以催促操作人员迅速采取措施，保证连续正常工作。若将上下料位器与进料机用继电器相连，即可做到空仓时自动控制进料机自动进料，仓满时则自动停止进料。饲料的原料及成品多为散粒体、非导电体，可采用的料位器种类较多。从测量形式上有连续式和定点式。按原理可分机械式和电测式两大类。我国饲料行业当前使用的料位器有叶轮(片)式、阻旋式、薄膜式、电容式及电阻式等。

(四)料仓应用中故障及其排除

物料在料仓内发生闭塞(结拱和偏析)现象，是由于物料充填层受到压缩所引起的，亦即是由于物料的自由表层的强度大于其所承受的应力所致。强度大于应力时，物料不会塌落，当然也就不会发生流动，即产生结拱或偏析。

结拱是料仓最常发生的故障，它将造成工艺过程的停顿，生产无法进行，特别是对贮存粉料的料仓更为常见。对料仓结拱，要以预防为主。在发生结拱的情况下，还得采用适当的破拱措施。但禁止用硬器敲击料斗，否则，料仓越发容易结拱。

除料仓发生结拱、偏析外，由于加料、卸料及输送设备出现的故障：如因超负荷或其他原因造成上述设备的电机烧毁，致使加料、卸料和输送设备停止工作等。发现故障应及时查明原因并排除。料仓及其附属设备常见故障及其排除方法见表 3-1。

表 3-1 料仓及其附属设备常见故障及其排除方法

故障现象	发生原因	预防与排除方法
料仓结拱与偏析	1. 料仓结构形式不好 2. 制造质量差 3. 仓斗倾角小或卸料口小 4. 物料性质不佳，如水分过高、粒度太小 5. 使用不当，如贮存时间长、斗壁被敲击不平	1. 采用非对称、曲线等料斗或采用破拱措施 2. 清除焊渣和凹凸不平处，并涂以树脂 3. 加大倾角或卸料口 4. 改善物料性质 5. 排除料仓里物料，结拱时不用硬器敲击
加料、卸料及输送设备故障	1. 电机烧毁，致使其配套设备停机 2. 大杂缠绕，造成加料口、卸料口或输送机堵塞	1. 修理或更换有关损坏的电机 2. 清除杂物

五、房式仓

对饲料厂房式仓的要求是：仓库应牢固安全，不漏雨、不潮湿，门窗齐全，能通风、能密闭。有防潮、防火、防爆、防虫、防鼠、防鸟设施。有一定空间，便于机械作业。库内不得堆放化肥、农药、易燃、易爆、易腐蚀、有毒有害等与配合饲料无关的物资。能承受粮食的压力和侧压力。

任务 3-2 接收工艺

根据接收原料的种类、包装形式和采用的运输工具不同，饲料厂应采用不同的原料接收工艺。无论何种接收工艺，都需对原料进行质量检验和计量称重。

一、接收工艺

原料接收时，应注意以下几点：①原料入厂前必须由化验室进行检验；②原料接收应有计量装置；③原料接收地坑上应有 $\phi 8 \sim 12$ mm 的圆钢条制成栅网，以清理大杂并装有吸风口除尘和除轻杂；④原料接收后的输送通常为地坑后加斗提机，再经溜管分配器或水平输送机入仓。如果地坑距仓较远可在前面加一个水平输送设备；⑤原料入库(入仓)最好使用控制系统，这样比较准确，又可降低劳动强度；⑥立筒仓应该设立料位器、报警装置、熏蒸设备和卸料装备；⑦原料分散装及袋装两种形式，进厂运输形式有汽车、火车、船舶三种；⑧液态料(糖蜜及脂肪)经过接收、计量、检验的作业单元后原罐存放；⑨原料的接收能力取决于原料进厂方式、工厂规模、生产方式。

(一)散装车的接收

散装卡车和罐车入厂的原料(多为谷物籽实及其加工副产品、饼粕类等辅料)经地中衡称重后，自动卸入接料地坑。接料地坑应配置栅筛，它既可保护人身安，又可除去大的杂质。筛栅的格间隙约为 40 mm。接料坑处需配吸风罩，以减少粉尘。原料卸入接料地坑后经水平输送机、斗提机、初清筛磁选器，经过自动秤计量后，送入立筒仓储存或直入待粉碎仓或配料仓（不需要粉碎的粉状原料）。其接收工艺见图 3-2。

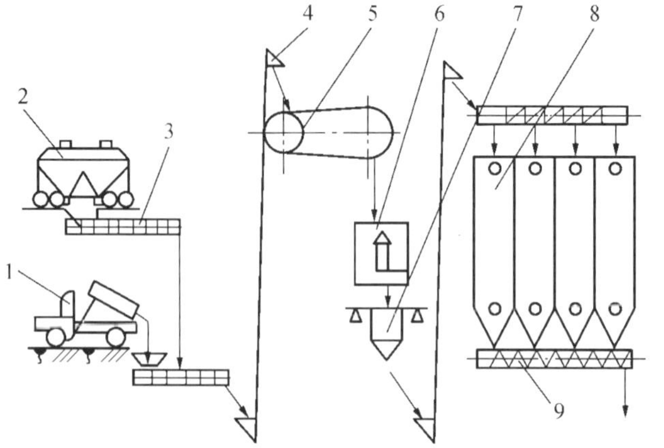

图 3-2 饲料厂散装原料车的接收工艺

1. 卡车 2. 铁路罐装车 3. 水平刮板输送机 4. 斗式提升机 5. 初清筛 6. 永磁筒式磁选器 7. 自动秤 8. 筒仓 9. 螺旋输送机

(二)船舶接收

船舶运输原料的接收多采用气力输送接收工艺。它的吸管为软管，可适应水位的涨落，同时吸管可以前后左右移动，不受轮船的外形和大小限制，同时也保证了船舶内有良好的卫生条件和船体结构不被损坏。气力输送装置由吸嘴、料管、卸料器、关风器、除尘器、风机等组成。在风机风力作用下，吸料装置从船舱将物料吸入料管，到达卸料点时，进入卸料器，分离出的物料由关风器卸入后序的输送装置。气力输送装置可分移动式和固定式两种。一般大型饲料厂应采用固定式的，小型饲料厂可采用移动式的。

(三)袋装接收

袋装原料接收有人工接收和机械接收两种。

1. 人工接收

是用人力将袋装原料从输送工具上搬入仓库、堆垛、拆包和投料，劳动强度大、生产效率低、费用高。

2. 机械接收

汽车或火车将袋装原料运入厂内，由人工搬至皮带输送机运入仓库，由机械堆垛。或由吊车从车、船上将袋吊下，再由固定式皮带输送机运入库内码垛。机械接收生产效率高、劳动强度低，但一次性设备投资大。

(四)液体原料的接收

饲料厂接收最多的液体原料是糖蜜和油脂。液体原料接收时，首先需进行质量检验。检验主要内容有：颜色、气味、比重、浓度等。经检验合格的原料方可卸下贮存。液体原料需用桶装或罐车装运。桶装液料可用车运人搬或叉车搬运入库。罐车装运时，接收工艺见图 3-3，罐车进入厂内，由厂配置的接收泵将液体原料泵入贮存罐。贮存罐内配有加热装置，使用时先将液体原料加热，后由泵输送至车间添加到饲料之中。

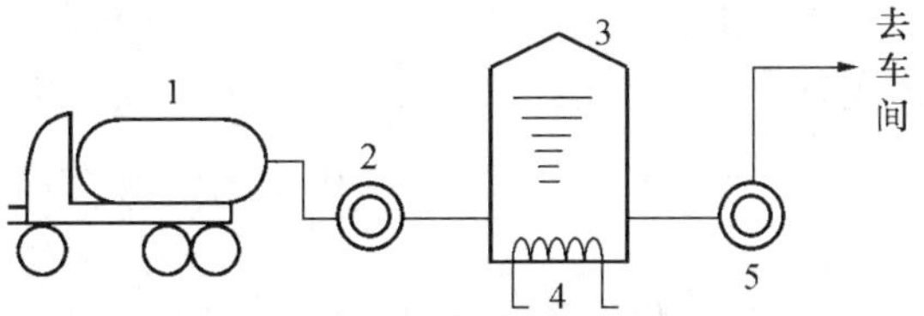

图 3-3 液体原料接收工艺示意图

1. 运输罐车 2. 泵 3. 贮存罐 4. 加热管 5. 泵

二、设备配置

(一)接收与输送能力配置

饲料厂原料吞吐量大，要求能瞬时接收大量的原料，因此原料接收能力为生产车间能力的5～8倍，为了保证原料质量与安全，一般只在白天接收原料。

1. 原料运输车辆的配置

$$Z=\frac{Q\cdot t\cdot n\cdot T}{G\cdot f} \tag{3-1}$$

式中，Q 为饲料厂的生产能力，t/h；t 为饲料厂每班生产时间，h/班；n 为饲料厂每天生产班次，班/d；T 为运输往返一次所需时间，h；G 为每辆车的载货量，t/台；f 为车辆每天工作时间，h/d。

考虑车辆的出勤率，饲料厂应该配备机动车辆。如有液体原料应另增专用液罐车。

2. 原料接收地坑容积与坑底输送能力的配置

地坑容积 $V_{接}$ 一般取运输车辆一个台次的运输量，取其1.2倍更好。

$$V_{接}=\frac{V_{车}}{\beta} \tag{3-2}$$

式中，$V_{车}$ 为运输车辆的容量，m^3；β 为充满系数(谷粒取0.85～0.90，粉料取0.80～0.85)。

地坑下输送设备的输送能力 $Q_{输}$ 按下式配置：

$$Q_{输}=\frac{V_{接}\cdot Y}{T} \tag{3-3}$$

式中，Y 为原料的容重，t/m^3；T 为运输车辆卸料的间隔时间，h。

3. 原料到主车间供应能力 $Q_{供}$ 的配置

$$Q_{供}=\frac{Q\cdot P\cdot t\cdot n}{T} \tag{3-4}$$

式中，Q 为饲料厂的生产能力，t/h；P 为配方中粒料或粉料的最大比例，%；t 为饲料厂每班生产时间，h/班；n 为饲料厂每天生产班次，班/d；T 为输送设备每班实际工作时间，h/班。

4. 输送设备的选择

刮板输送机和螺旋输送机一般都作水平输送，但前者多用于远距离，而后者宜用短距离。

气力输送机宜作容重轻的物料的水平和垂直输送，特别适用于船舶的粉、粒料装卸工作，其优点是粉尘小、劳动强度低，缺点是动力消耗大。容重大的原料以机械输送为好。斗式提升机主要用于提升散装物料。

(二)原料仓仓容积的配置

①原料仓容量以 15～30 d 车间生产用量为宜，在原料供应不稳定的情况下可适当增加天数。

②辅料库容量以 30～60 d 车间生产用量为宜，对货源较紧和季节性生产较强的原料可适当增加。对容易变质的鱼粉、蚕蛹粉贮量 30 d，饼粕类辅料贮存量 50～60 d；微量添加剂（维生素、微量元素、单品种预混料、药物）原料贮存量 40～60 d；多种微量元素成分预混料，若加有保藏剂，一般贮存 15～20 d，未加保藏剂的贮期尽量缩短，以保证其有效性，最好按说明书规定执行；对液态原料（糖蜜、脂肪等）贮存液罐中，贮存时间不超过 20 d，夏季应缩短。

(三)原料库房的配置

原料贮存仓通常采用立筒仓、房式仓等形式。立筒仓主要用于存放粒状原料，房式仓主要用来存放各种包装的袋装原料；微量矿物质原料及某些添加剂，则要求存于小型储藏室中，因其价格贵、存放环境要求高，要原装存放，专人保管；对于液态饲料一般采用液罐储存。房式仓可根据实际需要，仓容可大可小，平面形式力求简单，尽量采用矩形平面，这样能最有效利用仓房面积，建筑结构简单施工方便，便于使用移动式粮仓机械。

房式仓所需面积 F（m^2）按照式(3-5)计算：

$$F=\frac{1\,000\cdot Q\cdot f}{n\cdot q\cdot \eta}\cdot T \tag{3-5}$$

式中，n 为粮仓的层数；q 为每包的重量，kg；η 为房仓面积利用系数，$\eta=0.60\sim0.65$；Q 为每天车间生产能力，t/d；T 为贮备天数，原料：30～60 d，成品：7～15 d；f 为每个粮仓（或桶、箱）占用的地板面积，m^2。

麻袋：长×宽×高＝0.915 m×0.61 m×0.25 m；

面粉袋：长×宽×高＝0.73 m×0.37 m×0.15 m。

(四)地中衡的配置

一般情况下，地中衡（也叫地磅）的最大称量能力应大于其实际使用情况下的最大称重值。

任务 3-3 接收质量管理

一、接收质量管理

已计重的原料必须经过检查和抽样方能卸料和存入适当的仓位。采集有代表性的原料样本，送化验室作进一步分析。为了对原料的缺陷能够提出索赔，以及保证购进优质的原料，上述步骤必须严格遵循。原料接收工序最重要的检查是由接收中心操作人员（一般指原料库管员或原料质检员）进行感官检查。忽视对原料质量的要求，必将造成原料品质的下降和产品质量低劣的后果。饲料原料检验后，如果发现饲料原料存在缺陷必须采取有效的处置措施。

（一）饲料原料接收计划

饲料原料接收所需的占地面积、场地设施和设备选型等取决于原料的种类和数量，需在饲料厂建厂过程中采用合理地规划和建设。

饲料原料接收管理计划是饲料厂物流管理日常工作的重要组成部分，任何饲料厂都要针对饲料原料的接收管理制定出工作计划。从事饲料原料接收管理与操作人员必须在工作中牢记工作计划，当生产条件和人员工作职责发生变化时，应该及时调整计划。生产条件下制定饲料原料接收调度与管理计划时应考虑下列因素：①接收饲料原料的种类；②饲料原料的类型和特性；③每天进厂并接收饲料原料的数量；④饲料原料的运输方式和运输规模；⑤饲料原料从订货到交货的时间间隔；⑥原料的预计用量等。制订有效的工作计划还需要考虑其他许多因素，计划中必须包含对原料的预测、订货和调度。饲料接收管理人员的职责是向原料采购员提供有关每日饲料原料的用量信息或一段时间后库存量的信息。这些信息可以通过定期的盘点库存或根据饲料产品配方分类统计，以及保持原料固定库存来完成。其中，配方分类的统计和保持固定库存可通过人工分类统计或计算机配料系统的分类统计而实现。

（二）原料接收的质量检验

原料验收人员必须了解饲料厂所需各种饲料原料的品质规格、质量标准，并依据品质检验项目要求通过身临现场的看、闻和用手接触刚进厂的饲料原料（即感官检验），实现观察结果与所需品质标准之间的感官检验；饲料原料验收人员必须自我管理及决定这些原料是否合格，并立即做出判决。因而，要求验收人员必须掌握工厂所需要购进的各种饲料原料的品质、决定能否接收的标准、针对不同等级所采取的应对措施和处置方法等。

1. 原料质量验收的标准

对原料质量有异议时，必须提出依据。最普通的方法是用实验室分析结果和感官检查结果作为依据。取样时进行感官检查可发现原料的大部分问题（如组织结构、气味等与要求不符、发霉、虫蛀与杂质）。对所有质量上的不足之处要迅速通知供应商，并马上要求提高原料等级，以保证今后的供货全面符合质量保证。什么情况下可以索赔，应当确定准则。在许多情况下，这些准则以众多的国家标准、行业标准、地方标准、双方均认可的合同内容或企业标准来规定。某些大型企业还有各种原料的企业内控标准。原料包装上附有产品标签，标明其质量标准，也可以作为验收时的质量标准。

2. 饲料原料样品采集

饲料原料的质量直接决定了各类饲料产品的质量，进厂饲料原料的检验对饲料产品质量至关重要。为保证接收原料的质量，已称重的原料必须经过抽样检查合格后才能卸料和存入适当的仓位。样品采集是实现感官检查和实验室分析的第一步，也是最关键的操作工序。饲料原料接收过程中对每一批进厂原料的取样目的是获取具有代表性的待检饲料样品，如果取样方法不正确，那么原料的检测结果就不可能正确，不规范的采样方法、样品不正确的处理方式以及随后实验室检测分析的失误都会导致错误的检验结果。接收原料的错误检验结果对成品饲料质量和生产造成的危害程度比不做抽样检验的影响还大。所以，了解和掌握取样技术和程序是最终制定正确饲料产品配方的必要保障。原料的取样与生产实际情况密切相关，原料的类型和装运方式不同，取样的方法和程序亦相应不同。样品必须具有充分的代表性，化验的数据才具有可靠性。

(1)大批量散装原料的采样

①取样量至少为 1.5～2.5 kg；

②全部样品必须随机地从原料储运卡车或大货仓的几个中心部位采集，即几何法采样；

③为度量变异程度，建议重复测定样品。

(2)袋装原料的采样

①用取样器取样，每次取样 0.5 kg；

②如果每批原料中只有 1～10 袋，应从每一袋原料中取样；

③如果每批原料中的袋数超过 11 袋，随机从其中 10 袋中取样；

④至少检测来自 3 袋的样品并计算平均值。

(3)糖蜜和油脂等液体原料的采样　在糖蜜和油脂流经管道的固定部位连续取样，或用液体取样器从储运容器的核心部位取样。

3. 原料接收时质量检验的内容

进厂原料质量检验是饲料加工厂质量控制起点，是确保饲料产品品质的关键环节，进厂的每一批原料都要经过由专人负责的感官质量检验和实验室分析化验。

(1)感官检验　原料质量检测的第一步是查验原料感官指标，如水分、颜色、异味、杂质、特征与一致性，受热情况，生物污染破坏程度等。主要从以下几个方面检验：①色泽，应该是鲜明的典型颜色；②味道，一种独特清新的味道，无发霉或不佳的气味；③湿度，颗粒可以自由流动，无黏性和湿性的斑点，水分不超过有关质量标准；④温度，无明显的发热；⑤质地，适合生产需要的颗粒大小，无颗粒黏成一块的现象；⑥均匀性，颜色、质地和全面的外表等均匀一致；⑦杂质少，不含泥沙、黏质、金属物及其他不宜物质；⑧污染物，没有鸟类、兔、鼠或昆虫污染物；⑨标签，原料需与标签和货单上名称一样；⑩包装良好，没有破损，破裂袋子的数目必须极少。

(2)分析检测指标　感官检查质量之后，依据不同种类的原料确定具体的检测指标并进行实验室检测分析工作。化验分析分为常规分析和专项分析两种。目前饲料厂的常规分析有：水分、粗蛋白、粗脂肪、粗灰分、食盐及钙磷含量等项目。专项分析有测定微生物含量、微量元素含量及药物含量等，有些专项分析还需要借助专门的检测部门。对于细菌类、微生物类的化验，一般采用细菌培养和分离培养、生化试验、血清学鉴定等方式进行。如对饲料中沙门氏菌的检验，是评价饲料产品质量优劣的重要指标。化学检验还能测定鱼粉的质量，通过测定粗蛋白质、真蛋白质、粗脂肪、粗纤维、粗灰分和淀粉等指标来识别鱼粉是否掺假。谷物类原料一般要检验水分含量、等级、粒度、气味、颜色等项目；蛋白质类饲料要化验蛋白质、水分、粗脂肪、粗纤维、钙、磷和食盐的含量；糖蜜要测定糖度；脂肪要测定脂肪酸含量、酸价等。有条件的企业还要对抗营养物质进行测定，如测定大豆饼粕中的脲酶活力；矿物质中的铅、汞、氟等含量。原料检验报告应立即送交采购、质量保证等有关部门，并留存一定数量的样品，以备纠纷的仲裁。

(三)原料接收的程序

原料接收过程中的实际工作通常由一个人或几个人完成，他们的职责是保证所接收的饲料原料得到最安全、最有效的处理。

1. 散装原料的接收程序

饲料原料接收员必须了解和掌握仓储存散装料种类，每个仓的容量大小，熟悉各种具体操作，将卡车或火车运来的散装料输入到合适的仓位。日常工作中，原料接收员每天必须了解每个仓装料的品种和装料量，了解到货和卸料计划，检查机械设备和安全装置的工作状态。

(1)卡车散装饲料原料接收程序 ①称毛重，如有地磅，让卡车过磅。②移车，将卡车开到卸料区，若进入限制区或人身危险区，则用警告装置。③定位，用模块固定卡车轮并制动。④取样，观察卡车有无泄漏，取样以化验质量。⑤打开卸料门，采用适当而安全的方法开门。⑥执行安全卸料程序，了解和熟练掌握如何操作设备，卡车提升前关紧车门；监视原料高度，上下车使用安全梯。⑦清理，清扫卡车，并清扫卸料区。⑧结料，空车过磅，计算核实原料净重。⑨填写原料入库单据，完成各类项目的填写。

(2)火车散装饲料原料接收程序 ①称毛重，如有轨道衡，过磅。②移车，将车厢安全地移至卸料坑。检查拖车器和缆绳的情况。如使用拖车器，则要响警钟，确认有人操作制动器，将车厢固定位置，在车厢上插一面蓝旗以提醒铁路员工警觉。③原料泄漏，检查泄漏迹象。④取样，取样以备化验质量。⑤执行安全卸料程序，用合适的工具开启漏斗闸门或箱车门。通过可靠的措施在箱车中固定卸料斜台；监视原料高度；正确操作卸料设备。⑥清理，检查箱车中衬垫后面有无原料。将散落物扫进料坑，清扫周围场地。⑦结料，空车过磅、放行，计算卸料净重。⑧填写原料入库单据，完成各类项目的填写。

2. 袋装饲料原料接收程序

虽然有外国专家认为袋装料已不再是发展方向，但仍在饲料厂原料运输中广泛采用，特别是在中国各地。接收袋装料最普遍的方法是用叉车和木质或铁质货盘卸货。但在机械化程度较低的情况下，仍用手推车接收袋装料，甚至有的饲料工厂人工扛包卸料。

不管采用什么形式卸货，饲料原料接收人员应遵循下列程序。其中包括：①称毛重，如有地磅，让卡车过磅。②移车，将卡车开到卸料平台，若进入限制区或人身危险区，则用警告装置。③验货，根据运货清单核实所订货物的品种和数量。④执行安全卸料程序，通过可靠的措施固定卸料跳板；用模块固定站台上的卡车，采用合适的提升方式；如果用叉车或手推车，要注意危险。⑤收货，签署货单前应核实数量，拒收破损或损坏的原料。⑥清理，清扫卸料区。⑦结料，如有地磅则空车过磅，结算净重。⑧填写原料入库单据，完成各类项目的填写。

3. 饲料原料接收记录

在饲料原料的接收系统，必须对接收的所有原料登记记录。这些记录由接收操作人员保存。记录应提供的信息包括；①货物和车辆的标识；②质量；③供货人姓名；④收货日期；⑤接收或拒收理由；⑥收货人签字；⑦对药物和维生素预混料，要记录制造厂的批号和有效期；⑧接收原料的存放仓号或储存区域；⑨卸货的时间和顺序。

二、储藏质量管理

饲料厂接收后的饲料原料在正式进入生产加工工艺流程前，都需要一定时间的储藏。饲料原料在储存期间要求积存到工厂内固定的设施内，并采取有效的储藏技术避免饲料变质、产品损失和生物的侵害，实现饲料原料保质保量的成功储存。

(一)饲料厂谷物原料的储藏

谷物饲料原料储存的数量、品种、方法等与饲料厂本身的生产目标和地理位置直接相关。饲料厂为提高其生产条件的利用效率，必须依据饲料原料的市场情况调整饲料原料的储存量。当原料价格、原料运输、季节生产状况以及国家行业政策等条件适宜时，饲料厂将按生产物流计划大批储存饲料原料，以期获得最大的生产和经济效益。大批饲料谷物原料在饲料厂的储存期较长，一般在几个月以上。为保持和维护各种类型谷物饲料原料在储藏期间的品质和数量，饲料厂在生产和管理过程中，必须充分认识和全面掌握原料长期储存过程中可能发生的各种问题，并利用已有设施条件、有效的储藏技术和管理方法等及时处置各种损害饲料原料品质和数量的现象。在储藏过程中，导致饲料谷物恶化变质的因素很多，综合分析可包括以下几点。

1. 储藏温度

谷物原料是作物成熟后的收获产品，是有生命活动的活的籽实，其自身在储藏过程中可以产生热、二氧化碳和水分。通常谷物水分含量与其呼吸作用有关，干燥和清洁的谷物呼吸速率低，相对而言湿度大而且脏的谷物呼吸速率高。因此，谷物饲料原料清洁度差、湿度高时容易产生大量热量和水分，从而引发原料自身品质的严重破坏。饲料谷物原料为颗粒状，热传导能力很差，必须采取其他辅助降温措施才能达到降温的目的。

2. 储藏湿度

饲料厂欲长期储藏谷物饲料原料，必须严格限制原料的最大湿度。如果湿度过高超出允许的上限值，谷物原料在储存前需通过自然干燥或人工干燥方式处理，使原料水分含量达到储藏要求。通常环境低湿地区谷物原料已在田间自然干燥。而在高湿地区，原料在自然条件下干燥很难达到储藏水分要求，因此原料在储藏前需采用人工干燥措施去除水分，以满足原料长期储存的需要。即使如此，高湿环境下无论是袋装还是仓储原料，都必须限定储存时间，以避免高湿环境对储藏原料带来的损害。根据生产需要必须储存高湿谷物饲料原料时，应采取特殊的储藏措施，如可控制环境储藏等，但特殊的储藏措施成本投入较高。

饲料厂在设计和建造金属仓时应采用绝缘材料仓顶，将有效消除仓顶内侧的冷凝现象，防止冷凝水滴下浸湿原料。

饲料原料储存过程中的最大问题是储藏环境的湿度和温度，这两种因素相互作用共同影响原料质量。如果谷物原料的湿度和温度同时升高，原料的破坏现象可在短时间内迅速发生并快速蔓延。在湿度一定时，原料的储存时间将随温度的下降而延长。当谷物饲料原料的相对湿度维持15%以下，温度低于20℃时，原料的品质维护容易得到控制。

3. 昆虫与霉菌

饲料原料储存期间，一旦有适宜的温度和湿度条件，感染饲料的昆虫和霉菌将结束休眠状态开始生长繁衍，昆虫和霉菌的代谢活动加速产热并产生系列相关问题，最终产生热破坏位点。当温度继续升高时，昆虫和霉菌本身会被高温灭绝。但在这种高温条件下，如果不采取有效措施加以干预，谷物本身的作用使温度不断升高并同时增加自身损害程度，并可能导致饲料原料自燃或燃烧。

饲料谷物的化学处理可望消除或减少昆虫危害。谷物在运输和储藏过程中有时可采用烟雾熏蒸剂做防虫处理，使昆虫数量控制在危害水平以下。烟熏剂溴甲烷防虫效果较好，但操作技术要求严格，这类熏蒸剂在应用时必须由专业人员操作。

4. 异物杂质

仓储谷物饲料原料中含有一定量的异物杂质，这些杂质包括谷壳、草籽、玉米芯碎屑等，它们在储存过程中趋于集中，更易产生发热现象。通常谷物中的异物杂质比谷物颗粒小，容易填充谷物颗粒间的空间和细缝，因而阻塞谷物的自然和机械通风路径，影响通风效果。异物杂质的水分含量一般高于谷物原料，有利于昆虫和霉菌的生长繁衍并引发谷物受热损害现象，因而欲长期储藏谷物，必须在储存前消除谷物中的异物杂质，以避免这些物质诱发的储存损失。

5. 储藏设施防雨

引发储藏环境湿度的变化受多种因素影响，除谷物本身的水分外，雨水渗漏是造成储藏原料受潮的另一原因。造成雨水渗漏的主要因素是储存设施的造型和设施的安装技术。原料储存设施的类型必须与当地气候条件和地理位置相适应。

6. 饲料原料破损

受到机械破坏和损伤的谷物原料，更容易导致原料储存过程中因潮湿、昆虫和霉菌引发的原料变质。原料的机械破损程度受原料湿度和转运过程影响。一般情况，比较干燥的饲料有利于储藏，但容易被转运机械破损。原料储存过程中不适宜的设备选型、不合要求的机械转运操作是导致原料破损的因素。饲料厂在储存谷物原料时，经常使用带式、斗式和螺旋式原料输送设备，这些设备的输送量和输送速度直接影响所输送原料的破损程度。就所有原料储存过程的输送设备而言，只要这些设备以满负荷状态运转，原料受到的破损程度就很小，半量运输过程的破损程度比满载时大得多。另外，谷物原料自由落到硬质地面的距离和高度亦影响破碎程度，破损程度受落差距离影响，落差越大谷物的破损程度越大。现实生活中，彻底地防止谷物原料的变质几乎不可能实现，但通过及时地发现储存中存在的问题，准确掌握储存过程原料变质问题的原因，并采取有效措施加以控制，可以使谷物变质危害减少到最低程度。

7. 饲料原料降温处理措施

饲料厂一旦发现仓储原料升温，应立即采取有效的降温措施把温度降至允许范围。通常用的处理措施有两种，即原料转存和原料通风。

(1)原料转存　原料转存散热措施是把受热的原料从原来的储存仓转移存放到另一个储存仓。在原料的转存过程中，原料的热量得以充分散失，使原料温度降至允许的储存温度范围。

(2)原料通风　原料通风降温是把定向的自然风或冷风送入并穿过受热原料，从而实现原料散热降温的一种方式。原料通风降温的设备系统主要包括风机和设在地面下或埋在谷物中的通风管道，通风方向一般分为由下向上或自上而下两种方式，通风方式的选择取决于当地的气候条件和通风设施设备。由下向上的通风方式，进气温度低，上层排出的气体温度高，排出的热气由冷凝器收集处理。自上而下的通风方式，在实现储存原料通风降温的同时，通风管道的通气孔处经常会有冷凝水产生，在一定程度上影响通风效果。从原料降温的实际需要考虑，双向通风风机更具实际应用价值。

通风机只有在外界环境温度低于仓内温度，且空气相对湿度等于或低于谷物水分含量情况下才能开启运转。

8. 饲料原料储藏时间

饲料厂原料在厂内的储存时间一般为 10～20 d，这一存储时间受原料资源、运输时间、季节因素、储存容量等多重因素影响。

谷物原料的正确储存操作也非常重要，谷物原料在收获时质量很高，倘若储存不当，其质量很快下降。因此，饲料厂的仓储管理人员必须针对自身地理及气候条件，明确所储藏原料的储藏指标,制定并执行保持这些参数的规定和措施,以确保谷物原料的储存质量。

(二)药物、微量组分原料的储存

饲料厂必须设专门的地方或划分的专储区域储存药物或微量原料。这些储存物按存放保存时间可以分为两大类,即依据生产计划界定为正在使用或日常使用的产品,以及将来要使用的原料。在储存药物或微量原料时,除了要有一个单独的房间用来储存药物或微量原料外,储存区还应尽可能地远离日常加工操作路线,并在正常的环境下储存。储存区对人员流动的控制相对严格,只有直接使用药物或微量原料的人员才能进入这一区域。

当即使用的药物或微量原料必须存放在有清楚标记的容器中。在管理过程中只能在固定存放同一种原料的容器盖上贴上原料标签。如果容器不是固定存放某种原料,则应该在容器盖和容器外侧壁贴上标识,以免造成原料的混淆和交叉污染。容器在存储另一种不同原料以前,应去除或彻底抹掉容器盖上的旧标签。原料储存于有醒目标记的容器中很容易地加以识别而不会混淆。药物或微量原料的管理必须同时注意原料生产日期和有效期,以确保最早生产的原料被最先使用,即先进先出的原则。储存的药品应尽可能地保持清洁,将泄漏量降低到最小限度。在储存区内所有损坏的容器或溢出的原料应立即收集起来并放到指定地方的容器中,必要时可存放在临时容器中。

药物或微量原料的储存必须注意防止容器之间的交叉污染。所有的容器应该有盖或采取其他措施以避免意外的交叉污染。只有那些正在使用的容器才能被打开。在称取所需数量的药品或微量原料后,容器的盖子应立即放回原处。每个容器使用各自的勺子。药物或微量原料的储存和使用操作必须小心谨慎,以避免药物抛洒。如果被抛洒出容器,在质量没有受到影响的情况下,应当立即收集这些抛洒的原料并放回原来的容器中。如果怀疑抛洒出容器的原料受到污染,则应将它们装在一边专门的容器中。

对于长期接触药物或微量原料的工作人员,在工作期间应一直使用带过滤装置的口罩和手套。此外,如果可能接触到带刺激性的化学灰尘,必须佩戴护目镜。

由于药物或化学物质超过储存期限,或因掺假、物理性状的改变或其他原因而需要废弃时,必须由饲料厂技术部门或质量控制部门的人员做最后的处理鉴定。由于废弃的药物可能对人或动物有毒害作用,所以必须使用药物生产厂商推荐的安全处理方法。

药物使用的数量必须详细记录在操作区专用的药物使用记录表上。日常记录中应清楚显示领取药品的数量和生产中实际使用的数量,并且还必须有领料人和使用人的签名。每天工作结束后由专职人员对记录进行审核。对预混料和其他微量原料也应采用类似的记录体系。盘存并确定药物的使用情况的管理工作计划应定期落实,如果将药物容器的数量和容量大小与每日生产记录中添加的药物数量进行比较,就有可能及时发现错误,以便对饲料在养殖场造成严重后果之前,采取纠正措施。如果盘存比较的结果有明显差异,应立即控制住有相关问题的饲料,直到清楚可能造成的危害程度和找到造成差异的原因为止。药物或微量原料的污染,可以用一定数量的适当载体,如次粉将储存过程或其他生产线上的药物残留冲洗干净或降低到不明显的水平。然后由技术部门或质量控制人员来决定如何处置这些混有药物的载体。设置合理的生产顺序可以明显减少冲洗生产线的次数。在生产实践过程中,每个饲料厂都必须制定和实施特定的操作规程来对所有药物进行严格管理和保存。

三、饲料损耗控制

饲料损耗普遍存在于饲料加工的各个工序。这些损失包括物料的粉尘和水分、变质和损坏、被盗及虫害损失等,其中在原料接收工序产生的损耗与其他工序相比,处于第一位,其次是在储存环节中。损耗被称作“看不见的损失”,但是,仔细观察饲料加工过程就会发现这种损耗通常是看得见的。接收散装原料引起的损耗原因有:卸车时粉尘损失,称重误差,卸车及运输途径中的洒落,卸车时车厢没有清扫或清扫不彻底。而袋装原料的损耗主要有:包装袋破裂,质量不足,计数错误。接收工序中原料损耗控制的途径有:①检查原料接收方法和程序,以明确已付款的每批原料是否安全入仓、入罐或入库。②在接收原料时,按规定检查所有原料的含水量和杂质含量,以确定是否达到采购时的要求。③各种饲料装袋精确性比较,检查收到的所有包装原料的重量和损坏情况,并检查计数是否准确。④检查和维护所接收设备的实际状况,保证接料区无故障。⑤为所有进厂原料提供各种磅秤,进行检斤计量。⑥科学且有效的除尘措施,确保粉尘的合理收集。⑦洒落的物料进行及时的收集、归类。

饲料原料储藏期间,经常发生的问题是原料质量和数量的损失,其直接影响到企业的经济效益。因此,欲成功储存饲料原料,则必须重视饲料原料损失问题,随时发现原料损失迹象,并针对损失原因及时采取有效措施预防和控制,使可能发生的饲料原料储存损失降至最低程度。

饲料厂储藏饲料过程中经常发生的损失内容,归纳起来主要表现在四个方面,即重量的损失、质量的损失、健康危害和经济损失。这些损失多起源于昆虫、微生物、啮齿类动物的活动危害,储存过程不当的操作,以及物理和化学环境因素的变化等,所有这些因素彼此之间相互作用,加重饲料的损失程度。饲料储存过程中发生的由于生物因素导致损失的基本原因是昆虫、鼠类和霉菌对饲料的蚕食和危害。昆虫不仅蚕食饲料,而且伴随饲料损害而高密度生长繁殖的昆虫活动经常导致霉菌的生长,这不仅直接损害饲料,而且给那些采食受损害饲料的畜禽带来严重的健康危害。

(一)昆虫对饲料原料的危害及其控制措施

昆虫在蚕食饲料原料的同时,其粪便、肢体残片、污浊气体和微生物严重污染饲料,甲虫和蛾类对谷物饲料损害最大,它们大量出现时可以毁坏全部储存饲料原料。

1. 昆虫侵害饲料造成的损失

大量昆虫的出现预示着饲料质量与数量的严重损失。袋装谷物原料是否受到昆虫的侵扰很容易判断,当料袋表面由于昆虫采食而出现蛀屑时,说明储存的饲料已被昆虫蚕食。虫害造成的饲料原料损失程度受很多因素影响,高温、高湿的环境,质地松软和营养价值高的饲料,以及小批量储存的饲料,都有助于虫害发生,且难以避免。延长储存时间往往会加重虫害损失,储存场地卫生清理不彻底,以及虫害污染废弃物的残存部可能增加昆虫损害饲料原料的可能性。被虫害侵袭的饲料原料的重要损失一般不很明显,但是当幼虫排泄物出现在料袋表面时,便意味着有大量昆虫蚕食饲料。而且蛀屑的出现同样预示袋内的谷物或油饼的重量损失程度严重。虫害发生时,饲料质量的损失多种多样。大多数储存饲料在经历化学变化后,其味道和营养价值会发生改变。饲料生产中储存的饲料原料品种繁多,但害虫往往选择采食它们喜欢的原料及原料粒度,且本质是蚕食其喜欢的饲料营养成分。害虫在采食饲料原料的同时,还促进一些有害的化学变化发生。昆虫本身分泌的脂酶将增强油脂成分腐败的化学变化。在储存过程中饲料中的大部油脂可能因化学变化而分解，油脂的分解又往往因害虫的侵袭而加剧，特别是当害虫把储存的饲料原料咬碎成小颗粒、并且当饲料温度和水分含量升高时，更进一步加剧油脂的分解。很显然，害虫分解利用了原料中的油脂，油脂的分解产生大量游离的脂肪酸，这些脂肪酸会改变原有的香味。导致饲料品质酸败的游离酸多数情况下是油酸，饲料中脂肪的氧化是产生油酸最重要的原因。

2. 控制措施

环境气候与害虫的生长生活密切相关，因而储存场地的环境气候条件是决定饲料原料储存系统的重要因素。另外，害虫的污染有时会带来微生物感染，通过环境控制不仅能预防害虫感染，同时也间接控制饲料原料中微生物的存在。热带地区饲料原料仓库中的害虫不可能被灭绝，但害虫的传染程度可以通过预防程序和预防手段进行控制。害虫严重传染的谷物原料禁止进入储存仓库，一旦接收了被害虫传染的饲料原料，必须尽快用熏蒸消毒办法彻底隔离灭绝害虫。及时打扫泄漏的饲料原料，保持储存场地清洁卫生，可有效制止食腐害虫和啮齿类动物出没。通常情况下，啮齿类动物的皮毛内可能藏匿害虫。

(二)微生物对饲料原料的危害

农产品中的霉菌在生长过程中产生一系列霉菌毒素，这些毒素对人类和动物有毒害作用。其中黄曲霉毒素是一组毒性最强且有致癌作用的黄曲霉代谢产物。在饲料中黄曲霉毒素对饲料的污染程度高于其他所有的真菌毒素。毒素不仅污染饲料，而且还能通过采食污染饲料的畜禽传播到肉、蛋、奶中，对畜禽和人类的身体健康造成危害。人们在生产实践中认识到，花生饼、玉米、高粱、葵花饼、棉籽饼、干椰子肉和木薯易感染黄曲霉，其原因是黄曲霉具有相对纯净培养基小，孤立生长的特性，如果培养基中有酵母、其他霉菌或细菌存在，黄曲霉生长则受到干扰。花生、棉籽和椰子肉等之所以易受黄曲霉菌危害，主要是因为这些作物很少被其他微生物群落感染，是黄曲霉菌生长的良好培养基。另外，这些作物的水分含量一般为 9%～10%，低于其他大多数饲料谷物(17%～18%)，而黄曲霉菌则可以在这些低含水量的谷物上生长并产生毒素。热带地区生产的玉米和高粱也易感染黄曲霉菌。

(三)储存饲料的变质

大多数原料在经历化学变化后，其味道和营养价值相应改变，这些使饲料变质的化学反应与饲料原料营养成分中脂类物质的氧化分解密切相关。其结果将使饲料原料中的脂类物质在储存过程中被氧化分解，并产生游离脂肪酸。

1. 饲料变质的因素

(1)环境因素　决定储存饲料变质的环境因素，同样也影响害虫和微生物群落的生长。这些环境因素包括相对湿度、温度、储存场地的环境清洁卫生状况。储存仓库的建筑设计情况，尤其是防雨、防鼠和针对食腐害虫的隔离设施等，都构成影响储存饲料的环境因素。

(2)害虫和微生物　侵害饲料时的主要作用方式是分解饲料原料中的脂肪养分。脂肪被分解后形成大量的游离脂肪酸使饲料酸败变质，易被害虫和微生物破坏而酸败的饲料有鱼粉、谷物麸皮以及油料来源的饲料，尤其是干椰肉、花生和棕榈树核仁粉。

2. 饲料的酸败

物质酸败的主要化学反应有氧化、水解和酮化等三种方式，其中水解和酮化反应对饲料的酸败影响相对较小，而氧化作用是引发储存饲料酸败的主要作用方式。

(1)脂肪的氧化 饲料储存过程中,脂肪的氧化是导致酸败最重要的原因,饲料原料中含有大量的脂肪成分,而且多数由不饱和脂肪酸构成,尤其是稻糠和鱼粉中的不饱和脂肪很容易被氧化变质。脂肪的氧化过程始于自动的氧分子水解氧化,如果再进一步发生氧化或酮化(水解氧化后脱水)作用等大量的过氧化反应,则形成水解氧化的分解反应并产生碳基和氢氧根。然后,羰基和氢氧根将参与其他反应并形成新产物。其他有机物分子碳碳双键的氧化产生环氧树脂和羟化甘油酯,这些脂肪再次氧化的产物促成原有味道的损失,同时产生伴随酸败的有毒物质。如果再进一步反应,醛的水解氧化分解反应产生的羰基可与赖氨酸的氨基发生化学反应,从而降低饲料蛋白质的营养价值。

(2)影响脂肪氧化的因素 饲料储存过程中增强脂肪氧化速率的主要因子有以下几种:①酶,如脂肪氧化酶和其他酶的参与加快脂肪氧化;②羟高铁血红素,这一因子在鱼粉和肉骨粉储存过程中十分重要;③过氧化物,脂肪自动氧化产物本身催化脂肪的进一步氧化反应;④光,特别是极度强光参与脂肪氧化的光解作用;⑤高温,一般情况下储存饲料的温度越高,脂肪的氧化分解作用越强烈;⑥微量金属元素催化作用,很多金属元素常见的有铁、铜、钴和锌促进脂肪氧化;⑦易发生脂肪氧化的饲料原料,鱼油的脂肪酸碳键长而且在碳键上含有大量的不饱和键,非常容易被氧化,致使鱼粉储存的问题增加。因高油脂含量而易发生氧化的谷物及其副产品饲料原料有米糠、油残留较高的油料挤压饼粕,后者如椰子饼和棕榈油饼等。这些饲料原料的不饱和脂肪酸含量高,易被氧化。

脂肪的氧化可以通过添加一些抗氧化剂来抑制。一些谷物籽实本身含有天然的抗氧化成分维生素 E,只要籽实的核仁不被害虫破坏,维生素 E 可以为脂肪的稳定提供重要的保障作用。

(四)饲料原料储存损失

饲料原料在储存过程中的损失不可避免,其损失程度受以下因素影响:①储存场地的环境卫生状况,决定饲料储存区周围的场地是否可以滋生害虫;②原料货物的周转,决定着储存的时间;③废弃物清理,储存场地原料废弃物是饲料受害虫和微生物感染的直接来源;④原料堆放体积的大小和堆放密度,多数害虫在一定程度上受到原料堆放面积的限制,堆放区边缘地带的饲料损失最大。有时,特别是在热带地区饲料原料在堆放储存以前就可能被感染。一旦堆储原料的中心部位从储存初开始就被感染,害虫代谢产生的热量会在短时间内快速升高料堆中心部位的温度,使害虫的滋生数量和饲料受危害程度迅速增加。当原料堆储的体积较小时,大部分热量会及时扩散,所以适宜的温度条件更有助于害虫的滋生并同时造成饲料大量损失。如果原料堆较大,堆内热量的长时间积累,使料堆的核心部位的温度升高,不利于害虫滋生,原料的重量损失仅发生在原料堆外部。因此,热带地区原料,储存采用散装存放有益。然而,与预防原料重量损失的优越特性相反,散装存放的饲料,高温状况对其本身的营养价值具有一定的危害作用,原料堆放时不断升高的温度加速一些物质的化学反应,特别是加快维生素的破坏与饲料的酸败。

减少储存期间原料损耗的措施有:①制定诱杀、捕捉和控制措施以根除鼠害和控制鼠群密度。②制定熏蒸措施,控制昆虫滋生。③防止鸟类飞入厂内。④保持仓库、厂房整洁有序,消除害虫隐藏处。⑤建立公司范围的、标准的损耗报告程序。⑥根据每个厂的具体情况按作业单元制定损耗标准,并严格执行。⑦封闭原料接收区,防止风、雨、雪等造成饲料原料损失。⑧制定严格的安全保卫措施,防止盗窃或人为破坏。

饲料工厂的损耗导致利润降低、饲料价格提高、动物饲养成本增加。损耗对每一个饲料工厂都是一个较大的经济损失。损耗又是一个易于被忽视的问题，因为它并不总是显而易见的：这里一点粉尘、那里的一点泄漏、看不见的某些水分损失、害虫或老鼠吃掉一点谷物，或者往卡车上多装了一袋饲料等，但是，将这些不显眼的小损耗加在一起，就会成为相当大的数量。损耗是可以控制的，在某些情况下是可以消除的。合理确定加工过程中的损耗量，并采取行动减少损失，赚取利润，这是饲料加工企业的任务。

四、保管员工作规范

在原料接收工序中，实际工作通常由一个人完成，此人一般称为保管员（或接料员）。他的职责是保证所接收的物料得到最安全、最有效的处理。而要做到这一点，必须具有一定的业务知识，熟悉接收工艺、设备操作与接收程序，进行质量检验与抽样，做好计量检查工作，并做好接收记录，科学地进行接料区域的管理，确保安全。保管员必须了解哪些仓贮存哪些原料，每个仓的容量是多少，还必须懂得具体操作车或火车运来的散装料输入合适的仓位。接料员每天必须了解各个仓装物料的品种和装料量，了解到货和卸料计划，检查设备的机械故障和安全装置的状态。

在原料接收工序，对所接收的所有物料都必须记录。这些记录由操作人员保存。记录应提供的信息包括：①货物名称与产地；②包装规格、件数与总数量；③货物和车辆的标识；④质量情况；⑤供货人姓名；⑥收货日期；⑦产品状况——必须说明认可或拒收；⑧收货人签字；⑨对药物和维生素预混料，要记录制造厂的批号和有效期；⑩物料存放的仓号或贮存区域；最后包括卸货的时间和顺序。

仓库保管员工作的指导原则是：准确、及时、安全、无私。

（1）准确　是在工作质量上的要求，即依照正确的保管目的，按照正确的保管方法，正确无误地完成任务。

（2）及时　是在工作效率和效益上的要求，比如入库、出库时不误时效，争取做到用最少的时间，最低的成本，实现最大的效益。

（3）安全　这里的安全既包括工作对货品、商品的安全保管，还包括保管人员自身的安全问题。由于仓库保管工作过程中会涉及许多重型机械或器具，不谨慎的使用很容易造成人身伤害，所以保管人员自身的安全保护更要加倍注意。

（4）无私　这是对保管人员道德素质的考验和要求。由于仓库保管工作会直接接触到许多实物性商品，而且在记账、入库、验收等作业过程中有机会偷工减料，贪污利己，损公肥私，所以仓库保管员要以集体利益为核心，不能监守自盗。

保管员的工作职责有：①在分管仓库的上级的领导下，负责仓库的物料保管、验收、入库、出库等工作。②提出仓库管理运行及维护改造计划、支出预算计划，在批准后贯彻执行。③严格执行公司仓库保管制度及其细则规定，防止收发货物差错出现。入库要及时登账，手续检验不合要求不准入库；出库时手续不全不发货，特殊情况需经有关领导签批。④负责仓库区域内的治安、防盗、消防工作，发现事故隐患及时上报，对意外事件及时处置。⑤合理安排物料在仓库内的存放次序，按物料种类、规格、等级分区堆码，不得混合乱堆，保持整洁。⑥负责将原料存贮环境调节到最合适的状态，经常关注温度、湿度、通风、鼠害、虫害、腐蚀等因素，并采取相应措施。⑦负责定期对仓库物料盘点清仓，做到账、物、卡三者相符，协助物料主管做好盘点、盘亏的处理及调账工作。⑧负责仓库管理中的出、入库单及验收单等原始资料、账册的收集、整理和建档工作，及时编制相关的统计报表，逐步应用计算机管理仓库工作。⑨做到以企业利益为重，爱护公司财产，不得监守自盗。⑩完成采购部领导临时交办的其他任务。

对保管员的素质要求有：①能否严守机密，谨慎处理保密性质的业务。②是否具有良好的职业道德和进取心。③能否在工作过程中保持充沛的精力，将最好的状态带到工作之中。④是否有良好的记忆力，尤其是对于商品名称、商标标识数字、区位等有迅速的记忆和反馈能力。⑤是否有较强的组织观念和团队精神。⑥是否可以处理好上、平、下级的关系，在良好的工作气氛中提高工作的效率。⑦是否能熟练地掌握部分必备的计算机操作能力。

职业能力和职业资格测试

1. 简述饲料厂原料接收的作用与特点。
2. 饲料厂常见的原料接收设备有哪些？
3. 饲料厂在原料接收中为什么要进行质量检验？如何进行？
4. 简述散装饲料原料接收的程序。
5. 简述袋装饲料原料接收的程序。
6. 怎样进行饲料样品的抽样？
7. 饲料原料储存时，哪些因素会导致数量与质量的损耗？
8. 如何降低原料的损耗？
9. 你认为如何才能做一名优秀的饲料工厂库房管理员？

项目4 饲料原料清理

【项目设置描述】

饲料原料清理是饲料加工厂不可缺少的工序，它可确保饲料加工厂的生产安全、后道设备的正常工作和饲料的质量，减少设备磨损。本章主要介绍饲料厂常用的清理设备、清理工艺、清理操作规程。

【学习目标】

1. 知道清理对饲料加工的影响。
2. 理解清理的主要设备。
3. 熟练掌握清理工艺和清理操作规程。

任务4-1 清理工艺与设备配置

一、主要设备

(一)清理筛

筛选是根据物料与杂质的宽厚尺寸或粒度大小不同而利用筛面进行筛理，小于筛孔的物料穿过筛孔为筛下物；大于筛孔的物料不能过筛而被清理出来。目前使用的筛选设备主要有网带式初清筛、圆筒清理筛、圆锥清理筛。

1. 网带式初清筛

网带式初清筛由网带、进出料口、沉降室、传动装置等组成，如图4-1所示。

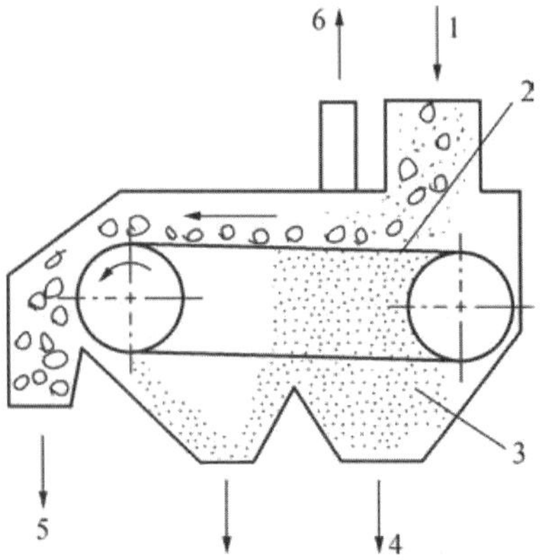

图4-1 网带式初清筛结构示意图

1. 原料进口 2. 网带 3. 沉降室 4. 清净原料出口 5. 杂质出口 6. 吸风口

网带是主要工作部件，由钢丝编织而成的方形筛孔(14 mm×14 mm或16 mm×16 mm净宽)，分段焊接在牵引链板上。工作时，传动机构驱动链板上网带不断运转，原料从进料口落下，并穿过上下网带而流向原料出口；不能穿过筛孔的大杂质，被上网带送到杂质出口予以排出。粉尘由吸风排出。网带一般用刷子清理筛面和用刮刀割麻绳等容易缠绕的纤维性杂质。

2. 圆筒清理筛

圆筒清理筛由冲孔圆形筛筒、清理刷、传动装置、机架和吸风部分组成，如图4-2所示。

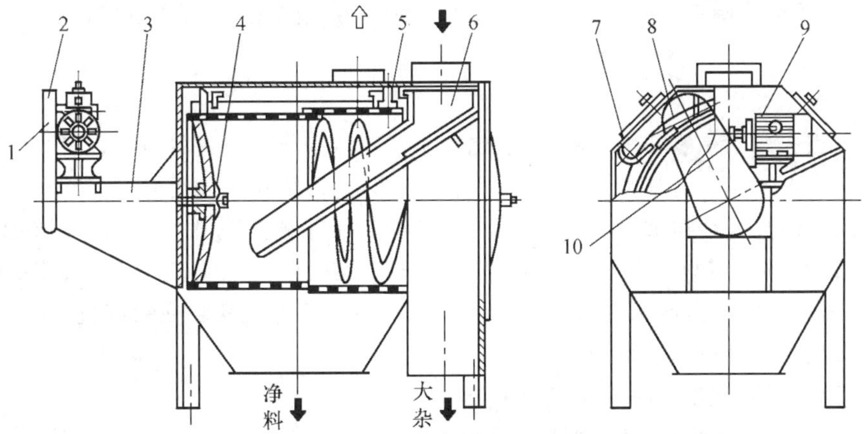

图4-2 SCY系列冲孔圆筒初清筛

1. 蜗轮减速器 2. 链壳 3. 支撑板 4. 轴 5. 筛筒 6. 进料口
7. 操纵门 8. 清理刷 9. 电动机 10. 联轴器

原料由进料口经进料管进入筛筒中部，筛筒的一端封闭。整个筛筒由主轴呈悬臂状支撑。整个筛筒分前、后两段，靠近轴端的半段多用20 mm×20 mm方形筛孔，可使料粒较快地过筛；而靠近出杂口的半段常用13 mm×13 mm的较小方形筛孔，以防止较大杂质穿过这段筛孔而混入谷物中去，而且在该段筛筒上装有导向螺旋片，以便将杂质排向出杂口。为避免筛孔堵塞，在筛架上装有清理刷；在顶部设有吸风口，及时吸走灰尘。该机结构简单，造价低，单位面积处理量大，清理效果好，更换筛面方便，占地面积较小。圆筒初清筛有SCY50、63、80、100、125等几种型号，相应的处理量分别为10～20、20～40、40～60、60～80、100～120 t/h。

3. 圆锥清理筛

圆锥清理筛由圆锥形冲孔筛筒、托轮、吸尘部分、传动装置和机架等组成，如图4-3所示。原料从进料口进入圆锥筛小头内，谷物通过筛孔由底部出料口排出，留在筛面的大杂物由筛筒大头排出。该筛结构简单，产量较高，清理效果尚好，但更换筛筒不便，粒料（如玉米）冲击筛板面而噪声较大。

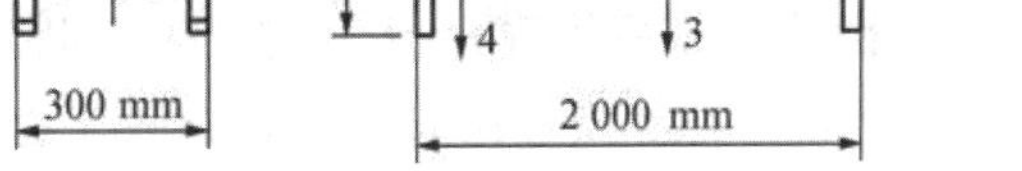

图4-3 冲孔圆锥清理筛示意图

1. 进料管 2. 锥筛筒 3. 净洁物料 4. 杂质 5. 吸风口

目前使用的冲孔圆锥清理筛，筛筒直径（大头×小头）为750 mm×475 mm，筛理面积2.9 m^2，筛孔直径15～20 mm，筛面开孔率为45%。锥筒转速为13～17 r/min。配用风机的风量为20.2 m^3/min，杂质中含谷物量为68%，产量为20～30 t/h。整机外形尺寸为2 225 mm×900 mm×1 700 mm。

(二)磁选设备

在原料收获、贮运和加工过程中，易混入铁钉、螺丝、垫圈、铁块等磁性杂质，这类杂质如不清除，不仅会加速机械设备的磨损，而且经常损坏设备，因此必须清除原料及其加工过程中混入的磁性杂质。目前饲料厂常用永磁磁选设备。根据其结构不同，可分为简易磁选器、永磁筒和永磁滚筒。

1. 简易磁选器

(1)篦式磁选器　一般安装在粉碎机、制粒机喂料器和料斗的进料口处，磁铁呈栅状排列，磁场相互叠加，强度高。它是由永久磁环组成的磁栅，因形似篦格而得名。当物料流经磁铁栅时，料流中的磁性金属杂物被吸住，定期由人工清除。由于磁栅的磁场作用范围有限，磁性金属杂质容易通过，除杂率不高。同时磁铁经常处于摩擦状态，退磁快、寿命短，吸附的铁杂物对物料流也有阻碍作用。但该磁选器结构简单、使用方便，常将它安装在粉碎机、制粒机等入料口处，作为其他磁选设备的一种补充。

(2)溜管磁选器　它是将磁体或永磁盒安在一段接管上，物料通过溜管时磁性杂质被磁体吸住。为了便于清理吸住的铁杂质，要安装便于开启的窗口并防止漏风。磁体安装在管道的方式有多种。如图 4-4 所示。(a)为下部安装磁铁，(b)为上部安装磁铁，(c)为左右安装磁铁，以提高除铁效率。溜管最小倾斜角对谷物 25°～30°，对粉料为 55°～60°；物料层厚度对谷物为 10～12 mm，对粉料为 5～7 mm；物料通过的速度皆为 0.10～0.12 m/s。

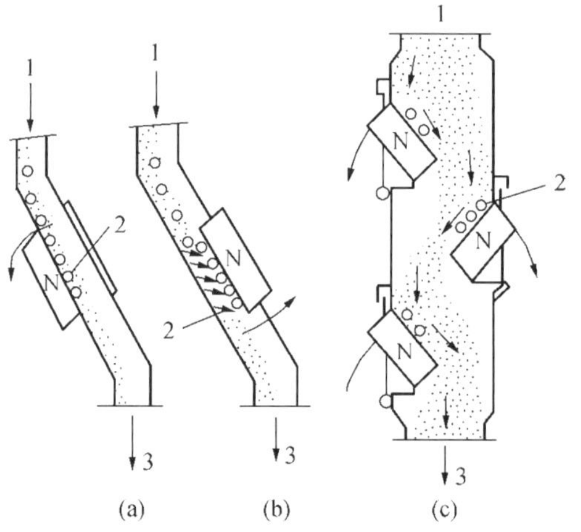

图 4-4　溜管磁选器

(a)下部安装磁铁　(b)上部安装磁铁　(c)左右安装磁铁

1. 物料入口　2. 被吸住铁质杂物　3. 清理物料出口

2. 永磁筒磁选器

它由内筒和外筒两部分组成，如图 4-5 所示。外筒与溜管磁选器一样，通过上下法兰连接在饲料输送管道上；内筒即磁体，它由若干块永久磁铁和导磁板组装而成，即用铜螺钉固定在导磁板上。磁体外部有一表面光滑而耐磨的不锈钢外罩，并用钢带固定在外筒门上，清理磁体吸附的铁质时可打开外筒门，使磁体转到筒外。永磁筒结构简单、无须配备动力。

永磁筒工作时，物料由进料口落到内筒顶部的圆锥体表面，向四周散开，随后沿磁体外罩表面滑落，由于铁质比重大，受到锥体表面阻挡之后弹向外筒内壁，在筒壁反力及重力作用下，沿着近于磁力线方向下落，故易被磁体吸住，而非磁性物料则从出料口排出，从而完成物料与铁杂质的分离。由于结构合理，磁性强，磁选效果好，据实测，去铁效率高达 99.5%以上，能确保机器的安全运行。但必须由人工排铁。国产永磁筒主要是 TCXT 系列产品，广泛用于饲料厂的磁选除铁。

3. 永磁滚筒

它是由进料口、供料压力门、永磁滚筒、出料口、排铁杂口、驱动装置和机壳等组成。永磁滚筒的结构如图 4-6 所示。

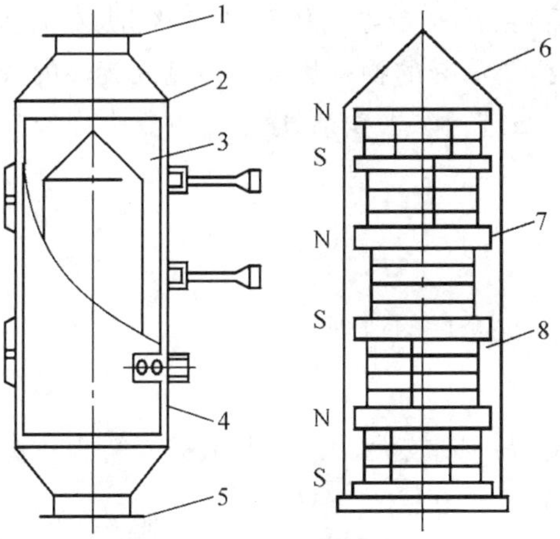

图 4-5　永磁筒磁选器

1. 进料口　2. 外筒　3. 磁体　4. 外筒门
5. 出料口　6. 不锈钢外罩
7. 导磁板　8. 磁铁块

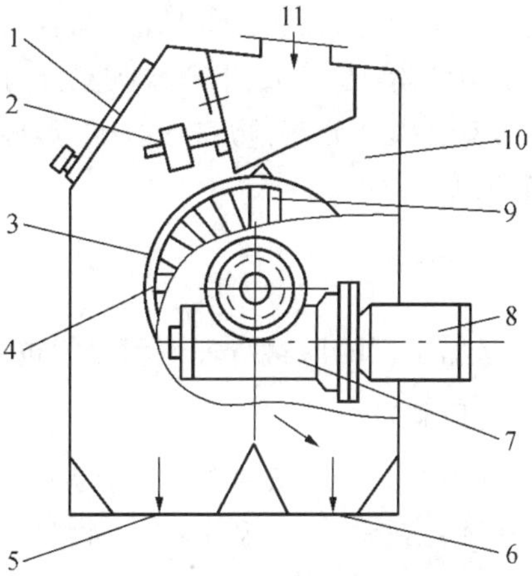

图 4-6　永磁滚筒磁选器结构

1. 观察窗　2. 压力门　3. 滚筒　4. 拨齿　5. 出料口
6. 铁杂出口　7. 减速器　8. 电机　9. 磁铁组
10. 机壳　11. 进料口

永磁滚筒主要是由不锈钢板制成的外滚筒(外表面敷有无毒耐磨聚氨酯涂料作保护层)和半圆形的磁芯组成。磁芯由锶钨铁氧体永久磁块和铁隔板按一定顺序排列成 170°圆弧形安装于固定的轴上,铁隔板起集中磁通作用。永磁块分为八组排列,形成多极头开放磁路。磁芯圆弧表面与滚筒内壁间隙小于 2 mm,以减少气隙磁阻。永磁滚筒安装在待粉碎仓与粉碎机之间较为适宜。

工作时,调节好压力门,物料顺进料淌板(倾角约 35°)流经滚筒时,铁杂被铁芯组所对滚筒外表面吸住,并随外筒转动而被带至无磁性的区域,铁杂在该区自动落下,由排杂口排出,而被清理物料从出料口排出。该机物料与磁铁不直接接触,使用寿命长,无须人工经常清理,磁选效果好,但价格相对较贵。

4. *初清磁选机*

为了简化工艺流程,湖南衡阳粮机厂将圆筒初清筛和永磁滚筒组合并改进为初清磁选机,如图 4-7 所示。

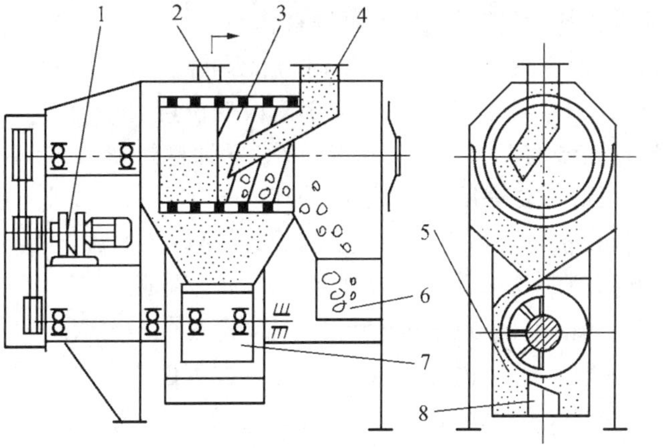

图 4-7　初清磁选机示意图

1. 减速电机　2. 吸尘口　3. 圆筒筛　4. 进料口　5. 净料出口　6. 大杂出口　7. 永磁滚筒　8. 铁杂出口

它不仅具有原各单机的功能，而且经改进组合后，共用一台电动机和减速器，使该机功耗降低、结构紧凑、占地小、操作维护更加方便。工作时，要清理的物料从进料口流入旋转的圆筒筛后，物料与大杂分离，物料继续下行，经永磁滚筒表面进行除去铁杂，净洁的物料由净料口流入下道工序。

二、清理工艺

饲料加工厂的原料清理流程分为进仓前的清理和进仓后的清理。

(一)原料进仓前清理

清理工艺多为白天进料，提升设备和清理设备配置一般较大。其特点是进入料仓内的原料比较干净、杂质少，有利于储存，物料流动性好，有利于出仓。

(二)原料进仓后清理

原料进仓后，主料由卸料坑进料，经提升机到埋刮板输送机进入立筒库。生产时，原料经出仓螺旋输送机到提升机进入振动筛、磁选机进行清理。这种清理工艺由于清理工序在仓后，因此，清理设备的规格可以和主车间结合起来，配备不必过大。清理设备的布置也可以和主车间结合起来，省去了工作塔。但由于饲料原料进入立筒库，杂质多，不利于储存。

三、原料清理的操作规程

①原料清理一般先筛选，再磁选。

②清理设备的启动应先于输送设备，而停机则相反。

③根据物料的品种、粒度和含杂情况，确定合适的清理筛筛孔和流量范围。

④开机前准备工作除前述上料设备相同的以外，还应有以下工作：a. 检查筛选设备有无堵塞，筛面是否平整，有无破损，若有应更换；b. 点动清理设备，检查能否正常工作，吊杆、自振器、传动部分的运转是否可靠；c. 设备各吸风点及管道有无堵塞；d. 检查磁选设备中有无未清出的磁性杂质。定期测定磁体的磁感强度，若低于设计值的 60%，应予以更换或充磁，检查过程中严禁敲打磁体。

⑤运行过程中，观察设备有无粉尘外溢现象以及异常响声，若有，尽快排除。

⑥设备启动不应带负载，运转平稳后方可进料。

⑦较大的风机，开机前应关闭进风门，以降低启动电流，待风机运转正常再打开进风门。调整好通风网路的风门，一旦调好定位后，不要随意改变位置。

⑧随时检查各清理设备的下脚料收集情况，做好下脚料处理工作，不得在车间内乱堆放。一旦发现下脚料量超过标准，要查明原因，及时处理。

⑨注意调整好上料设备与清理设备，清理设备与出料设备的流量，保证协调一致的工作。

⑩调换物料品种时，需间隔一段时间后再进料，防止不同物料间的交叉污染。

⑪对筛理设备筛面的清理，每班不少于 2 次；对磁选设备需要人工清杂的，不得少于 3 次。

⑫停机前应先停止进料，待机内物料清理完毕后，方可停机。

⑬停机后，操作人员应将筛面杂物、下脚料、磁体上的金属杂质清理干净，最后将设备周围打扫干净。

⑭做好当班记录，将运行状况、发现的问题及注意事项记录备案，做好交接班工作。

⑮清理设备的安全事项：a. 清理设备的运转部件的转动方向应与设备所示方向相同，若发现不一致，应改正接线方法。b. 工作过程中，不得打开设备盖板，严禁用手或其他工具触及正在运转的设备部件。发生故障时，应停机排除故障。c. 圆筒初清筛不宜清理粉状原料，否则易出现堵料现象。d. 平面回转筛、平面振动筛工作时，应注意其筛面上的料流是否均匀，筛理面积是否充分利用，若发现单边料流或物料分布不均应调整物料导向板。e. 永磁筒工作时，料流应呈环状，若出现单边料流，应在永磁筒进口增加一个 400～500 mm 长的直溜管。物料经过磁体时，不得开门排铁。

任务 4-2 清理质量管理

一、清理对饲料加工的影响

饲料原料在收获、加工、运输、贮存等过程中，不可避免会混入部分杂物，比较常见的有石块、泥土、麻袋片、绳头、金属等杂物。如果不清除这些杂物，会影响饲料产品的营养指标和卫生指标，从而降低产品质量。一些较大的杂物还可能造成料路不畅、输送机械空转、粉碎机筛片和制粒机压模损坏或击穿等现象，增加设备维修费用，影响生产效率，提高生产成本。因此，对原料进行清理，有利于保障产品质量，有利于保证安全生产，也有利于降低生产成本。

二、保证清理质量的措施

主、辅料都应进行清杂除铁处理，其清理标准是：有机物杂质不得超过 50 mg/kg，直径不大于 10 mm；磁性杂质不得超过 50 mg/kg，直径不大于 2 mm。保证清理质量的措施：

1. 合理设计与使用栅筛

栅筛一般设置在接料口处，是清理工序的第一环节。由于其构造过于简单，往往最易被人忽视。栅筛设计应首先考虑选用合理的栅隙。栅筛间隙的大小一般依物料的几何尺寸来定。对于玉米、粉状辅料及稻谷类，筛隙应在 30 mm 以内，对于油粕类，筛隙应在 30～50 mm 之间。同时，在使用中应对筛隙进行固定，并应对筛理出的大杂进行及时清除。这样才能有效地达到初步筛理的目的。

2. 合理安排水平输送机械

由于水平输送机械成本低，输送效率高，且结构又简单，因而被广泛地用于饲料加工工艺中。但由于使用位置不当，其故障率也相应较高。较常见的是将栅筛初步清理后的物料经绞龙或刮板直接输送至提升机。由于物料经过栅筛一道清理程序，许多较短的麻绳、较小的麻袋片及其他一些杂质，很容易缠绕或卡住水平输送机械，致使这些设备的使用效率降低，重则烧毁电机，造成一定的经济损失。因此，在工艺设计中，应尽量避免将水平输送机械放在初清、磁选设备之前进行使用。下料斗的物料最好经溜管直接送至提升机。这样可将因大杂对输送设备造成的影响降低到最低程度。

3. 合理选用初清筒的工艺参数

初清筒是清理环节的主要设备。它用于清除物料中的麻绳、麻袋片、石块、泥块等杂物，其工艺参数的选用对清理效果有着直接影响。在设计中,注意合理选用工艺参数,可有效地提高初清筒的工作效率。

①应根据筛理物料的物理性质及几何尺寸选择合适的筛孔直径。

②应选择可调的除尘吸风量。此条件可通过在喂风口上方设置阀门来达到目的。

③应选择充裕的生产能力。通常,在设计参数中筛子的处理能力应比前工序的输送设备的运送能力高30%左右。

4. 合理选用和使用磁选器

(1)合理选用磁选器　在设计中常选用的磁选设备有两种,一种为永磁筒,另一种为永磁滚筒。前者体积小,占地面积也很小,无动力消耗,去磁效果也较为理想。但仅适用于几何尺寸较小的粉、轻料。而且吸附的金属异物需人工定期清除。相比较后者造价高,体积较大,但对于几何尺寸较大的饼粕、易结块的糠麸等物料也同样适用。虽有动力消耗,但可自动及时清除吸附的金属异物,在流程中的高位置设置更为适用,但在较小的饲料厂设计中鉴于资金、厂房面积等因素的限制,物美价廉的永磁筒较之更为常用。

(2)合理安排磁选器的位置

①将磁选器安置在初清筛后、粉碎机前,这样可有效地去除颗粒原料中的金属杂质,避免其对粉碎机造成损害。②在制粒粉仓上都安置一磁选器。这样可有效地防止有辅料原料中混入的金属杂质进入制粒机对压模造成损害。③在打包秤上安置磁选器。此方法在工艺流程设计中并不常用,但对去除未经初清的辅料原料中的金属异物,从而进一步提高及保障成品饲料的质量是很必要的。

(3)影响磁选效果的因素

①料层厚度:要求进料均匀,料层不宜过厚,一般在10～15 mm以下。②物流速度:料流速度一般不宜过大,为0.15～0.2 m/s。③铁杂量:原料及附着在磁极表面的铁杂过多,将影响磁选效果。④磁铁性能:磁铁的吸力过小,则磁选效果差。

【岗位操作任务】

清理设备的结构与使用

一、目的要求

通过观察清理设备,进一步了解清理设备的类型、特点、用途、构造和使用方法。能根据具体饲料加工工艺的需要合理选择相应类型的清理设备。

二、材料与仪器设备

清理筛、各类磁选器等。

三、内容与方法步骤

1. 清理筛

观察清理筛的构造、了解清理筛的工作原理和用途并进行具体操作。

2. 磁选器

观察各类磁选器的构造、了解磁选器的工作原理和用途并进行具体操作。

四、操作报告

根据观察到的清理设备，总结出清理设备的类型、特点、用途，分别写出其基本构造和使用方法。

五、分析与讨论

根据观察到的清理设备，进行比较分析与讨论。

职业能力和职业资格测试

1. 清理对饲料加工有哪些影响？
2. 清理工艺和清理操作规程是怎样的？
3. 清理设备有哪些？各有何用途和特点？

项目5 粉 碎

【项目设置描述】

粉碎是配合饲料加工的重要工序之一。粉碎质量直接影响配合饲料产品质量、后续工序质量;粉碎工艺设计质量、设备配置直接关系到产品的质量、原料损耗与能耗。通过本项目的学习,为粉碎设备使用与维修、粉碎质量控制、粉碎工序工艺合理选择、科学配置设备提供理论和技能支撑。

【学习目标】

1. 理解粉碎机工作原理。
2. 掌握粉碎工艺流程及其特点。
3. 掌握影响粉碎质量的因素。
4. 能够根据粉碎工艺制定质量控制措施。
5. 会配置粉碎工序主要设备;会排除粉碎机常见故障。
6. 熟练掌握粉碎工序操作。

任务5-1 粉碎要求

一、粉碎及粉碎作用

(一)粉碎

粉碎就是将饲料颗粒变小的过程。按照我国行业标准《饲料加工专业术语》,粉碎和微粉碎定义为:

粉碎:通过撞击、剪切、研磨或其他方法使饲料颗粒变小。

微粉碎:将饲料颗粒粒度减小到0.01 mm粒级的粉碎。

(二)粉碎的作用

粉碎是配合饲料加工的最基本工序,其主要作用有以下几个方面。

1. 改善动物对饲料的消化率

饲料原料被粉碎后,破坏了饲料原有的结构,使饲料能够和消化液接触而被消化。例如,植物籽实往往具有坚硬的果皮、种皮,必须通过粉碎破坏其结构才能被动物消化利用。饲料原料被粉碎后，粒度降低，比表面积增加，增加了和消化液接触的面积，因而提高饲料的消化率，降低耗料量，改善动物生产性能，提高养殖业经济效益。

2. 为后续工序服务

饲料原料粉碎后，有利于保证混合质量。一般而言，饲料原料间物理性质差别越小，越容易混合均匀，物料粉碎粒度接近，混合均匀度越高，且混合后不易自动分级。

粉碎是成型加工的必要工序。粉碎粒度直接影响颗粒饲料生产率及颗粒质量。

3. 满足客户要求

客户对配合饲料产品粒度要求往往有差别，因而确定粉碎粒度时，必须考虑客户要求。各种原料的粉碎粒度影响配合饲料产品的感官性状，因而可通过调整个别原料的粉碎粒度而达到饲料产品理想的感官性状。

二、粉碎粒度评价

饲料的粉碎粒度通过颗粒大小、粒度均一性两方面进行评价。

(一)样品采集

粉碎半成品可在粉碎机后物料输送设备的观察口处采集，也可从配料仓入口处采集。粉料成品在包装工序采集。

(二)配合饲料粒度的测定

配合饲料产品粒度采用筛分法测定。配合饲料产品粒度测定采用两层筛筛分法测定，粉碎机性能试验、科学研究等采用十五层筛法测定。

1. 两层筛筛分法

按照GB 5917.1—2008《饲料粉碎粒度测定两层筛筛分法》，根据不同饲料产品、单一饲料等的质量要求，选用相应规格的两个标准试验筛、一个盲筛(底筛)及一个筛盖，用感量为0.01 g天平测定。测定步骤：将标准试验筛和盲筛按筛孔尺寸由大到小上下叠放。从试样中称取试料100.0 g，放入叠放好的组合试验筛的顶层筛内。将装有试料的组合试验筛放入电动振筛机上，开动振筛机，连续筛10 min。在无电振筛机的条件下，可用手工筛理5 min。筛理时，应使试验筛做平面回转运动，振幅为25～50 mm，振动频率为120～180次/min。筛分完后将各层筛上物分别收集、称重(精确到0.1 g)，并记录结果。按各层筛上物的质量分数表示产品粒度。计算公式：

$$P_i=\frac{m_i}{m}\times 100\% \tag{5-1}$$

式中，P_i 为某层试验筛上留存物料质量占试料总质量的百分数($i=1,2,3$)(%)；m_i 为某层试验筛上留存物料质量($i=1,2,3$)，g；m 为试料的总质量，g。

每个试样平行测定两次，以两次测定结果的算术平均值表示，保留至小数点后一位。筛分时若发现有未经粉碎的谷粒、种子及其他大型杂质，应加以称重并记入实验报告。试料过筛的总质量损失不得超过1%。第二层筛筛下物质量的两个平行测定值的相对误差不超过2%。

配合饲料产品质量标准中粒度指标的表述方法。我国农业行业标准《肉用仔鸡、产蛋鸡浓缩饲料和微量元素预混合饲料》(NY/T 903—2004)粒度要求全部通过孔径为2.38 mm分析筛，1.19 mm分析筛筛上物应不多于10%。微量元素预混合饲料要求全部通过孔径为

0.42 mm 分析筛,0.171 mm 分析筛筛上物应不大于 20%。国家推荐标准《仔猪、生长肥育猪配合饲料》(GB/T 5915—2008)粒度要求为:99%通过 2.80 mm 编织筛,但不得有整粒谷物;1.40 mm 编织筛筛上物不得大于 15%。我国国家推荐标准《产蛋后备鸡、产蛋鸡、肉用仔鸡配合饲料》(GB/T 5916—2008)肉用仔鸡、产蛋后备鸡配合饲料应全部通过孔径为 5.00 mm 的编织筛,产蛋鸡配合饲料应全部通过孔径为 7.00 mm 的编织筛。

2. 十五层筛法

十五层筛法(表 5-1)适合于评价粉碎质量。该方法对饲料组分质量分布分析的假定条件是粉体的重量分布符合对数正态分布。粉碎粒度用重量几何平均直径表示,粒度分布情况(即均一性)用重量几何平均标准差表示。适用于粉碎后物料为球体或方体颗粒,不适用于蒸煮压扁的片状饲料或铡过的细长碎干草。

表 5-1 饲料分析筛规格

筛号	网孔基本尺寸/mm	对应目数	筛号	网孔基本尺寸/mm	对应目数
4	4.75	4	50	0.300	50.8
6	3.35	5.5	70	0.212	72.2
8	2.36	7.6	100	0.150	101.6
12	1.70	10.2	140	0.106	149.4
16	1.18	14	200	0.075	203
20	0.850	18.8	270	0.053	300
30	0.600	25.4	底盘	0	
40	0.425	36			

3. 粉碎比

粉碎比(或粉碎度)是指物料粉碎前后的粒度比。用于反映粉碎设备的作业情况,同时,粉碎比是根据物料性质确定粉碎作业程度、选择设备类型和尺寸的主要根据之一。一般粉碎设备的粉碎比为 3~30,微粉碎和超微粉碎达到 300~1 000 以上。

大颗粒物料粉碎成细粉的粉碎作业,通过一次粉碎完成则粉碎比太大,设备的利用率低,故通常分成若干级,每级实现一定的粉碎比。在水产饲料加工中,常采用粗粉碎和微粉碎组合以达到微粉碎的目的。

三、粉碎对动物生产性能影响

粉碎粒度影响动物生产性能。

一般随猪饲料粉碎粒度降低,消化率提高,但是粉碎粒度过小,消化道溃疡率提高,甚至会引起仔猪消化道形态改变,并诱发呼吸系统疾病,且粉碎成本增加。

粉碎粒度对家禽生产性能影响较小。但对于家禽来说,尤其是产蛋鸡,粉碎粒度过小,引起采食困难,会延长采食时间,可能造成因采食量低而生产性能下降;相反,如果鸡饲料粉碎粒度偏大,会由于鸡挑食而引起饲料浪费。

饲料粉碎粒度影响反刍动物生产性能。饲料粉碎粒度降低,干物质采食量和饲料消化率提高,提高瘤胃中挥发性脂肪酸的产生速度和丙酸的比例,进而提高增重速度。奶牛日粮粉碎粒度降低,可提高产奶量,但会降低乳脂率。

粉碎粒度对饲料消化率的影响与饲料原料种类、饲料原料组成、饲料原料加工工艺等有关。在一定粉碎粒度范围内,随粉碎粒度降低,饲料消化率提高,但饲料原料种类间消化率改善程度有差异。饲料原料粉碎粒度超过一定范围,粉碎粒度降低对消化率改善影响不显著。

粉碎粒度的均一性影响动物对饲料的消化率。Wondra 等(1995)粉碎粒度对肥育猪生产性能影响的研究结果表明,干物质、氮和总能的消化率在粒度标准差较小时则较高,生产性能无任何差异。

确定饲料产品的适宜加工粒度,要考虑到适用动物种类及所处的生长发育阶段、饲料原料种类、粉碎成本及饲料加工工艺的可行性。

四、粉碎要求

配合饲料产品粉碎粒度要求粉碎粒度适当、粒度均一。不同动物饲料产品粉碎粒度要求见表 5-2。

表 5-2 不同动物饲料的适宜粉碎粒度

动物	生长发育阶段或时期	适宜粒度/mm
鸡	雏鸡	≤1.0
	中鸡、大鸡	≤2.0
	成鸡	2.0～2.5
猪	仔猪	≤1.0
	生长肥育猪	1.0
牛	哺乳牛	≤1.0
	其他牛	≤2.0
马		2.0～4.0

任务 5-2 粉碎工艺与设备配置

一、粉碎工艺

(一)依粉碎与配料工序先后划分

依粉碎与配料工序先后,粉碎工艺可分为先粉碎后配料工艺与先配料后粉碎工艺。

1. 先粉碎后配料工艺

先粉碎后配料工艺是将原料分别粉碎后再按配方配料的工艺(图 5-1)。我国大中型饲料加工企业普遍采用该工艺。

(1)工艺流程及其特点 先粉碎后配料工艺流程的优点:

①有利于发挥粉碎机工作效率,粉碎机磨损小。饲料原料分品种粉碎,可根据饲料原料的

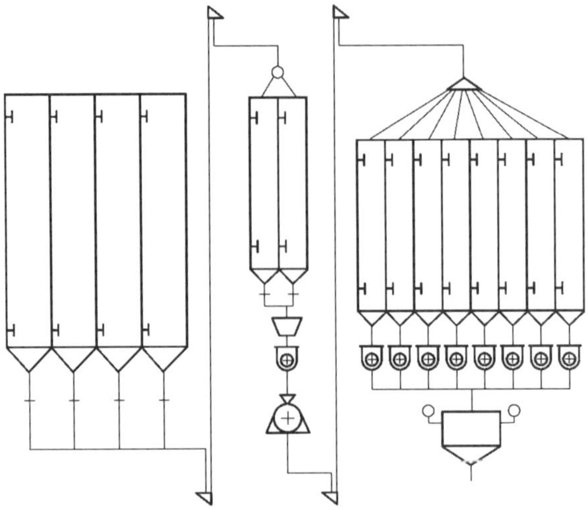

图 5-1 先粉碎后配料工艺

(引自庞声海,郝波.饲料加工设备与技术.北京:科学技术文献出版社,2001)

物理特性确定适宜的粉碎参数,粉碎机磨损较混合粉碎小,且生产率高。为保证配料工序连续作业,配料仓内要准备足够的粉状原料,粉碎机始终处于满负荷运转状态,充分发挥了粉碎机的工作效率。

②粉碎工序不直接影响整个机组生产率。可根据产量及配方情况,配置多台粉碎机,将粉碎半成品送往配料仓,因此,粉碎工序并不直接影响整个机组的生产率。在粉碎机维修、保养、更换配件时,整个机组不停产。

③易于控制产品质量。由于原料分品种粉碎,可根据配方调整原料粉碎粒度,改善产品的感官性状;采用粉料配料,配料工序供料器容易控制,易于保证配料质量;粒状原料在粉碎过程中会有水分含量等变化,原料以粉碎半成品配料,便于保证配方的执行。

④装机容量较低,单产能耗较小。与先配料工艺相比,先粉碎工艺总装机容量较低,并且单产能耗小。

⑤易于粉碎机控制。由于饲料原料单品种粉碎,容易控制粉碎机使其保证在产量高、能耗低的范围内作业。

先粉碎后配料工艺流程的缺点:

①工艺流程复杂,投资较大。由于需要配置多台粉碎机,工艺流程复杂。需要配置较多的配料仓,增加了待粉碎仓,料仓数多,尤其是大型机组,配料仓更多,建厂投资较大。

②配料仓中粉料容易结拱。原料粉碎后在配料仓中缓存,容易结拱,尤其是生产直径小的颗粒饲料时,更容易出现排料不畅的问题。

③生产品种受配料仓数控制。每日生产品种数受配料仓控制较为突出。一些大中型企业,配置了 24 个配料仓仍然不能满足需要。

(2)工艺流程的应用　该工艺流程适用于生产规模大、产品质量要求高、产品种类多、需粉碎物料在配方中占配比较小的企业采用。我国专业化饲料加工企业少,每日加工的配方多,且大多数大中型企业配合饲料产品中,浓缩饲料所占份额较大,因此,采用该工艺流程较为合理。

2. 先配料后粉碎工艺

先配料后粉碎工艺是将原料按配方配料后再进行粉碎的工艺(图 5-2)。

(1)工艺流程及其特点 先配料后粉碎工艺流程的优点:

①对需粉碎原料品种变更的适应性强。由于采用混合粉碎,需粉碎原料品种变更并不像先粉碎工艺那样受配料仓数的严格限制,不受粉碎系统的限制,因此对需粉碎原料种类变更的适应性强。

②工艺连续性强,便于实现自动化控制。

③投资相对较低。由于减少了后配料工艺的众多配料仓、粉碎机前的待粉碎仓,因而降低了饲料厂建设投资(表 5-3)。

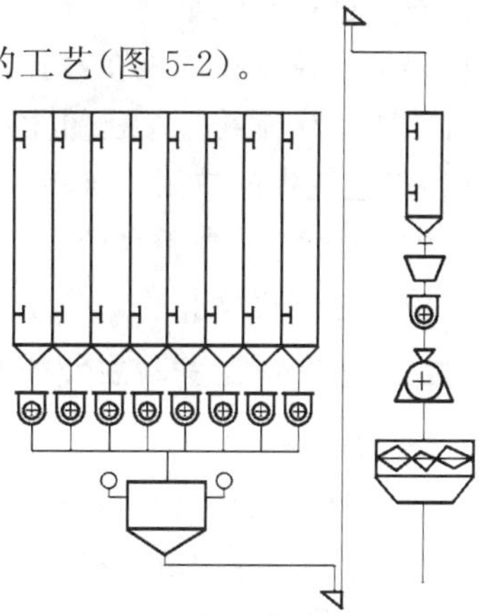

图 5-2 先配料后粉碎工艺

(引自庞声海,郝波. 饲料加工设备与技术. 北京:科学技术文献出版社,2001)

④可有效防止配料仓结拱。使用粒料配料,流动性好,不容易出现由于粉碎粒度小,原料在配料仓结拱的现象,因而该工艺最适合于生产颗粒饲料。水产饲料原料主要是加工副产品,且产品往往需要制成直径小的且质量非常高的颗粒,加工过程中需要微粉碎,采用后配料工艺会出现配料仓结拱问题,采用先配料后粉碎工艺较为理想。

表 5-3 先粉碎后配料工艺与先配料后粉碎工艺饲料厂设备参数对比

生产企业	锦州民星饲料厂	阜新大江饲料厂
设备制造商	荷兰 VANAARSEN	美国 CPM
工艺	先配料后粉碎	先粉碎后配料
颗粒饲料生产能力/(单班,t/年)	60 000	70 000
待粉碎仓数量/个	0	6
配料仓数/个	17	17
配料仓截面尺寸/m^2	2.6×2.6,2.6×1.3 两种	2.4×2.4,2.4×1.3 两种
方仓全高/m	5.4	12(节)×0.765
最大仓容/m^3	41.5	62.8
最小仓容/m^3	4.0	29.2
待粉碎仓+配料仓总仓容/m^3	0+373	272+698
粉碎机型号	1400-2D VANAARSEN	20×54 CHAMPION
单台粉碎机生产能力/(t/h)	25	20
粉碎机数量/台	1	2

引自唐志良. 先粉碎后配料与后粉碎先配料工艺解析. 南方农机,2006(6):28。

先配料后粉碎工艺流程的缺点:

①装机容量高,能耗较大。与先配料工艺相比,装机容量增加 20%~50%,能耗高 5%~12.5%。

②配料质量控制较难。由于采用粒料配料,流动性好,供料器料流控制较难。

③粉碎机控制较难，磨损严重。由于多种原料混合粉碎，粒度、软硬程度不同，很难像单一原料粉碎那样控制粉碎机在最佳工作状态，且粉碎机磨损严重。

④粉碎工序制约整个机组生产率，且当粉碎机发生故障或更换筛片时，机组停产。

(2)工艺流程的应用　该工艺流程适合于需粉碎原料种类多，配方中占配比大，且经常变更的大中型企业；适合于水产饲料专业生产厂。由于受设备投资限制，我国小型饲料加工机组常使用该工艺流程(图 5-3)。

(二)一次粉碎工艺与二次粉碎工艺

1. 一次粉碎工艺

一次粉碎工艺是指对物料采用一次粉碎作业满足产品粒度要求的工艺。按照粉碎和配料工序先后，可分为一次单一粉碎工艺(即先粉碎后配料工艺)与一次混合粉碎工艺(即先配料后粉碎工艺)。我国大多数企业采用一次粉碎工艺。该工艺具有工艺流程简单、所需设备少、投资较小的优点，但能耗较高，生产率较低，且产品粒度均一性差。

采用一次粉碎工艺粉碎大豆饼粕时，一些企业采用了改进的粉碎工艺(图 5-4)。大豆粕在进入粉碎机前，经过分级筛分级，将其中粒度合格的部分分离出来，既避免了过度粉碎，又提高了粉碎机的粉碎效率。虽然增加了设备投入，但对于保证产品质量符合用户要求，降低粉碎成本十分有利。

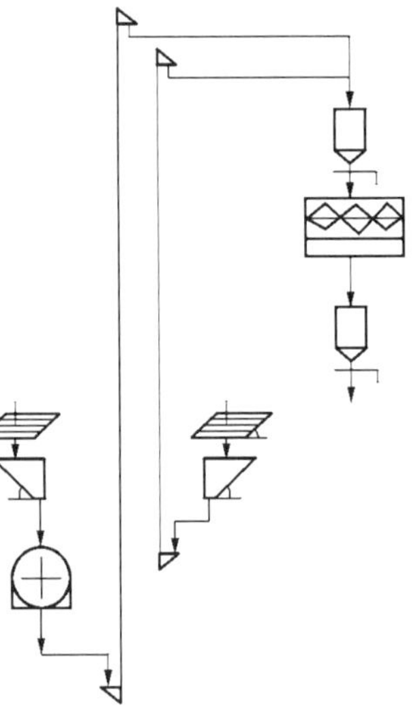

图 5-3　小型饲料加工机组工艺流程

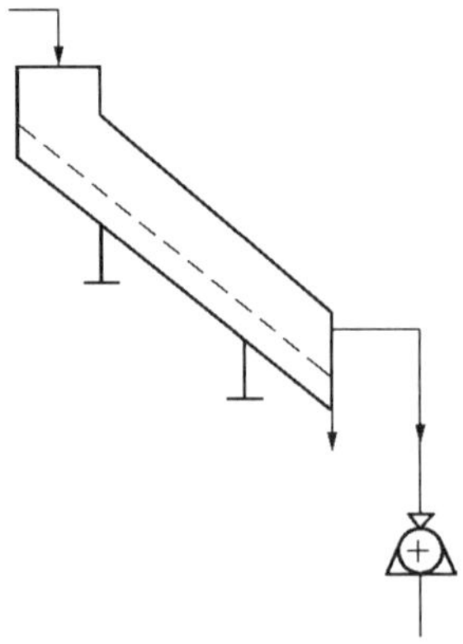

图 5-4　改进的豆粕粉碎工艺

2. 二次粉碎工艺

二次粉碎工艺是指对物料采用两次粉碎作业满足产品粒度要求的工艺。该工艺可分循环粉碎，组合二次粉碎与阶段二次粉碎。

二次粉碎工艺与一次粉碎工艺相比，粉碎效率提高，单产能耗降低，同时改善粉碎粒度的均一性，但需要增加粉碎机、分级筛等设备。

(1)循环粉碎工艺　循环粉碎工艺指在采用一台粉碎机连续作业过程中，将出机物料中过大颗粒筛出并连续送回原粉碎机粉碎的工艺(图 5-5)。

循环粉碎工艺采用大孔径的筛片，提高生产率 30%～60%，单产能耗较一次粉碎降低

30%～40%，降低了对物料的过度粉碎，提高了饲料粒度的均一性。该工艺适合于原料粉碎粒度小的粉碎作业。采用该工艺粉碎颗粒饲料原料，尤其是生产水产动物颗粒饲料原料，对提高粉碎效率，降低粉碎成本更有优越性。

(2)组合二次粉碎工艺　采用对辊式、锤片式二台粉碎机作业，饲料经对辊式粉碎机初碎，将出机物料中大颗粒筛出，送入锤片式粉碎机进行二次粉碎(图5-6)。

组合二次粉碎工艺采用对辊式粉碎机初碎，发挥其粉碎速度大、能耗低的优点，其对高纤维物料破碎性能差的缺陷由后续的锤片式粉碎机弥补。采用这种组合二次粉碎，有粉碎生产率高、能耗低、物料升温低、粉碎粒度均匀等优点，但是当原料含水量高时，采用该工艺效果不理想。

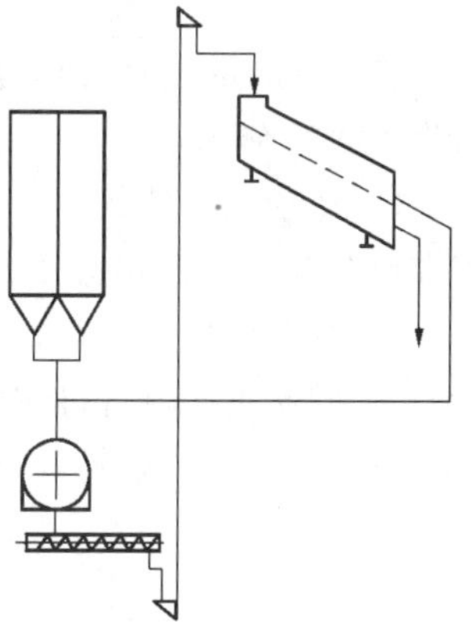

图5-5　循环粉碎工艺

(3)阶段二次粉碎工艺　采用二台锤片式粉碎机作业，饲料经第一台粉碎机初碎，将出机物料中大颗粒筛出，送入第二台粉碎机进行二次粉碎(图5-7)。

阶段二次粉碎工艺虽然在生产率、单产能耗上不及组合二次粉碎，但是其对物料的适应性好，不受饲料软硬度、含水量等因素的限制。

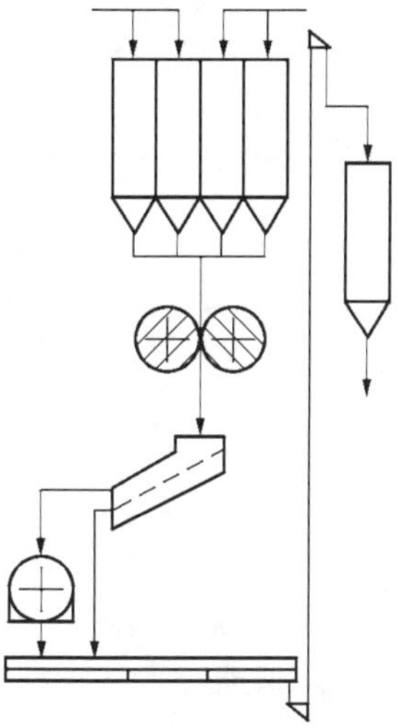

图5-6　组合二次粉碎工艺

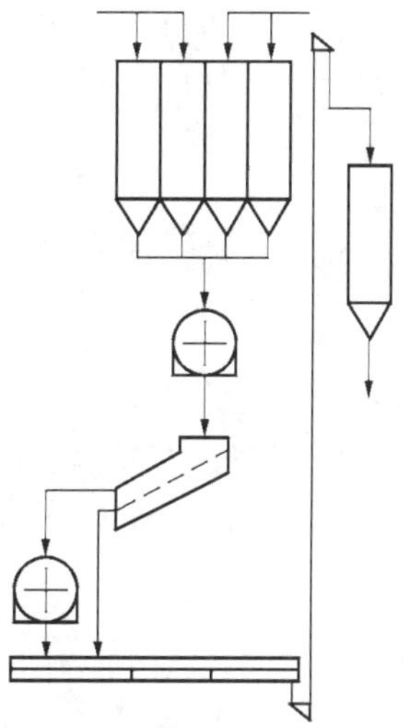

图5-7　阶段二次粉碎工艺

(引自毛新成．饲料加工工艺与设备．北京：中国财政经济出版社，1998)

二、粉碎设备配置

(一)待粉碎仓及缓冲仓

1．待粉碎仓的作用

粉碎机前配置待粉碎仓，使粉碎机能连续作业，充分发挥粉碎机的工作效率，降低能耗；便于更换待粉碎原料；便于出现故障时维修，便于更换筛片等作业。

2. 待粉碎仓的数目及仓容

待粉碎仓的数目及仓容与整个机组设计生产能力、需要粉碎物料所占配比、投资规模、自动化程度等有关。

(1)待粉碎仓的数目　为更换原料需要，每台独立的粉碎机至少应配置2个待粉碎仓；采用多台粉碎机待粉碎仓公用时，平均每台粉碎机至少1个待粉碎仓。

(2)仓容的确定　待粉碎仓容积根据机组生产能力、需粉碎物料所占配比、物料容重、贮存时间、车间高度限制等确定。

按照单台粉碎机计算，待粉碎仓仓容计算公式：

$$V=\frac{Q_{机} \cdot t}{\gamma \cdot R} \tag{5-2}$$

式中，V 为待粉碎仓仓容，m^3；$Q_{机}$ 为粉碎机台时产量，kg/h；t 为待粉碎物料贮存时间，一般为0.5～2 h；γ 为物料容重，kg/m^3；R 为仓容利用系数，一般取0.85。

按照粉碎系统生产能力计算，待粉碎仓仓容计算公式：

$$V=\frac{Q \cdot t \cdot \eta}{\gamma \cdot R \cdot n} \tag{5-3}$$

式中，V 为待粉碎仓仓容，m^3；Q 为机组设计时产量，kg/h；t 为待粉碎物料贮存时间，一般为0.5～2 h；η 为需要粉碎物料在配方中的配比，%；γ 为物料容重，kg/m^3；R 为仓容利用系数，一般取0.85；n 为待粉碎仓数。

3. 缓冲仓仓容

采用先配料后粉碎工艺时，粉碎机前、混合机前均要配置缓冲仓。缓冲仓的仓容与混合机容积相等即可。

(二)磁选装置

为保障粉碎机安全运行，在粉碎机前应配置磁选装置。一般在清理工序配置了磁选设备，但多数供料器内部还带有磁选装置，确保安全。

(三)供料器

1. 供料器的作用

在粉碎机前配置供料器，保证供应粉碎机均匀稳定的料流，并能根据粉碎机的负荷状况调整供料量，使粉碎机维持在较佳的工作状态，以提高生产率，降低能耗。

2. 对供料器的要求

供料器应稳定、均匀供料。

为保证粉碎机能够保持在最佳的工作状态运行，保证安全运行，供料器电机应该安装自动负荷调节装置，以保证供料器根据粉碎机工作状况调整料流。安装自动负荷调节装置后，当粉碎机工作电流低于最佳工作电流范围，供料器提高供料速度；当超出最佳电流范围，则降低供料速度。

(四)粉碎机

1. 对粉碎机的要求

①粉碎粒度可根据工艺需要进行调节，通用性好；粉碎产品粒度均匀，粉末少，粉碎物料不

产生高热；

②安全措施完善，保障安全运行；

③能方便连续进料和排料；

④动力消耗小，单产能耗低；

⑤工作部件耐磨、更换便捷、使用维修方便；

⑥作业过程中粉尘少、噪声小。

2. 饲料粉碎机相关的标准

饲料粉碎机相关的现行的国家标准及行业标准有：GB/T 6971—2007《饲料粉碎机试验方法》、中华人民共和国农业行业标准 NY 644—2002《饲料粉碎机安全技术要求》、NY/T 1554—2007《饲料粉碎机质量评价技术规范》、NY/T 1230—2006《饲料粉碎机　筛片和锤片质量评价技术规范》、中华人民共和国机械行业标准 JB/T 9822.1—2008《锤片式饲料粉碎机　第1部分：技术条件》、JB/T 9822.2—2008《锤片式饲料粉碎机　第2部分：技术条件锤片》等。

3. 粉碎机的生产能力

在确定粉碎系统生产能力时，考虑到生产中更换待粉碎原料所需时间、不同饲料原料间粉碎难易程度与粉碎粒度对生产率的影响等因素，一般粉碎系统的生产能力留 30%的裕量。

粉碎系统的生产能力计算公式：

$$Q_{机} = \frac{Q \cdot \eta \times 1.3}{k} \tag{5-4}$$

式中，Q 为机组设计时产量，kg/h；$Q_{机}$ 为粉碎系统生产能力，kg/h；η 为需要粉碎物料在配方中的配比，%；1.3 为粉碎系统留 30%的裕量；k 为粉碎机工作系数，$k=0.8\sim0.9$。

粉碎机的台数可采用式(5-5)计算：

$$n = \frac{Q_{机}}{Q'} \tag{5-5}$$

式中，n 为粉碎机台数；$Q_{机}$ 为粉碎系统生产能力，kg/h；Q'为每台粉碎机生产能力，kg/h。

对于先配料后粉碎工艺，粉碎系统生产能力配置要比先粉碎工艺提高 20%～30%，以保证批次间不交叉。

粉碎机的配用功率采用下式计算：

$$N = (6.4 \sim 10.5)Q \tag{5-6}$$

式中，N 为粉碎配用功率，kW · h；Q 为粉碎系统生产能力，kg/h；k 为系数(6.4～10.5)，粗碎取 6.4，细碎取 10.5。

4. 粉碎机筛片配置

常用配合饲料生产中所用筛片筛孔直径为：猪料 2 mm、雏鸡 2 mm、中鸡 4 mm、蛋鸡 6 mm、中鸭 5 mm、蛋鸭 7 mm。

5. 粉碎机后的排料装置

粉碎机后应配置相应的排料机构。排料装置的配置参考粉碎设备。

(五)分级筛

采用循环粉碎工艺在粉碎机后，阶段二次粉碎工艺与组合二次粉碎工艺第一台粉碎机后，先配料后粉碎工艺粉碎机前配置分级筛，其生产能力为粉碎机生产能力的115%～125%。

(六)输送设备

1. 对输送设备的要求

粉碎机后输送设备应根据实际工艺布局选择。

粉碎机后，配置刮板式输送机、斗式提升机、流管(自流管)、旋转式分配器是比较合理的，便于控制产品质量，不容易造成交叉污染。一些企业在粉碎机后水平输送配置螺旋输送机，在配料仓顶端配置的螺旋输送机＋闸门分配，均容易造成粉碎后的半成品的交叉污染，质量控制难度较大。

粉碎后配置气力输送，无残留，有效地防止了交叉污染，但是噪声大，功耗大，不适合现代企业要求。

2. 输送能力配置

为防止输送设备过载，粉碎机后输送设备应在粉碎机生产能力基础上，增加20%的裕量。

粉碎工序从待粉碎仓开始至入配料仓。投资规模不同，采用的粉碎工艺不同，设计生产能力不同，对饲料质量要求不同，选配的设备有所差别。

任务5-3 粉碎设备

一、供料设备

供料设备的作用是在粉碎机前配置供料器，保证供应粉碎机稳定的料流，使粉碎机安全、正常工作，并维持在较佳的工作状态，以提高生产率，降低能耗。

为保证粉碎机能够保持在最佳的工作状态运行，保证安全运行，粉碎机上应该安装负荷自动控制仪，以保证供料器能根据粉碎机工作状况(额定电流)自动调整供料量，使粉碎机电动机工作电流处于最佳工作电流范围。

(一)负荷自动控制仪

负荷自动控制仪通过检测粉碎机电动机的电流值情况，与设定的电流值进行比较，然后输出控制信号给变频器或电磁调速控制器，使供料器的电动机的转速改变或频率改变，从而自动调整供料器的供料量。图5-8为变频调速自动控制供料系统。

(二)供料器

常见的供料器(又称喂料器、给料器等)有螺旋供料器、叶轮供料器、电磁振动供料器、皮带式供料器和气动自动控制供料器等。

1. 螺旋供料器

螺旋供料器又称螺旋给料器或螺旋喂料器，它的构造如图5-9所示，主要由料斗、闸门、机槽、螺旋体、传动装置、进出料口等组成。它的工作原理与螺旋输送机相同。饲料厂采用变频器控制电动机或电磁调速电动机通过传动装置来带动螺旋供料器供料，以实现变速供料，调节供料量的多少。螺旋供料器以其结构简单，工作可靠，操作维护方便，而应用最广。

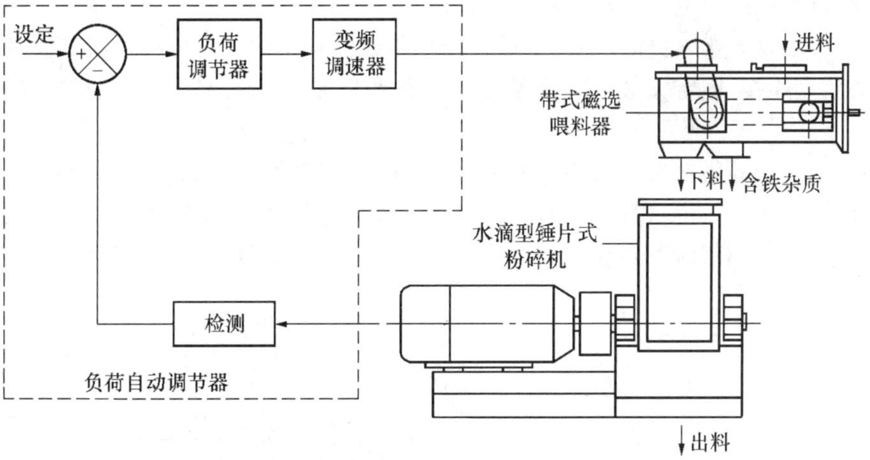

图 5-8 变频调速自动控制供料系统

(引自庞声海,郝波．饲料加工设备与技术．北京:科学技术文献出版社,2001.11)

2. 叶轮供料器

叶轮供料器(图5-10)由自清式磁选机构、进出料口、叶轮传动装置、叶轮、壳体和调风板等组成。叶轮由电动机、传动装置带动,通过负荷自动控制仪和变频器根据粉碎机的电流值控制其转速(15～30 r/min),实现自动调节供料量。工作时,物料通过进料口到叶轮处,然后经自清式磁选机构去除铁杂后进入粉碎机。这种供料器进料稳定,调节方便可靠,电动机电流波动小,可在不停机状态下清除铁杂质。

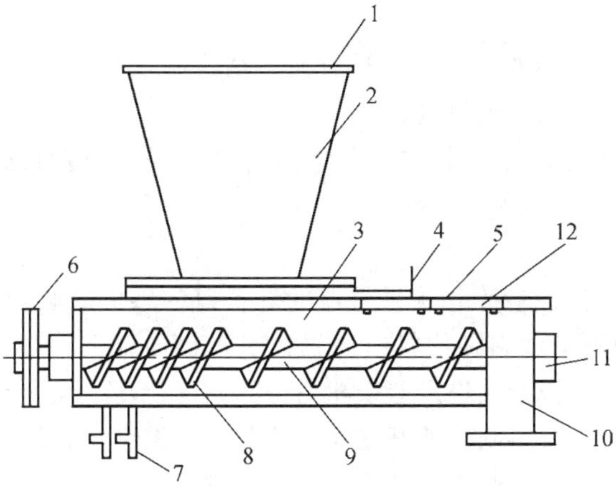

图 5-9 螺旋供料器

1. 进料口 2. 料斗 3. 输送槽 4. 闸门 5. 检查门 6. 链轮 7. 电机机座 8. 螺旋体 9. 管轴 10. 出料口 11. 轴承 12. 盖板

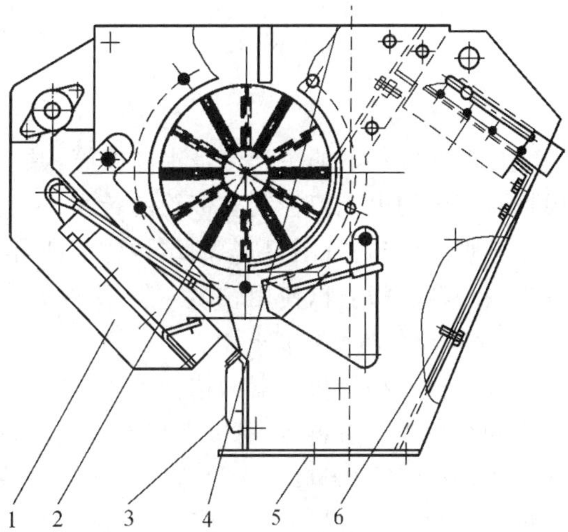

图 5-10 叶轮供料器

1. 自清式磁选机构 2. 叶轮 3. 接杂袋 4. 进料口 5. 出料口 6. 调风板

(引自庞声海,郝波．饲料加工设备与技术．北京:科学技术文献出版社,2001.11)

3. 电磁振动供料器

电磁振动供料器的构造如图5-11所示,主要由料槽、电磁振动器、减震器、吊架、吊钩、法兰盘、进出料口等组成。电磁振动供料器的进出料口分别通过用帆布袋与待粉碎仓和粉碎机进料口相连，做成软连接，这样才能使电磁振动供料器的料槽能自由振动。帆布袋利用压板通过螺钉与法兰盘连接，固定夹紧。减震器安装在吊架上，利用吊钩将电磁振动供料器吊在固定支架上。

工作时，电磁振动供料器通过电磁振动器的驱动，使料槽沿倾斜方向做周期性的往复振动，物料整体向前运动。供料量的调节可通过调节振动器的振动频率来实现。电磁振动供料器的驱动功率小、振幅瞬时可达稳定值。缺点是工作噪声大、调速时灵敏度过大。

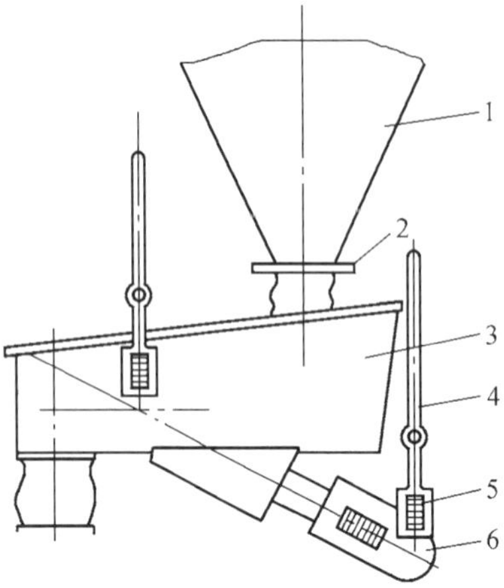

图 5-11 电磁振动供料器

1. 待粉碎仓 2. 法兰盘 3. 料槽
4. 吊钩 5. 减震器
6. 电磁振动器

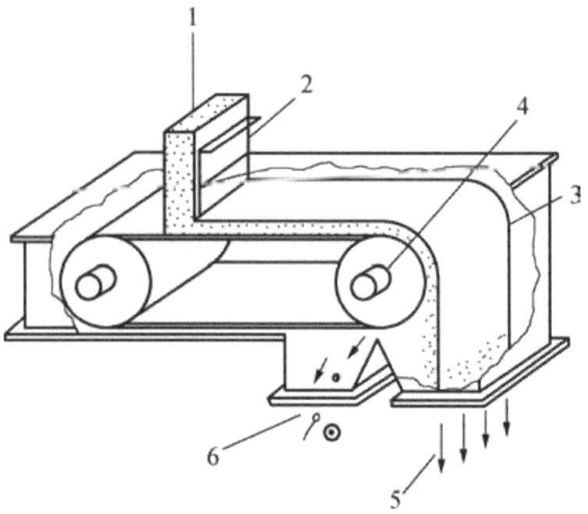

图 5-12 皮带式供料器

1. 进料口 2. 调节门 3. 皮带 4. 永磁滚筒
5. 出料口 6. 排杂口
（引自曹康．现代饲料加工技术．
上海：上海科学技术文献出版社，2003.10）

4. 皮带式供料器

皮带式供料器的主动轮是永磁滚筒，通过皮带输送物料。通过负荷自动控制仪和变频器根据粉碎机的电流值控制皮带轮的转速，实现自动调节供料量。

皮带式供料器（图 5-12）的结构较复杂，但流量易控、供料均匀平稳、自动去除铁杂、适用范围广、粉料粒料均可，使用较多。

5. 气动自动控制供料器

气动自动控制供料器的结构见图 5-13，物料自待粉碎仓从供料器的进料口的感应式料位器感知待粉碎仓有料后，可以开启放料闸门，否则不放料。物料通过放料闸门和导流板，经风选和磁选后，从出料口进入粉碎机。泥沙石块等非铁杂质进入储杂斗，打开去石门清除。铁杂质被吸附在平板磁铁上，定期打开除铁杂门清除。放料闸门的开度通过负荷自动控制仪，根据粉碎机电动机的负荷电流大小与设定的负荷电流进行比较，提高气动系统控制气动膜片阀调节，调节放料闸门的开度即可调节供料量。

该供料器可与粉碎机吸风系统的风机进行联锁控制，风机不运转时，负荷自动控制仪不工作。在负荷自动控制仪或气动系统有故障时，可用手动放料手柄控制放料。

二、饲料粉碎机

粉碎机是通过撞击、剪切、研磨或其他方法使饲料颗粒变小的机器。

粉碎机的种类很多，根据物料粉碎后形成的产品粒度可分为粗碎机、中碎机、微粉碎机、超微粉碎机。根据粉碎机的结构特征可分为锤片式粉碎机、爪式粉碎机、磨盘式粉碎机、辊式粉碎机等。

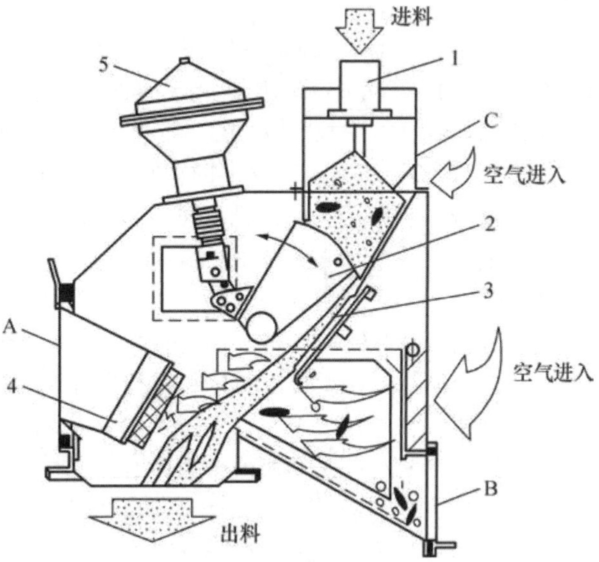

图 5-13 气动自动控制供料器

1. 感应式料位器 2. 放料闸门 3. 导流板 4. 永磁铁板 5. 气动膜片阀 A. 除铁杂门 B. 去石门 C. 可调进气门

(一)饲料粉碎的方法

粉碎是利用机械的方法克服固体物料内部的凝聚力而将其分裂的一种工艺，即是依靠机械力将物料由大块碎成小块的一种操作。饲料粉碎的方法常采用击碎、磨碎、压碎或锯切碎等方法，如图 5-14 所示。

1. 击碎

击碎(图 5-14a)是利用安装在粉碎室内的高速旋转的工作部件(如锤片、齿爪等)对物料进行撞击，从而对物料进行破碎的一种方法。利用这种方法粉碎物料的粉碎机有锤片式粉碎机和爪式粉碎机，它的特点是生产效率高，适应性好，除含水量较高的饲料外，几乎所有的饲料均可粉碎，并且可以达到较细的产品粒度，产品粒度相对均匀、产生粉末少，在饲料粉碎中应用较多，但它的能耗较高。

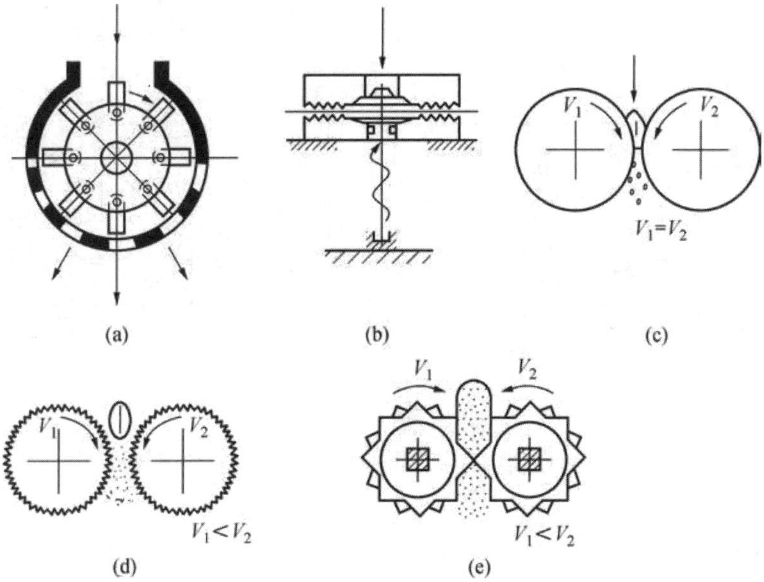

图 5-14 饲料粉碎的方法

(a)击碎 (b)磨碎 (c)压碎 (d)、(e)锯切碎

2. 磨碎

磨碎(图 5-14b)是利用两个刻有齿槽的磨盘的尖硬表面对物料进行切削和摩擦,从而对物料进行碎裂的一种方法。利用两磨盘的正压力来对物料进行压碎,并且由于两磨盘有相对运动,所以对物料又有摩擦作用,在正压力和摩擦力的共同作用下,达到对物料碎裂的目的。这种方法适合加工干燥而且不含油的物料,可根据需要将物料磨成各种粒度的产品,但产品含粉末较多,温升也较高。这种方法在饲料加工中应用越来越少。

3. 压碎

压碎(图 5-14c)是利用两个表面光滑的压辊,以相同的线速度相对转动,对物料进行挤压,从而将物料进行压碎的一种方法。利用两压辊的压力压碎物料,对物料的粉碎不充分,在饲料加工过程中应用很少,主要用于对饲料进行压片,如压扁燕麦作马的饲料。

4. 锯切碎

锯切碎(图 5-14d、e)是利用两个表面有齿而线速度不同的磨辊,对物料进行锯切从而碎裂的一种方法。其中磨辊工作面上的齿有锐利的切削角的磨辊,适合于制作面粉或粉碎谷物饲料,并且可获得各种不同粒度的产品,产生的粉末也比较少,但这种方法不适宜用来粉碎含油或含水量大于 18%的饲料,因为这时齿易堵塞,饲料发热。利用这种方法粉碎物料的粉碎机称为对辊式粉碎机。生产细小的颗粒料时,经常把饲料制成较大颗粒,然后采用碎粒机破碎,可以节省耗电量。

(二)锤片式粉碎机的类型

锤片式粉碎机因其结构简单、通用性强、生产效率高、使用维修方便等特点,在饲料加工过程中被广泛使用。锤片式粉碎机的分类常用按进料方向和按粉碎室及筛片的布置形式划分。

1. 按进料方向的不同

锤片式粉碎机可分为切向进料式、轴向进料式和径向(顶部)进料式三种,如图 5-15 所示,在大中型饲料企业中径向进料式粉碎机应用最多。

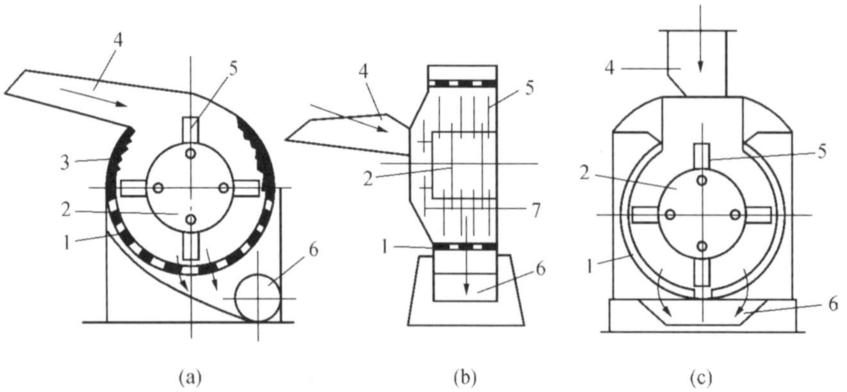

图 5-15 锤片粉碎机类型

(a)切向进料式 (b)轴向进料式 (c)径向(顶部)进料式

1. 筛片 2. 转子 3. 齿板 4. 进料口 5. 锤片 6. 出料口 7. 动刀

(1)切向进料式粉碎机 切向进料式粉碎机(图 5-15a),物料沿粉碎室的切线方向进入,筛片多为半圆形底筛,上机体安有齿板,是一种通用型粉碎机,适应性广,容易操作,但其工作时需要有配套设备，体积比较庞大，耗能高，工作时噪声和粉尘比较大，一般用在养殖户及小型饲料加工机组中。其主要结构见图 5-16。

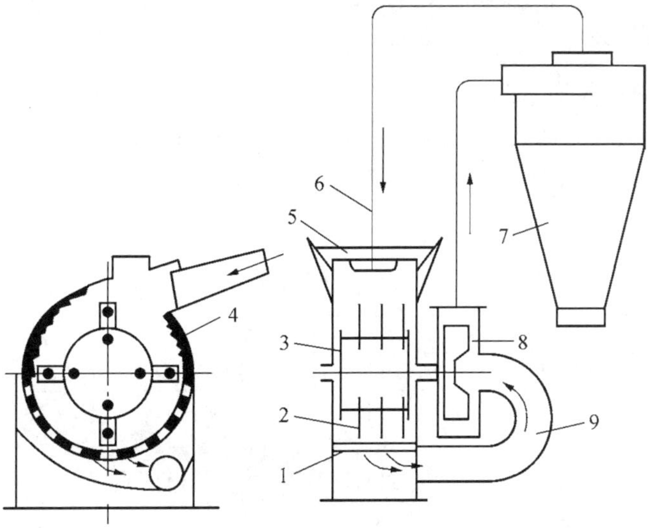

图 5-16 切向进料式粉碎机

1. 筛片 2. 锤片 3. 转盘 4. 齿板 5. 进料斗
6. 回风管 7. 旋风分离筒 8. 风机 9. 吸料管

(2)轴向进料式粉碎机 轴向进料式粉碎机(参见图 5-15b)多是依靠安装在转子上的叶片起风机作用将物料吸入粉碎室，所以这种粉碎机又称为轴向自吸式粉碎机。轴向进料式粉碎机的转子为悬臂式，转子的周围是环筛。它的特点是粉碎室宽度小，结构简单，筛片包角大，能自动吸料，生产效率比较高，适合于小型加工机组和畜禽厂饲料加工间。特别是带有切刀的轴向进料式粉碎机，能够粉碎茎秆类饲料。还有立式粉碎机是采用三个进料口从轴向进入粉碎机。

(3)径向(顶部)进料式粉碎机 顶部径向进料式粉碎机(参见图 5-15c)，物料由粉碎室顶部径向进入粉碎室。整个机体左右对称，转子可正转或反转。当锤片的一侧磨损后，通过改变位于粉碎室上方的导向机构的方向来改变物料进入粉碎室的方向，通过联动机构的作用，转子反转，这样可省去调换锤片的时间。径向进料式粉碎机的筛片包角大于 300°，有利于排料，生产效率高。最近十年来采用顶部径向进料的水滴形粉碎机居多。

2. 按粉碎室及筛片的布置形式

按粉碎室及筛片的布置形式的不同，可分为有筛式(底筛式、环筛式、侧筛式)、无筛式和水滴形粉碎室粉碎机。

水滴形粉碎室粉碎机因粉碎室形状如水滴而得名，是径向进料式锤片粉碎机的一种变形。粉碎机粉碎物料时，物料被加速后形成沿筛片内表面运动的环流层。由于离心力的作用贴近筛面的环流层外层粗料多，靠近转子的环流层内层细料多，这样不利于细料排出，降低了生产率。这时可将其粉碎室设计成水滴形，筛片做成水滴形状，目的是破坏物料环流层，提高破碎能力和过筛能力，提高了生产率，降低电耗。按筛片结构的不同，水滴式粉碎机又分为全水滴筛式和部分齿板式。后者的筛片包角只有 270°，在粉碎室的顶部安装齿板，这种形式可以提高筛片的使用寿命，但效率较前者要低。

3. 按转子轴的位置

按转子轴的位置的不同，可分为立式和卧式锤片粉碎机。卧式锤片粉碎机目前应用最为广泛，立式锤片粉碎机是近年来新研发的一种新型粉碎机，与卧式锤片粉碎机相比，立轴转子周围既有环筛，底部还有底筛，筛里面积增大，效率高。

(三)锤片式粉碎机的构造和工作过程

锤片式粉碎机在我国已形成系列产品，其中 SFSP 系列顶部径向进料式锤片式粉碎机是专门为饲料加工设计的主要专业设备，还有一部分是原机械部设计生产的 9FQ 系列型号的切向进料式锤片式粉碎机，它们的技术参数分别见表 5-4 和表 5-5。

表 5-4 SFSP 系列锤片式粉碎机的主要技术参数

项目		型号				
		SFSP112×60	SFSP112×40	SFSP112×30	SFSP56×40	SFSP56×36
转子直径/mm		1 080	1 080	1 080	560	560
粉碎室宽度/mm		600	400	300	400	360
主轴转速/(r/min)		1 480	1 480	1 480	2 950	2 940;2 930
锤片线速度/(m/s)		84	84	84	86	86
锤片数量/片		64	40	32	24	20
配备动力/kW		160;132	110;90	75;55	37;30	30;22
电动机型号		$Y315L_1$-4; Y315M-4	Y315S-4; Y280M-4	Y280S-4; Y250M-4	$Y200L_2$-2; $Y200L_1$-2	$Y200L_1$-2; Y180M-2
减震器型号		JG3-7(8 只)	JG3-7(6 只)	JG3-6(6 只)	JG3-4(6 只)	JG3-4(4 只)
重量/kg		2 340;1 932	1 950;1 610	1 510;1 340	790;711	600;540
正常风量/(m^3/min)		70;55	50;45	38;33	25;22	22;18
产量/(t/h)		25;20	18;15	12;9	6;5	5;3.5
外形尺寸/mm	长	2 450;2 360	2 160;1 891	1 741	1 628	1 496
	宽	1 360	1 360	1 360	800	800
	高	1 550	1 550	1 550	1 000	1 000

注：产量指在粉碎含水量不大于 14%、容重不低于 0.72 t/m^3 的玉米，用开孔率不低于 33%、筛孔直径 3 mm 的筛片时的生产量。

引自庞声海，郝波. 饲料加工设备与技术. 北京：科学技术文献出版社，2001. 11。

表 5-5 9FQ 系列锤片粉碎机的主要技术参数

项目	型号		
	9FQ-40	9FQ-50	9FQ-60
转子直径/mm	400	500	600
粉碎室宽度/mm	202	273	450
锤筛间隙/mm	12±2	12±2	上 20，下 16
主轴转速/(r/min)	4 000	3 450	2 570
锤片线速度/(r/min)	84	90	80.6
筛片宽度/mm	200	270	450
筛片包角(°)	180	180	300

续表5-5

项目		型号		
		9FQ-40	9FQ-50	9FQ-60
筛孔直径/mm		1.2～2	1.2～2	2～3
锤片数量/片		12	12	32
配备动力/kW		7.5～10	13～17	30～40
机器重量/kg		164	230	560
外形尺寸/mm		945×830×2 365	1 280×1 140×950	878×859×1 302
生产率/(kg/h)	玉米	500	950	4 040
	谷壳	190	300	—
	稻草	120	180	—

注：测定玉米生产率时，使用的筛片孔径依次为 ϕ1.2 mm、ϕ1.2 mm 和 ϕ2.0 mm。

引自庞声海，郝波. 饲料加工设备与技术. 北京：科学技术文献出版社，2001.11。

1. 锤片式粉碎机的构造

图 5-17 所示为顶部径向进料式水滴形锤片式粉碎机的一般构造，主要由机座、操作门、进料导向机构、转子、筛片、排料设备和减震器等组成。转子由主轴、锤架板和锤片等构成，由轴承支承在机体内，是锤片式粉碎机的主要运动部件。锤片通过销轴连在锤架板上，锤片之间用隔套隔开，按一定规律沿轴向排列。机座由减震器支承，内安装筛片，与上机壳内安装的筛片或齿板将转子包围，与粉碎机侧壁一起构成粉碎室。打开操作门可方便地换筛，筛片采用快启式机构，能可靠压紧。

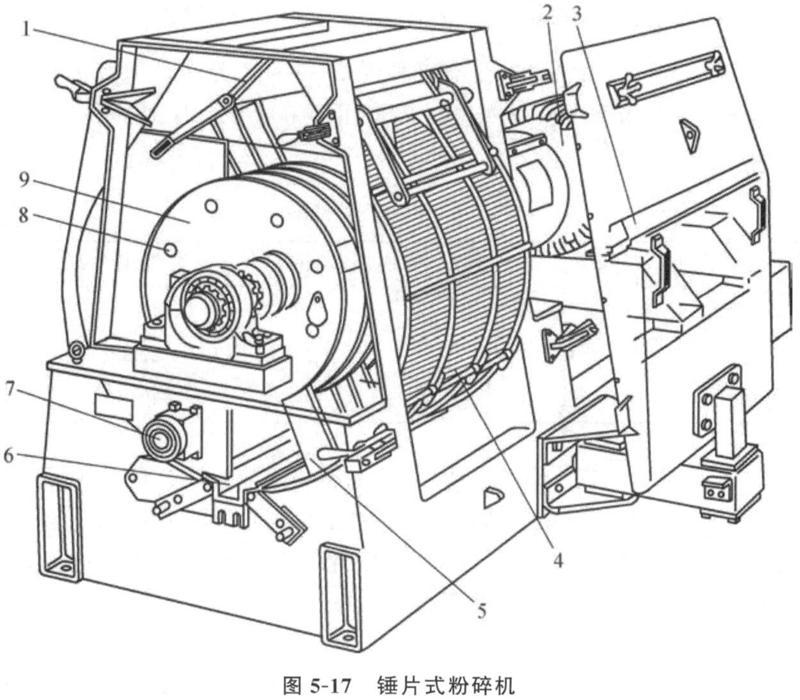

图 5-17 锤片式粉碎机

1. 进料导向板 2. 电动机 3. 操作门 4. 筛片 5. 锤片 6. 底槽 7. 主轴 8. 销轴 9. 锤架板

2. 锤片式粉碎机的工作过程

工作时,物料由进料管进入料斗,经过磁选器(图 5-17 中未画)时除去其中的金属杂质,通过导向机构,进入到粉碎室,受到高速旋转的锤片打击飞向筛片,受到撞击同时又受到摩擦作用,反弹后又受到高速旋转的锤片打击。经过反复的打击、撞击和摩擦,逐渐将物料粉碎,在离心力和气流的作用下,被粉碎的物料经筛孔落下,经出料口、排料设备排出。由于该机采用水滴型结构,能够有效地破坏环流层,提高粉碎效率。加上底槽可使被打击的饲料料层重新翻动分层、进一步打击破碎,提高粉碎机的过筛能力和产量。

(四)锤片式粉碎机的主要工作部件

锤片式粉碎机的主要工作部件有锤片、筛片、齿板等。

1. 锤片

锤片是锤片式粉碎机的核心工作部件,同时也是粉碎机的易损部件,它通过销轴连接在锤架板上,锤片之间用隔套隔开用。锤片的形状尺寸、工作密度、排列方式、材料材质及制造工艺,对锤片式粉碎机的粉碎效率和产品质量的影响很大。

(1)锤片的形状、尺寸　锤片的形状很多,如图 5-18 所示。其中矩形锤片应用的最多,因为它的通用性好、制造简单、节约材料。矩形锤片有两个销孔,其中一个孔穿在销轴上,四个角可以轮换来工作。为了提高它的使用寿命,也可在锤片的四个角的位置堆焊耐磨合金。试验表明,锤片的长度适当,有利于提高度电产量(过长则金属耗量增加,度电产量降低)。薄的锤片粉碎效率高,但使用寿命相对缩短。到底用多大尺寸的锤片,与粉碎物料和机型大小有关。我国的锤片式粉碎机的锤片已经标准化,有三种规格,并且都是矩形双孔锤片,其规格尺寸见表 5-6,其中Ⅰ型锤片主要用于小型锤片式粉碎机,Ⅱ型和Ⅲ型锤片主要用于大、中型锤片式粉碎机。

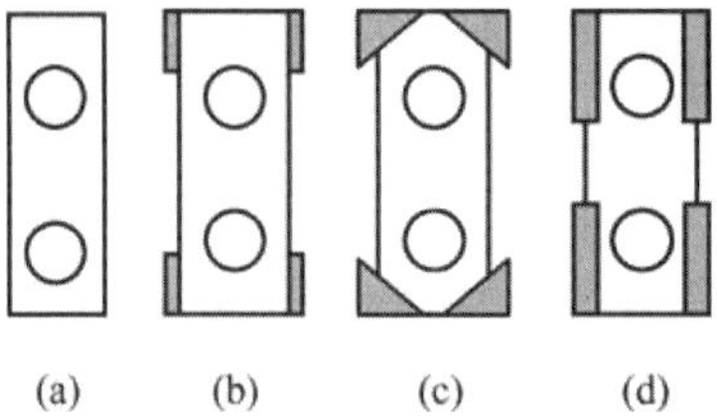

图 5-18　锤片形状

(a)矩形　(b)、(c)、(d)堆焊锤片

表 5-6　标准锤片规格　mm

型式	长度 l	销孔至远端距离 h	宽度 b	销孔直径 d	厚度 δ
Ⅰ	120	90±0.30	40	16.50	2;5
Ⅱ	180	140±0.30	50	20.50	5;8
Ⅲ	140	100±0.30	60	30.50	5;8

(2)锤片的材料及制造工艺　锤片要耐磨,并要有一定的韧性。目前我国使用的锤片一般用低碳钢、中碳钢、特种铸铁等材料制造,并要经过热处理或表面硬化处理(包括表面渗碳、淬火及对工作棱角堆焊耐磨合金等),这样能很好地改善锤片的耐磨性能和提高其使用寿命。如低碳钢作锤片材料时,要经过渗碳淬火处理,这种方法制造的锤片工艺简单,成本低,锤片表面硬、内层软,具有一定耐磨性。但如果渗碳层磨损后,内层则磨损会很快。中碳钢作锤片材料时,需局部淬火处理,并且锤片使用 60～100 h 时,要换角使用。延长锤片使用寿命的一个最有效方法,就是对锤片的表面硬化处理,即对锤片的四个工作角堆焊耐磨合金,可有效提高使用寿命,最常见的是堆焊碳化钨合金(焊层厚 1～3 mm)。

(3)锤片的排列方式 锤片的排列方式是指转子上各组锤片之间及同组锤片之间的相对位置关系。锤片的排列方式,与转子的平衡、物料在粉碎室内的分布、锤片磨损的均匀程度等有直接关系。锤片排列最好能达到以下要求:每个锤片的运动轨迹都不要重复,沿粉碎室宽度上锤片运动轨迹分布要均匀,使物料不会在粉碎室内发生向一侧偏移的现象,保证转子受力的平衡,使其高速运转时不会产生振动。常见的锤片排列方式有四种,如图 5-19 所示为其平面展开图。

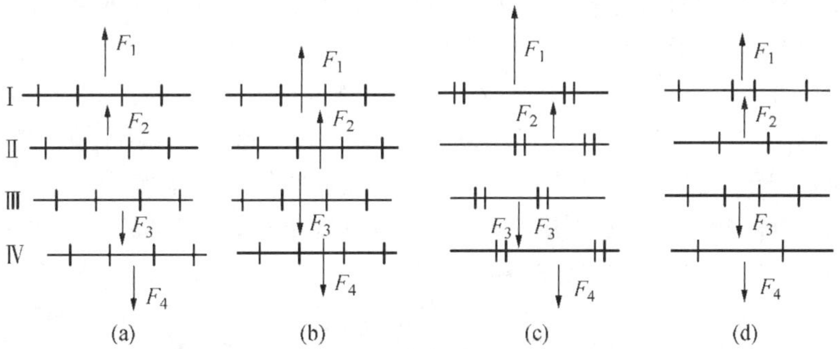

图 5-19 锤片的排列形式

(a)单螺旋线排列 (b)对称平衡排列 (c)交错平衡排列 (d)对称交错排列

①螺旋线排列。这是一种最简单的排列方式,有单螺旋线排列和双螺旋线排列两种。这种排列方式的特点是排列简单,锤片分布均匀,锤片的运动轨迹不重复。但由于锤片的运动轨迹为螺旋线,会使物料向粉碎室的一侧推移,造成锤片受力不均,物料偏移多的一侧,锤片磨损加剧。同时由于销轴Ⅰ和Ⅲ、Ⅱ和Ⅳ上离心力的合力不平衡,转子转动时,机器振动大。因此,这种锤片的排列方式只用在配套动力较小、转速较低的小型粉碎机或工艺需要的粉碎机上。

②对称平衡排列。即对称销轴Ⅰ和Ⅲ、Ⅱ和Ⅳ上的两组锤片对称安装。这种排列方式的特点是,转子运转平稳(因为对称两销轴所受的离心合力可以相互平衡),粉碎室内物料分布均匀,锤片磨损同步。锤片安装方便,所需要的隔套种类少。现在饲料加工中常用的 SFSP 系列锤片粉碎机的锤片采用的就是这种排列方式。但是,此种排列方式,在销轴上相互对称的锤片的运转轨迹是重复的,所以,要保持同样的锤片密度,需要的锤片的数目要成倍增加。

③交错平衡排列。有单锤片和双锤片交错平衡排列两种。交错平衡排列的锤片的轨迹均匀、不重复,对称销轴上所受的离心力的合力相互平衡,但工作时物料会略有偏移,并且锤片定位需要的隔套种类较多,锤片的安装、更换不方便。

④对称交错排列。这是最好的也是应用较广的一种排列方式,采用这种方式排列的锤片左右对称,轨迹均匀、不重复,物料不发生推移,并且四根销轴所受离心力的合力相互平衡,转子的平衡性能好。同样此种排列方式需要的锤片隔套种类也较多。

2. 筛片

筛片是锤片式粉碎机的最主要工作部件,同时也是易损件。筛片的主要作用是控制产品粒度,对粉碎机的工作性能有重要影响。粉碎机上的筛片按布置形式的不同可分为底筛、环筛和侧筛。底筛和环筛安装在转子的周围,弯曲成圆弧状,侧筛安在转子的侧面,呈平圆形,它适于加工坚硬物料,使用寿命较长,但其更换不方便,所以在我国粉碎机多用底筛和环筛。筛片所包围的粉碎室部分所对应的圆心角,称为筛片包角。筛片包角大,相对筛片面积大,粉碎后的物料可及时排出,粉碎效率会提高,特别在筛孔直径较小时表现更明显。目前粉碎机筛片包角有 180°、270°、300°、360°等多种，选用时要根据具体情况合理选用。更换筛片时一般要停机更换，近几年有的生产厂家设计了不停机换筛的粉碎机，以适合饲料品种多、生产料型多的饲料厂使用。

锤片式粉碎机使用的筛片有圆柱形孔筛、圆锥形孔筛和鱼鳞筛等，其中圆柱形孔筛中的圆柱形冲孔筛以其结构简单、制造方便、开孔率高、粉碎效率高，使用最为广泛。筛片的材料一般为冷轧钢板经表面硬化处理，可根据有关标准加工，如图 5-20 所示为圆柱形冲孔筛片的展开形状和筛孔排列图，筛片的筛孔呈品字形排列，3 个相邻筛孔中心的连线为等边三角形，这样可以使筛片有尽可能大的开孔率。开孔率表示筛片上筛孔总面积占整个筛面面积的百分比，筛片的开孔率越高，有效筛理面积越大，粉碎机的生产效率越高。当筛片加工完成，它在使用时的料流方向就定了，要保证相邻筛孔中心连线所形成的等边三角形的一边与物料运动方向垂直，因为只有这样，物料在筛片上运动时，才能全宽度出料，粉碎机的生产效率高，因为物料在筛板上运动时全宽度出料。筛片安装时毛刺面应该向里安装，以提高粉碎效率。我国的筛片的规格已标准化，用筛孔直径的 10 倍来表示筛号，见表 5-7。筛孔直径分为四个等级：小孔 1～2 mm，中孔 3～4 mm，粗孔 5～6 mm，大孔 8 mm 以上。

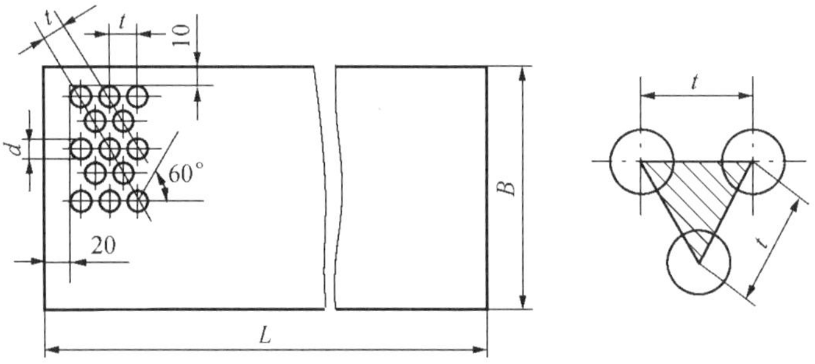

图 5-20 冲孔筛片

(a)展开图 (b)筛孔排列

表 5-7 SB/T 10119 筛片尺寸 mm

筛号	筛孔直径		孔距		开孔率/%
	尺寸	允差	尺寸	允差	
8	0.8	±0.07	1.8;1.9;2.0	±0.30	18;16;15
10	1.0	±0.07	2.0;2.1;2.2	±0.30	23;21;19
12	1.2	±0.07	2.2;2.3;2.5	±0.30	27;25;21
15	1.5	±0.07	2.5;2.7;3.0	±0.30	33;28;23
20	2.0	±0.07	3.0;3.2;3.5	±0.375	40;35;30
25	2.5	±0.07	3.5;3.7;4.0	±0.375	46;41;35
30	3.0	±0.07	4.0;4.4;5.0	±0.375	51;42;33
40	4.0	±0.09	5.0;5.5;6.0	±0.375	58;48;40
50	5.0	±0.09	6.0;6.5;7.0	±0.45	63;54;46
60	6.0	±0.09	8.0;8.5;9.0	±0.45	51;45;40
80	8.0	±0.11	11.0;11.5;12.0	±0.45	48;44;40

引自庞声海，郝波. 饲料加工设备与技术. 北京：科学技术文献出版社，2001.11。

3. 齿板

齿板的作用是阻碍物料环流层的运动，使物料在粉碎室内的运动速度降低，进而增强对物料的碰撞、剪切、搓擦和摩擦作用。所以齿板对粉碎效率有一定影响，它对纤维含量高、韧性大、水分含量高的物料，作用效果较明显，但当在筛片包角较大、物料易破碎、筛片孔径较小、成品物料的排出性能较好时，齿板的作用就不是特别显著。齿板一般用铸铁制成，其表面激冷成白口，提高其耐磨性。齿板的齿形有人字形、直齿形和高齿槽形三种，如图 5-21 所示。

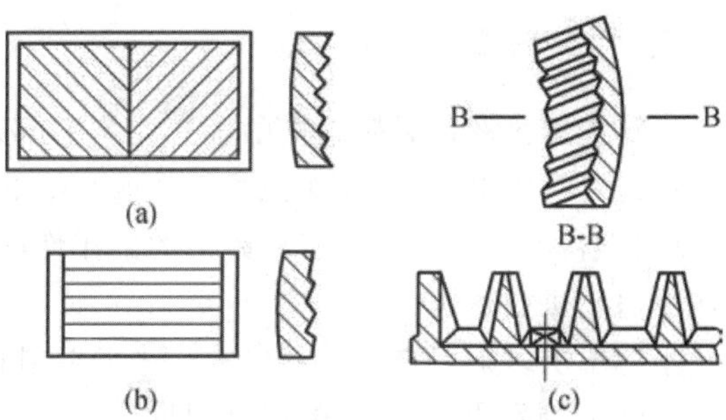

图 5-21 齿板的齿形种类

(a)人字形 (b)直齿形 (c)高齿槽形

(五)锤片式粉碎机的使用与维护

粉碎机如长期固定作业，应将其固定在水泥基础上或型钢制作的基座上。如果粉碎机的作业地点经常变换，可将其安装在用型钢制作的基座上。

1. 锤片式粉碎机的使用

粉碎机在使用前，应先检查各部位紧固件的紧固情况，如有松动应予以拧紧。用皮带传动的粉碎机要检查皮带轮皮带的松紧度是否合适；用联轴器传动的要检查联轴器的联结情况。用手转动转子，看转子的旋向是否与机上箭头所指方向一致，转子运转是否灵活，机体内有无碰撞、卡、摩等异常声响，电机与粉碎机润滑是否良好。筛框要紧固，筛片安装要牢固、紧密、不能漏料。在保证人机安全的情况下，才可开机启动。

粉碎机启动后，要空转 2～3 min，无异常情况，才可进料。进料要均匀，防止阻塞闷车，避免超负荷运转，发生堵塞时，也严禁用手、木棍强行喂入或脱出饲料。

工作中要随时注意粉碎机的运转情况，如有异常现象，应立即停止给料，停车检查，排除故障后方可继续工作。

工作结束时，应在停止喂料后，空运转 2～3 min，将机内物料完全排出后，才可停止电动机。

2. 锤片式粉碎机的维护

工作结束后，应做好清洁和必要的检查工作，轴承应加一次润滑油脂，发现机器零件有严重磨损或破坏时，应及时修理或更换。如停机时间较长应卸下皮带。

(1)筛片的修理和更换　筛片是用来控制粉碎粒度的，可根据要求的粒度来选用相应筛孔的筛片。筛片是由薄钢板冲孔制成，当筛片出现磨损或被异物击穿时，如果损坏面积不大，可用铆接或焊接的方法修复；如果损坏的面积大，应更换新筛。更换新筛片时，应使筛孔带有毛刺的一面朝里(因为这样可以增加料与毛刺的撞击，提高粉碎效率)，光面朝外。筛片和筛框要贴合紧密。环筛筛片在安装时，其搭接处茬口应顺着物料旋转方向，以防物料在搭接处卡住，同时要注意安装时的筛锤间隙。

(2)轴承的润滑与更换　粉碎机每工作 2 000 h 左右，应将轴承拆卸清洗，每班工作结束后轴承应加一次润滑油。当粉碎机轴承严重磨损或损坏时，应及时更换，并注意加强润滑；使用圆锥滚子轴承时，应注意调整轴承的轴向间隙，使其保持 0.2～0.4 mm。

(3)锤片的调整与更换　锤片在使用过程中，当锤片尖角磨钝后(接近锤片宽度的 1/2

时)，可将锤片调角使用(对可正反转工作的粉碎机，可将进料导向板调换方向使转子反转)，当锤片一端的两个角都已磨损，锤片则应调头使用，当锤片四角都磨损后，锤片就应更换。锤片在调角、调头或更换时，全部锤片应同时进行。在更换锤片时，要特别注意，不要改变锤片原来的排列方式，并且相对应的两组锤片的重量差不得超过 5 g。

三、排料设备

粉碎机排料设备对粉碎机的生产性能有很大影响。排料设备必须把已粉碎的符合粒度要求的物料及时排出并输送，保证连续作业和高的生产效率。排料设备要使粉碎室产生一定负压，以利于粉料的排出和改善粉碎机的工作性能。排料设备输出物料有三种方式：自重落料、负压吸送和机械输送。

小型单机多采用自重落料方式。中型饲料粉碎机大多带有负压吸送装置(图 5-22)，优点是可以吸走成品的水分，降低成品湿度，有利于储存，可提高粉碎效率 10%～15%，降低粉碎室的扬尘度。大型饲料粉碎机采用机械输送并带有负压吸风装置(图 5-23)，提高出粉率。

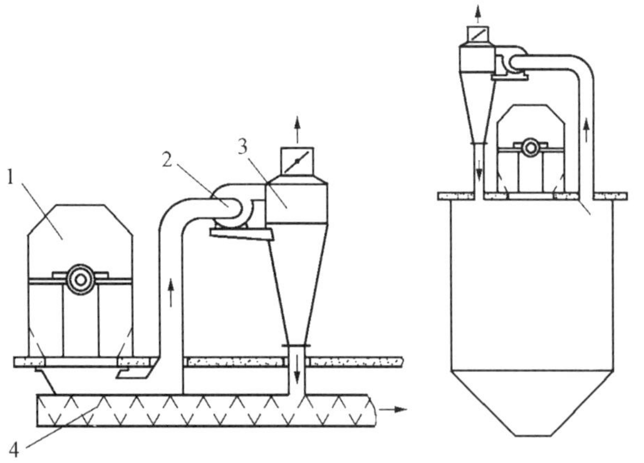

图 5-22 机械卸料与负压吸风装置的组合

1. 粉碎机 2. 离心风机 3. 旋风分离器 4. 螺旋输送机

多数饲料厂普遍采用机械输送并带有负压吸风装置(图 5-23)，即在粉碎机排料口下方直接到螺旋输送机，在螺旋输送机上设有负压脉冲除尘器，这种组合方式易造成风速过高带走物料，负压脉冲除尘器沉积的粉尘过多堵塞，不能有效地被清理掉，反而影响正常排料，使粉碎机生产效率下降。

新型改进的机械输送并带有负压吸风装置(图 5-24)，在粉碎机排料口下方设一卸料斗，卸料斗上方装负压脉冲除尘器，卸料斗中间有挡风板。这样大部分粉碎后的物料直接落入卸料斗，只有少量粉尘被负压脉冲除尘器吸出，减少了负压脉冲除尘器的粉尘量，提高了粉碎机的生产率。另外，采用图 5-22 的组合形式，在旋风分离器的排风口设布袋式除尘器也有较好的效果。

四、其他类型粉碎机

(一)爪式粉碎机

爪式粉碎机与锤片式粉碎机的工作原理是相同的，只不过它击碎物料的工作部件是高速

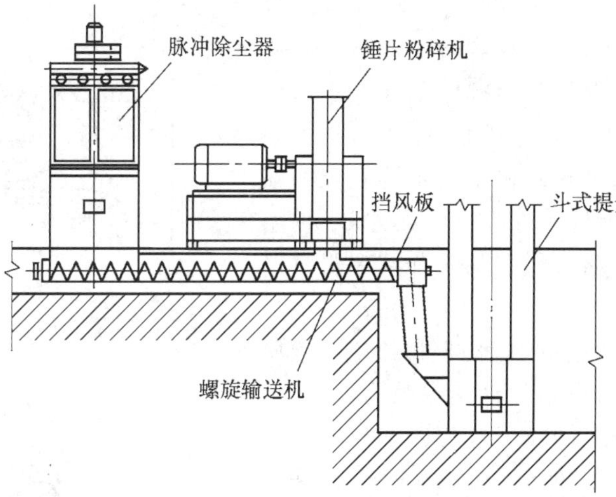

图 5-23 机械输送并带有负压吸风装置

(引自庞声海，郝波. 饲料加工设备与技术. 北京：科学技术文献出版社，2001. 11)

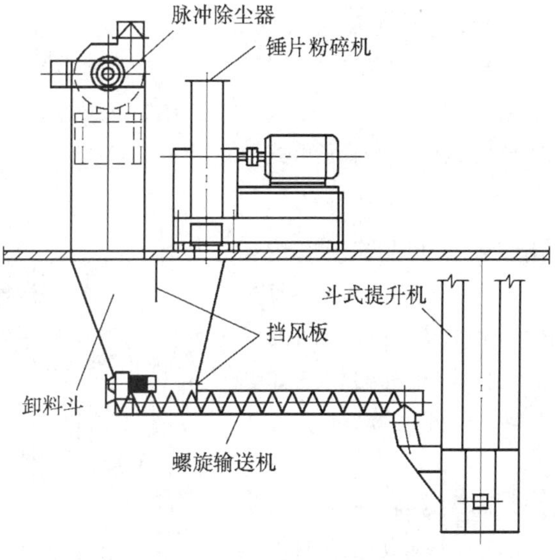

图 5-24 改进的机械输送并带有负压吸风装置

(引自庞声海，郝波. 饲料加工设备与技术. 北京：科学技术文献出版社，2001. 11)

旋转的齿爪。爪式粉碎机体积小、重量轻、加工产品种类多，可加工干燥的粒料、秸秆，产品粒度细，并能打浆，但它功率消耗较大。

爪式粉碎机的构造如图 5-25 所示，主要由喂料斗、闸门、进料管、主轴、动齿盘、定齿盘、包角为 360°的环筛、出料口、机体、机架等组成。动齿盘、定齿盘和环筛构成粉碎室。定齿盘上安有两圈固定的齿爪(为扁齿)，动齿盘通过主轴带动，上面安有三圈齿爪(里圈为圆齿、外圈为扁齿)，动、定齿盘上的齿爪相间排列。工作时，物料由喂料斗经闸门、喂入管流入，在动齿盘的最里层的圆齿将其拨入粉碎室，进入粉碎室后，物料受到高速旋转的动齿盘齿爪的打击，被碎裂，其中有一部分物料受到打击后与定齿相撞进入齿间，又受到碰撞和摩擦作用，另一部分物料与筛片撞击，撞击后被弹回继续被粉碎。在反复的打击、撞击和摩擦的作用下，物料被粉碎。动齿盘高速旋转，形成一定的风压，合格的粉碎产品在这个压力的作用下通过环筛，由出料口排出机外，不合格的被留在机内继续粉碎。这种粉碎机也有不同孔径的筛片供选用，以适应不同物料和粉碎粒度的要求。使用时，物料的喂入要适量，防止超负荷工作。喂料时严防金属或石子等进入粉碎机。

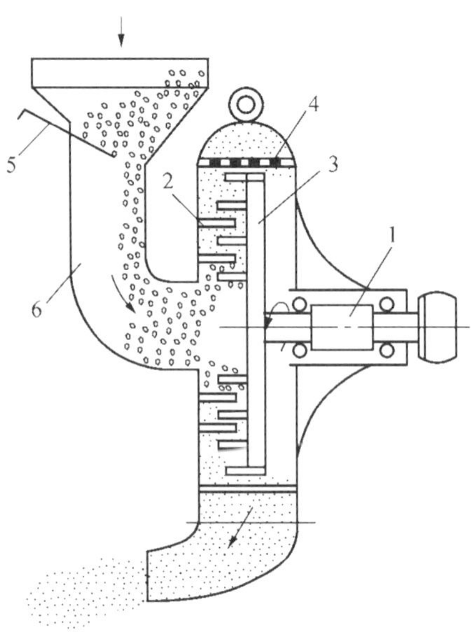

图 5-25 爪式粉碎机

1. 主轴 2. 定齿盘 3. 动齿盘 4. 筛片
5. 进料控制插门 6. 进料管

齿爪是爪式粉碎机的主要工作部件，影响粉碎质量及生产率。根据试验，齿爪的最佳参数为：动齿爪长度占粉碎室宽度的 75%～81%，动齿爪与定齿爪的间隙，内圈 35～45 mm，外圈 10～20 mm，齿筛间隙(动齿盘最外圈扁齿与筛片之间的间隙) 18～20 mm，动齿盘最外圈扁齿线速度为 80～85 m/s。同时齿爪也是易损件，当齿爪磨损后应及时更换。更换齿爪时，应用专用工具将齿盘拉出，成套更换齿爪，以保证转子运转平衡。更换齿爪时应选用合格件，单个齿爪的重量差应不大于 1.0～1.5 g。齿爪装配时一定要将螺母拧紧，并注意不要漏装弹簧垫圈。换完齿爪后应做静平衡试验，以保证爪式粉碎机的工作稳定。

(二)无筛式粉碎机

无筛式粉碎机主要用于粉碎贝壳等硬度较大的矿物质原料，它采用了锤块，取消了筛片，通过调节控制轮和衬套的间隙或锤块与齿板之间的间隙来控制成品的粒度。无筛式粉碎机的构造如图 5-26 所示，主要由机体、转子、控制室和风机等组成。

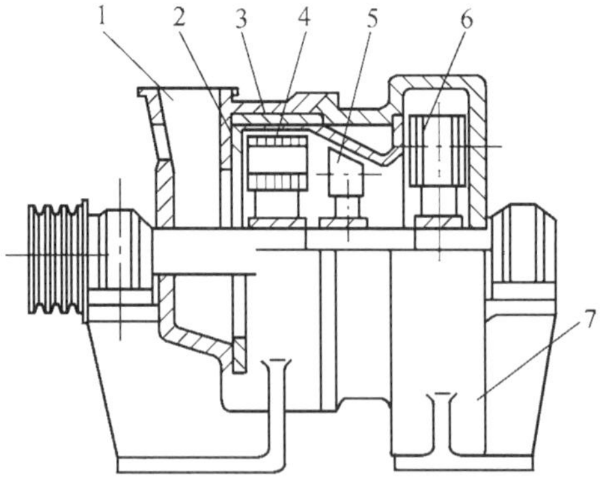

图 5-26 无筛式粉碎机

1. 喂入口 2. 侧齿板 3. 弧形齿板 4. 转子与锤块
5. 控制轮与叶片 6. 风机叶轮 7. 机体

工作时，物料要先经过粗碎，然后由喂入口进入粉碎室，在高速旋转的锤块、侧齿板及弧形齿板的综合作用，而被击碎、剪切碎和磨碎，符合要求的合格产品通过控制轮与衬套间的间隙被风吸出，不合格的被控制轮叶片挡住，留在粉碎室，继续被粉碎。

(三)对辊式粉碎机

对辊式粉碎机在饲料厂中目前主要用于大颗粒饲料的破碎(碎粒机)，另外在进行二次粉碎时先用对辊式粉碎机粗粉碎，然后再进行二次粉碎。对辊式粉碎机的结构见图 5-27。

对辊式粉碎机的工作过程是：物料从进料口进入两个刻有沟槽的喂料辊处，并呈薄层被送入上(快)下(慢)磨辊之间，物料在转向相反的两辊表面的挤压和锯切作用下被粉碎，粉碎后的物料从下方排出机外。

两个磨辊的磨齿组合情况见图 5-28，双箭头表示快辊，单箭头表示慢辊。

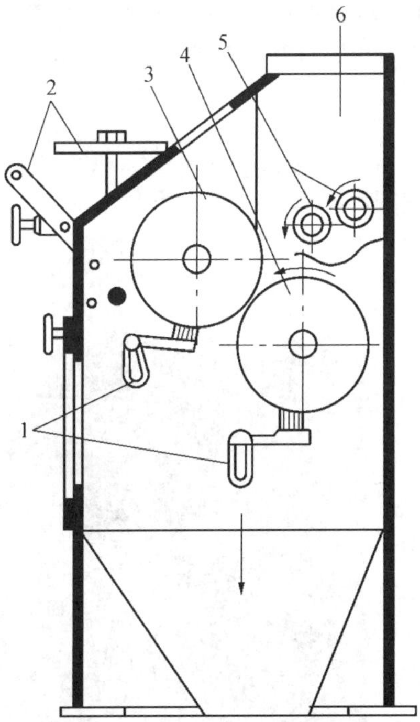

图 5-27 对辊式粉碎机结构简图

1. 清洁刷 2. 调节机构 3. 上磨辊
4. 下磨辊 5. 喂入辊 6. 进料口

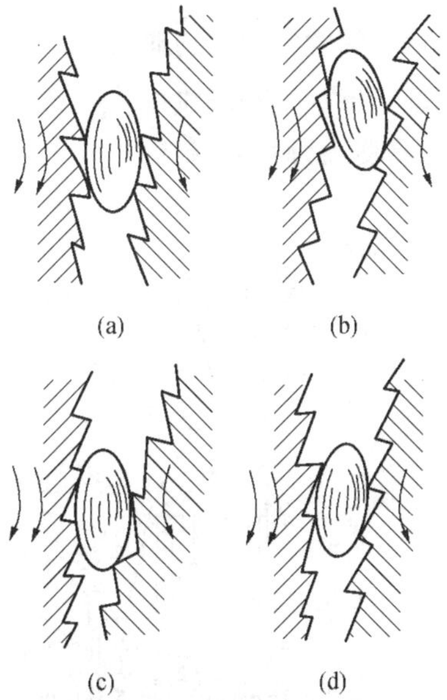

图 5-28 磨辊的磨齿组合情况

(a)锋对锋 (b)锋对钝
(c)钝对锋 (d)钝对钝

锋对锋配置时，磨齿对物料的剪切作用最强，破碎率高，加工的流量大，产品中的粉末颗粒多。适合加工麦类和饲料。

锋对钝配置时，快慢辊的齿尖都朝下，主要靠挤压和摩擦作用破碎物料，也有少量剪切作用，适于加工韧性大的物料。

钝对锋配置时，快慢辊的齿尖都朝上，适于加工硬而脆的物料。

钝对钝配置时，磨齿对物料的剪切作用小，挤压力大，破碎作用缓和，适于加工硬麦和含水率低的麦粒。

(四)立式锤片式粉碎机

立式锤片式粉碎机是近几年研制的新型粉碎机，特点是立轴转子周围有环筛、下部有平底筛，加大了筛理面积；转子下部有风机叶轮和锤片在粉碎室内高速旋转产生气流，不需要设置辅助风机，可降低料温和能耗，提高粉碎效率 30%～50%。

立式锤片式粉碎机结构如图 5-29 所示，有自动喂料器、进料分流机构、电动机、转子、筛框和压紧机构，机体与出料斗等组成。喂料器带有风机、气动薄膜阀、平板磁铁和排杂装置。通过粉碎机负荷控制仪和进料气动系统控制喂料量。进料分流机构的作用是将进料分成三股流入粉碎室，使粉碎机的负荷均匀。电动机为立装，轴上安装由锤架板、销轴、锤片、风机叶轮组成的转子高速转动(2 970 r/min)。筛框为筒状结构，安装时筛框上部压靠在机体上，将转子包围构成粉碎室。筛框压紧机构通过气缸、曲柄、连杆、拉杆和筛框托架等压紧在机体上。更换锤片或筛片时打开操作门，落下筛框即可更换。通过筛片后的饲料由锥形出料斗排出。工作时，待粉碎物料通过自动控制的喂料器进入分流机构，将物料均匀地分成三股，从三个进料口进入粉碎室，在高速旋转的锤片打击和筛片的摩擦作用下，物料被粉碎，在气流和离心力的作用下穿过筛片，落入出料斗排出。

（五）振动筛式锤片式粉碎机

振动筛式锤片式粉碎机（图 5-30）采用了国际专利技术，粉碎机工作时筛片振动，提高了粉碎效率，不易堵筛，而且细粉通过能力强，适合加工细碎的、含油脂较多的饲料。

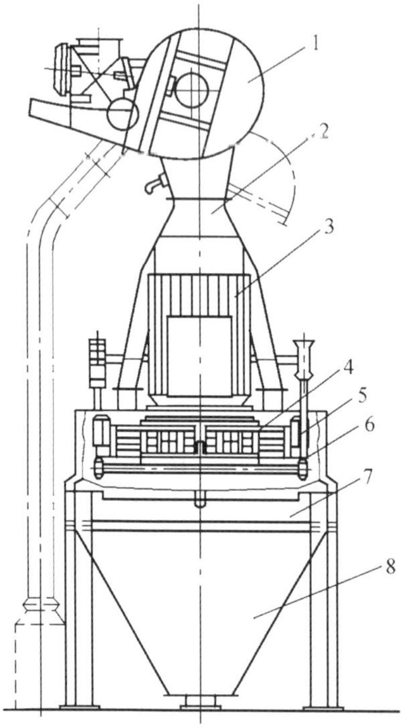

图 5-29 立式锤片式粉碎机

1. 自动喂料器 2. 进料分流机构 3. 电动机 4. 转子 5. 筛框 6. 筛框压紧机构 7. 机体 8. 出料斗

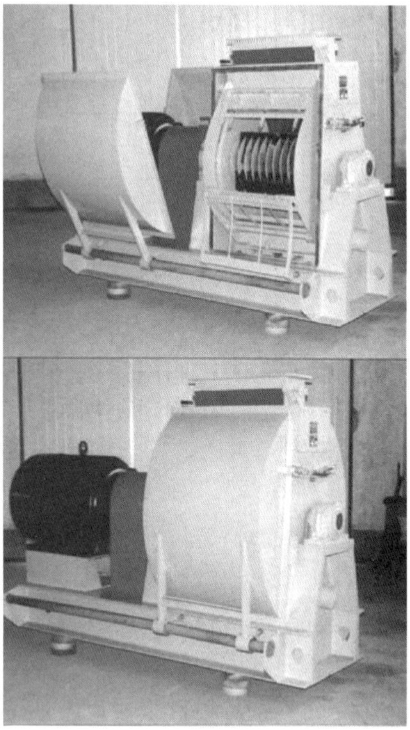

图 5-30 振动筛式锤片式粉碎机

（六）立轴式微粉碎机

微粉碎机和超微粉碎机主要用于配合饲料中所需要添加的微量成分的粉碎及一些特种饲料（如鱼虾开口料、鳗鱼和甲鱼饲料等）原料的粉碎。

立轴式微粉碎机是一种立轴、无筛网、机内带有离心式气流分级器的微粉碎机，具有结构紧凑、占地面积小的特点。立轴式微粉碎机产品粒度可达 90%，能通过 60～80 目筛，适于中小型饲料厂粉碎对虾及鳗鱼饲料。

立轴式微粉碎机如图 5-31 所示，主要由机架、机体（由粉碎及分级部件组成）、喂料器和蝶阀等部分组成。

机架由槽钢及电机座等焊接而成，喂料器由喂料螺旋、壳体和电机等组成，电机为无级变速电机，可方便调节喂料量。蝶阀用来控制进风量和风压，机体中装有粉碎部件和分级

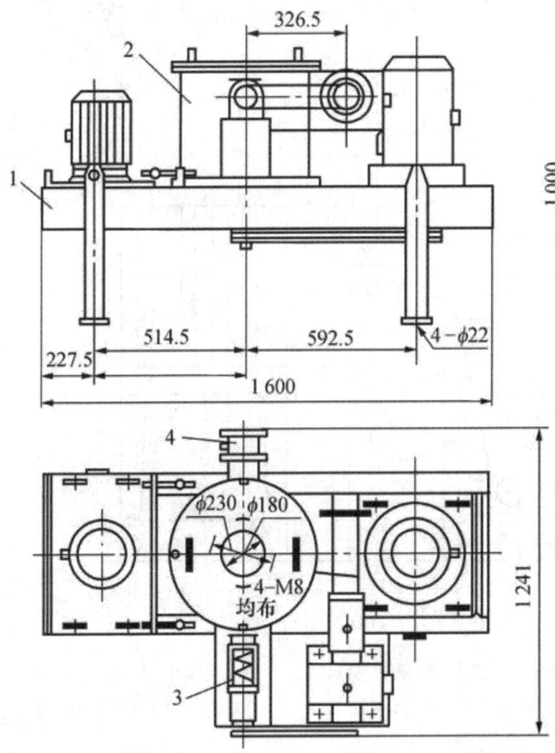

图 5-31 立轴式微粉碎机

1. 机架 2. 机体 3. 喂料器 4. 碟阀

部件，粉碎部件由轴、刀盘、刀片、齿圈等组成，分级部件由轴和分级轮组成，分级轮的转速亦是可在一定范围内无级调节的，配合流经机内的风量，可控制成品的粒度。降低分级轮的转速，增大流经机内的风量，成品粒度变大；提高分级轮转速，减少流经机内的风量，则成品粒度变小。

立轴式微粉碎机的结构见图 5-32，物料进入微粉机之前，应经过筛选或磁选，必要时应经过预粉碎，粒度不大于 1 mm，含水量不大于 12.5%。工作时，由喂料器定量均匀地喂入到粉碎室的一侧，刀片在高速旋转的转子的带动下对物料进行打击，同时物料还受到搓擦研磨等作用，破碎，微细的颗粒经负压吸风随气流上升，至分级轮，被分级轮分级，合格的微粒进入到分级轮中部，被气流吸向卸料器，较粗的不合格的颗粒在离心力的作用下被分级轮甩出，落至刀盘的中部，再重新被粉碎。

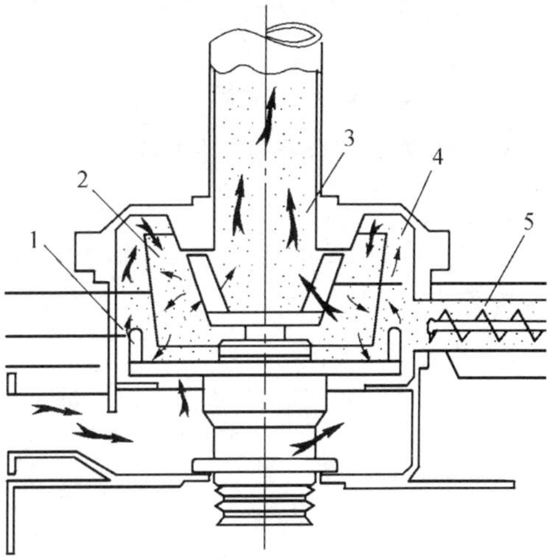

图 5-32 立轴式微粉碎机的结构

1. 粉碎刀盘 2. 分流锥套 3. 分级室 4. 粉碎室 5. 螺旋进料机构

立轴式微粉碎机组（图 5-33），为保证粉碎机的负荷控制在最佳状态，要合理调节喂料器的转速。要改变粉碎产品的粒度，提高分级器的转速，减少风量，使粉碎机内的物料通过量降低，粉碎机的电流增加，就要减少喂料量。

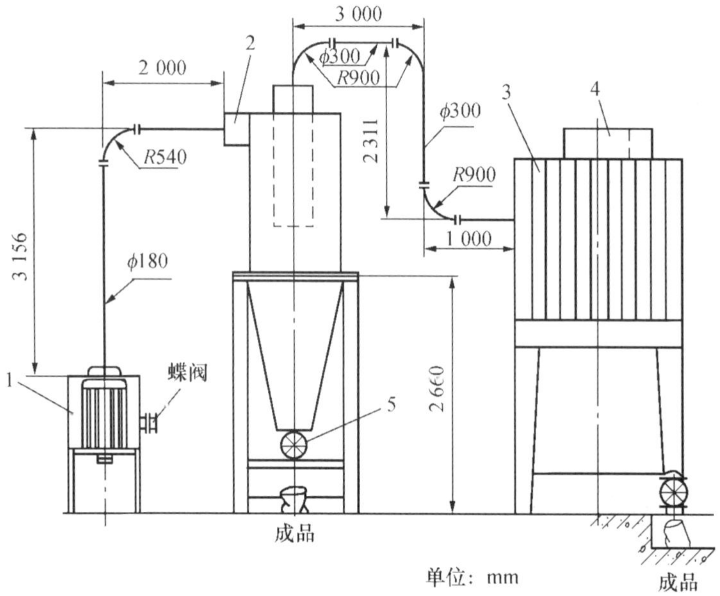

图 5-33 立轴式微粉碎机组

1. 立轴式微粉碎机 2. 旋风分离器 3. 脉冲除尘器 4. 风机 5. 闭风机

任务 5-4 粉碎质量管理

一、影响粉碎性能的因素

(一)粉碎性能评价指标

粉碎质量是综合指标，并不单一指粉碎后产品的质量。粉碎质量通过以下指标评价。

1. 粉碎粒度

粉碎粒度、粒度的均一性是粉碎质量评价的重要指标。产品的粉碎粒度应该达到产品质量标准规定。

2. 产量

粉碎机实际产量通过实测得到。纯工作小时生产率采用下式计算：

$$E_c = \frac{Q_c}{T_c} \tag{5-7}$$

式中，E_c 为纯工作小时生产率，t/h；Q_c 为纯工作时间作业量，t/h；T_c 为纯工作时间，h。

3. 能耗

吨电耗计算公式：

$$G_c=\frac{G_{nz}}{Q_c} \tag{5-8}$$

式中，G_c 为粉碎 1 t 饲料所耗电量，kW · h/t；G_{nz} 为机组纯工作时间内的耗电量，kW · h；Q_c 为纯工作时间作业量，t/h。

按照 JB/T 9822.1—2008《锤片式饲料粉碎机　第 1 部分：技术条件》，锤片式粉碎机粉碎谷物能耗 6.5 kW · h/t 以下（粉碎机筛孔直径 3 mm）。

4．出品率

粉碎机出品率应不低于 99%。

5．料温

用水银温度计在饲料出口处的成品中测定温度。粉碎后物料温度应正常，升温不超过 25℃。

6．噪声与粉尘

粉碎机工作区的粉尘浓度不得超过 10 mg/m^3。粉碎机在标定工作情况下，噪声应不大于 93 dB。

（二）影响粉碎性能的因素

1．被粉碎物料的物理特性

物料的结构、强度、粗纤维含量、含水量等影响粉碎生产率。

饲料原料结构不同，粉碎难易程度有差异。一些带有颖、壳等的原料，结构致密的原料，粉碎难度加大，能耗增加，产量下降。

物料强度越大，粉碎所消耗的动力越大，产量越低。

高纤维含量的原料，较难粉碎。例如大麦、燕麦等。

同种物料，含水量提高，粉碎时产量降低（表 5-8），能耗增加，粒度变小。

表 5-8　原料含水量对粉碎产量的影响*　　%

水分增加	1	2	3	4	5
产量下降	6	8	10	12.5	15

* 以含水量 14% 为基础。

引自毛新成．饲料加工工艺与设备．北京：中国财政经济出版社，1998．26。

2．粉碎机参数

（1）锤片末端线速度　锤片末端线速度是影响粉碎机性能重要因素之一。在一定范围内，提高锤片末端线速度，粉碎机生产率提高，产品粒度减小；锤片末端线速度过大，粉碎机空载率加大，粉碎室内被锤片带动的饲料环层运动速度也加快了，降低了饲料粒子通过筛孔的能力，粉碎效率反而降低，且噪声提高。

每种物料粉碎时都有一个最佳线速度，使用 2.5 mm 孔径筛子时，粉碎不同物料的最佳线速度：玉米，52 m/s；高粱 58 m/s；小麦 65 m/s；糠麸 110 m/s。国内粉碎机最合适的线速度一般采用 80～90 m/s，主轴转速常取 1 400～3 000 r/min；国外一般 60～128 m/s。

（2）锤片厚度及密度　锤片厚度不同，所产生的打击力和接触面积都不同，粉碎机产量随着锤片厚度减薄而增加（图 5-34）。有试验表明，1.6 mm 厚锤片比 6.25 mm 厚锤片的粉碎效率提高了 45%，比 5 mm 提高了 25.4%。锤片过厚，则效率不高，但过薄又易磨损。小型粉碎机上广泛使用 2～3 mm 厚的锤片。有人推荐粉碎玉米和牧草时,用厚度为 2～3 mm 的锤片;粉碎豆饼及矿物时,用厚度为 6～8 mm 的锤片。在我国是根据性能价格比来定的,一般采用 5 mm 或 6 mm 的矩形锤片。

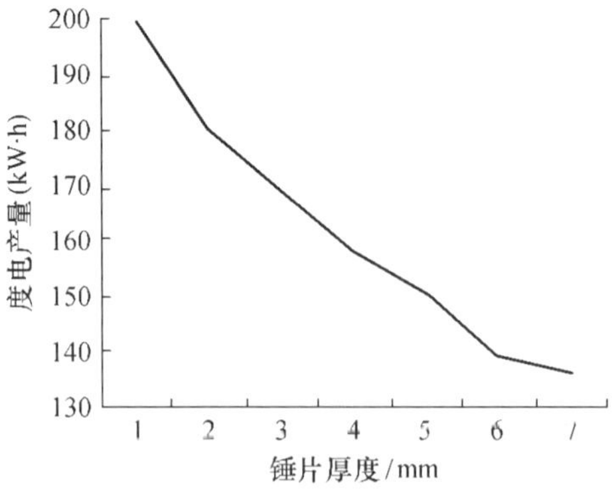

图 5-34　粉碎机锤片厚度对粉碎机生产率的影响

(引自权伍荣,崔福顺,金光哲等. 锤片式粉碎机主要参数对粉碎效率的影响. 延边大学农学学报. 2000(4):293-296)

转子上锤片的多少对粉碎能力有较大的影响,度电产量随着锤片数量的增加而降低。锤片数量多,空耗功率高,有效功率相对减少,对物料正面打击的次数增多,粉碎能力加强,但锤片数量多,产品粒度变细,即单位物料的表面积增加,由于细粉多,过筛成了主要矛盾,导致度电产量降低。目前粉碎机锤片数量有减少的趋势。例如:9FQ-60 型,配套功率 30～40 kW,粉碎室宽度 450 mm,厚 5 mm 的锤片 32 片。

每个锤片数目通过正交试验得到,并以锤片密度来衡量。我国一般现行的是低密度用于粗粉碎,高密度用于细粉碎。

(3)锤筛间隙　转子运转时锤片顶端到筛片内表面的距离称锤筛间隙,是影响粉碎效率的重要因素之一。当锤筛间隙较大时,外层稍大的颗粒不易与锤片接触,受锤片打击的机会少,内层细料反而受到重复撞击,粉碎质量下降,度电产量下降,当间隙大到一定程度时,筛面上的物料运动速度过慢,甚至堵塞筛孔。锤筛间隙过小时,外圈饲料受锤片打击机会多,饲料层运动速度快不易穿过筛孔,受到摩擦粉碎作用也增大,将饲料粉碎得过细,浪费动力,因而度电产量也不高。锤筛间隙有一最佳范围,且上下左右不同。最佳锤筛间隙需要通过试验确定。我国通用型粉碎机锤筛间隙为 12 mm,粉碎谷物推荐锤筛间隙为 4～8 mm。

(4)筛孔直径　在保证产品粒度合格前提下,采用较大直径筛孔的筛片,提高粉碎机的产量与效率,粉碎产品粒度均一性好,且温升低。饲料粉碎粒度可采用下式估算:

$$M=\left(\frac{1}{4}\sim\frac{1}{3}\right)\cdot d \tag{5-9}$$

式中,M 为成品平均粒度,mm;d 为筛孔直径,mm。

(5)筛片面积及开孔面积　锤片式粉碎机的生产率受物料通过筛板能力的制约:

$$G=vF\rho \tag{5-10}$$

式中,G 为生产率,t/h;v 为气流产品通过筛孔时的平均速度,m/s;F 为筛板的有效筛理面积，m^2；ρ 为气流产品通过筛板时的容重，t/m^3。

因此加大筛板面积、提高筛板的开孔率（增大有效筛理面积），可提高粉碎机的生产率。

当筛片宽度一定时，加大筛片包角能增大筛理面积，有效提高度电产量。目前粉碎机使用的筛片包角有180°、300°、360°三种，筛片包角越大，粉碎效率越高。筛片包角增加，粉碎效率并非呈线性增加，在90°～180°区段内增加的幅度大，180°～360°增加较慢。筛孔直径越小，筛片包角对度电产量影响越大。当粉碎机所用的筛孔直径小时，应尽量选择大的筛片包角。

3. 入机物料流量

入机物料流量对保证粉碎机正常、高效作业至关重要。粉碎机配置自动负荷控制系统，根据粉碎机驱动电机负荷变化，调整供料器供料量，使粉碎机一直维持在最佳工作状态，提高生产率，降低能耗，增强粉碎机运行的安全性。

喂料量应平滑无级调节，且调定之后喂料量必须保持平稳，粉碎机的工作电流波动不应超过额定电流的2%～4%（大电机取大值，小电机取小值）。如电流波动过大，粉碎机无法在接近额定负荷的高效点运行，从而造成粉碎机产量低、单产能耗加大。

4. 排料方式

排料方式影响粉碎机的工作性能。目前使用最广泛的是负压吸风排料。粉碎机工作时在筛下造成一定的负压，促使粉碎室内的合格物料离开环流层，迅速通过筛孔，减少过度粉碎。实践证明，良好的吸风系统能使粉碎机产量提高20%以上，且空气经过粉碎室时，能带走粉碎所产生的热量和水分，避免糊筛和粉料进仓后的结露现象。

5. 吸风量

粉碎机所需最佳吸风量与粉碎机结构、筛片尺寸、筛孔直径、筛片开孔率等有关。风量取得过小，效果改善不明显；过大，反而会降低效果。一般可按单位时间内通过粉碎机筛板单位面积的风量为3 000～4 000 $m^3/(h \cdot m^2)$这个范围来选配。

粉碎机阻力与进料流量、筛孔直径、筛板面积、吸风量大小等因素有关，一般范围在1 000～2 500 Pa。通过系统阻力计算所选用的风机必须有足够的风压，否则整个吸风系统就失去作用。

辅助吸风系统的风量、风压应能根据粉碎物料品种及粒度的不同进行调节，用手动风门调节较难取得最佳值，最好采用调节风机转速的方法来获取所需的风量及风压。

6. 粉碎工艺

粉碎工艺不同，粉碎效率、单产能耗、粉碎质量控制难易程度均不同。

二、粉碎质量管理

（一）科学选择粉碎工艺

根据投资规模、生产规模、产品种类及典型配方，科学合理选配粉碎工艺。生产规模大，产品质量要求高，可以考虑按原料配置粉碎工艺，根据产品种类和加工要求，将主、辅原料分别确定粉碎工艺；考虑粉碎工艺对产品质量的影响；考虑粉碎工艺对粉碎成本的影响。

（二）合理配置粉碎机

根据加工工艺、产品质量要求、粉碎质量、投资量，合理配置粉碎机。根据不同粉碎机生产性能及其特点，根据粉碎工艺，合理配置粉碎机，可以考虑采用双速电机或变频调速技术；考虑排料过程对粉碎效率、粉碎质量的影响，合理配置排料工艺及相应设备；选择稳定性好的供料器，配置有负荷自动控制装置；粉碎后产品的输送应尽量降低交叉污染机会。

(三)合理确定粉碎技术参数

正确使用粉碎机，科学确定粉碎工艺参数，监控粉碎机工作状况。根据原料种类、产品粉碎要求，合理选择粉碎机工艺参数，包括供料速度、粉碎机锤片末端线速度、粉碎机筛片等。例如：某企业粉碎机工作参数(表 5-9)。

表 5-9 粉碎工艺参数示例

原料名称	产品类型	筛孔直径/mm	水滴王粉碎机(968-Ⅱ)			普通粉碎机(112×30)		
			标准细度/目	粉碎电流/A	供料转速/(r/m)	标准细度/目	粉碎电流/A	供料转速/(r/m)
玉米	颗粒料	2～2.4	10	120～140	600～900	8	120～140	400～600
	蛋鸡配合料	6～6.5	4	120～140	1 200～1 500	4	120～140	1 000～1 300
棉粕	颗粒料、碎粒料	1.5～1.8	12	120～140	350～500	10	120～140	300～450
	蛋中鸡、产蛋鸡粉料	3～3.3	8	120～140	450～600	6	120～140	420～550
菜粕	颗粒料	2～2.4	10	120～140	600～800	10	120～140	600～800
	配合饲料	1.2～1.4 1.5～1.7	16	120～140	600～750	14	120～140	550～720

(四)原料水分控制

饲料原料水分影响粉碎质量及粉碎成本。原料含水量低，有利于保证粉碎粒度，降低粉碎成本，因此在原料采购验收中，要注意控制原料含水量。

(五)注意粉碎机的检查和维修

注意检查和维修粉碎机。注意及时更换锤片、筛片。粉碎机作业时，监视粉碎机运行状况，有故障及时发现和维修。

三、粉碎与加工成本控制

(一)控制粉碎损耗

饲料在粉碎过程中的损耗主要有水分和粉尘损耗。若以重量损耗 1%计，一个年产 10 万 t 饲料的工厂，粉碎料占 70%，年损失饲料可达 700 t。水分损耗与原料含水量、季节及环境湿度等因素有关，控制原料水分含量是控制粉碎水分损耗的重要措施。避免过度粉碎，降低粉碎室内的温度可降低水分损耗。将吸风吸出的粉尘送回到饲料中可控制粉尘损耗。

(二)控制易损件成本

粉碎机易损件的更换费用较大。易损件主要有锤片、筛片、销轴，其中锤片和筛片的消耗量很大。根据易损件价格、使用期限(加工量),合理选择易损件产品,可降低粉碎成本。优质锤片每组的加工寿命可达40～50 t,普通锤片的寿命仅为每片20 t。国产筛片的工作寿命(带负荷工作)一般在40 h以上。

控制维护成本的要点是:制订详细的设备维护计划和日历并严格执行;按设备要求正确润滑设备;保持设备清洁;及时对磨损和有故障的设备进行维护,使之处于完好状态;精心计划,降低维护中的费用。保持原料的清洁;保持设备负荷均衡;保持设备的最佳吸风;保持分级设备处于最佳分级效率;正确排序加工,减少换筛片和换料的频率;合理使用锤片的四角,发挥锤片的最大效能;严格按操作规程安全操作。

(三)控制质量成本

通过研究饲养动物对特定饲料的最佳利用粉碎粒度及其允许变异范围,确定经济合理的粉碎工艺参数,降低质量成本。

(四)控制设备投资额

在投资范围内充分考虑粉碎工艺与设备技术的先进性和实用性,以保证生产不同产品的灵活性,必要时在设计中考虑未来技术改进的余地,追求长期收益。

(五)控制安全成本

任何一项安全事故的发生都有可能造成巨大成本。粉碎工段易发生安全问题,必须做好防火、防设备损坏、防粉尘爆炸、防止出现人身安全的事故。

任务5-5 粉碎工操作规范

一、粉碎工操作规范

(一)操作要求

1. 对操作人员的要求

操作者必须经过专业培训,了解粉碎系统机械设备的组成、功能,熟练掌握各机械设备的结构、技术性能参数和操作方法。

2. 操作前检查

机器启动前要做好检查工作。检查各连接部分的紧固情况,不得有松动现象。检查粉碎机转子是否灵活,不能有卡住、碰撞和摩擦现象,粉碎室内不能残留工具、饲料等物品,不能带负荷启动。

3. 启动要求

在确认人机安全的情况下,才可以按操作顺序启动各台机械设备。

4. 物料粉碎前检查

粉碎前必须清楚需要粉碎原料情况、粒度要求、粉碎后需要送到配料仓的位置。需要开通的输送设备通路。粉碎粒度较细的饲料或颜色不同的饲料,要注意先清理输送设备通路中残留的其他饲料,以保证粉碎质量。换好相应孔径的筛片。

5. 清理

需要粉碎的原料必须经过清理，去掉大杂质和铁杂质，确保机器设备安全。

6. 粉碎系统启动顺序

粉碎系统的操作顺序是：先启动空气压缩机；把分配器或三通调到配料仓的通路；由后往前依次开动后续输送设备；开动负压吸风系统；启动粉碎机，空运转 2～3 min，一切正常后开动供料器，稳定均匀地逐渐增加供料量，要注意观察粉碎机电动机的电流值不能超过额定电流。

7. 异常情况及其处理

粉碎机在运转过程中发现异常情况，如强烈振动、有异常声响和产量不稳定等，要立即停机检查，找出原因并排除故障后，才可启动机器再继续工作。

8. 粉碎系统关机顺序

粉碎完毕后，先停止供料器停止供料，再运转 2～3 min，待机内物料粉碎排出后停止粉碎机。然后从前往后停止后续输送设备。最后停止负压吸风系统和空气压缩机。

9. 交班前工作

每班工作结束后，应对机器设备进行必要的清洁和检查工作，并把主要问题记载到工作日记上。

(二)粉碎系统的检查调整

1. 锤片的调整与更换

锤片是饲料粉碎机中的易损件，也是影响粉碎质量及生产率的主要部件。

锤片式粉碎机的锤片是对称式，当锤片尖角磨钝后，可反面调角使用；若一端两角都已磨损，则应调头使用。在调角或调头时，全部锤片应同时进行，锤片四角磨损后，应全部更换，并注意每组锤片重量差不得大 5 g。

主轴、锤架板、隔套、销轴、锤片装好后，应做静平衡试验，以保持转子平衡，防止机组振动。此外，固定锤片的销轴及安装销轴的圆孔由于磨损，销轴会逐渐磨细、圆孔会逐渐磨大，当销轴直径比原尺寸缩小 1 mm，圆孔直径较原尺寸磨大 1 mm 时，应及时焊修或更换。

2. 筛片的修理和更换

筛片是决定粉碎粒度的重要部件，也是易磨损部件，对生产率影响较大。应根据粉碎产品的粒度要求选择相应筛号的筛片。

筛片由薄钢板冲孔制成，当筛片出现磨损或被异物击穿时，若损坏面积不大，可用铆接或焊接的方法修复；若大面积损坏，应更换新筛片。

筛片从两侧的操作门抽出和装入，并靠压紧机构压紧。安装筛片时，应使筛孔带毛刺的一面向里，光面向外，筛片和筛框架要贴合严密。环筛筛片在安装时，其搭接头在内部应顺着旋转方向，以防物料在搭接处卡住或漏出。

3. 轴承的润滑与更换

粉碎机每工作 1 000 h 后，应清洗轴承。若轴承为机油润滑，加新机油时以充满轴承座空隙 1/3 为宜，最多不超过 1/2。若轴承为黄油润滑，作业前只需将压盖式油杯盖旋紧少许即可。当粉碎机轴承严重磨损或损坏，应及时更换，并注意加强润滑；使用圆锥滚子轴承的，应注意检查轴承轴向间隔，使其保持为 0.2～0.4 mm，如有不适，可通过增减轴承盖处纸垫来调整。

4. 输送机械设备的检查调整

各类输送机械设备要定期检查调整,确保粉碎系统的正常工作。

(1)斗式提升机的检查调整 检查料斗的磨损情况,有松动情况及时拧紧,磨损严重时进行更换。检查输送带的张紧度,如松动要调整,在斗式提升机的底座处,同时调整两侧的调整螺杆,要松紧一致,否则输送带运转时跑偏。检查机头部分的减速机润滑油情况,必要时添加。检查出料口处的杂质情况,有杂质时要及时清理。

(2)螺旋输送机的检查调整 检查螺旋叶片的磨损和黏附情况,叶片磨损后与壳体之间的间隙变大,影响输送能力,可以卸下重新焊接新叶片。黏附细粉物料后,要及时清楚,否则也影响输送能力。

(3)刮板式输送机的检查调整 检查刮板的磨损情况,刮板磨损后及时更换,刮板松动后及时紧固。检查链条的张紧度,如松动要调整,但不能太紧。检查槽底的磨损情况,严重磨损要换底。

二、粉碎设备检修

(一)维修保养

①操作者要严格按操作规程进行操作,班前班后应认真仔细地做好各项检查、维护和清洁工作。

②机器设备工作 1 000 h 后,应拆卸清洗轴承 1 次,同时更换润滑油脂。一般采用锂基二硫化钼润滑脂,填满轴承的 1/2～3/4 为宜。

③机器零件严重磨损或损坏时必须及时修理或更换。粉碎机转子要注意平衡问题。

④如机器设备停机时间较长,应将机器设备内外的尘污和残留的物料清除干净,并要保持干燥状态。以免机器设备锈蚀、残留物料结垢后堵塞管路通道或设备通路。

⑤停机时间更长时,还要使机器处于符合长期保管的环境条件和技术状态,确保机器设备安全。应将机器设备置于通风、干燥、阴凉的环境中,应有防雨防潮设施,不得露天放置。未涂防锈漆的外露表面应涂防锈油保护。

(二)粉碎机常见故障与排除

粉碎机常见故障与排除方法见表 5-10。

表 5-10 粉碎机常见故障与排除方法

故障现象	故障原因	排除方法
电动机启动困难	1. 供电电压过低 2. 导线截面积过小 3. 启动补偿器过小 4. 熔断器熔断	1. 等用电高峰过后再启动 2. 换合适规格的导线 3. 换用适当规格的补偿器 4. 更换相应规格的熔断器
电动机过热无力	1. 电动机缺相 2. 电动机绕组断路 3. 电动机长期超负荷	1. 检查接通三相电源 2. 维修电动机 3. 按额定负荷工作

续表5-10

故障现象	故障原因	排除方法
机器振动剧烈	1. 锤片安装时排列错误 2. 对应组锤片重量差过大 3. 个别锤片未甩开 4. 主轴弯曲 5. 轴承损坏 6. 转子上其他部件不平衡 7. 地脚螺丝松动或减振器损坏 8. 基础不平或损坏	1. 重新安装锤片 2. 调整对应组锤片重量差 3. 使锤片转动灵活 4. 校直或更换主轴 5. 更换轴承 6. 重新平衡转子 7. 拧紧螺丝或更换减振器 8. 调平或修整
粉碎室内有异常声响	1. 铁石硬物进入机内 2. 机内零件脱落或损坏 3. 锤筛间隙过小	1. 停机清除硬物 2. 停机检查,修复或更换 3. 调整间隙
进料口反喷	1. 输送管道堵塞 2. 筛片孔堵塞 3. 吸风不足 4. 进料导向板位置不正	1. 疏通管道 2. 清理筛片孔或更换筛片 3. 调大吸风量 4. 调正导向板位置
生产率显著下降	1. 电动机功率不足 2. 锤片严重磨损 3. 原料喂入不均匀 4. 原料水分过高 5. 筛孔不符合要求 6. 吸风不足或出料不畅	1. 修理或更换大功率电动机 2. 调头或更换新锤片 3. 均匀喂入原料 4. 原料干燥后再粉碎 5. 更换合适规格筛片 6. 调整吸风量或疏通出料管路
粉碎产品过粗	1. 筛片筛孔穿孔或磨损严重 2. 筛片与筛框间隙过大	1. 更换新筛片 2. 重新安装筛片,使筛片与筛框贴紧
轴承过热	1. 轴承润滑不良 2. 轴承损坏 3. 主轴弯曲或转子不平衡 4. 长期超负荷作业 5. 电动机轴与粉碎机轴不同心	1. 更换相应规格的适量润滑油脂 2. 更换新轴承 3. 校直主轴或平衡转子 4. 减少喂入量,减轻粉碎机负荷 5. 调整电动机中心与粉碎机轴同心
联轴器有响声	联轴器弹簧圈损坏	更换新弹簧圈

【岗位操作任务】

岗位操作任务 5-1 锤片式粉碎机的观察与使用

一、目的要求

通过观察了解锤片式粉碎机的构造并初步掌握其使用方法。

二、材料与仪器设备

锤片式粉碎机、扳子、螺丝刀、游标卡尺、钳形电流表、转速表、秒表、电度表等,玉米(或其他饲料)100 kg 等。

三、内容与方法步骤

1. 锤片式粉碎机的构造

观察锤片式粉碎机的外部构造和进料斗、插板、磁铁等;打开粉碎机的操作门、观察锤片式粉碎机的内部构造;观察主轴、锤架板、锤片、销轴和轴承的构造,了解锤片的排列、换面、掉头的方法与注意事项;观察筛片的形状、用游标卡尺测量筛孔的直径、筛片的厚度。了解筛片的安装方法与注意事项。观察供料器的类型、结构,了解调整喂料量的原理和方法。

2. 锤片式粉碎机的使用

检查各部件的连接情况。记录开始粉碎时间和工作结束时间;记录电度表的初始数值和工作结束后数值;测量并记录粉碎机稳定运转时的电流值。

操作顺序:先启动粉碎机负压吸风装置;而后启动粉碎机的后续输送设备;然后按下启动按钮,对粉碎机进行降压启动;待粉碎机正常运转 2～3 min 后,启动供料器逐渐加料,并观察粉碎机电动机电流表的电流值(额定电流 $I \approx 2P$)调整喂料量。用转速表测量粉碎机的转速。

粉碎结束后,先停止供料器,粉碎机继续运转 2～3 min;待粉碎机内物料全部粉碎后,按下停止按钮停止粉碎机;经过一段时间后,从前往后陆续停止输送机械设备;最后停止负压吸风装置。停机后检查饲料粉碎的粒度,称量粉碎后的饲料重量。清理现场,收拾工具,整理记录的数值,计算粉碎机的生产率。

四、操作报告

根据观察到的内容总结锤片式粉碎机的类型、特点、用途,并写出其基本构造。写出粉碎机的使用方法。

五、分析与讨论

根据观察和操作,进行比较分析与讨论。

岗位操作任务 5-2 粉碎工序操作

一、目的要求

通过观察了解饲料粉碎工段机械设备的组成、加工工艺,初步掌握其使用方法及使用过程中的注意事项。

二、材料与仪器设备

饲料清理设备、锤片式粉碎机、扳子、螺丝刀、游标卡尺、钳形电流表、转速表、秒表、电度表等,玉米(或其他饲料)100 kg 等。

三、内容与方法步骤

1. 饲料粉碎工段机械设备

观察清理、粉碎工段的加工工艺;观察该工段的主要设备。

2. 粉碎工段机械设备的操作

先准备好需要粉碎的物料,启动清理设备和粉碎机前的输送设备并把需要粉碎的饲料投入到投料口,输送到待粉碎仓。

根据粉碎粒度要求更换相应筛号的筛片。检查各连接部位的紧固情况和电器设备的完好状况。

粉碎系统的操作顺序:先启动粉碎机负压吸风装置;而后启动粉碎机的后续输送设备,打开输送通道,安排粉碎后饲料的仓位号;然后按下启动按钮,对粉碎机进行降压启动;待粉碎机正常运转 2~3 min 后,启动供料器逐渐加料,并观察粉碎机电动机电流表的电流值(额定电流 $I \approx 2P$)调整喂料量。用转速表测量粉碎机的转速。

粉碎结束后,先停止供料器,粉碎机继续运转 3~5 min;待粉碎机内物料全部粉碎后,按下停止按钮停止粉碎机;经过一段时间后,从前往后陆续停止输送机械设备;最后停止负压吸风装置。

停机后清理生产现场,收拾工具,记录各种生产数据。检查物料粉碎的粒度、重量。整理记录的数值,计算粉碎机的生产率。

四、操作报告

总结粉碎工段机械设备的操作方法和顺序。

五、分析与讨论

根据实际操作情况进行分析与讨论。

【知识拓展】

根据收集到的国内外有关粉碎机方面的资料、信息,了解粉碎机科技发展的进展与应用情况,便于把先进的饲料粉碎机应用于饲料生产过程中。

职业能力和职业资格测试

1. 解释下列名词:粉碎、微粉碎、先粉碎后配料工艺、循环粉碎工艺。
2. 先粉碎后配料工艺有何优缺点?先配料后粉碎工艺有何优缺点?
3. 二次粉碎工艺有何优越性?
4. 某饲料企业设计生产能力要达到 20 000 kg/h,需粉碎物料最大配比为 75%,如果配置 2 台生产能力相同的粉碎机,粉碎机产量应多少?
5. 说明饲料粉碎机供料器的作用。饲料粉碎机供料器的类型有哪些?常用供料器各有什么特点?
6. 负压吸风装置的作用是什么?
7. 饲料粉碎的方法有哪些?

8. 锤片式粉碎机的类型有哪些？
9. 说明锤片式粉碎机的构造和工作过程。
10. 影响粉碎机粉碎性能的因素有哪些？
11. 保证粉碎质量的措施有哪些？
12. 粉碎机的检查调整内容有哪些？
13. 简述粉碎系统的操作顺序？

项目 6 配料计量

【项目设置描述】

配料是采用特定的配料装置，按照畜禽或水产饲料配方的要求，对多种不同品种的饲料原料进行准确称量的过程。配料工艺是饲料生产过程中的关键，配料工艺的核心设备是配料秤，配料秤的性能好坏直接影响饲料质量的优劣。

【学习目标】

1. 掌握各种配料工艺流程的特点。
2. 掌握电子配料称的工作特点和结构组成。
3. 能够进行电子配料称的使用和基本维护。

任务 6-1 配料工艺与设备配置

一、配料工艺

合理优化的配料工艺可以提高配料精度，改善生产管理，有利于实现配料生产过程的自动化。配料工艺流程组成的关键是配料装置与配料仓、混合机的组织协调。目前常见的配料工艺流程有多仓一秤、一仓一秤和多仓数秤等形式。

（一）多仓一秤配料工艺

多仓一秤配料工艺是中、小型饲料厂普遍采用的一种形式，其工艺组成简单、整体布局容易、设备维修方便，易于实现自动化控制。图 6-1 是常用的多仓一秤配料工艺流程图。一般配料仓可根据需要设置 8～24 个，主要存放粉碎后的主、辅料。配比率为 1%～3%的预混料，既可以用一只仓存放，也可由人工加入混合机中。使用这种配料工艺，应注意配料秤和混合机作业周期的配合，当逐个组分进行称量时，配料秤必须关闭卸料门；配料秤卸料

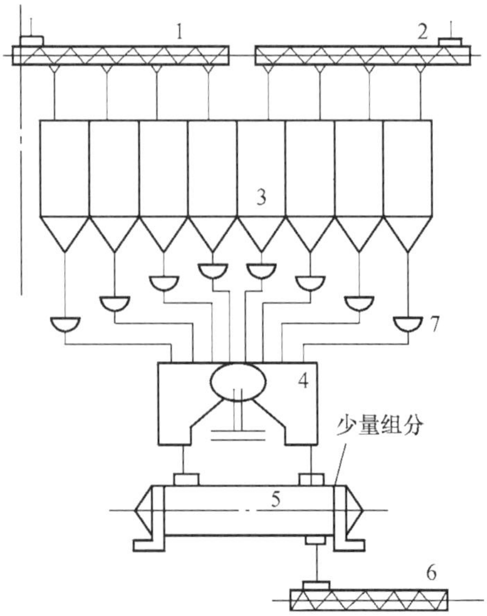

图 6-1 多仓一秤配料工艺流程

1、2. 螺旋输送机 3. 配料仓 4. 配料秤 5. 混合机 6. 水平输送机 7. 给料器

时，必须保证混合机处于空机并卸料门关闭的待料状态。整个配料系统可自动地协调控制进料、称量、换料、卸料等系列动作。该工艺的缺点是配料周期比一仓一秤要长，累次称量过程中对各种物料产生的称量误差不易控制，从而导致配料精度不稳定。特别是小配比（5％～20％）原料称量时的误差很大，会降低产品的质量和增加生产成本。

（二）多仓数秤配料工艺

多仓数秤配料工艺流程（图6-2）应用日趋广泛，特别适用于大型饲料厂和预混料生产。多仓数秤配料工艺是将各种被称量物料按照它们的特性差异或称量配比进行分组，每一组配置相应的称量设备，一般大配比物料用大秤，配比小或微量组分用小秤，最后集中进入混合机，因此配料绝对误差小，从而经济、精确地完成整个配料过程。该配料工艺较好地解决了多仓一秤和一仓一秤工艺流程的存在问题，是一种较为合理的配料工艺流程。目前应用较多的配料工艺是多仓两秤（图6-2）与多仓三秤的工艺形式。

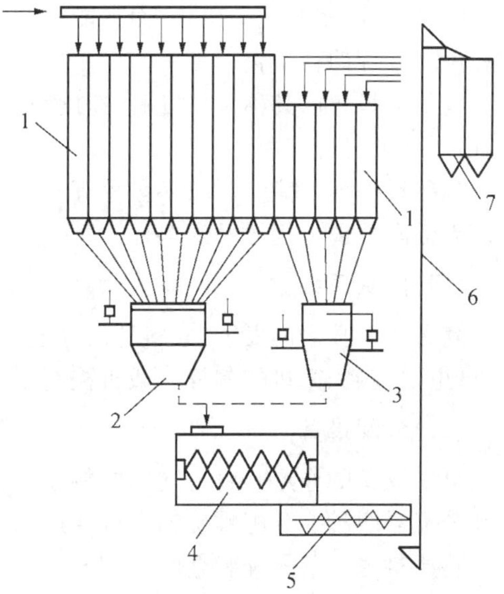

图6-2 多仓两秤配料工艺流程

1. 配料仓 2. 大配料秤 3. 小配料秤 4. 混合机 5. 水平输送机 6. 斗提机 7. 成品仓

二、配料设备配置

配料计量系统的核心是配料秤，但单由一台配料秤无法完成饲料称量，而需要配置以下几部分：配料仓、给料设备、配料秤卸料装置及其称量过程的控制系统等。

（一）配料装置分类

配料装置按其工作原理可分为重量式和容积式两种，按其工作过程又可分为连续式和分批式。

重量式连续计量秤则因其称量准确度达不到配料工艺要求，目前在饲料厂中尚未采用。目前在饲料厂使用最为普遍的是重量分批式配料计量工艺。重量分批式配料装置是以各种配料秤为核心，以电子传感器阻值的变化来反映重量的变化，以重量的变化来控制物料的流量，达到分批称重的目的。其配料准确度和自动化程度较高，物料适应性好。

（二）给料设备

给料设备，又称给料器、喂料器，是保证配料秤准确完成称量过程的重要辅助设备。给料器要能进行快加料和慢加料控制，保证配料速度和精度。常用的给料器有：螺旋给料器、叶轮给料器、电磁振动给料器等。其中以螺旋给料器应用最为广泛。

（1）螺旋给料器　螺旋给料器结构简单、工作可靠、维修方便。有普通型、变螺距型、变直径型、变螺距变直径型四种。主要由机壳、螺旋体、传动部件、进出料口等组成。

（2）叶轮给料器　叶轮给料器主要用于料仓出口与配料秤入口中心距离较小的场合。具有体积小、便于安装、操作简便等特点。

（3）电磁振动给料器　电磁振动给料器是利用电磁振动器驱动料槽沿倾斜方向做周期性

的往复振动来实现给料，主要由料槽、电磁振动器、减振器、吊架、吊钩等组成。

(三)配料秤

在设计和选用配料秤时，一般应满足以下条件：①具有良好稳定性，实现快速、准确的称量。②在保证配料精度的前提下，结构简单，使用可靠，维修方便。③具有较好的适应性，不但能适应多品种、多配比的变化，而且能够适应环境及工艺变化。④便于实现生产过程的实时监控和生产管理的自动化。

电子配料秤以其称量精度高、速度快、稳定性好、使用维修方便、重量轻、体积小等显著优点，已得到了普遍使用。

除配料秤外，尚有台秤、字盘秤等常规衡器，在小型饲料厂中广泛使用。预混料配料时，可选用人工配料或专用微量配料秤。

(四)控制系统

随着电子技术的发展，配料秤已普遍采用电子控制配料系统。常用的配料系统控制方式有：继电器控制、微机控制等。微机控制更为先进，使饲料的配料更为精确，自动化程度更高。

(五)分配设备

分配设备的作用是将不同的饲料原料分配到指定的配料仓，常见的设备有分配螺旋输送机和分配器两种。分配螺旋输送机通过插板或电磁阀与排成一列直线的配料仓顶部相通。当要求将原料送入某号配料仓时，打开该号仓顶的插板或电磁阀门，而关闭其余插板或阀门，但最末位的配料仓上不设闸门，以免螺旋机所带残料堵塞。常用的分配器有三通阀、摆动分配器与旋转分配器等几种。旋转分配器因适应性广、结构紧凑、定位准确、稳定可靠、重复性好，使用最为广泛。从提升机输送来的物料，通过旋转分配器的旋转溜管和若干个固定溜管中的设定溜管，自动流入设定配料仓。

(六)配料仓

配料仓是清理粉碎工段至配料混合工段的中间料仓。其功能是储存各种饲料原料，使配合饲料生产能协调、连续地进行。配料仓的容积，应根据配料可正常、连续、协调进行而定。仓容过小，会造成生产节奏的混乱或中断；仓容过大，则会使设备和基建投资增加、料仓结拱堵塞的危险加大。妨碍配料仓内粉体物料卸出的粉体拱，主要是静态拱(俗称架桥)，其中又以压缩拱为最常见。压缩拱是粉体受仓内物料自重压力的作用，使其固结强度增加而成拱。防止结拱的措施有三类：改善斗仓的几何形状、降低粉体压力和减小仓壁的摩擦阻力。

常用简便而有效的配料仓防拱措施有以下几种。①增大斗仓卸料口尺寸，尽可能采用条形卸料口。②增大斗仓壁倾角，使斗仓壁尽可能陡峭而光滑。③采用非对称斗仓；采用曲线斗仓或和偏心卸料口。④改善仓壁材料或仓内壁刷涂环氧树脂等光滑材料，以增强粉体的流动性能。⑤减小仓体高度，采用浅仓以降低粉体压力。⑥配料仓内嵌入改流体可改善物料的流动性。在仓体和斗仓的过渡区域附近设置大的改流体，可造成粉体的整体流动。在卸料口上方附近嵌入的改流体，可有利于消除结拱和抽心。实践证明，正确地设置改流体是降低配料压力和防止结拱堵塞的有效措施。⑦在必要时，可采用振动、气力或螺旋搅拌等强制性破拱设施。

(七)料位指示器

料位指示器(简称料位器)是用来显示配料仓内物料的位置(满仓、空仓或某一高度的料位)的一种监控传感元件。当斗式提升机将配料仓装满时,上料位器即发出信号,使操作员(或自动)及时调换仓号或停止装料。当配料仓卸空时,下料位器即发出空仓信号或声光警报,使操作员(或自动)迅速采取加料或关闭后续设备的措施,保证生产过程连续运行或停机。若料位器与斗式提升机或其他进料机用继电器相连,即可做到空仓时自动控制进料机进料,满仓时自动停止进料。

任务6-2 配料设备

一、给料器

给料器是配料工作中一个不可缺少的组成部分,它对各种饲料原料进行强制性给料,它安装于配料仓与配料秤之间,是保证配料秤准确完成称量过程的一个主要机构。常见的给料器有螺旋给料器、电磁振动给料器和叶轮给料器等,其中尤以螺旋给料器的应用最为普遍。

(一)螺旋给料器

螺旋给料器能够得以广泛使用,是因为其结构简单、工作可靠、维修方便。

螺旋给料器主要由机壳、螺旋体、传动部件、进、出料口等部分组成。如图6-3所示。

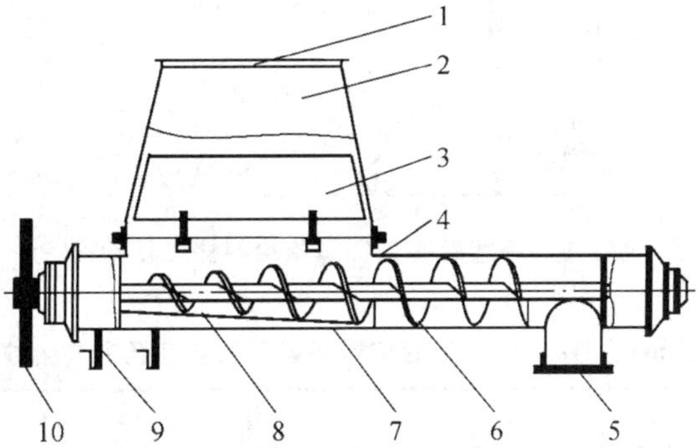

图6-3 螺旋给料器

1. 进料口 2. 变形管 3. 减压板 4. 机壳
5. 出料口 6. 螺旋体 7. 检查口 8. 衬板
9. 电机机座 10. 皮带轮

给料器的螺旋可有a、b、c、d等几种结构形式(图6-4)。其中等螺距等直径螺旋制造方便、工作平稳、磨损均匀,但由于每段螺旋的空间相等,只有起段的螺旋空间能接受料仓中落下的物料,而以后各段均只相应地传递前段螺旋送来的物料,致使料仓沿卸料口长度方向的其他各段螺旋上方物料都不能下落,形成“死区”,见图6-5。这种死区的存在,破坏了物料的整体流动,易引起结拱,影响配料精度。所以配料的给料器很少使用此型螺旋,常采用变螺距或变直径或变螺距又变直径的螺旋。变螺距变直径螺旋使用效果好,但结构复杂、制造困难,故用变螺距或变直径的螺旋较多。为了避免物料流动太快太猛而使螺旋部分过载以至停转,在给料器上配有减压板,安装时依实际情况调整其倾斜度。给料器主轴转速不能太快,一般为10~

120 r/min,以 20～40 r/min 时给料量相对误差最小。我国采用的 WLL·20 型螺旋给料器系列见表 6-1。

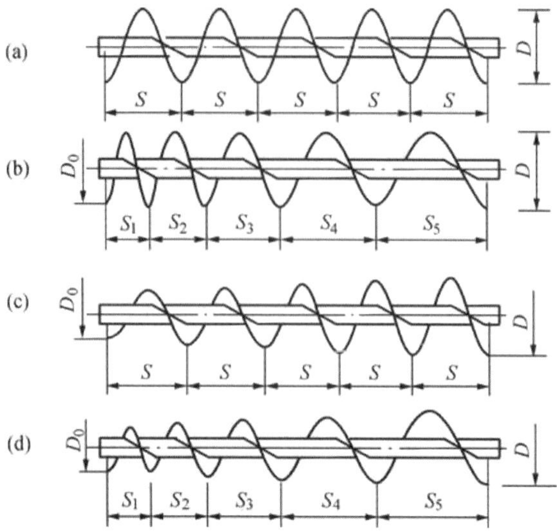

图 6-4 螺旋给料器结构形式

(a)等螺距等直径 (b)变螺距等直径 (c)等螺距变直径 (d)变螺距变直径

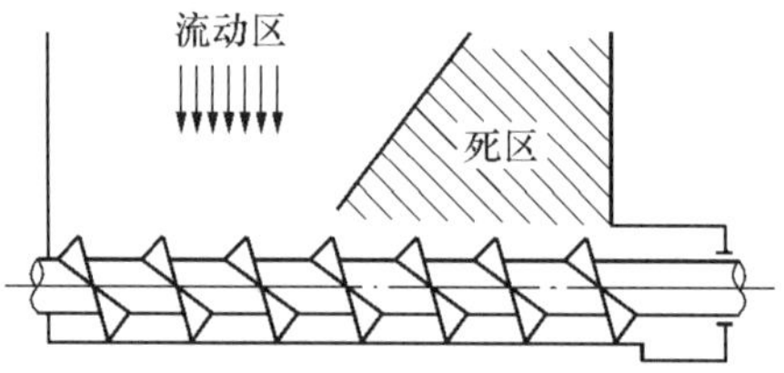

图 6-5 等螺距等直径螺旋给料器工作状况

表 6-1 WLL·20 型螺旋给料器系列长度及主要参数

项目		型号						
		WLL·20 —150	WLL·20 —200	WLL·20 —250	WLL·20 —300	WLL·20 —350	WLL·20 —400	WLL·20 —450
进出口中心距/mm		1 500	2 000	2 500	3 000	3 500	4 000	4 500
不等直径螺旋	全长/mm	800	800	800	800	800	800	800
	片数	5	5	5	5	5	5	5
等直径螺旋	全长/mm	1 023	1 523	2 023	2 523	3 023	3 523	4 023
	片数	6.3	9.5	12.6	15.8	19	22	25
全部螺旋长度	全长/mm	1 823	2 323	2 823	3 323	3 823	4 323	4 823
	片数	11.3	14.5	19.6	20.8	24	27	30
螺旋主轴长度/mm		2 038	2 538	3 038	3 538	4 038	4 538	5 038
机壳长度/mm		2 173	2 673	3 173	3 673	4 173	4 673	5 173

(二)电磁振动给料器

电磁振动给料器主要由料槽、电磁振动器、减震器、吊钩、法兰盘等组成,如图 6-6 所示。

电磁振动给料器是饲料工业应用较普遍的给料器之一,它适应连续生产的要求,可以作为非黏性的颗粒或粉状物料的供料装置,它的作用是将物料从储料仓中定量均匀连续地送到受料装置中。常用它作粉碎机的供料和配料秤的给料装置。

卸料器 1 的上部与配料仓(或缓冲仓)相接,其底锥部的法兰盘 2 利用螺钉通过压板将帆布筒夹紧。帆布筒的底端用同样方法与料槽 3 相连接。电磁振动器 6 安装在料槽的底腰部,料槽的前端出料口处利用压板将帆布筒固定在料槽和秤斗 7 的法兰盘上。四组减震器 5 安装在吊架上,利用吊钩 4 将振动给料器吊在预先设置的固定架上。

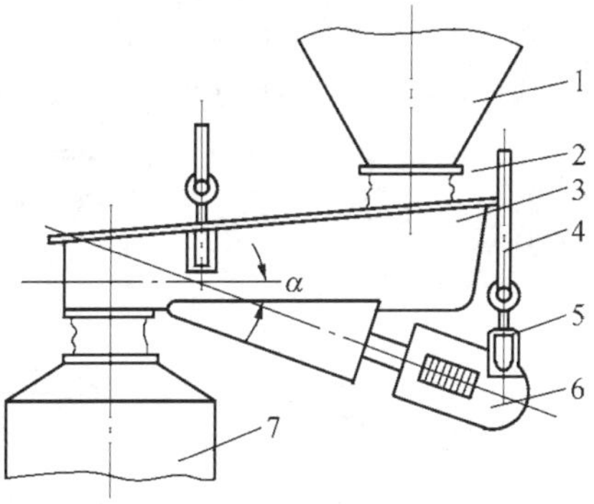

图 6-6 电磁振动给料器

1. 卸料器 2. 法兰盘 3. 料槽 4. 吊钩 5. 减震器 6. 电磁振动器 7. 秤斗

电磁振动给料器的给料过程是利用电磁振动器驱动振动料槽沿倾斜方向(与槽体底平面呈一定角度的方向)做周期性的往复振动来实现的。当槽体振动加速度的垂直分量大于重力加速度时,槽中的物料被连续地抛起,并按照抛物线的轨迹向前进行跳跃式运动。由于槽体振动的频率较高,而振动幅度很小,因此物料被抛起的高度也很小,这样往往只能观察到物料在料槽中向前流动。振动给料器的给料能力取决于料槽宽度、料层厚度、物料容重和物料流动速度等因素。

(三)叶轮给料器

叶轮给料器主要由叶轮和圆筒外壳组成(图 6-7)。外壳的上口接料仓底部的排料口,下口接配料秤入口,主要用于料仓出口与配料秤入口中心距离较小、空间位置有限的场合。它具有体积小、重量轻、便于悬挂吊装、操作简便的特点。为了便于观察,可在给料器上装一段玻璃管段。

特点:体积小,重量轻,便于悬挂吊装,操作简便。

主要用于配料仓出口与配料秤入口中心距较小、空间位置有限的场合。

工作时,电动机接通电源。通过减速器、联轴器带动叶轮旋转。与此同时,控制机构的控制阀使气缸接压缩空气气源。推动活塞、椎杆、扇形料门打开,使物料从料仓流出,经匀料锥缓冲减压,沿匀料锥四周均匀地流向叶轮工作室。进入叶轮工作室的物料在叶片的推动下沿水平方向被推向出料口。当给料量达到预定位时,调节机构的控制阀获得信号,使气缸工作。通过椎杆、扇形齿轮迅速关闭扇形料门,同时使电动机停止传动,即完成一次给料过程。

叶轮工作时,其排料是不连续的。当要求连续排料时,可将叶片做成倾斜(与轴成一定角度),使物料连续下落。叶轮的转速不能太高,因为超过一定转速,物料落下速度比叶片的圆周速度慢得多,使物料不能充分进入叶片之间,排量反而降低,易出现不稳定。叶轮给料器的圆周线速度不超过 0.6 m/s。目前饲料厂采用的叶轮给料器的主要技术参数见表 6-2。

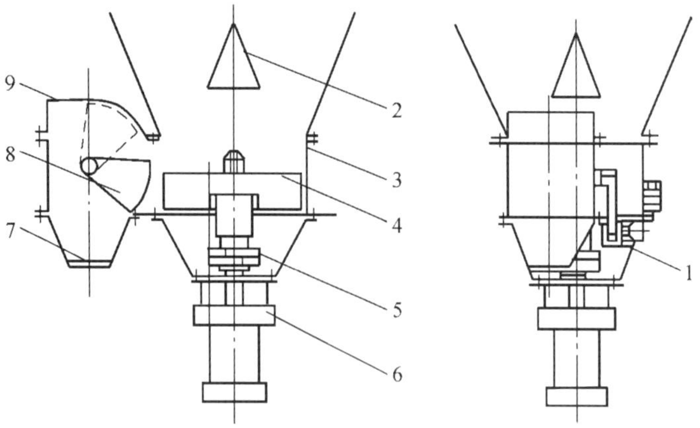

图 6-7 叶轮给料器

1. 给料调节机构 2. 匀料锥 3. 机壳 4. 叶轮 5. 联轴器
6. 电动机 7. 出料口 8. 扇形料门 9. 观察孔盖

表 6-2 叶轮给料器的主要技术参数

类型	转子直径/mm	转子宽度/mm	空穴数/格	叶轮半径/mm	每转最大容量/(L/r)	转速/(r/min)	进料口尺寸/mm	出料口尺寸/mm	排量误差/%	配套动力/kW
PLQ60 给料器	ϕ250		8		6	0～20	ϕ50			
				18	1					
RPY25 给料器	ϕ250	210	12	22	1.5	0～25	ϕ80	180×160		0.75
				25	2					
RJY 给料器	ϕ450	360	12	42	9	0～35	280×320	280×280	±12	1.5

二、配料秤

(一)电子配料秤

现代饲料企业无例外地均采用计算机技术来控制饲料生产过程,特别是配料-混合过程,电子配料秤正是适应这一需求的配料计量装备系统,因此自 20 世纪 90 年代以来,电子配料秤迅速取代了各种形式的配料计量装置。

1. 特点

随着电子技术的发展,以称重传感器为基础的电子秤得到普及。电子秤得以广泛使用并成为当前秤的发展主流,是因为它与传统机械秤和机电秤相比具有以下特点:

①称重传感器的反应速度快,可提高称重速度。

②重量轻、体积小、结构简单,不受安装地点的限制;对于大吨位的电子秤还可以做成移动式的。

③称重信号可以远距离传送,并可用微机进行数据处理,自动显示并记录称重结果,还可给出各种控制信号,实现生产过程的自动化。

④称重传感器可以做成密封型的,从而有优良的防潮、防尘、防腐蚀性能,可在机械无法工

作的恶劣环境下工作。

⑤电子秤没有机械秤那种作为支点的刀承和刀子，稳定性好，机械磨损小，减少了维修保养工作，使用方便，寿命长。

⑥精度高。

因此，采用电子秤可以实现连续称重、自动配料、定值控制，这对保证产品质量，提高劳动生产率，减轻劳动强度，降低生产成本，提高管理水平有着重要的意义。

2. 组成

饲料厂常用的电子配料秤系统(图 6-8)主要由给料器、秤斗、称重传感器、测量显示仪表、框架、卸料机构等组成。

称重传感器又称一次变换元件，是用来测量所承受的物体的重量大小，并按照一定的函数关系(一般是线性关系)将重量值转换成为电量(电压、电流、频率等)输出的一种部件。测量显示仪表(又称为第二次仪表)是用来测定称重传感器输出的电信号值，并以指针或数码的形式把重量值显示、数据处理以至打印出来。传感器是电阻应变片，它需要加入电源才能有电信号输出。

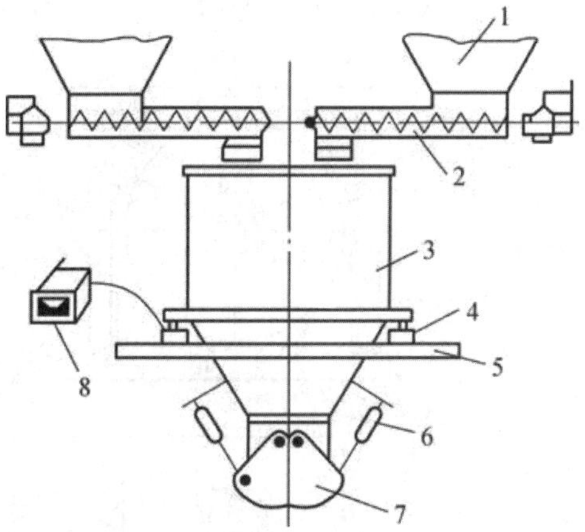

图 6-8 电子配料秤系统

1. 料仓 2. 螺旋给料器 3. 秤斗 4. 称重传感器 5. 框架 6. 气缸 7. 料门 8. 测量显示仪表

工作时，螺旋喂料器启动，料仓中的物料被送入秤斗。当秤斗内的物料量达到设定值，电控系统将接收到称重传感器的信号，并发出信号，使控制螺旋喂料器的接触器或其他开关断开停止喂料，并开启下一料仓的螺旋喂料器工作。当配完一份料，通过气缸打开秤斗气动门开始放料。电子秤的核心部件是称重传感器，各种自动控制都通过传感器的输出信号与设定分量大小，通过电控系统来实现自动控制。

3. 主要工作部件

(1)秤斗　由秤体与秤门组成。秤斗是用来承受物料重量并将其传递给传感器的部件。秤体有圆形或矩形两种，以圆形为多见。秤体上部为圆柱体，下部为倒圆锥体。并在圆柱部分设置吊耳以连接传感器。秤体上还设有检定时用的砝码架。秤斗的容积按秤的最大称量值时的配合饲料容重计算，并留有 10%～20%的容积余量。如称重 500 kg 的秤斗，配合饲料容重为 0.5 t/m^3，则秤斗容积应为 1.1～1.2 m^3。

(2)秤门　有电动和气动两种。按机构形式分，常用的有水平插板式秤门与垂直翻板式秤门两种。

气动水平插板式秤门由连接法兰、插板、滑道、汽缸、推杆(活塞杆)、电磁阀和行程开关等组成。当称量结束，由计算机发出打开秤门信号，经驱动电路使电磁阀通电，气路得以导通，推杆带动插板打开秤门。当秤斗中料卸完后，计算机发出关门信号，执行元件将秤门关闭。行程开关的作用是对插板限位，同时给出开关门状态检测信号输入计算机，秤斗门开关状况同时在中控室有信号指示。选择气动或电动秤门，一般应与混合机门一致，以便于计算机控制。

为使秤斗独立承重，秤体上部与给料器、秤门下部与混合机的连接应采用软连接。软连接体可选用棉布或其他柔软织物，并注意安装时软连接体处于非受力状态(否则会影响称量精度)，保持密封以免粉尘外溢。

(3)称重传感器　称重传感器按其结构形式工作原理可分为许多种，如电阻应变式传感器、磁弹性测力称重传感器等。在配料秤中一般用电阻应变式传感器。电阻应变式传感器可以有拉式、压式、拉压式、剪切式和弯曲式等。原理都是将电阻应变片粘贴在金属弹性元件上，当金属弹性元件受力而产生变形时，电阻应变片将变形转化为电阻值的变化，通过电阻值的变化来反映重量的变化。

电子配料秤一般采用3～4个传感器将秤斗支承或吊挂起来，见图6-9。对圆形秤斗，称重传感器的位置一般是按圆周等分的位置分布的；对于方形秤斗，如果采用三个传感器，可按等腰三角的形式布置，如果采用四个传感器，可按矩形或正方形的形式布置。

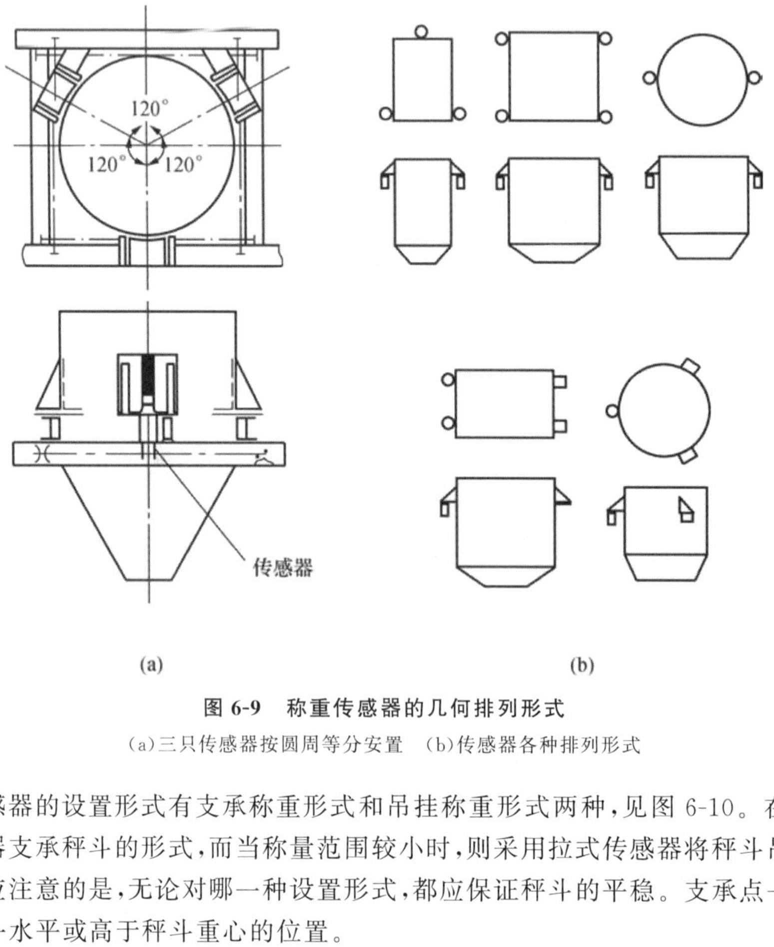

图6-9　称重传感器的几何排列形式

(a)三只传感器按圆周等分安置　(b)传感器各种排列形式

称重传感器的设置形式有支承称重形式和吊挂称重形式两种，见图6-10。在一般情况下常采用传感器支承秤斗的形式，而当称量范围较小时，则采用拉式传感器将秤斗吊挂起来的形式。使用中应注意的是，无论对哪一种设置形式，都应保证秤斗的平稳。支承点一般要求在与秤斗重心同一水平或高于秤斗重心的位置。

为了防止传感器在较大的载荷冲击下而过载，并考虑到秤斗卸料时的抖动对传感器的影响，通常在传感器的压头上方加设缓冲弹簧。此外，配料秤上还配有休止装置，当电子配料秤处于不称量状态时，使传感器处于不受力的状态。

4. 工作过程

配料秤的工作过程是一种多品种物料依序连续、累计称量、示值停顿显示，并分批周期作业、自动控制操作的一种动态的、复杂的称量过程。

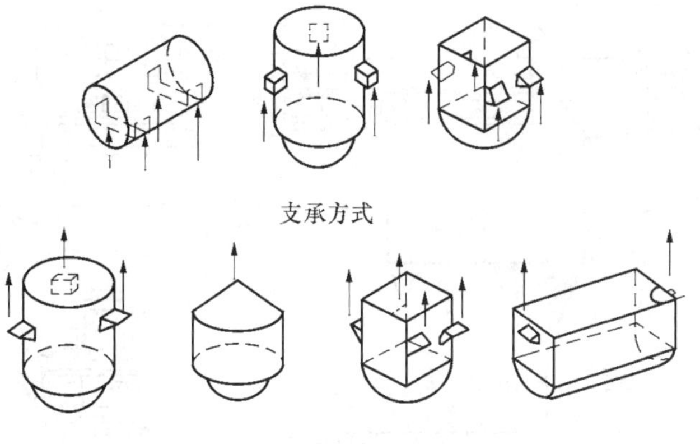

图 6-10　秤斗传感器的设置形式

电子配料秤工作时，将每批（每秤）被称物料按品种（或料仓）排列成一份份不连续的序列，依次称重（可实时显示单次称量和累计称量结果），将示值累加得出累计称量结果，得出该批物料总重量。完成一个配料周期之后，由配料混合控制系统指令，再进入下一个配料周期，称量第二批次。如此配料生产得以协调与连续进行。

电子配料秤工作时，由3个称重传感器做秤体的支承点，将物料重量转换成电讯号输出，并输入数显表，经电压放大、模数转换，由数码管显示称量结果。同时经译码电路输出二进制码（BCD），经输入输出接口（PIO）传输给工控机，由工控机对输入的重量讯号与给定值进行比较后，输出控制信号，给PIO输出，经光电耦合器，控制继电器动作，以控制给料器等的运转。

配料工段的自动控制，同其他工段控制一起，由中控室操作人员据工艺流程模拟屏上显示的信号，监视与判断设备的运行状况。操作人员在微机等进入配料程序后，应根据显示屏的提示，输入配料生产参数（配方、落料差调整、置入混合时间和混合机门打开时间等），同时应掌握微机的磁盘操作系统，以及数据存储、调用、修改、传送和打印等内容与技巧，并应能在配料过程中及时排除故障。例如在称重超差、空仓、秤斗门和混合机门开闭不符合生产要求时，迅速查明原因并予以消除。

（二）电子配料秤举例

现以SPLG系列电子秤为例，介绍其结构组成、具有功能、技术参数以及工作过程。SPLG型号含义：S—饲料行业、PL—配料秤、G—工控机。该系列产品有一机一秤、一机二秤、一机三秤三种形式。它可为年单班生产0.5万、1万、2万、3万、4万、6万t以及6万t以上饲料厂配套使用。

1. 电子配料秤结构

SPLG电子配料秤是以一台微机同时控制三秤工作。能对24种物料的螺旋喂料器和部分有关设备如混合机混合时间、混合机排料时间、添加剂及油脂的加入等实施控制。它是由电子秤、工业控制用计算机、24台以下螺旋喂料器、秤斗、料门机构及强电控制系统等组成。它的控制系统配置见图6-11。

系统主要设备是称重传感器，它的信号变化，由配料仪表来显示。配料仪表中的A/D转换速度达每分钟300次。仪表和工控机之间的通讯由EIA-RS232C来实现。工控机按重量

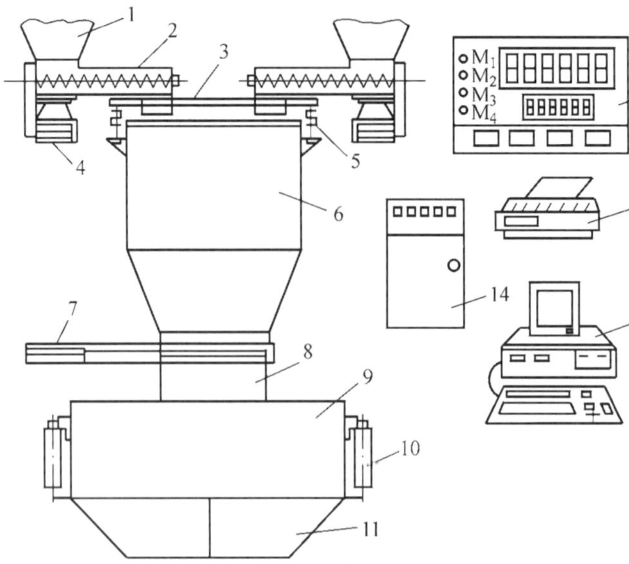

图 6-11 SPLG 电子配料秤结构示意图

1. 料仓 2. 螺旋喂料器 3. 传感器安装架 4. 电机 5. 称重传感器 6. 秤斗 7. 秤斗门气缸 8. 软连接 9. 混合机 10. 混合机门气缸 11. 混合机排料门 12. 称重仪表 13. 打印机 14. 电控柜 15. 计算机

的变化来实现对现场控制点的控制，并根据现场监测点来判断配料是否进行。

现场控制点包括：各料仓电机、添加剂添加报警、油脂添加、添加剂门开关、秤门开关以及混合机门开关。现场检测点包括：秤门开关信号、混合机门开关信号、添加剂加入信号、添加剂料位信号、配料工段后道暂停请求信号等。

2. 电子配料秤功能

①屏幕显示配料分量毛重和净重，并能显示配料过程。

②具有手动、自动去皮重功能。

③配料过程具有断电保护功能，恢复电后可以从断电处继续配料。

④仪表具有自动零位跟踪功能。

⑤配料过程中自动修正慢速给料的分量及自动调整空中料柱的料。

⑥输出部分全部采用消火花装置，防止起火爆炸，使配料过程安全可靠。

⑦能自动检测设备故障并报警。

⑧具有自动报表功能，能进行班报表、斗报表、日报表、月报表及配方号报表的打印。

3. 主要技术参数

①配料精度：静态≤0.1%FS，动态≤0.3%FS。

②称量：50～300 kg。

③配料速度 4～6 min/批料。

④最多配料品种：24 种。

⑤最小分度值为 0.01 kg，最大分度值为 0.5 kg。

4. 工作过程

(1)工作前准备

①称量校对。首先进行零位校对，即秤斗重量为皮重，但显示重量应为零，然后进行称量校对，即用标准砝码悬挂在秤斗上，使仪表显示重量应与悬挂砝码重量一致，并要求分度值重量以及最大量程都要在误差范围之内。称量校对不仅对新秤要校对，尔后每隔半年也要进行校对一次。

②确定生产参数。确定秤数、料仓数、首号仓以及下料顺序等。

③确定配方。计算机可贮存100多个配方。向计算机输入所选用的配方号，显示料仓号与料名，向配料仓输入配料原料，并将混合时间、放料时间等工艺参数输入计算机。

(2)工作顺序　接通电源给出启动信号，此后整个配料过程即全自动进行。首先是首号仓开始给料，给料量达到只剩下设定料柱量时，转为慢给料。仅剩空中料时，停止慢加料。第二号仓开始给料……直到所有料仓给料完毕，检测混合机中是否有料、混合机门是否关闭到位；如无料且料门关闭到位，则打开秤斗门，物料进入混合机。在物料进入混合机过程中，如需加入添加剂，则报警提示添加剂加入，添加剂加完后人工给一信号，添加剂料门关上。可根据秤斗门关闭或添加剂料门关闭信号开始计算混合时间。秤斗门关闭后，下一批料的配料周期又可开始。当第一批料的混合时间达到时，混合机开门放料，放料完毕混合机门关闭，此时第一批料就已经配料混合完毕，下批料自动重复循环作业。

(三)电子配料秤的使用

1. 配料秤的抗干扰

电子配料秤的干扰源来自电源电压波动和电磁干扰两项。在验秤时，抗干扰试验是一项重要的内容。安装时，应采取一系列抗干扰措施，以保证秤的准确度和稳定性。

(1)静电干扰　物料在给料和卸料的过程中与料斗壁等的摩擦而会产生静电。故秤体应接地，以释放高压静电。

(2)工频噪声干扰　当输电线与电子秤信号线平行走线时，上频交变磁场就会在信号线上激发电动势而引起噪声。变压器和电动机也会产生漏磁磁通，使信导线产生电磁感应噪声。为此安装时应使信号线避开动力线；如不能避开，应在信号线外加套金属防护管，并将防护管接地。此外，采用传感器并联的工作方式，可降低系统的输出阻抗，亦可降低静电耦合对信号线的干扰电压。

(3)射频和放电干扰　电子配料秤的信号线对空间存在的射频电磁场(如广播、电视、通讯、雷达和高频淬火等设施设备)，相当于一根接收天线，对“天线”引入的感应电压，通过低通滤波器可将其高频分量滤掉，但低频分量仍可对电子秤信号产生干扰。电焊、电加工机床、汽车电点火装置和雷电都会产生火花放电，放电会对电子配料秤产生干扰。正确地运用屏蔽接地技术，可对此类干扰起强烈的抑制作用。

2. 配料误差分析及其对策

在实际生产中，由于称量误差反映不出来，常将喂料误差当动态配料精度处理。忽视了静态配料误差，往往掩盖产品的质量问题。如有的饲料厂微机统计的生产量与打包口的实际产量不符，即为称量误差所致。

(1)喂料误差　喂料误差指配料秤的称量结果与物料配料量真值之间的误差，也即动态配料精度与静态配料精度(称量误差)之差值。喂料误差主要是由于喂料器未能适时停止给料而产生的误差。

①微机计算出的补偿值不准确：一般是由于微机控制软件的自适应功能不完善导致。在

实际生产中，微机检查每批料的配料结果并前后比较，随配料批次增加，配料误差的下降速度应比较快。现市场上不少软件的自适应功能没有用于单品种配料精度的控制，选购时应注意比较。另外，病毒的侵害也是一个原因：用于车间生产控制的微机要严禁使用来路不明的软盘或软件，最好不要将中控室微机用于其他用途。

②物料崩塌：螺旋喂料器停转时，其出料口的物料发生崩塌。崩塌具有不确定性，微机可能判断错误而将一批物料的误差带入下一批物料。减少物料崩塌的方法有：a. 在喂料器出料口的一段螺旋采用双头叶片；b. 将螺旋喂料器出口抬高，安装仰角 3°～5°；c. 在喂料器出口断面用钢丝条按井字形焊接，可阻断崩塌。

③“空中料柱”：由喂料器出口下落至秤斗内料面前的物料，不能被称量出重量。空中料柱导致的“落料误差”不可能完全消除。

微机控制软件自适应功能可通过补偿降低落料误差，但“空中料柱”的量值也存在随机性与不确定性，因此不可能完全消除。减小空中料柱的办法：a. 缩短喂料器出口与配料秤进口的距离，一般应小于 1 000 mm；b. 先配用量大的料，后配用量小的料。

④配料秤的稳定性：在检定时配料秤曾做过零点（空秤）稳定性试验。稳定性是指秤的平衡状态受到破坏后迅速恢复平衡的能力。如果配料秤稳定性差，较长时间不能得出称量结果，必定使喂料器不能适时动作，造成配料误差。使用中应使配料秤远离振动源（如风机、粉碎机和制粒机等）。如车间使用钢架结构，建议将配料秤安装平台与主钢架分离开来。

⑤给料速度：对喂料器给料速度可以考虑对配比大、密度小、价格低的物料（玉米、麸皮等）高速给料；相反如鱼粉、石粉等可以慢速给料。许多喂料器均有慢给料性能，即配料接近给定值时，由正常给料速度改变为慢加料，可以减少喂料误差。

微机控制的配料秤，采用普通电机变频调速技术，由电机电源的工频 50 Hz（赫兹），在接近给定值时自动切换至低频（如 10 Hz）工作，降低喂料器转速至慢速。这种正常—慢加料的方式可降低喂料误差至较满意的程度。

（2）称量误差　由配料秤称不准而产生，在生产过程中难以发现，需用四等标准砝码进行静态校验。

①传感器质量和量程：传感器是专业生产厂制造的，其质量好坏取决于其受力与电信号输出呈线性关系。传感器的量程选择，应使传感器工作在该传感器量程的约 70%较恰当。称量传感器在出厂时对其主要性能指标进行了测试，并记载于产品合格证上，供用户核实选用。其主要性能包括：量程、非线性误差、滞后、重复性误差、额定载荷下的输出灵敏度、抗侧向力、耐过载能力、温度影响、蠕变等。

②传感器受力不均衡：一是支承点分布不均，使本组（3 或 4 只）各传感器受力不均。二是秤斗在一侧受力大，另一侧受力小，造成料斗严重偏斜。在设计配料仓及秤斗进料方案时，应考虑将配比大的原料喂料器位置错开，使秤斗各方向进料最匀称。玉米在配合饲料中配比达 50%以上，可设置 2 个玉米配料仓并对称向秤斗进料。

③测量电路误差：测量电路仪器的精度、灵敏度均较高，因元件老化、环境变化等原因会导致测量误差。零点漂移是常见的问题，应定期校正，予以消除。

④秤斗安装不正确：常见的安装错误是秤斗与各传感器的接触点不在同一平面。这使传感器受力不均、受力方向偏移轴线，导致传感器受到侧向作用力而造成测量误差。此外，秤斗上下软连接安装不当，会引起力的传递，造成称量误差。

3. 电子配料秤的维护与保养

在电子秤中，由于长期使用，传感器经常承受外力的拉压，仪表的使用环境、温度的变化，均使传感器、仪表的精度引起变动或损坏。为了保持电子配料秤应有的精度、灵敏度及自动化功能，必须进行经常的维修与保养，培养和配备专门的操作人员和维修人员，负责电子秤的使用操作和日常维护管理。

尽管各种电子秤使用场合、受载方式、机械结构等形式有所区别，但它们都有一个共同之处，即基本上包括了传感器以及大部分仪表。

(1)传感器的维护与保养

①传感器各固定螺钉应保持紧固，不得松动，传感器部件应保持干燥。

②及时清除特别是连接部件处的灰尘。

③限位装置应经常检查，平时不得有卡死现象，并调整到应有的位置。

④传感器应保证经常通电，电桥电压要经常检查。

⑤发现电子秤出现误差时，应切断电桥电源，用万用表电阻挡测量传感器输入端、输出端是否断路或短路，若出现断路或短路则应调换传感器。调换新传感器后应对电子秤重新进行校验。

(2)仪表的维护与操作　电子秤所使用的仪表一般为专门设计的称量显示控制仪表。

①仪表应置于通风、干燥、温度适宜的控制室内，并应有良好的接地装置。

②仪表应经常通电，开机后先进行预热，然后检查显示值是否正常，功能键动作是否可靠。

③操作完毕后，应将仪表电源切断，防止意外。

④发现有异常时，先切断电源，检查电源部分接触是否松动，电源熔断器是否断路等。

⑤如果仪表内部有故障时，应由专门维修人员进行修理，其他人员不得擅自进行拆装，避免损坏仪器和造成计量失准。

此外，应根据电子配料秤使用场合的频繁程度，规定每天、每周、每月、每年进行例行检查和保养的工作内容。做好其他执行部件的例行检查和保养工作，如电磁阀、汽缸等运动部件；做好电气线路、油路、气路管道的例行保养工作，以保证电子秤的正常工作和应有的使用精度。

任务6-3　配料质量管理

一、影响配料质量的因素

(一)饲料配方

对饲料配方的要求：配方折算成每批投料量后，低于配料秤最小称量量时，该种原料就应采用手加料口投料，例如添加剂预混料。如果配方折算后，数值不符合配料秤计量显示分度值要求，则应该对配方进行圆整，即修订。

饲料配方对配料质量的影响：由于配料秤显示分度值的影响、供料器供料速度等原因，每个配比产生的计量误差就有所不同，因而会产生个别上仓原料消耗量高于配方理论数值，而个别原料消耗量低于配方理论数值。

(二)配料秤的影响

1. 配料秤静态精度

配料秤静态精度高,其动态精度也高。

2. 配料秤的响应速度

对于电子配料秤,响应速度是指当称量值变化时,称量系统将此变化值反映出来的时间。时间越长,动态精度越难于保证。对于电子秤,响应速度是数显表采集称重值的频率,频率高,动态精度就可能高。配料秤灵敏度也高。

(三)供料器

供料器的供料速度、慢加料方式、供料均匀性等,会影响配料精度。供料速度越快,越难于控制配料质量。

(四)饲料原料

1. 饲料原料容重

原料容重越大,越难控制供料量,误差越大。

2. 饲料原料流动性

原料流动性过强,调整供料器供料量难度增加。生产中,甚至是停止供料器工作,也有因为配料仓内物料压力而使原料向供料器加料现象。

(五)空中料柱

空中料柱:从供料器出口到物料重量被秤斗采集到之前这段空中物料。空中料柱的重量受以下因素影响:

1. 供料器到秤斗距离

距离越大,空中料柱越大。一般来说,配料秤所对应的配料仓越多,供料器出口到秤斗的距离就越大。该误差不能被配料控制软件所修正。

2. 物料容重

物料容重越大,空中料柱重量越大。

3. 配料顺序

配料过程中,配比量小的原料如果先配料,秤斗底部与供料器出口距离越大,空中料柱越大。

4. 供料均匀性

供料器供料不均匀,空中料柱很难被配料软件估算并加以及时修正。必须合理配置供料器及其相应制造参数。

5. 供料器供料速度

供料速度越大,空中料柱越大。应合理设计慢加料方式,否则对配料质量影响很大。

(六)配料系统设计

1. 配料系统的自适应能力

配料系统对物料、配方应该有一定的适应及调节能力。

2. 配料混合系统的缓冲设施

配料混合系统间应设置压力缓冲系统,以避免物料对混合机的冲击及避免秤斗出现短时真空现象，最大限度保证配料精确度。

(七)配料秤生产能力

配料秤一批物料的计量能力应与混合机一批混合量相同或配料系统总生产能力应高于混合系统生产能力。

配料周期：在分批配料中，完成一个完整配料过程(包括进料、称重、排料)所需的时间。一个配料周期包括所有原料加料、称重所消耗时间，秤斗开门、排料时间、关秤斗门时间。根据配料周期、配料秤每批配料产量，配料工序生产能力计算：

$$Q(\mathrm{t/h}) = \frac{60}{t} \cdot G$$

式中，60为60 min；t 为配料周期，min；G 为多个配料秤每批物料质量总和，t。

目前采用卧式双轴桨叶式混合机，混合周期短，要求配料周期也要短，因此采用多仓数秤配料工艺，多个配料秤可以同时工作，提高配料速率，缩短了配料周期。

(八)环境因素

影响配料系统精确度的饲料厂环境因素包括：温度、湿度、振动、电磁干扰、粉尘等。其中温度、湿度是主要因素。由于温度变化，导线电阻值变化，使传感器输入电压发生变化，影响传感器输出电压；数显表受温度变化而引起放大器工作点发生变化，产生零点漂移和放大倍数变化，影响显示值的准确性；潮湿使导线绝缘性变劣，潮湿引起电器元件的变化等都可能会影响传感器、数显表及计算机系统工作状态。

二、配料质量管理

(一)配料工艺科学合理，尽量降低静态误差

配料工艺流程设计及设备选型合理，应尽量降低配料误差。采用多仓数秤工艺，大小秤配置，以保证配比量小的原料配料精确度。定期检定配料秤。配料系统应有较高的数字采集频率，一般来说，每秒至少采集称量值4次。

(二)饲料配方设计中应考虑配料工艺流程

配方设计科学、符合配料工艺要求，以尽量降低配料误差。配料工艺不同、配料秤配置不同，配方中配比所引起的误差不同。

(三)配料顺序合理

根据原料配比、容重等，设计合理的配料顺序。一般来说，按照配比量应由量大到量小，按照容重应由容重小到大。配料顺序以配比量为主，在此基础上考虑容重。对于容重大、配比量小的原料，考虑实现将几种原料加工成混合料然后上仓，或者通过手加料口投料。

(四)供料器供料速度适当

供料器供料速度影响配料周期，但配料速度过快，配料质量差。为解决这一问题，目前多数采用变频调速供料。当配料接近终点时，供料器输入电流频率自动调整到10 Hz，而配料开始则以正常50 Hz电流频率。可保证降低配料周期，保证配料精度。

(五)配料系统设计科学、合理

在设备布局上，尽量缩短供料器出料口与秤斗之间的距离，以降低空中料柱；选用优质配

料软件并正确设置，提高配料精度；在配料—混合之间设置压力平衡系统，降低压力不平衡引起的配料误差；设备选型上，应尽量提高配料秤的精度。

任务 6-4 中央控制操作工操作规范

一、开机前准备

①根据计划单抄写生产计划一式两份（小料添加人员一份）。

②仔细查看上班的交接班记录。

③通知各个相关岗位做好开机前准备。

④开启控制电源，打开电脑和相关的监视广播系统（应遵循先开外设再开主机）。

⑤电脑进入系统后进入生产控制软件。

⑥查看各仓余料情况。

二、开机生产

（一）注意事项

①启动设备前通知现场，待现场给予确定后方可开机。

②设备启动顺序应按先后再前先附属设备再主设备。

③开启空气压缩机通知锅炉房送蒸汽。

④当设备出现异常时应立即停机并通知相关人员前去检查，如是堵机应先排料疏通后才可重新开机生产；如是设备故障通知机电人员前去检修。

⑤随时观察设备状况，减少设备空转时间，降低电耗。

（二）安排生产

①根据生产计划和仓内余料情况安排进料的品种、顺序、数量，同时启动粉碎机进行粉料。

②通知查仓员对进料和粉料的品种进行查看核实并查看是否有漏仓窜仓。

③根据上班生产的品种和制粒仓成品仓的余料情况确定配料品种顺序和配料量。

④检查配料秤零点和各个生产参数是否正确。

⑤输入配方数据并通知制粒岗位出料口和小料添加人员配料的品种并核对小料配方。

⑥选择成品仓或制粒仓启动混合输送设备→混合机→启动配料。

⑦粉料成品配出来后通知相关岗位做接料准备。

a. 需制粒的送入制粒仓，通知制粒员开机制粒并设置好冷却器的各个参数开启制粒工段附属设备，冷却器开始排料通知查仓员和出料工检查粒料的料型、色泽、温度，确认无误打包出料。

b. 不需制粒的送入粉料成品仓，通知出料口核对成品感官色泽，确定无误后打包出料。

c. 如不能辨别的新产品或有异样的产品，应在成品一出来就通知带班和现场品管检查核对。

三、各工段事项

(一)筒仓工段

①玉米倒入接收口后相关人员会根据仓容情况和玉米的品质通知进入哪个筒仓。

②打开需进料的筒仓进料闸门,根据工艺流程按先后再前的顺序依次启动仓顶进料刮板→高提升机→初清筛→矮提升机→接收口刮板。

③生产上提用玉米时应把筒仓顶部进料闸门全部关上,选好需要进玉米的粉碎仓,按先后再前的顺序依次开启设备再打开需提用玉米圆筒仓的下闸门。

④当发现某仓玉米提不到时应通知相关人员去查看是否已经空仓,如确认没玉米应安排人员清仓,并询问品管部该用哪个仓玉米生产。品管部根据仓内玉米的状况和先进先出的原则决定用哪个筒仓的玉米。

⑤为保证玉米的储存品质根据品管要求在玉米接收 50～100 t 时应安排人员清理筒仓工段的永磁桶,在天气晴朗的时候遵循品管通知开启筒仓上下风机进行通风换气。

(二)进料工段

①合理安排仓位和进料的品种、顺序、数量。

进料工拉料到需进料的接收口时应点动三通或分配器到需进料的粉碎仓或辅料配料仓,再按照流程顺序依次启动进料斗式提升机→初清筛→初清筛提升机→进料刮板,最后开启对应的进料口除尘风机,通知可以开始下料。

②一个品种的原料进完,进料工把进料口的地角料打扫干净时,关闭除尘风机过一两分钟通知查仓员去看对应的粉碎仓或辅料配料仓是否还有料下,在确认没有料下时才可以转好仓开启除尘风机通知可以进下一个原料。

③每进一个品种都应第一时间通知查仓员去核对所进原料是否正确有无漏仓窜仓。

④有些原料品管已通知可不过初清筛的,进料时应关闭初清筛提升和初清筛在该品种进完后再开启。

⑤粒料进料口有多个接收口时只能选其一个口进料,不能两个或多个口同时进料。

⑥进料口的永磁筒每班应清理两次。

⑦关闭进料工段时必须在整个流程内的物料完全提取干净后再按照开机顺序反之进行。

(三)粉碎工段

①开机前应清理干净喂料器的磁铁板,根据生产饲料品种和所粉碎的原料选用品管规定的筛片并检查筛片完整无缺关闭好操作门,打开现场开关,相关人员离开现场。

②分配好需粉碎进料的仓号依次启动粉碎输送提升→粉碎输送绞龙→粉碎吸风机→粉碎机主机,待粉碎机运行正常后根据所粉碎原料的性质设定频率打开对应仓门进行粉料。

③喂料频率的初始设定应根据粉碎物料的硬度、水分和选用筛片的大小来决定,开始频率尽量设小,然后再根据粉碎电流大小和粉碎输送设备的输送能力进行调正。

④对打烂筛片所粉碎的物料要经仔细检查是否能用,不能用的要放出重粉碎。

⑤粉碎机属高速运转的设备,粉碎工段也是最重要工段之一,没有特殊情况尽量选用连锁模式。

⑥为了能使锤片均匀的磨损粉碎机，每周应换向，换向操作时粉碎机必须完全停止；当锤片磨损严重粉碎效率低时必须更换锤片。

⑦粉碎机震动较大、声音异常、电流和喂料频率波动较大时都应立即停机检查。

⑧粉碎机在更换筛片、锤片和停机检查时必须关闭现场开关(最好关闭强电空气开关)。

⑨粉碎工段停机时必须先关闭粉碎仓门，在整个流程内的物料全部粉完粉碎电流回落到空载电流值时进行。

(四)配料工段

①配料工段是最重要的工段，直接影响到产品的质量，所以要严格按照配方的配比下料。

②为了保证配料精度，一般来说是大秤下量大的料；小秤下小于 20%的料，根据超欠重情况调整提前量。

③对下料顺序的安排尽量使一些量大的料先下，而对流动性比较好的原料(钙粉、磷钙、膨润土等)和水分油性较高的原料(细糠)不能排在第一的顺序。

④预混料和微量小料添加时间应该是在大料 80%已进入混合机混合后加入。

⑤双轴桨叶混合机 2 min 能充分混合其额定混合量的 40%～140%；对有油脂和其他液体添加的配方，第一盘的混合时间和液体添加时间尽量设置长点，然后再根据第一盘液体添加完的时间适当增加。

⑥液体超时报警时间为秒；而混合时间又比液体超时报警多几十秒(根据个人反应速度决定)。

⑦变换配料品种时前个品种没提完的情况必须锁定混合机门进行下个品种的混合，在确保前个品种已完全提取完了才能转仓解锁。

⑧出料口的回收料必须是在配相应品种料，转在相应制粒仓时才能倒入。

⑨在配浓缩料和粉料之前应用低蛋白豆粕对混合机和混合输送工段成品检验筛清洗一遍以避免交叉污染。

⑩浓缩料、代乳料、教槽、保育料和一些其他粉料必须经过成品检验筛。

⑪混合机在进行检修和人工清理时必须关闭现场开关和强电空气开关以确保安全。

(五)制粒工段

①在配制粒料时应把所生产的品种和配方的基本情况告诉制粒员，以确保他排空前个品种的残余料和选用合适的环模来生产。

②各个冷却器参数设定应根据其生产时每次排料量的多少来进行设定。

③开、关机顺序必须按照流程工艺顺序进行，尽量选择连锁模式。

④对需破碎的料在制粒开机前启动破碎机，并根据破碎粒度大小调整破碎机间隙和选择是否需要重破，在冷却器开始排料时再通知相关人员查看破碎粒度是否合适。

⑤制粒机生产完一个品种时应叫查仓员看制粒仓是否空了，确认是空仓可在制粒机停机三五分钟后设置手动排料。

⑥转换生产品种时回收料在三种情况下需要打出：料型品种不一样、色泽不一样、做完低档料做高档时；一般来说打了回收料都要清扫冷却器和挖空成品提升机的底脚料。

⑦成品仓的料出完后才可以开机生产下一个品种。

四、生产完关机

①在当天计划全部配料完成，制粒工段还有半个小时产量时应通知锅炉房，让其做好停机准备。

②同时可以根据各工段紧次要顺序分工段停机。

③制粒机生产完停机后通知锅炉房关闭蒸汽，并慢慢排空冷却器里的料。

④成品仓的料出完以后关闭流程上所有的设备，打印原料耗量表后关闭计算机和监控广播系统再关闭控制电源。

⑤做好各种生产报表和交接班记录。

【岗位操作任务】

中控操作

一、目的要求

通过观察了解配料混合工段机械设备的组成，并初步掌握配料混合工段的操作方法。

二、材料与仪器设备

大、中型饲料加工机械设备一套，各种饲料原料。

三、内容与方法步骤

(一)分析加工机组的工艺流程

熟悉饲料加工机械设备组成与加工工艺流程。

(二)操作前准备

根据生产任务做好各种检查和准备工作，需要粉碎的原料，通过清理粉碎工段粉碎后进入配料仓，不需粉碎的粉料经过清理后进入配料仓。

(三)操作

打开配料电脑，调出需要生产的饲料配方，根据技术部提供的配方要求调整电脑中的饲料配方；设定混合时间、放料时间、混合批次、慢加料量、允许误差等技术参数。预混合料添加剂和油脂在混合机加入，不计入配料秤中。

开动空气压缩机，安排成品仓位号或待制粒仓位号；关闭混合机门，启动后续输送设备。

电子配料秤的配料方式是分批累积称量，按电脑配方的自动配料按钮，电脑进行自动配料。首先启动第一台供料器向秤斗加料，到慢加料量时，自动转换为慢加料状态，到剩下空中料柱时停止进料。然后转换为第二台供料器工作，直到所有饲料配合完毕。电脑检测混合机是否有料，混合机门是否关闭；如混合机门关闭，秤斗门打开，饲料进入混合机，秤斗门关闭，开始下一批配料工作。在饲料进入混合机中，如需加入预混合料添加剂时，电脑报警提示加入预混合料添加剂，加完后按下按钮，返回信号。如需加油脂，饲料进入混合机后开始喷油，再混合一段时间。当混合时间到，自动打开混合机门放料，放料结束后关闭混合机门，进入下一批配好的饲料。以后每批次按序重复循环进行。

一种饲料配合完毕后,重新调整电脑和其他机械设备,准备下一种饲料的生产。配料过程中,电脑自动统计记录各种饲料原料的用量、配料累积误差量、生产的各品种饲料的数量等,下班时通过打印机打印出来生产报表,分送各有关部门。也可以统计每月的生产报表。

四、操作报告

根据观察到的内容,总结配料混合工段机械设备的操作方法和顺序。

五、分析与讨论

结合操作进行分析与讨论。

职业能力和职业资格测试

1. 试分析各种配料工艺之间有什么不同点。
2. 简述电子配料秤的工作过程。
3. 电子配料秤与其他称量设备相比有哪些特点?
4. 如何正确使用、维护与保养电子配料秤?
5. 影响配料质量的因素有哪些?
6. 提高配料质量措施有哪些?
7. 简述饲料厂中控工操作规范。

项目7 混　　合

【项目设置描述】

混合就是在饲料生产过程中,将各种饲料原料按配方中所要求的比例,经计量配料后,在外力作用下,将各种成分的饲料原料的混合物重新配置,使之分布均匀的过程。它是保证配合饲料质量的很重要的一道工序,饲料混合机是完成这一重要工序的关键设备。在饲料工厂中,混合设备的生产能力决定了工厂的规模。

【学习目标】

1. 掌握混合原理。
2. 掌握混合工艺流程及其特点。
3. 掌握影响混合质量评定及影响混合工艺效果的因素。
4. 能配置和操作混合工序主要设备;会排除混合机常见故障。

任务7-1　混合工艺与设备配置

一、混合工艺

混合工艺可分为分批混合(或称批量混合)和连续混合两种。

(一)分批混合

分批混合就是将各种混合组分根据配方的比例配合在一起,并将它们送入周期性工作的"批量混合机"分批地进行混合。混合一个周期,即生产出一批混合好的饲料。这就是分批混合工艺。这种混合方式改换配方比较方便,每批之间的相互混杂较少,是目前普遍应用的一种混合工艺。这种混合工艺的称量给料设备、启闭操作比较频繁,因此大多采用自动程序控制。现代饲料厂普遍使用分批混合机。

分批混合工艺的每个周期包括配料(称重)、混合机装载、混合、混合机卸载及空转时间。分批混合机工艺的循环时间包括以上每个操作时间的总和,混合机的生产率可按下式计算:

$$Q=\frac{60V\phi\gamma}{\sum t}$$

式中,Q 为混合机产量,kg/h;V 为混合机容积,m^3;ϕ 为物料充满系数,一般取 $\phi=0.80$～

0.85；γ 为物料容重，kg/m^3，一般实测，参考值为 400～500 kg/m^3；$\sum t$ 为混合周期需要总时间，min（包括进料时间、混合时间、卸料时间及空转时间）。

（二）连续混合

连续混合工艺是将各种饲料组分同时分别地连续计量，并按比例配合成一股含有各种组分的物料流，当这股物料流进入连续混合机后，则被连续混合机连续混合而成一股均匀的混合好的物料流。

连续混合工艺的特点是：可以连续地进行生产，容易与粉碎及制粒等前后工序相互衔接，生产时操作比较简单。但是，在更换配方时，流量的调节比较麻烦，而且在连续输送和连续混合设备中的物料残留较多，所以两批饲料之间的互混问题比较严重。近年来，由于添加微量元素以及饲料品种增多，连续配料、连续混合工艺的配合饲料厂日趋少见。一般均以自动化程序不同的批量混合进行生产。

二、混合工艺流程

典型混合工艺流程见图 7-1。它以混合机为主体，上盖入口有 3 个，包括大、小配料秤、人工添加口，旁侧有油脂添加接口，下面有出料缓冲斗，再经刮板输送机和斗式提升机输送。

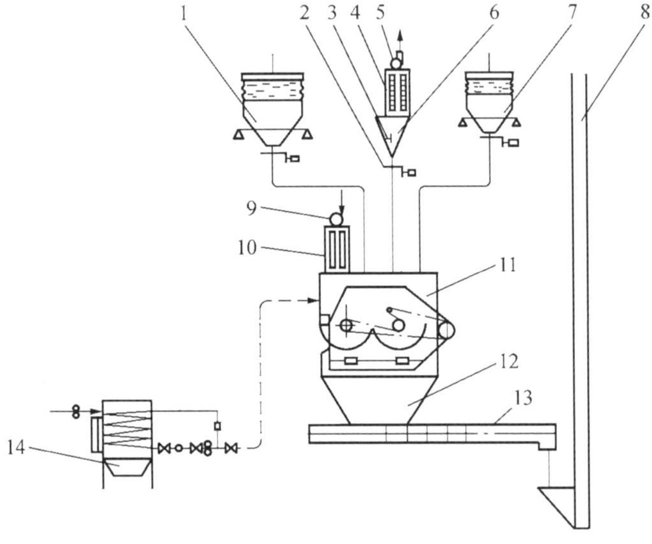

图 7-1　混合工艺流程图

1. 大配料秤　2. 气动闸门　3. 料位器　4. 脉冲除尘器　5. 风机　6. 人工添料斗　7. 小配料秤　8. 斗式提升机　9. 风机　10. 脉冲除尘器　11. 双轴高效混合机　12. 缓冲斗　13. 刮板输送机　14. 油脂添加系统

主要原料由大配料秤称重后进入混合机，含量在 0.5%～5%的小料，由小配料秤称重后进入混合机，量更少的添加剂及易潮解食盐等经称重后由人工添加口加入。

大型混合机的顶盖上配有独立除尘系统，使混合机始终处于微负压状态下工作，消除了混合机混合时产生的正压，从而免除了对配料精度产生影响。除尘的细粉同时又回到混合机内部，避免灰尘外溢。对于小型混合机只要求设计气流平衡管，以沟通配料秤与混合机，使装卸料时产生的气流往返于混合机与秤斗之间，这样就可以消除对配料精度产生的影响。混合机下设的缓冲斗的容量要比混合机大10%。

三、混合设备配置

混合工艺设备配置主要是混合机。

(一)混合机的分类

①按机器主轴布置形式,混合机可分为工作主轴为水平设置的卧式混合机和工作主轴为垂直设置的立式混合机。卧式混合机混合周期短,残留量少,混合质量好,所以在饲料厂使用较多。立式混合机结构简单,使用方便,但混合时间较长,残留量较多,大、中型饲料厂很少用。

②按工作部件的不同,混合机可分为螺旋式混合机、桨叶式混合机和转筒式混合机等。

③按作业方式的不同,混合机可分为分批式混合机和连续式混合机。

(二)对混合机的技术要求

①混合均匀度高。预混合饲料和浓缩饲料 $CV \leqslant 5\%$,配合饲料 $CV \leqslant 10\%$。

②最佳混合时间要短,进料、卸料快,生产效率高。

③卸料时机内饲料残留要少,避免交叉污染。配合饲料 $R \leqslant 1\%$;预混合料 $R \leqslant 0.8\%$。

④混合机卸料门要灵敏、可靠、动作准确、不漏料。

⑤结构简单,便于监视取样和清理、操作、维修、保养。

⑥应有足够大的生产容量,以便和整个机组的生产率配套。

⑦应有足够的动力配套,以便在全载荷时可以启动。在保证混合质量的前提下,尽量降低能耗。

任务7-2 混合设备

一、混合原理

混合的原理是在外力作用下,使由多种物料所组成的混合物中的各种成分颗粒均匀分布的过程。研究表明,在混合过程中(图7-1),随着混合时间的增加,混合程度和混合效果会迅速提高,达到最佳混合均匀状态,此状态称之为"动力学平衡状态",此时若继续再延长混合时间,就会有分离的倾向,混合的均匀度反而会降低,这种现象称之为过度混合,混合效果变差。所以对于不同的物料,不同的混合机都有其不同的最佳混合时间,在达到最佳混合状态之前,必须将混合物从混合机中卸出。

物料在混合机中的混合方式有多种:

(1)对流混合　对流混合是许多成团的物料颗粒从一处移向另一处,而另一群物料颗粒作相向移动,使这两群物料之间形成相对流动,在对流中进行相互渗透变位从而进行混合的。此种混合方式混合的均匀程度不是很高,但混合的速度较快。

(2)扩散混合　扩散混合是混合物料中的各个颗粒之间由于压缩作用、吸附作用或由于表面带电所引起的相吸或相斥作用,而引起的各个颗粒之间的相对移动,这种移动类似于流体分子的扩散过程,它是无序的。此种混合方式混合速度较慢,但混合的均匀度较高。

(3)剪切混合　剪切混合是混合物料在工作部件施加外力的作用下,彼此之间形成许多相对滑动的剪切面而产生混合作用。此种混合方式影响混合精度。

(4)冲击混合　冲击混合是混合物料与机器壳体碰击时,所造成的单个物料的分散,从而所形成的混合。

(5)粉碎混合　粉碎混合是物料颗粒由于变形或搓碎,所产生的混合。

这几种混合方式在混合过程中是同时存在的,但前三种是起主要混合作用的,为此,根据不同的混合原理设计了不同类型的饲料混合机。但对于不同结构形式的饲料混合机以及随混合时间的不同,每种混合方式所起的作用程度是不一样的。

二、主要混合机

(一)卧式螺带式混合机

1. 卧式螺带式混合机结构

卧式螺带式混合机是配合饲料厂的主流混合机。该机有单轴式和双轴式两种。单轴式的混合室多为 U 形,也有 O 形;双轴式则为 W 形。其中 O 形适用于预混合料的制备,亦可用于小型配合饲料加工厂;U 形是普通的卧式螺带混合机,也是目前国内外配合饲料厂应用最广泛的一种混合机;W 形则使用较少,多用于大型饲料加工厂。U 形卧式螺带混合机的结构示意见图 7-2。

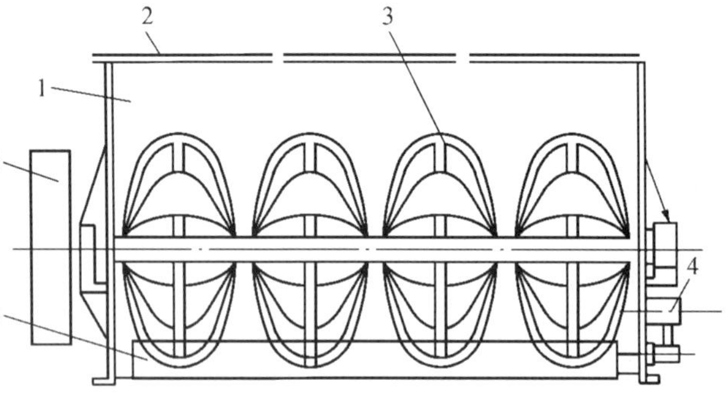

图 7-2　卧式螺带式混合机示意图

1. 机壳　2. 进料口　3. 叶片转子　4. 出料门控制机构
5. 出料门　6. 传动机构

卧式螺带混合机主要由机体、转子、出料门及出料控制机构、传动机构、液体添加系统等组成。其总体结构见图 7-3。

2. 卧式螺带式混合机的工作过程

各种组分的物料按配方比例经过计量后进入混合机,物料在带状螺旋叶片的推动下进行混合。外螺带将物料从一端向另一端推动,内螺带则使物料向相反的方向运动,里层饲料被推到一侧后由里向外翻滚,外层饲料被推到另一侧后由外向里翻滚。饲料在对流过程中二股物料流相互渗透、变位而进行混合。在两侧翻滚过程中再进行混合,这样反复进行多次,最后通过出料控制机构将混合均匀后的物料从卸料门卸出。

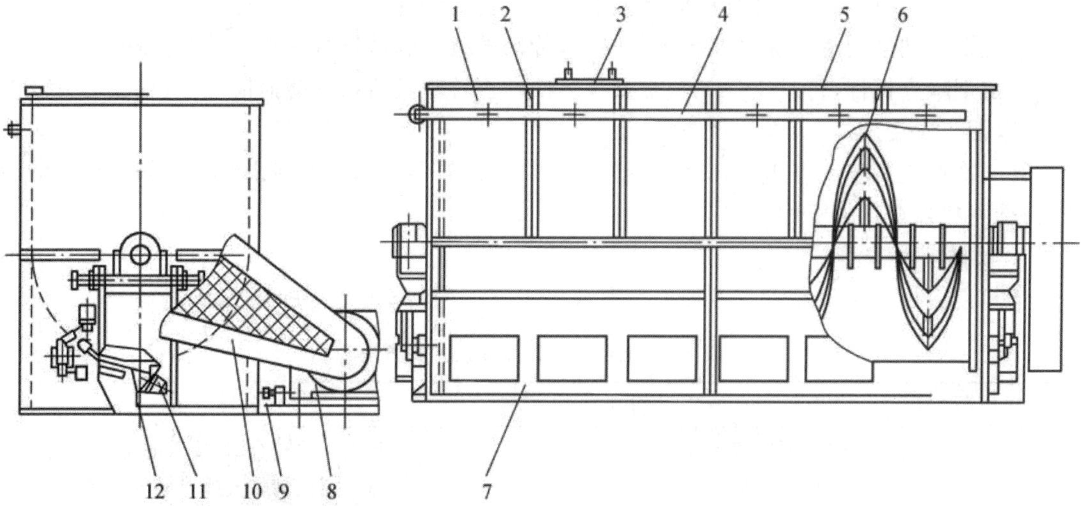

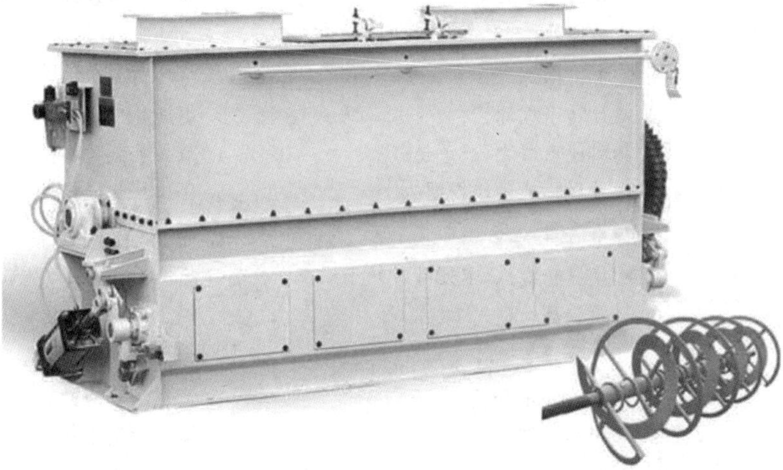

图 7-3　卧式螺带式混合机

1. 上机体　2. 添加剂进口盖板　3. 观察门　4. 液体添加管道　5. 主料进口盖板
6. 转子　7. 下机体　8. 减速电机　9. 滑轨　10. 链罩　11. 气缸　12. 出料门

3. 使用与操作

①使用前应进行一次空运转试车，在试车前应检查机器全部连接件的坚固程度，减速机的润滑油量和电机设备的完整性，然后闭合电源总开关进行空运转试车。

②使用时应先启动减速电机，待转子转动正常后再进料。

③装料以不低于主轴轴线平面为宜，加料后必须将料槽盖板盖好，再开车，以免物料溅出料槽，盖上配有视镜框，能观察物料的搅拌情况。

④微量元素、药物等添加剂应在机内主料进入一半后加入。

⑤油脂类应在主料全部进入机内后再喷入，喷完后应混合一定时间后方可放料。

4. 维修与保养

①物料中不得混入金属杂质，以免损坏转子叶片。

②在运转过程中，不得用手或其他物件深入机内捞取物料。

③停机不用时，油脂添加管道应清理干净，以免油脂凝固后堵塞管道。

④定期用钠基润滑油保养混合机各轴承，传动链条应刷适量机械油并经常清理。

⑤定期检查机件，每月 1～2 次，检查各部件是否转动灵活以及磨损情况，发现缺陷应及时修复，以便正常使用。

⑥一次使用完毕或停工时，应取出剩余物料，刷清机器各部分的残余物料。如停用时间较长，必须将机器全部擦干净。

5. 故障及排除

饲料混合机的常见故障在各种类型混合机中有一定的相通性，见表 7-1。

表 7-1 混合机常见故障及排除方法

故障	原因分析	排除方法
无法正常启动	1. 电源未接入、缺相 2. 电压过低 3. 满载且超载启动运行	1. 请电工检查线路、接入电源 2. 避过用电高峰或确保电压正常 3. 减少负载，先运转后加料
异常声响	1. 浆轴损坏 2. 变速机损坏 3. 叶片转子损坏 4. 物料比重过大，严重超载 5. 大块异物或硬块物混入	1. 更换浆轴 2. 更换变速机损坏件 3. 更换叶片转子 4. 减少装载量 5. 停机清除异物
突然停机	1. 停电 2. 大块异物混入，卡死叶片转子 3. 轴承损坏	1. 先立即关闭电源，打开料门排掉物料，检查故障后再启动电机 2. 停机清除异物 3. 更换轴承
混合产品不均匀	1. 混合时间不合适 2. 超负荷运转 3. 混合机陈旧、变形、破损 4. 微机控制的配料秤误差 5. 液体添加装置不正确加料或加料顺序不当 6. 物料在混合机内成团块	1. 调整混合时间 2. 额定负荷下运转 3. 修复变形、破损部位 4. 检查并调整配料秤 5. 按照工艺要求加料 6. 彻底清除团块
出料门有漏料	1. 出料门关闭不严 2. 密封条老化或损坏 3. 出料门一侧积料 4. 气缸气压不够 5. 行程开关位置不对 6. 出料门联动机构连接体磨损 7. 添加剂或原料中有腐蚀黏结物，粘在门体四周	1. 调整撑杆位置，使出料门关严 2. 更换密封条 3. 清理积料 4. 调整压力≥0.63 MPa 5. 调整行程开关位置 6. 更换有关密封件 7. 清理黏结物
不能正常出料	1. 气缸及供气系统故障 2. 电路故障	1. 检修气缸联杆，气压 2. 检修电路

(二)双轴桨叶混合机

1. 双轴桨叶混合机的优点与组成

双轴桨叶混合机混合速度快、混合质量好、适应范围广，在大型饲料厂中迅速获得广泛应用，该机型有如下优点：①混合速度快，每批混合时间为 0.5～2.5 min；②混合均匀度高，变异系数 $CV\leqslant 5\%$；③如比重、粒度、形状等物性差异较大的物料在混合时不易产生偏析；④液体添加量范围大，添加量最大可达到 20%；⑤装填充满系数可变范围大，从 0.4～0.8；⑥吨料耗电小，比普通卧式螺带混合机约低 60%；⑦适用范围广，不仅适用于饲料行业，也可适用于饲料添加剂、化工、医药、农药、染料、食品行业。

双轴桨叶混合机主要有机体、转子、卸料门控制机构、传动部分及液体添加系统组成，见图 7-4。

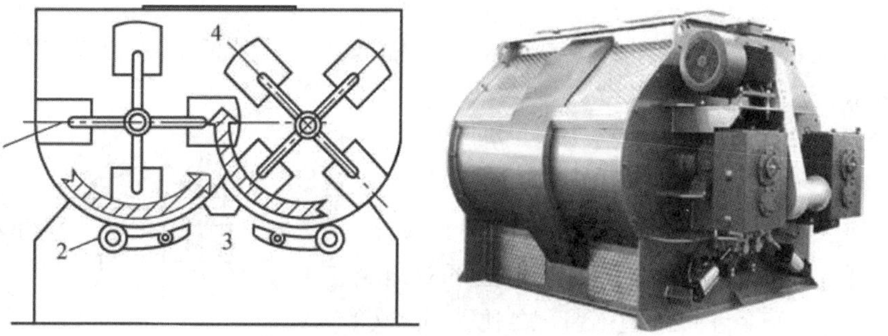

图 7-4 双轴桨叶混合机

1. 桨叶 2. 卸料门 3. 排料室 4. 混合室

2. 双轴桨叶混合机的混合

工作时，电动机通过减速器及链条（或齿轮）带动该机上的两个主轴以相同的速度相反转动，以一定角度安装在两个轴上的桨叶将物料抛洒到机槽内的整个空间作轴向流动进行对流混合（图 7-5Ⅲ区）；桨叶一方面带动物料沿机槽内壁作周向旋转进行剪切混合（图 7-5Ⅱ区）；另一方面，物料受桨叶左右翻动抛洒，在两转子的交叉重叠处形成失重区进行扩散混合（图 7-5Ⅰ区），在此区域内，无论物料的形状、大小和密度如何，都能上浮处于瞬间失重状态，从而使物料在机槽内形成全方位的连续对流、扩散和相互交错剪切，达到快速、柔和地混合均匀的效果。进行固液混合时，液体可通过液体添加系统由喷嘴雾化后喷入。机内物料颗粒在桨叶的作用

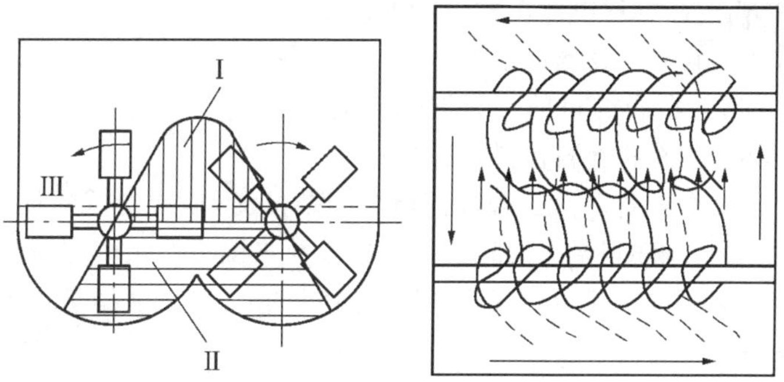

图 7-5 双轴桨叶混合机混合示意图

下，既有圆周运动，又有轴向运动；依据物料混合运动状态，有对流混合、剪切混合和扩散混合。

3. 使用与操作

①使用前先启动电机检查运转方向，空载运转，确保设备运转正常后方可加料。

②放料时，确认物料放完后方可停止主机。

③双轴桨叶混合机不允许满载启动，装载量严格控制在 0.4～0.6 以内。若物料过重，则机器一边运行一边加料为最佳。

4. 维修与保养

①出料门机构应保持运动灵活，并经常清除设备积尘。

②各轴承应定期更换润滑油，润滑油应选用钠基润滑脂。

③如有异物进入混合机，应立即停机清除。

④经常检查出料门是否漏料，如出现漏料可参考表 7-1 有关内容进行故障排除。

(三)立式螺旋混合机

立式螺旋混合机，又叫立式绞龙混合机，主要由机体、螺旋部分、进出口和传动装置构成，如图 7-6 所示。

混合筒是一只锥底圆筒，锥底母线与水平面的夹角应在 60°以上，以保证物料均匀地自然下落，壳体直径与高度之比为 1∶(2～5)，壳体正中装一根垂直绞龙，用作提升筒体下部的物料使之在筒内产生上下对流及扩散作用。绞龙的直径与筒体直径 D 之比为 1∶(3～4.5)左右，绞龙转速 n 在 120～140 r/min。为了改善提升的效果，可在垂直绞龙的外面设置套管，以利于下部物料输送到绞龙的顶部，以提高混合速度。

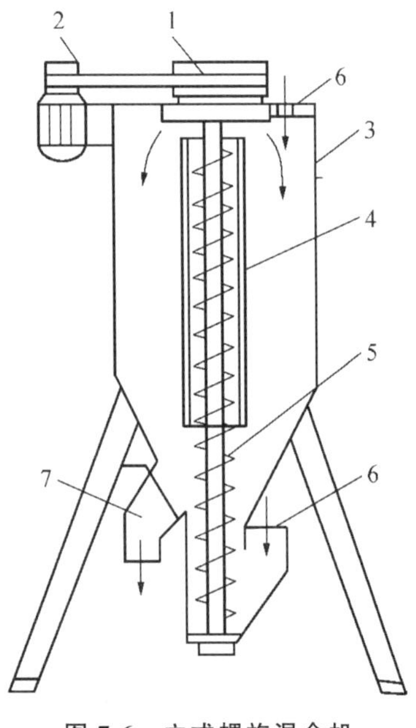

图 7-6 立式螺旋混合机

1. 传动机构 2. 电机 3. 机壳 4. 绞龙套筒 5. 绞龙 6. 进料口 7. 出料口

物料可由下部进料口进入混合筒，对于由上面落下的物料，亦可由混合筒顶部的进料口落入机内。卸料口大多设在混合机的下部，以减小卸料后的机内残留量。工作时，将定量的物料依次倒入进料口进入筒内，进料的次序一般按配料量比例的多少，先多后少，顺次进料，物料由下部进料口进入料斗后，即由垂直绞龙垂直送到绞龙的顶部，抛出绞龙面泼洒在混合筒内。当全部物料进入混合筒体之后，筒内的物料继续由垂直绞龙的下部绞送到顶部。再次泼洒在筒内物料的上面，这样经过多次反复循环，即起到均匀混合的目的。当混合均匀后，即可打开排料口的活门而将物料自流排出机外。

立式螺旋混合机具有配备动力小、占地面积小、结构简单、造价低的优点。但混合均匀度低，混合时间长，效率低，且残留量大，易造成污染，如更换配方必须彻底清除筒底残料，甚为麻烦。一般适于小型饲料厂的干粉混合或一般配合饲料的混合，不适用于预混合饲料厂。

(四)立式行星锥形混合机

立式行星锥形混合机由圆锥形壳体、螺旋工作部件、曲柄、减速电机、出料阀等组成。传动系统主要是将减速器的运动经齿轮变速传递给两悬臂螺旋。实现公转、自转两种运动形式。该机结构如图7-7所示。

工作时，电动机通过减速器输出自转、公转两种速度，经传动，形成两根螺旋轴的既自转又公转的行星式运转。当混合机筒体内的双螺旋以较快的速度自转时，螺旋将物料由筒底部向上提升，形成两股非对称的沿筒壁和机体中部自下向上的螺柱形物料流，同时，螺旋轴的公转运动，使物料沿锥筒作圆周运动，物料不同程度地进入螺柱包络体内。螺旋的公转与自转的复合运动使一部分物料被错位提升，另一部分物料又被甩出螺柱，从而达到全圆周方位物料的不断扩散。被提升到机筒上部的物料在自身重力作用下，再向中心凹穴汇合，形成一股向下的物料流，补充了底部的空穴，从而形成对流循环。由于上述运动的复合作用，从中我们可以看出，该机在物料的混合过程中，对流、剪切、扩散多种混合方式并存，物料在短时间内就可获得均匀混合，混合效率较高。需要混合的工作液体由旋转接头输入，经过管路、喷头、均匀喷洒在筒体中运动的物体内。

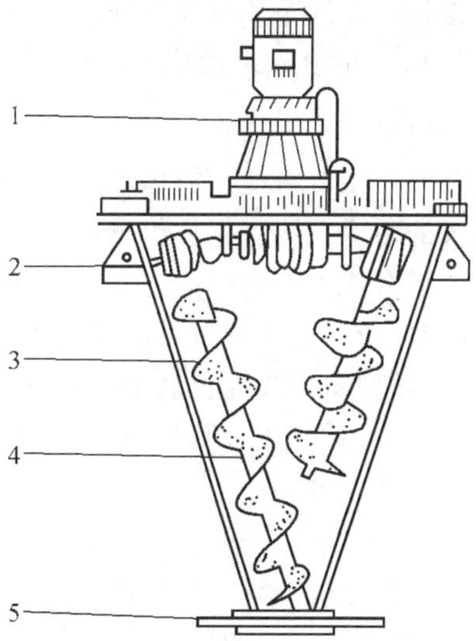

图7-7　DSH型立式行星锥形混合机结构

1. 减速器　2. 传动系统　3. 锥体
4. 非对称悬臂双螺旋　5. 出料阀

该机结构较复杂、价格较高、批量生产较小，主要用在预混合饲料的生产中。

(五)V形混合机

V形混合机外形见图7-8。在饲料厂中，多用于添加剂的稀释混合。在混合粉料时，还可加入一定数量的液体。V形混合机内，一般装有高速旋转的打板，可以防止产生结块。亦有中间无转轴的V形混合机。

V形混合机需满足下列经验式才能达到较好的混合效果：

$$\frac{\omega^2 R_{\max}}{g}=0.5\sim0.6$$

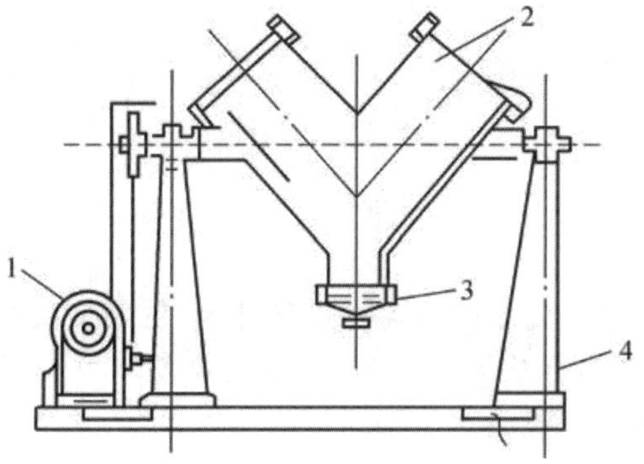

图7-8　V形混合机

1. 电机及减速机　2. V形混合筒　3. 进、出料口　4. 机架式中，ω 为 V 形容器回转角速度（n＝10～26 r/min）；R_{max} 为最大回转半径，m；g 为重力加速度，m/s^2。

物料的充满系数对混合均匀度有较大的影响，充满系数小，混合时间短（6～10 min），充满系数为 0.3，混合效果最佳。

（六）犁刀式混合机

犁刀式混合机适用粉体的粒度范围为 44～840 μm，对混合组分中粉体间粒度差、比重差有较大的适应范围。据称组分配比为 1∶1 000 甚至于 1∶10 000 时，也可获得均匀的混合。犁刀式混合机的混合时间为 4～8 min 批料，混合均匀度 $CV \leqslant 5\%$。对混合粉料中添加液体料、黏结性较大的组分也可以得到较优良的混合效果。

LDH 型犁刀式混合机（图 7-9）由筒体、犁刀转子、飞刀组、减速电机等组成。筒体为圆筒形卧式，上方设有进口孔与检视孔，下方中央有出料口。混合机规格用筒体容积（m^3）表示，物料充满系数 0.6。

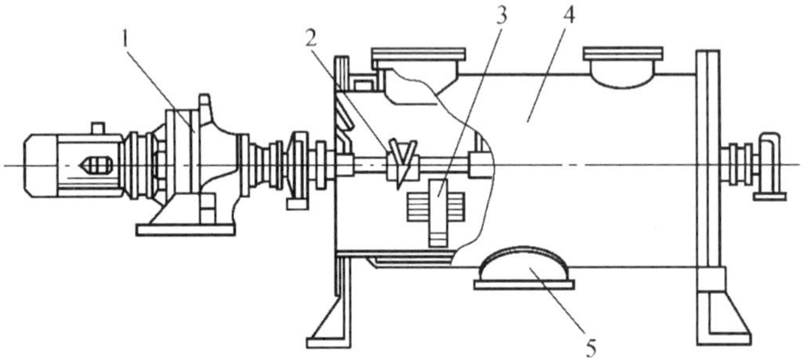

图 7-9 LDH 犁刀式混合机

1. 电机及减速器 2. 犁刀 3. 飞刀组 4. 筒体 5. 出料阀

犁刀转子转速 60～70 r/min。多把飞刀组通过副电机带动以 1 000～3 000 r/min 高速回转。混合时主要是对流和扩散混合，并伴有剪切混合。飞刀的作用是使局部物料产生强烈的涡流作用以强化混合过程。从工作原理和结构看，犁刀混合机是单轴桨叶式混合机的一个亚种。

任务 7-3 混合质量管理

一、混合质量评价

饲料混合质量的好坏一般用饲料产品中各组分分布的均匀程度来评定，也就是我们平常所说的饲料混合均匀度。通常用来定量的表征混合均匀度的指标，是混合均匀度变异系数（CV）。混合均匀度变异系数表示的是，样本的标准差相对于平均值的偏离程度，它是一个相对值。混合均匀度变异系数越小，则混合均匀度越高。

二、混合质量对动物生产性能的影响

饲料混合均匀度偏差大，就会造成动物对某些营养成分的摄入过剩或不足。特别是某些微量组分，必须充分混合均匀，否则难以保证动物获得全面的营养，从而直接影响饲料利用率和动物生产性能。

有关于饲料混合均匀度影响动物生产性能的研究很少，为确保动物在采食饲料时获得全面、足够的养分，生产中规定配合饲料的 $CV \leqslant 10\%$，预混合料的 $CV \leqslant 5\%$。饲料混合不均匀对幼小动物的影响更大，幼小动物采食量小，一旦饲料混合不均匀，某些微量组分就不能被摄入，从而引起一些养分缺乏，影响其生产性能。因此，生产此类饲料时，必须重视混合均匀度的检测，保证饲料的混合均匀。混合均匀度对育肥动物的影响则相对较小，育肥动物采食量大，摄入各种养分的可能性亦大，所以，生产性能受饲料混合均匀度的影响相对较小。饲料中主要的营养成分，如蛋白质、钙、磷、赖氨酸及蛋氨酸达不到饲养标准的要求时，混合不均匀所产生的对动物生产性能的影响更大。

三、影响混合质量的因素

混合过程是对流、扩散、剪切等混合作用与分离作用同时并存的一个过程，所以只要是影响这些作用的因素，都会影响混合质量。

(一)混合物料物理特性的影响

物料的物理特性主要是指物料的密度、粒度、表面的粗糙度、水分含量、散落性、结团的情况等。混合物料的密度差异较大时，则所需的混合时间就较长，混合的速度慢，而且混合后产生的分离现象也比较严重，最终的混合均匀度较低。所以在条件许可时，尽量选择密度相近的原料，特别是预混合料载体和稀释剂的选择，更应该注重这一点。混合物料的粒度越小越均匀，混合的速度越慢，混合所能达到的均匀度较高。当粒度不同的物料混合时，粒度的差异越大，则混合所能达到的精度越低，所以力求选用粒度相近的物料进行混合。物料表面的粗糙程度、水分含量、散落性等因素影响物料的流动性，物料的流动性影响混合质量。物料的流动性好，易于混合，但混合的均匀度不高，且易于分级。所以，混合接近完成前，添加黏性大的糖蜜、油脂等，以降低其散落性而减少分离作用。实践证明，混合物料之间的物理特性差异越小，混合质量越好，混合后越不易再度分离。但是，不同的混合机、不同的混合转速对物料物理特性的敏感程度不一样。以对流混合为主的混合机，即使混合料之间的密度差异较大，仍可将物料混合得较为均匀。

(二)混合机机型的影响

混合机机型不同，起主要混合作用的混合方式不同，所产生的混合效果就不同，最终会影响混合质量。以对流作用为主的卧式混合机比以扩散为主的立式混合机，在混合时间、混合质量以及残留等方面都具有优越性。特别是现在采用较多的双轴桨叶式混合机和单轴桨叶混合机，混合均匀度变异系数 $CV \leqslant 5\%$，混合时间 30～120 s，混合时间短，混合质量好。另外，从混合机的结构上来说，设备要无死角、不飞样、不漏料，各个部分要能保证产生良好的对流、扩散，例如立式分批混合机上部能均匀地向四周喷撒等。因此，饲料混合时，选择合适的混合机是极其重要的。

(三)操作的影响

操作对混合质量的影响主要反映在混合机的装满程度、混合时间、进料顺序对混合质量的影响。

1. 混合机的装满程度

混合机的装满程度用充满系数(装入物料的容积与混合机容积的比值)来表示。适宜的装满程度是混合机正常工作,保证良好的混合效果的前提。实践证明,装满程度影响混合均匀度和混合速度,从而影响混合效果。装料过多,混合机会超负荷工作,影响机内物料的混合,进而造成混合质量下降;装料过少,则不能充分发挥混合机的效率,同时也会影响混合质量。一般混合机的充满系数在 0.4～1.0。

2. 混合时间对混合质量的影响

混合时间对混合质量有非常重要的影响,混合时间过短,物料在混合机中的混合不充分,混合质量差;混合时间过长,物料在混合机中被过度混合,反而造成分离,影响混合质量,并且能耗增加。所以混合物料时要控制好最佳的混合时间,既保证混合的均匀度高,还得保证时间短。混合时间的确定主要取决于混合机的机型,如卧式螺带混合机,它的混合作用以对流为主,所以这种混合机混合速度快,时间短,通常每批的混合时间为 3～5 min,双轴桨叶混合机每批的混合时间小于 2 min。对于立式螺旋混合机,混合作用以扩散为主,混合作用较慢,则需要的混合时间较长,一般为 15 min 左右。当然混合时间还与被混合的物料的物理特性、物料量等有关。

3. 进料顺序对混合质量的影响

进料顺序对混合质量有很大的影响,所以要按照合理的进料顺序来进料。为提高混合均匀度,减少物料的飞扬,物料进入混合机的顺序一般为先进配比量大的组分,后进配比量小的组分,防止微量组分落入混合机死角,造成混合不均。当混合物料中有易飞扬的少量或微量组分时,可将其进料顺序放于 80%的大组分与 20%剩余组分之间,既避免扬尘又保证混合均匀。在各种物料中,粒度大的先进料,而粒度小的则后进料。当物料的密度亦有较大差异时,一般是密度小的先进料,密度大的后进料。对于含量较小的微量组分(如添加剂),一般要先与载体进行预混合,然后才能与其他物料在混合机内进行混合。

四、保证混合质量的措施

通过对影响混合质量因素的分析,我们知道,饲料原料、混合机的类型、结构及技术参数以及混合机的使用和操作,都会对饲料混合的质量产生影响。那么,要保证饲料的混合质量,也就是从以上这些方面入手,可采用以下几项措施:

(1)制备预混合添加剂　饲料添加剂先进行预混合,可以更容易地使微量成分在全价配合饲料均匀分布。添加剂预混合的目的,就是为了在不影响微量成分均匀分布的前提下,缩短全价配合饲料的混合周期。

(2)选用结构及技术参数符合工艺要求的混合机　尽可能选用最新的先进机型,具有混合时间短、均匀度高等显著优点。

(3)严格遵循操作顺序,注意物料添加的顺序　配比量大的组分应先加或大部分加入机内,再将少量及微量组分加入。粒度大的物料一般先加,粒度小的后加,密度小的物料应先加,然后再加密度大的物料。此外维生素 B_2 等组分产生静电效应而吸附于机壁上,影响混合均匀度，混合时机体应接地。

(4)注意混合机的充满程度　一般卧式螺带式混合机的充满系数为0.6～0.8，双轴桨叶式混合机的充满系数为0.4～1.0，分批立式混合机的充满系数为0.8～0.85，连续式混合机的充满系数为0.3～0.5，V形混合机充满系数为0.3时，混合效果最佳。立式行星螺旋锥形混合机，物料充满系数对其正常工作影响不明显。

(5)控制好混合时间　防止因混合时间太短造成混合不充分，还要避免因混合时间太长，引起过度混合，造成混合均匀的饲料分离。应根据不同的混合机类型和物料组分物理特性，严格控制混合时间。混合时间以对流为主的卧式螺带式混合机，每批包括进料、卸料，一个混合周期共需约6 min。双轴桨叶式混合机每批混合周期在1.5～3 min。立式混合机以扩散和对流共同作用，每批混合时间需15～20 min。甚至更长，而立式行星螺旋锥形混合机进行预混合，混合周期一般控制在12 min左右。以扩散为主的分批滚筒式混合机，则要求更长的混合周期，其中以V形机混合速度为最快。

(6)尽量减少混合后物料的输送和装卸　混合后的物料要避免使用气力输送，以使物料的分级尽可能的降至最小，尽量避免再度分离。如果能压制成颗粒饲料更好。

(7)注意混合机的日常维护及保养　定期给轴承及各活动轴连接处加润滑油，及时维修和更换损耗件(特别是卸料门的密封条等)，保证混合机的正常工作。

任务7-4　混合机保养与维护

一、使用前的准备

①设备安装应进行全面安全检查。

②按照要求在机体盖板上连接进料管。

③电机安装在滑轨上。装上传动链条，调整电机位置，使链条传动平稳，并使主轴转向和混合机壳上箭头所示方向一致，然后装上链罩。

④液体添加管道安装在机侧。

⑤使用混合之前，应检查出料门的开启与关闭情况，调整汽缸压力及行程开关位置，使出料门关闭时与机壳底部相平，开启时可达到一定角度，并使汽缸运行平稳。

二、使用与操作

①在使用混合机前，应先进行空车运转。查看运转是否平稳，有无不正常振动，出料机构关闭是否严密。

②使用混合机时应空车启动，先启动电机，待转子转速正常后再进料工作。

③混合机机体内物料的充满程度，以物料料面不低于主轴平面、不高于外螺带外径最高水平面为宜。

④添加剂应在机内主料进入一半批量加入；油脂等液体添加应在主料全部进入机体内再喷入。

⑤进入混合机的物料，应经过筛选和磁选，以免混入硬块或金属杂质，损坏转子叶片。

⑥电机、汽缸及辅助元件的使用，应符合其说明书的规定。

⑦混合机电机的工作电流，不能超过其额定电流。

⑧停机不用时，油脂添加管道不得存留有油脂，以免油脂凝固、堵塞管道。

三、维修保养

①出料机构应保持运动灵活、可靠。

②各轴承应定期更换润滑脂。选用润滑脂品种为 ZFG-2 号复合钙基润滑脂。

③传动链应刷上适量机械油，并定期清洗传动链。机械油品种：夏季用 N46 号，冬季用 N32 号。

④齿轮减速电机的润滑油推荐使用：夏季 N46 号机械油；冬季 N32 号机械油。第一次加油运转 500 h 后，应更换新油，以后每半年更换 1 次(单班 8 h 工作制)，如为双班工作制，则应适当缩短换油周期。

四、故障及其排除

①使用中如突然停机，应切断电源，打开出料门排出机内物料，查出并排除停机原因后，再打开电源启动电机。

②出料门漏粉，应检查出料门与机壳间密封。如系密封条老化，应予更换；如系出料门关闭不严，应调整行程开关或托臂上的螺母。

任务 7-5 油脂添加工艺

饲料中添加油脂，可提高饲料的能量、蛋白质和淀粉的消化率和维生素的含量，还可在加工过程中防止粉尘飞扬。提高颗粒饲料的产量和质量，改善颗粒表面光泽，提高颗粒饲料在水中的稳定性，降低电耗，延长压模的寿命。如作鱼饲料，由于鱼类是冷血动物，对能量饲料的要求不高，而对脂肪有很高的消化率。鱼类对脂肪的消化率可达 90%，水貂的脂肪消化率也达 90%，蛋白质消化率为 85%，碳水化合物的消化率仅为 75%。可见脂肪含量对水生生物饲料的重要性。

研究表明，添加有油脂的仔猪饲料可提高其成活率；蛋鸡饲料中添加油脂，能较大幅度地提高产蛋率，奶牛日粮中每添加 1.1 kg 油脂，提高产奶量 2.6 kg，在含 20%蛋白质的鲤鱼饲料中添加 10%～15%的油脂，其生长率超过含蛋白质 40%不添加油脂的饲料。在饲料中添加油脂，又可加强对低质植物油脂和肉类加工副产品的综合利用，具有显著的经济效益和社会效益。

一、油脂的特性及储存

(一)油脂的密度与黏度

油脂的密度随油脂种类的不同略有差异。常温下在 0.91～0.95。随着温度升高，油脂的密度会下降。油脂的黏度亦随油脂的种类不同而异，随温度的升高而降低，随温度降低而升高。油脂在不同温度下的密度与黏度见表 7-2。

表 7-2　温度与密度、黏度的关系

温度/℃	密度/(10^3 kg/m^3)	黏度/(mPa·s)
37.8	0.899	35
48.9	0.893	24
60.0	0.866	17
71.1	0.880	13
82.2	0.872	9
93.3	0.866	8

(二)油脂的比热、导热系数和燃点

油脂的比热在 37.8～65.0℃范围内大约为 0.5 kJ/(kg·℃)。在 37.8～93.0℃的范围内，油脂的导热系数约为 0.141 4 kJ/(m·h·℃)。油脂的燃点约在 148～260℃，因油脂的来源、种类的不同而不同。某些油脂的闪点在 148℃以下，加热处理上应谨慎或尽量不使用。

(三)油脂在生产中的储存与输送

生产中油脂储罐温度通常保持在 48℃左右，而进行输送、添加时则温度应高于 48℃。在几小时内大多数油脂可加热到 120℃而不会有损害。如果油脂的储存时间超过 1 周，温度就不应超过 60℃。进行储存则应尽可能保持低温，以保持油脂新鲜。

油脂储存应避免过热和防止与水分接触。油脂的最佳储存温度是 45～49℃。可在加热管上安装温度调节阀，来防止过热。油脂应保持 0.5%以下的含水量，因为油脂水分从 0.5%增加到 3%，油脂对设备和管道的腐蚀速率就增加 1 倍，油脂本身氧化速率也增加 1 倍。如油脂含水量超过 0.5%，就要在 24 h 内通过加热把多余的水分脱掉。

油脂输送多采用齿轮泵。为了确保油脂的流动性和添加效果，管路中油脂的温度应高于储罐中油脂的温度，通常为 85℃，这样的温度在中间加热罐中获得。

二、油脂添加工艺

配合饲料中添加油脂的位置可有三处：混合机、制粒调质室和颗粒饲料表面喷涂机。在生产添加油脂的颗粒饲料时，一般以 1%～3%添加量在混合机中加入油脂。如果超过 3%，会造成颗粒软化，甚至难以成形。对鱼饲料及其他经济动物饲料，油脂添加量超过 3%的，其超过部分可在制粒后喷涂。

图 7-10 为 93YT-50 型油脂添加自控系统工艺流程图。油脂储罐容量可适当大些，可配备 2 个，便于定期轮流清理。其底部应有倾斜(呈倒锥形)用于排污，油脂出口应较排污口高 15～30 cm，以利于沉淀的污物从底部排出。顶部应装呼吸阀。罐体应能适度隔热，油脂在其中应能保持 48℃左右的温度。当油脂出料时，为避免储罐内有过多的水分凝结或形成真空，要采取强制通风措施。

中间油罐加热方式，可在罐内设置加热蛇形管或罐外夹套。前者能耗低，后者防水性好。为节省能源，仅在大储罐下部出料锥底部分，设加热蛇形管亦可。加热蛇形管的最低点应离底

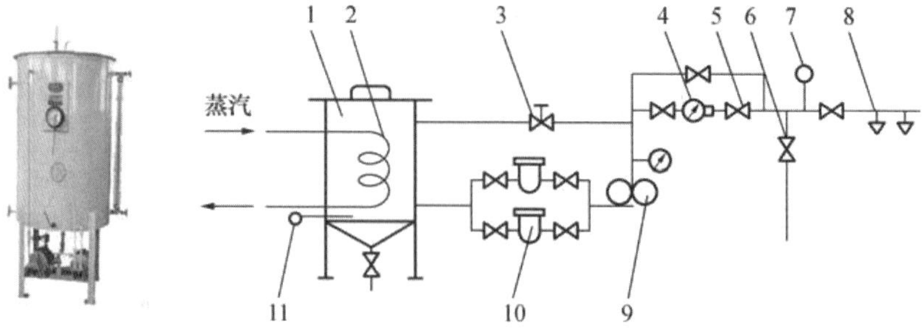

图 7-10 93YT-50 型油脂添加自控系统工艺流程图

1. 油罐 2. 蛇形管加热器 3. 溢流阀 4. 流量计 5. 阀门 6. 回油阀 7. 压力表 8. 喷嘴 9. 齿轮泵 10. 过滤器 11. 温度计

部 15 cm 处，当离底板 20 cm 以上时，底部的油脂的溶解便有困难。

油脂输送管道应采取保温措施，必要时亦需增设加热管套，安装时要有一定倾角。中间加热罐及输油管中的油脂温度应高于储罐，即采用分段加热。凡是与油脂接触的设备、管道、仪器仪表的材料最好选用不锈钢，绝对禁止用铜材，因为铜离子能催化油脂氧化、酸败。

油脂在混合物料的添加量计量有如下四种方法：

①定容计量是一种较原始的方法。容器中经加热的油脂由泵经喷嘴送入混合机。喷入量由容器液面浮标指示计量，误差较大。

②重量计量的液体添加工艺与电子秤结合使用，使添加的液体作为一个组分参加配料，是近年来的发展方向。

③定量泵添加法，运用可变容量叶轮式旋转泵，通过调节叶轮轴在机壳内的偏心距，来达到所需流量。国内也曾有人采用无级变速电机驱动齿轮泵，用改变转速来改变添加量。

④分批定时计量，因齿轮泵在单位时间内输出的液体量是恒定的，只要控制齿轮泵工作时间，即可控制油液的添加量。一般用时间控制器，来控制齿轮泵驱动电机的启闭，来实现油脂添加量的调节，国内目前多采用这种方式。

三、油脂添加自动控制系统

油脂添加自动控制系统有储罐、加温装置、泵、过滤器、计量器、管道、阀门、喷嘴及电控柜等组成。

(一)93YT-50 型油脂添加自动控制系统

该设备的油罐可以用电加热或用蒸汽加热，并用温度控制器控制油罐内油温。与配料电脑系统软件配合使用，采用流量计进行计量，当电脑控制混合机运转过程中，发出指令添加油脂，在齿轮泵的作用下，通过流量计把一定量的油脂喷入到混合机中。

(二)SYTV63 自控油脂添加机

1. 用途、适用范围和性能特点

SYTV63 自控油脂添加机(图 7-11)，用于配合饲料在混合机混合时，添加油脂或其他液体，适用于分批式混合机，不适用于连续性混合机，是一种间歇式液体添加系统。可适用于向每批 100、250、500、1 000、2 000、3 000、4 000、5 000 kg 混合机内添加液体。本机最大添加量一般不超过混合机容量的 3%，否则将影响制粒效果。如要添加 3%～8%，应在制粒机后对颗粒进行油脂喷涂。

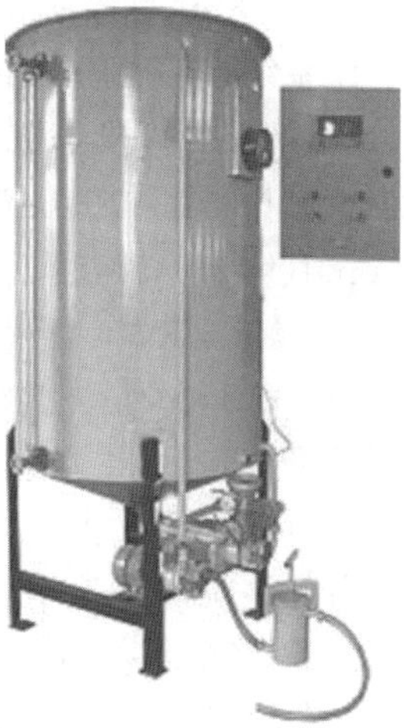

图 7-11　SYTV63 自控油脂添加机

自控油脂添加机采用高精度流量计，可编程系统控制，用户只需输入添加量，输入添加信号，系统就可自动添加，管路中配有双路过滤器系统，可以进行连续不断地工作。该设备采用微电脑自动控制，添加误差小，罐内液温、液位均可自动控制。管道系统中可配空气喷吹部件，当液体停止添加时，空气喷吹自动启动，清理管道中的残余液体，可有效防止在停止添加时的液体滴漏现象；自控油脂添加机具有结构先进，添加精度高，使用可靠，操作、维护方便等特点。

2. 主要规格和技术参数

贮油罐容量：2 t；添加精度：1%；添加速度：63 L/min；功率：2×4 kW。

3. 工作过程

当油脂从油池经粗过滤器进入贮油罐后，由蒸汽加热盘管自动加热升温至 60～80℃（根据油脂的黏度调整）时，就可进行添加，添加时油脂经过齿轮泵、单向阀、精过滤器后进入流量计，油脂添加量由流量计通过 PLC 程序控制器控制添加量（添加量由用户按需设定）之后进入喷油管，喷入混合机中。

（三）全自动称重式液体添加系统

近些年随着科技的发展，液体饲料添加剂和饲料原料种类不断增加，需要添加的液体原料也越来越多。另外，液体原料采用重量式计量精度也比流量计精确。为此，有些企业研究设计了全自动称重式液体添加系统（图 7-12），可以把多种液体饲料原料按配方比例逐一进入液体秤计量，在配料电脑系统的控制下，通过齿轮泵把液体饲料原料喷入到混合机中。

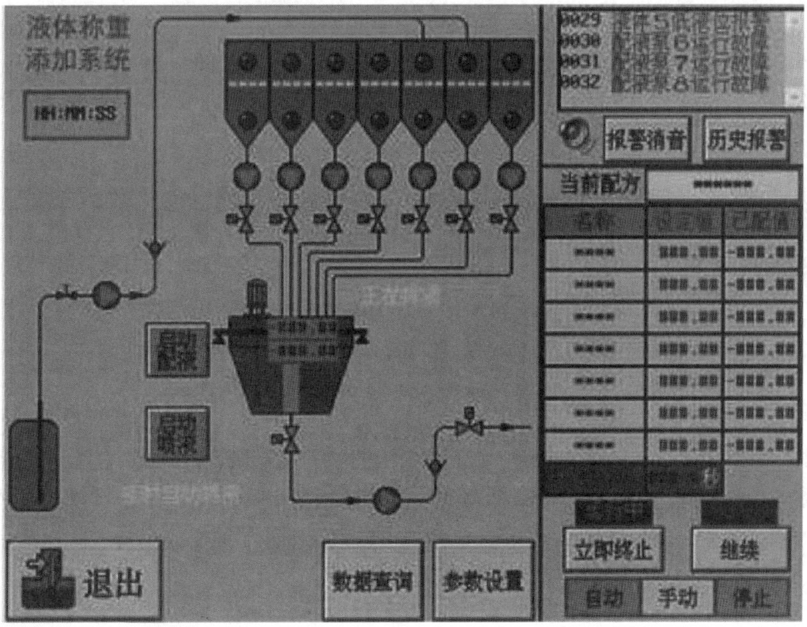

图 7-12　全自动称重式液体添加系统

1. 用途、适用范围和性能特点

该系统采用触摸屏单独控制液体秤,原有的配料计算机必须提供开始配液信号和添液信号,或由配料计算机直接控制液体添加。可安装于控制室内也可安装于现场,方便控制员操作。控制员可事先在触摸屏内存入一些常用的配方,或在配料计算机中直接输入液体配方。系统设有两种控制方式:手动操作和自动操作。手动操作时,所有设备都能单独启停。自动操作时,系统根据操作步骤自动完成液体称量添加的整个过程。系统中还设有储存罐进液、加温、搅拌控制;储存罐进液有两种方式:自动和手动,在自动时,当罐内处于低液位时,进液泵自动启动进液,一旦达到罐内的高液位时,便会自动停止进液。

2. 工作过程

首先称量前选择并确认液体配方,输入配方的批数。配料计算机给出开始配液信号,系统根据触摸屏内所设定的液体量自动进行称量配液,配液完毕后,等待控制室给出开始添液信号后,向混合机喷液。当秤内液体排完后,自动停止,并将添液完毕信号传送给控制室的配料计算机。系统根据配方的批次依次循环以上操作。

液体喷涂设备,在饲料成型工艺与设备一章中体现。

【岗位操作任务】

岗位操作任务一　饲料混合机的观察与操作

一、目的要求

通过观察了解不同类型饲料混合机的构造、特点,初步掌握其使用方法,能根据饲料加工工艺的需要,合理选择不同类型的混合机。

二、材料与仪器设备

立式混合机、卧式环带式混合机、双轴桨叶式混合机、秒表、工具、各种粉碎后的饲料原料等。

三、内容与方法步骤

(一)混合机的构造观察

观察立式、卧式、螺带式混合机构造。

观察项目:进料口位置,出料口位置,电动机和传动装置,电动机的功率、转速等。

(二)混合机的操作

记录开始工作时间,按一定的加料顺序,通过进料口逐渐添加经过计量后的各种饲料,添加一定比例的油脂。到达混合时间后,打开出料口插板放出饲料。根据记录的数据,计算混合周期。

四、操作报告

根据观察到的内容,总结各种混合机的类型、特点、用途,并写出其基本构造和操作方法及使用注意事项。

五、分析与讨论

根据观察到的混合机进行比较分析,讨论操作注意事项。

岗位操作任务二 混合性能测定

一、目的要求

了解混合性能测定的意义,掌握混合性能测定方法,合理确定生产技术参数。

二、材料与仪器设备

卧式环带混合机一台、秒表、工具、各种粉碎后的饲料原料等;混合均匀度测定的仪器设备。

三、内容与方法步骤

(一)准备工作

准备好各种粉碎后的饲料原料;检查调整混合机;准备开通后续输送设备的通道。

(二)检测方法选择

主要检测饲料的混合均匀度与混合时间的关系,便于饲料厂根据不同种类饲料,确定合理的混合时间、放料时间等技术性能参数。可采用示踪法或沉淀法。

(三)取样

打开电脑,调出一种饲料配方,按混合机满载量调整配方;设定混合时间分别为0.5、1.0 、1.5 、2.0 、3.5 、4.0 、4.5 、5.0 min,每个净混合时间加工1批;然后进行自动配料,并在手加料口加入示踪剂,配料完毕后将饲料排入混合机混合。每批物料在混合机排料口按照不同位置取10份样。

(四)测定混合均匀度

(五)计算

计算出每个净混合时间的混合均匀度。然后根据该值绘出混合时间与混合质量曲线图。

(六)混合参数确定

根据实验结果,分析并确定该混合机的最佳净混合时间。

四、操作报告

根据测定的技术性能参数,绘出混合时间与混合质量曲线图,确定合理的净混合时间。写出混合性能测定的方法。

五、分析与讨论

根据测定的技术性能参数进行分析讨论。

职业能力和职业资格测试

1. 说明饲料混合的概念与混合原理。
2. 常用混合机类型有哪些？各有何特点？
3. 以卧式螺带混合机与双轴桨叶混合机为例，简述混合机的基本结构特点和混合过程。
4. 影响混合工艺效果的因素有哪些？
5. 如何进行混合机保养与维护？
6. 油脂添加工艺是什么？常用油脂添加自控系统有哪几种？

项目 8 饲料成型工艺与设备

【项目设置描述】

饲料成型加工是饲料产品的发展方向。尤其是膨化和膨胀颗粒饲料加工对于提高配合饲料的消化率、改善适口性、提高动物生产性能、提高饲料资源利用率有着重要意义。通过本项目的学习,为制粒设备使用与维修、颗粒饲料质量控制、制粒工序工艺合理选择、科学配置设备提供理论和技能支撑。

【学习目标】

1. 了解制粒、膨化与膨胀加工的意义及常见工艺。
2. 理解主要制粒设备的工作原理。
3. 掌握影响颗粒饲料质量的因素,保证颗粒饲料质量的措施。
4. 掌握颗粒饲料主要质量指标。
5. 能够画出常见制粒工艺流程图。
6. 会配置主要制粒设备和辅助设备。
7. 熟练掌握制粒工序的基本操作。
8. 能排除制粒系统的常见故障。

任务 8-1 制粒工艺与设备配置

一、制粒工艺

(一)一般工艺流程

普通颗粒饲料加工工艺流程(图 8-1、图 8-2):待制粒仓原料经供料器供料进入调质器,经蒸汽调质后进入制粒机制粒,压制的颗粒饲料经冷却器冷却,碎粒或不碎粒进入分级筛分级,不合格颗粒重新制粒,合格颗粒进入成品仓。

(二)油脂喷涂工艺

为解决高油脂添加制粒难、维生素在制粒过程中失活等问题,在普通制粒工艺流程基础上,颗粒饲料入成品仓前增加了油脂喷涂工序。

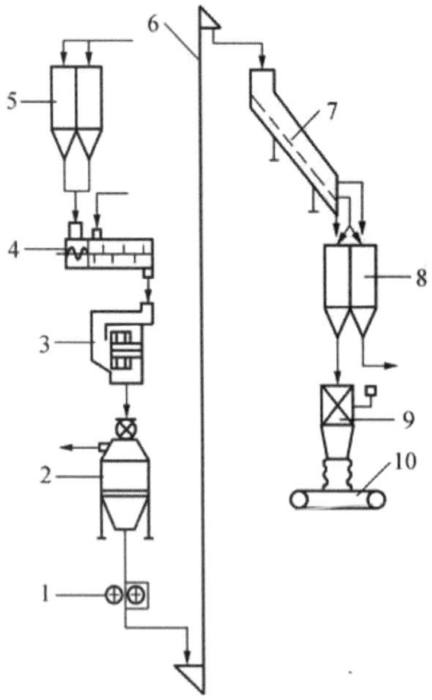

图 8-1 普通制粒工艺流程

1. 碎粒机 2. 冷却器 3. 制粒机 4. 喂料器与调质器 5. 待制粒仓 6. 斗式提升机 7. 分级筛 8. 成品仓 9. 定量包装秤 10. 带式输送机

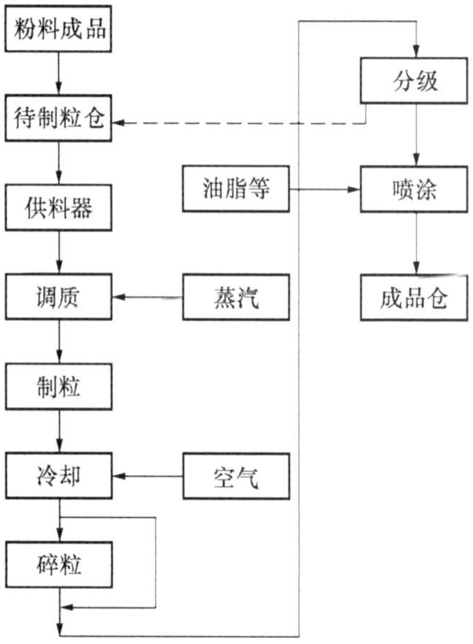

图 8-2 普通颗粒饲料加工工艺流程

(三)膨胀调质工艺

为提高饲料的消化率,熟化饲料,增加油脂添加量,在调质器和制粒机间配置膨胀器。膨胀后的物料有成团状的、絮状的或碎屑状的,经打碎机打碎后进入制粒机制粒。为保证颗粒饲料质量,制粒后,最好是采用喷涂工艺,解决维生素破坏问题。

由于膨胀加工过程维生素等成分活性破坏问题,一些饲料企业采用预先膨胀加工,然后加工配合饲料的工艺(图 8-3)。

二、设备配置

(一)待制粒仓

为保证制粒机正常作业与连续作业,配置待制粒仓。

一般每台制粒机配置 1～2 个待制粒仓。小型制粒机通常配置 1 个待制粒仓,大型制粒机配置 2 个待制粒仓,以便更换品种。

待制粒仓的仓容,一般为制粒机 1～2 h 生产需要。如果配置过大,由于制粒粉料粉碎粒度小,容易结拱。

为防止粉料结拱,待制粒仓可配置振动装置。

(二)磁选设备

为保证制粒机安全运行,在待制粒仓前配置磁选设备。

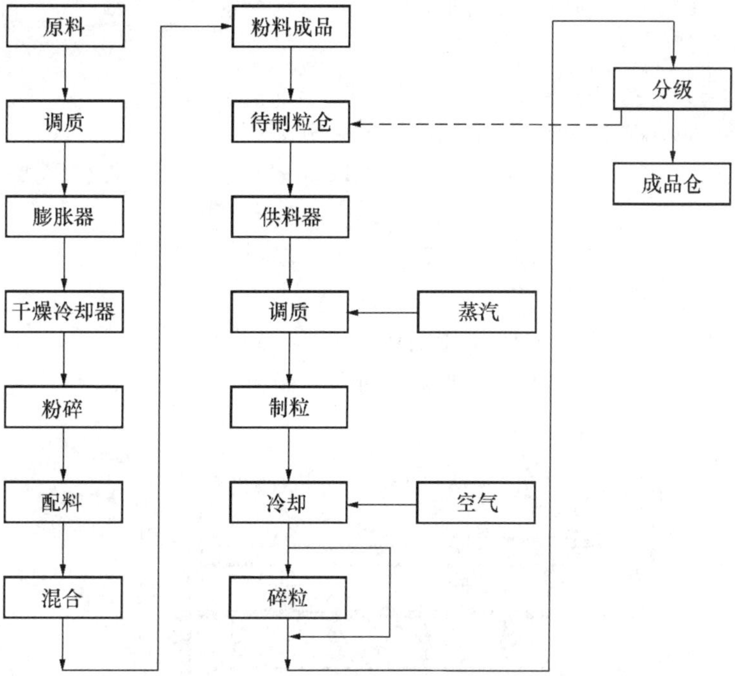

图 8-3 原料膨胀加工颗粒饲料生产工艺流程

(三)供料器

1. 供料器的作用

配置供料器,保证供应制粒机稳定的料流,使制粒机安全、正常工作,保证颗粒饲料质量,并维持在较佳的工作状态,以提高生产率,降低能耗。能根据制粒机电动机的负荷(电流值)情况调整供料量。

2. 对供料器的要求

供料器供料质量直接影响颗粒饲料质量与产量。供料器应稳定、均匀供料,无级调速。供料器调速方式可选择电磁调速电动机或变频器调速。

(四)调质

1. 调质及其作用

调质是指通过湿热处理,改善物料的理化性状。

粉状饲料经调质后,含水量增加,温度升高,便于制粒。原料不经过调质加工,正常含水量的粉状饲料不能制粒。粉状饲料经调质后,提高制粒机产量,降低能耗,减轻磨损,有利于提高动物对饲料的消化率。人们早就认识到蒸汽调质在颗粒饲料制粒中的作用(Smith,1959;Bartikoski,1962)。Tabil 和 Sokhansanj(1992;1993)指出,调质及调质效果影响颗粒的粉化率。蒸汽可使一些淀粉颗粒发生胶凝作用(Smith,1959)。Heffner 和 Pfost(1973)发现,蒸汽调质料温达到 80℃,淀粉胶凝提高了颗粒的稳定性。Schultz(1990)估算,淀粉的胶凝作用为温度、水分含量、机械压力作用的 20%。

2. 调质工艺

调质工艺有蒸汽调质与水调质两种。蒸汽调质加工的颗粒饲料表面光洁,生产率高,颗粒饲料粉化率低，硬度大。水调质工艺简单，成本低，但颗粒饲料质量差，生产率低，其产量是蒸汽调质的 30%～50%。

3. 调质器

调制设备影响调制质量，进而影响颗粒质量与制粒效率。

调制器一般为 1～3 节。畜禽饲料调质器可以 1～2 节，生产普通水产动物硬颗粒饲料调质器为 3 节。

调质器充满系数为 0.5，最佳转速为 7～9 m/s。粉料的调质时间为 10～30 s，每节 10 s。调质时间可以通过改变桨叶安装角度调整。

北方冬季气温低，现代饲料企业采用钢板厂房，保温性能差，为保证冬季制粒效率及颗粒饲料质量，常采用带保温层或具有隔层加热装置及保温层的调质器(图 8-4)。

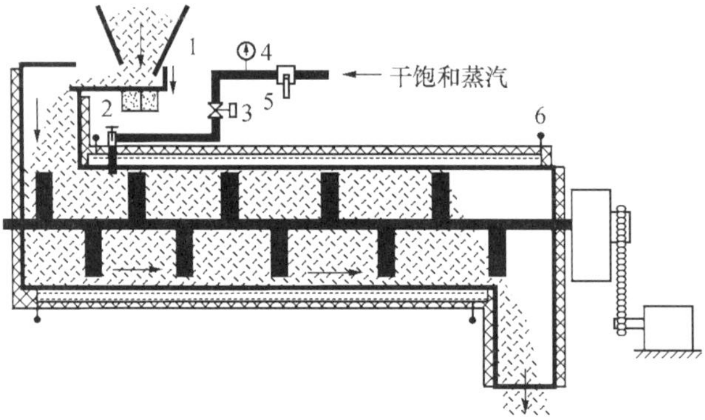

图 8-4　带保温加热层调质器

1. 振动式供料器　2. 蒸汽温度传感器　3. 压力调整阀
4. 蒸汽压力表　5. 蒸汽阀　6. 外加热层

保温层　外加热层

4. 蒸汽及蒸汽供应系统

蒸汽供应量与蒸汽质量是保证调质质量的重要因素。

(1)蒸汽质量　调质所用蒸汽为干饱和蒸汽，温度 130～150℃，到达调质器压力为 0.21～0.40 MPa。

(2)蒸汽量　一般蒸汽用量按粉料重量的 5%计算。蒸汽用量可以采用下述方法计算。

$$M_S = \frac{M \cdot C \cdot \Delta T}{C_S} \tag{8-1}$$

式中，M_S 为蒸汽质量，kg；M 为粉料质量，kg；C 为粉料比热，kJ/(kg・℃)；ΔT 为调质后温度增量，℃；C_S 为蒸汽热能，kJ/kg。

例：10 t/h 生产颗粒饲料，粉料温度为 30℃，调质后要达到 90℃，粉料比热为 2.0 kJ/(kg・℃)，蒸汽热能为 2 676 kJ/kg，每小时所需蒸汽量为：

$$M_S = \frac{10\ 000 \times 2.0 \times (90-30)}{2\ 676} \cong 450(\text{kg})$$

(3)蒸汽供应系统　蒸汽供应系统由锅炉及输送管线组成。

①蒸汽锅炉。蒸汽锅炉应根据蒸汽需要量、要达到的蒸汽压力、管线直径、输送管线压力损耗等选择。小型饲料厂常采用低压蒸汽锅炉，其所用蒸汽压力一般为0.2～0.4 MPa。大中型饲料厂由于产量高、设备多，蒸汽锅炉一般都远离生产车间，因而其蒸汽输送管道较长（通常在几百米），常采用高温高压蒸汽，以确保制粒调质时的蒸汽质量。一般使用0.8 MPa和180℃的饱和蒸汽。

②蒸汽输送系统。制粒前常见蒸汽系统（图8-5a、图8-5b）。

蒸汽输送量与管道直径、蒸汽速度有关。管道允许流速与管道直径有关（表8-1）。减压阀下游蒸汽流速应在18 m/s左右，管路直径可根据蒸汽用量及压力要求查得（表8-2）。

表8-1　蒸汽管道流速与管道直径的关系

管径/mm	管道允许速度/(m/s)	管径/mm	管道允许速度/(m/s)
15～20	10～15	40～80	25～35
25～32	15～20	100～110	30～40

资料来源：饲料工业职业培训系列教材编审委员会．饲料制粒技术．北京：中国农业出版社，1998。

表8-2　蒸汽速度为18.28 m/s，不同管径、不同压力的蒸汽流量　kg/h

管径/英寸	压力/MPa					
	0.105 5	0.104 6	0.210 9	0.316 4	0.351 5	0.457
1	38.6	44.5	56.8	74.5	79.9	97.2
5/4	60.4	69.5	88.5	116.2	125.3	152.1
3/2	86.7	100.3	127.6	167.1	180.2	218.8
2	154.4	178.4	226.5	297.4	320.5	389.1
5/2	241.1	278.3	354.1	464.4	500.3	607.9
3	346.9	400.9	509.8	668.7	720.5	874.9
4	617.0	713.2	906.2	1 189.0	1 281.2	1 555.9
5	963.8	1 114.1	1 416.0	1 857.0	2 001.2	2 430.7

资料来源：饲料工业职业培训系列教材编审委员会．饲料制粒技术．北京：中国农业出版社，1998。

5. 调质工艺参数

调质工艺参数包括蒸汽压力、供料速度、调质时间、给汽量等。某公司生产肉鸡颗粒饲料的调质参数见表8-3。

表8-3　肉鸡颗粒饲料调质参数实例

产品品种	蒸汽压力/MPa	调质转速/(r/min)	调质温度/℃
肉小鸡	0.2～0.4	280～350	78～85
肉中鸡	0.2～0.4	250～350	78～85
肉大鸡	0.2～0.4	250～350	72～78

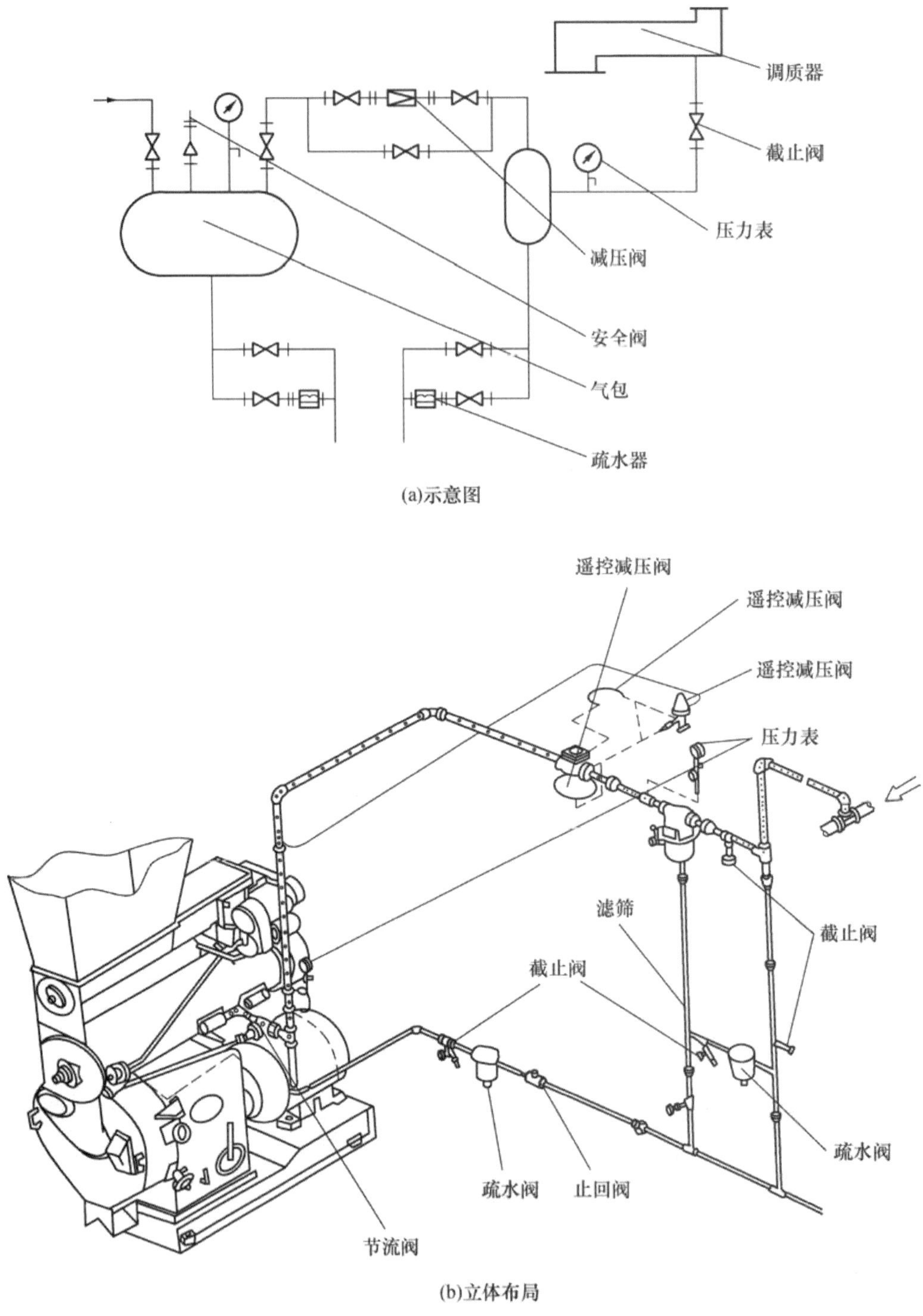

图 8-5 制粒前蒸汽系统

不同配方组成的颗粒饲料，其调质参数不同(表 8-4)。

表 8-4 不同类型饲料的调质参数

饲料类型	料温 /℃	水分增加 /%	水分高限 /%	蒸汽压力范围 /MPa
含谷物高的饲料	82～93	4～6	16.5	0.071～0.14(大给汽量)
奶牛配合饲料	48～50	2～2.5	13～13.5	0.2～0.35(有控制的给汽量)
含天然蛋白质的浓缩饲料	60～77	1～2	12～13	0.28～0.35(有控制的给汽量)
含尿素的敏感饲料	32～43	2～3	15～16	0.28～0.35(很小给汽量)
含尿素或矿物质的高蛋白补充料	21～38	0～1.5	11～12.5	0.28～0.35(极小或不给汽)

(五)制粒

制粒机是制粒工序的关键设备，制粒机生产能力是制粒工序设计的核心。制粒机生产能力可按照下式计算：

$$Q_{制粒}=\frac{Q\cdot t\cdot n\cdot 1.1}{T\cdot \eta} \tag{8-2}$$

式中，$Q_{制粒}$为制粒机生产能力，kg/h；Q 为颗粒饲料设计生产能力，kg/h；n 为每日工作班次，班；t 为每班工作时间，h；T 为制粒机每日工作时间，h；1.1 为分级回粉率为 10%，1.1 为实际生产能力为 110%；η 为制粒效率，一般 50%。

(六)冷却

1. 冷却的作用

冷却指用流动的自然空气降低颗粒饲料的温度，同时降低水分。

冷却后，颗粒由刚刚制粒后湿热、软的状态变成适当硬度、适宜含水量、温度正常的颗粒饲料。

2. 冷却系统配置

冷却系统需配置冷却器及风网系统(图 8-6)。

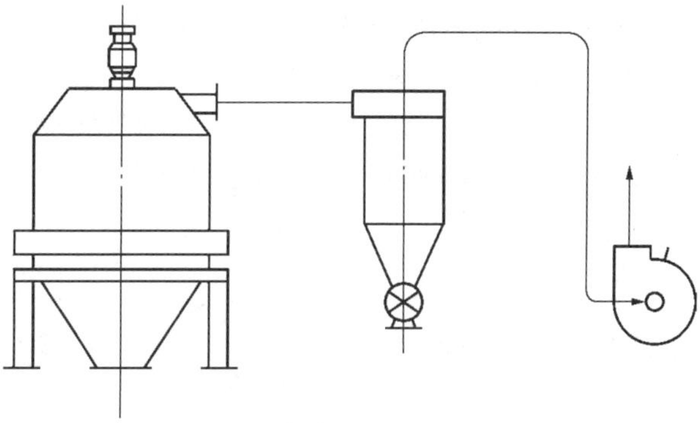

图 8-6 冷却器及风网系统

(1)冷却器生产能力 冷却器产量受制粒机产量影响。颗粒直径越大，所需冷却时间越长(表 8-5)，而制粒机加工大直径颗粒饲料产量高，大直径颗粒需要冷却时间长，因此冷却器产量低，冷却器生产能力应根据制粒机加工最大直径产品产量确定。

表 8-5 颗粒直径与冷却时间

颗粒直径/mm	2.5	4.5	6	8	10	12	16	20	22
最短冷却时间/min	5～6	6～8	8～10	10～12	13～15	15～17	18～20	22～24	24～25

(2)风网系统设计

①吸风量。冷却所需吸风量见表 8-6。实际使用时,应根据生产经验和当地气候情况进行调整。如饲料厂位于海拔高 500～2 000 m 或相对湿度较大的季节(85%～100%),风量应增大 5%～15%;在比较干燥的地区或季节,则应适当的减小风量。

立式冷却器,料层内风速不应过 1.8 m/s,卧式冷却器不应超过 3 m/s。

表 8-6 不同直径颗粒所需吸风量

颗粒直径/mm	≤5	6	10	20	22
所需吸风量/[m^3/(t·min)]	22	25	28	31	34

资料来源:牛智有,谭鹤群,宗力. 影响颗粒饲料冷却效果分析及冷却风网系统的设计. 饲料工业.1997(11):7-9。

②风管尺寸及风速。风管一般为圆形截面,风管直径可通过下列运算得到:

$$Q = 2\ 826 \cdot D^2 \cdot V \tag{8-3}$$

$$D = 18.8 \times \sqrt{\frac{Q}{V}} \tag{8-4}$$

式中,Q 为风量,m^3/h;V 为风速,m/s;D 为风管直径,mm。

在冷却风管中,风速以 13～16 m/s 为宜,不小于 12 m/s,以免积聚粉尘及产生冷凝水。如果水平风管较长,为了防止粉尘在管内沉积,应取偏高值。

③风网系统设计原则。

a. 尽量减小压力损失。尽可能缩短整个风网系统长度,减少弯头数。

b. 尽量缩短水平风管长度,以避免产生冷凝水。风管外壁最好包有隔热保温材料。

c. 合理选择风管直径,保证风管中有较大风速。

d. 管道上应设有风量调节装置或气流"短路"装置,以能够调节风量。

e. 合理选择集尘器、关风器,配置好风机。一般以中低压风机较合适。

3. 冷却参数

冷却参数根据实际生产确定。例某饲料厂肉鸡颗粒饲料冷却参数(表 8-7)。

(七)碎粒

碎粒是指将大颗粒饲料破碎成小颗粒。

为降低能耗、提高生产率、减小机械设备磨损,加工大颗粒后,破碎成适当粒度的碎粒料,以便于动物采食。

一般碎粒机入机物料直径为 4～6 mm,出机物料直径 1～4 mm。成品率 80%以上。慢辊线速度 4～5 m/s,快辊转速为慢辊的 1.5 倍。

表 8-7 某厂肉鸡颗粒饲料冷却参数

产品品种	最大粒径/mm	粒料长度/mm	冷却时间/min	排料时间间隔/s	上下料位器高度（夏秋）	上下料位器高度（冬春）	风门（夏秋）	风门（冬春）	成品温度与室温差/℃	成品水分与调质前水分的差异/%
肉小鸡			6～8	1	下:1/2 上:3/4	下:1/2 上:2/3	开:中	开:大	+5	0.2～0.5
肉中鸡	2.9	6～10	6～8	1	下:1/2 上:3/4	下:1/2 上:2/3	开:小	开:中	+5	0.2～0.5
肉大鸡	3.4	6～10	6～8	1	下:1/2 上:3/4	下:1/2 上:2/3	开:中	开:大	+5	0.2～0.5

(八)分级

为保证颗粒饲料产品质量，应采用分级筛进行分级。用筛孔将成型颗粒饲料中过大颗粒和细粉筛出称为分级。

分级的作用是除去碎粒后过大、过小颗粒。过大颗粒将重新经过破碎加工，粉末将重新制粒。所选分级筛筛分率应在85%以上。

(九)油脂喷涂

在颗粒饲料表面涂覆油脂称颗粒涂脂。颗粒饲料冷却、分级后涂脂，可增加颗粒饲料中脂肪添加量，保证大比例油脂添加产品颗粒的质量。膨化颗粒饲料可喷涂维生素、微量元素等液体，以保证添加剂活性成分在膨化过程中不受损失。

为保证喷涂均匀，油脂喷涂量应大于1%。

任务 8-2 饲料制粒机械设备

饲料制粒机械设备主要指硬颗粒的制粒设备，包括饲料制粒机、冷却器、碎粒机、分级筛和喷涂设备等。目前饲料加工中应用较多的硬颗粒饲料制粒机主要有环模制粒机和平模制粒机两种。饲料制粒机由喂料器(又称供料器)、调质器和制粒机三部分组成。

一、喂料器与调质器

(一)喂料器

喂料器(图 8-7、图 8-8)的主要功能是稳定均匀地向调质器和制粒机供入粉状饲料，并根据制粒机电动机的负荷情况(电流值)调整供料量。

制粒机的喂料器一般为螺旋绞龙式，安装在待制粒仓下方，通过电磁调速电动机或变频器改变电动机的转速来调整供料量，一般控制在17～150 r/min。

(二)调质器

调质器(图 8-7)的主要功能是将混合后的饲料与加入的蒸汽、油脂或糖蜜等进行充分混合,提高制粒质量。加工畜禽颗粒料一般采用 1～2 段调质器(图 8-7、图 8-9);为提高水产颗粒料的水中稳定性,进行充分调质,一般采用 2～3 段调质器(图 8-8);有的制粒机采用一段双轴差速调质器(图 8-10),增加了调质时间,调质效果好。在北方的冬季,为提高调质效果,在调质器外层设有蒸汽加热夹套和保温层。

调质器(图 8-7)的轴上安装有按螺旋线排列的搅拌杆,搅拌杆的安装角度可以调节。其作用是将喂料器送入的粉状饲料和输入的蒸汽及液体搅拌混合,对饲料进行调质,同时将调质好的饲料输送给制粒机构制粒。在调质器的侧壁,装有喷嘴用来输入蒸汽、油脂或糖蜜,使物料在调质器内与添加物均匀地混合并软化,调质时间越长越好,一般畜禽饲料的调质时间为 20 s 左右。喷出的蒸汽或浆液与粉料混合,可以增加饲料的温度和湿度,增加物料的弹性和塑性,这样有利于制粒,提高生产率,而且能减少环模的磨损。对于特种动物、水产饲料,为了提高颗粒饲料的质量,提高耐水性,通常要延长调质时间,可通过多级调质或改变普通调质器桨叶的转速来实现。

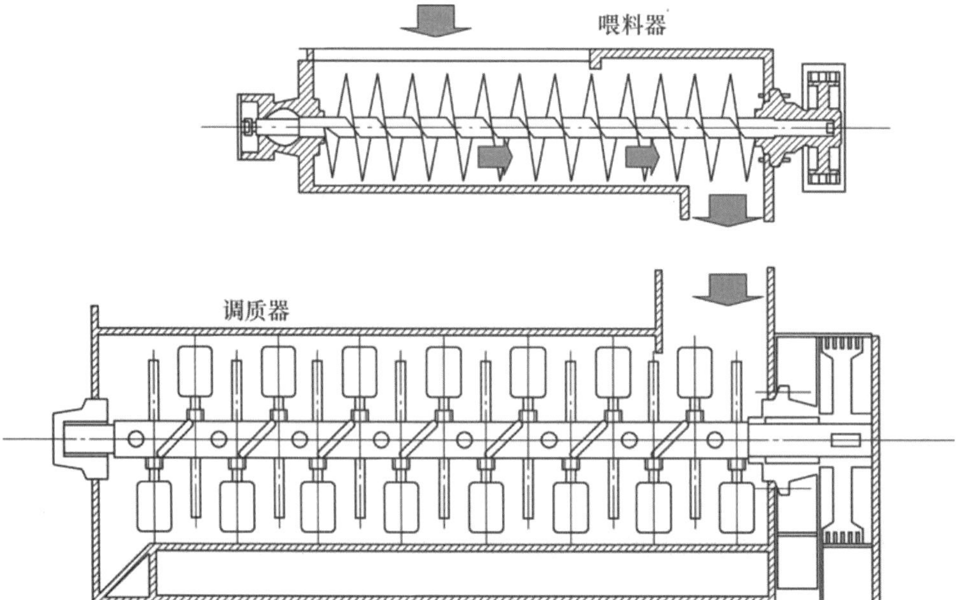

图 8-7 螺旋喂料器与单轴调质器

二、制粒机

饲料制粒机主要有环模制粒机和平模制粒机两种,在生产中环模制粒机应用较多。

(一)环模制粒机

环模制粒机按环模的配置不同又有立式和卧式之分,立式环模制粒机的主轴是垂直的,环模圈水平配置;而卧式环模制粒机(图 8-9、图 8-10)的主轴水平,环模圈垂直配置。一般小型

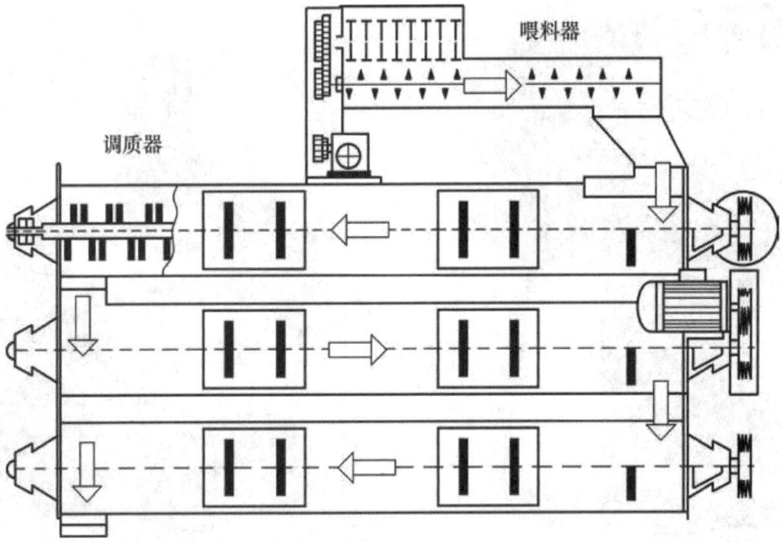

图 8-8　喂料器与三段调质器

用立式，大、中型用卧式较多。图 8-9 为单轴调质器的卧式环模制粒机，图 8-10 为双轴差速调质器的卧式环模制粒机，图 8-11 为三轴调质器的卧式环模制粒机。

卧式环模制粒机的构造见图 8-12，主要由喂料器、调质器、压粒机构、电动机及传动机构等组成。

压粒机构是制粒机的核心部分，主要由环模、压辊、分配器和切刀等组成(图 8-13)。环模的周围有许多孔径相同的模孔，在环模内装有 2～3 个压辊，压辊装在一个不动的支架上，压辊能随环模的转动而自转，压辊与环模之间有很小的间隙。工作时环模由电动机驱动作顺时针转动，进入环模的饲料，被分配器和转动着的环模带入压辊和环模之间，饲料被两个相对旋转的部件逐渐挤压，通过环模上的孔向外挤压出来，再由固定不动的切刀切成短圆柱状颗粒。

图 8-9　卧式环模制粒机

图 8-10　双轴差速调质的制粒机

图 8-11　三轴调质的制粒机

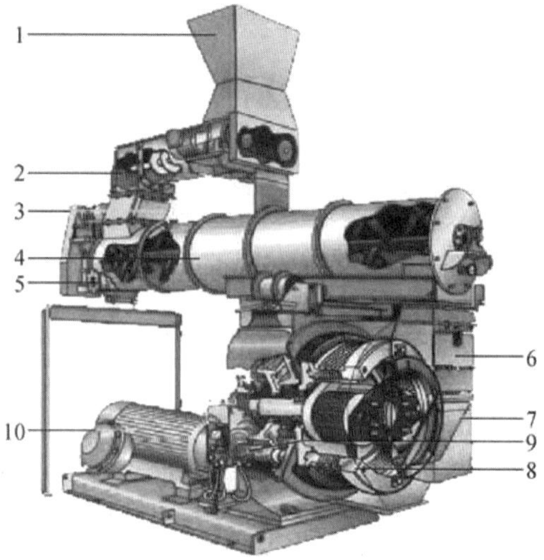

图 8-12　卧式环模制粒机的构造

1. 喂料斗　2. 喂料器　3. 下料溜管　4. 调质器　5. 蒸汽进口　6. 下料管　7. 下料斜槽　8. 环模　9. 主轴　10. 电动机

压粒机构的主要工作部件：

环模由镍铬合金钢精加工制成，热处理后表面硬度为 HRC53～59。环模孔径一般为 ϕ3.2 mm（鸡料用），ϕ3.5～5.5 mm（猪料用），ϕ4.5～8 mm（牛料用）。为节省能耗、提高产量，加工雏鸡用颗粒料时常用 ϕ4.5 mm 或 ϕ6.8 mm 的模孔加工，然后用破碎机破碎成细小颗粒，再用分级筛筛分。环模使用寿命一般能加工 5 000～8 000 t 饲料。环模与主轴的连接方式有抱箍式和螺纹式连接。

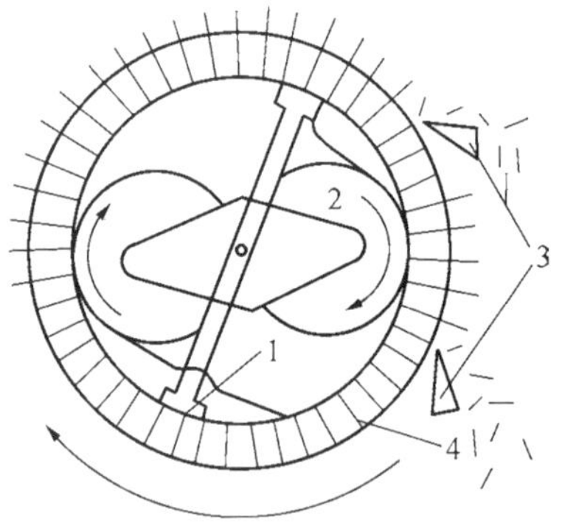

图 8-13　压粒机构

1. 分配器　2. 压辊　3. 切刀　4. 环模

压辊一般有 2～3 个，用来向环模工作表面施加压力而挤出饲料。压辊采用与环模相同的材料，表面加工成与轴线平行的齿形槽或在其表面钻孔，以增加摩擦力，加工后也要热处理，压辊半径的大小影响着抓粉能力。压辊轴承的工作条件较差，温度高且粉尘多，应采用迷宫式油封来密封轴承。压辊与环模圈之间的间隙为 0.1～0.3 mm，压辊回转中心与压辊轴心有一偏心距，只要转动压辊轴，就能改变压辊与环模圈之间的间隙。

分配器是将调质后的饲料均匀分给各个压辊，数量与压辊数相同。

切刀用来将从环模圈挤出的柱状物料切成长度适宜的颗粒，通常颗粒长度为颗粒直径的 1.5～2 倍，一个压辊配一把切刀，它与环模间距也需调节。切刀刃口为直线型，可以用普通磨石磨锐（图 8-14）。

卧式环模制粒机的传动机构有两种：一种是电动机通过齿轮传动带动环模转动（图 8-9），另一种是电动机（或双电动机）通过皮带传动带动环模转动（图 8-10）。

下料斜槽。饲料经过喂料器和调质器后，要经过下料斜槽进入环模圈内，一般由不锈钢制成，有的内部安装保安磁铁，确保主机安全。

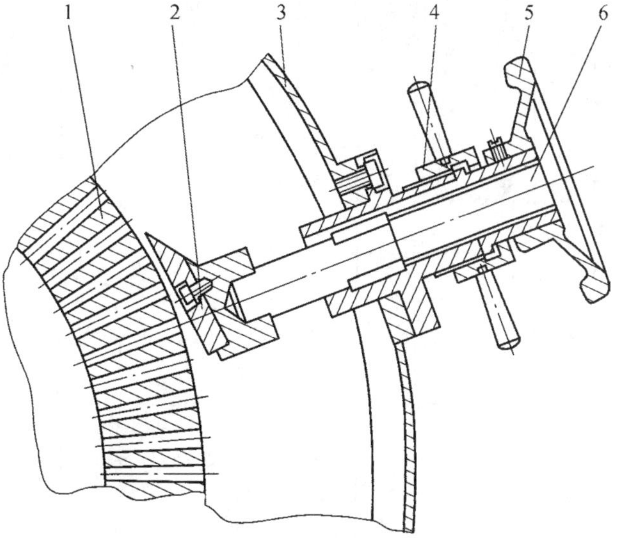

图 8-14 切刀的调整

1. 压模 2. 切刀 3. 门盖 4. 锁紧螺母 5. 调节手轮 6. 切刀杆

过载保护装置。遇到过载等紧急情况，可以自动打开机外排料门，机外排料。或有异物如石块、铁杂、麻线等进入环模圈内，压辊不再随环模转动，主轴扭矩超过正常扭矩，当剪切力超过安全销的允许强度极限被折断，使主轴的花键盘转动，碰动行程开关使主机停止，避免造成过大损失。

润滑系统。由于制粒机的功率大，温度高，湿度大，工作条件恶劣，因此采用电动加油泵把润滑油压入主轴承处进行润滑。

环模起吊装置。大型环模制粒机的环模重量大，拆装更换环模不方便，常在调质器的下方设有钢梁滑轨，用蜗轮蜗杆机构传动的吊车，把吊具上的孔与环模上的螺孔用螺栓连接后进行吊装，可以减轻劳动强度，提高工作效率。

国产环模制粒机的技术性能参数见表 8-8。

(二)平模制粒机

平模制粒机有动辊式、动模式。动辊式平模制粒机的平模不转动，压辊在电动机驱动下公转，并在粉料的摩擦下自转，以小型机为主。

平模式制粒机(图 8-15)的平模在主电动机的驱动下绕立轴转动，压辊在物料摩擦力的作用下自转，以中型机为主。

平模制粒机结构简单、制造容易、造价低，适于加工纤维性的物料，其中动辊式制粒机的平模固定不动，平模表面磨损较均匀。压辊由传动装置带动而公转，因与平模上物料接触而自转，压制出的颗粒质量较好，较常见。

(三)饲料制粒机的使用

①使用新的压粒机或新换的环模圈时应先加工一部分含油脂较高的饲料，使模孔得到一定的润滑，然后再加工一般物料。这样可延长环模圈的使用寿命。

表 8-8 国产环模制粒机的技术性能参数

型号		KYW32a	SZLH40	SZLH420	SZLH508	SZLH63	SZLH678	SZLH768	SDPC660	SDPC660W
配套动力/kW	主电机	37	75/90	110	110/160	160/200/220	200/220/250	250/280/315	90×2	110×2
	喂料电机	0.55	0.75	1.5	1.5	1.5	2.2	2.2	4	4
	调质电机	2.2	2.2	5.5	7.5	7.5	11	11	11×2	15×3
环模内径/mm		320	400	420	508	630	673	762	660	600
压辊直径/mm		140	190	206	222	300	305	350	319	319
环模转速/(r/min)		305	287	287	330	230	218	198	330	224
环模孔径/mm		2～12				3～12				
压辊数量/个		2～3				2			2	
生产率/(t/h)		1～5	2～10	3～12	4～20	8～25	8～28	10～35		
电耗/(kW·h/t)		≤12				≤12				
成形率/%		≥95				≥95				
外形尺寸/mm		2 006×800×1 801	2 322×970×2 115	3 298×1 020×2 975	3 450×1 470×2 795	3 450×1 470×3 134	4 550×1 612×3 190		3 020×2 770×3 085	
机重/kg		1 250	2 500	3 000	3 500	4 500	7 500	8 000		
制造单位		江苏正昌集团、江苏牧羊集团				江苏正昌集团			上海申德机械有限公司	

引自庞声海，郝波. 饲料加工设备与技术. 北京：科学技术文献出版社，2001.11。

②压粒前在粉料中可滴加4%左右的水或蒸汽，有时也可加不超过3%的油脂和不超过10%的糖蜜。

③若压粒机需较长时间停歇时，则应在工作快结束时，加入油质粉料，或经油浸的锯木屑来充填模孔，以防生锈。

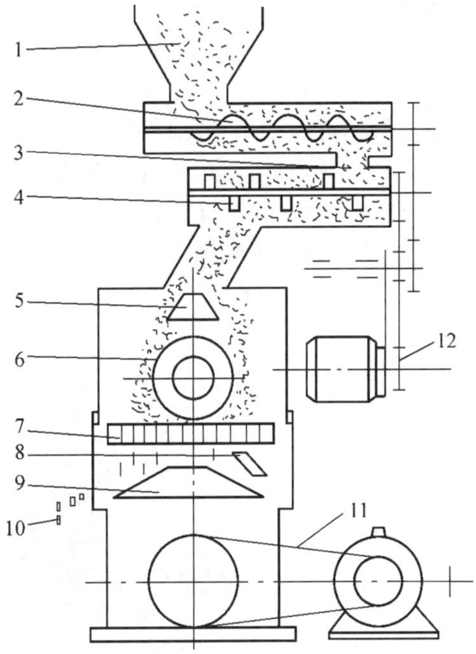

图8-15 平模式制粒机结构简图

1. 料斗 2. 螺旋喂料器 3. 蒸汽孔 4. 调质器 5. 分料器 6. 压辊 7. 平模 8. 切刀 9. 出料盘 10. 颗粒料 11. 皮带 12. 链轮

三、冷却器

制粒机压出的颗粒饲料，温度为75～95℃，含水率为13%～18%，易碎且不宜立即贮存，所以需要有冷却器将其迅速冷却干燥。冷却器有立式、卧式和逆流式等多种。逆流式冷却器以其自动化程度高、吸风量小、功耗低、占地面积小等优点，成为当今主流的冷却器，在饲料企业被广泛应用。

冷却器在冷却物料的过程中，风机是始终工作的。因为物料是从上向下流动，而冷空气是由下向上流动的，与物料流动的方向相反，并且冷风与冷料接触，热风与热料接触，使得颗粒逐渐冷却，所以这种冷却器称为逆流式冷却器。逆流式冷却器避免了热料与冷风接触，骤冷干裂的现象发生，所以在大中型饲料厂颗粒料的冷却多采用这种冷却器。

逆流式冷却器结构见图8-16、图8-17，刚从制粒机压出的湿热颗粒料，由冷却器顶部的进料口进入，经料仓顶部的菱锥形散料器（还有旋转式散料器），使颗粒饲料从前、后、左、右、中五

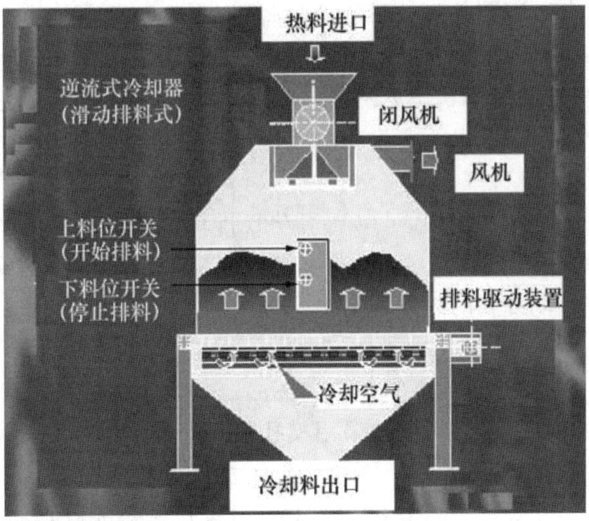

图8-16 逆流式冷却器结构图

路流入料仓。空气从排料机构的底部进入,垂直穿过料层,经热交换带走颗粒饲料中的水分和热量,经旋风分离器后排出。使颗粒料在料仓中逐渐堆积冷却,底部的颗粒料经冷却达到要求,当饲料料层到达上料位开关时,排料电动机的电路接通,排料机构开始工作,当排料框与固定料框之间的缝隙达到一定程度时,颗粒料经排料框与固定料框之间的缝隙中排出。当排料量大于进料量时,机内的颗粒料层逐渐下降直到下料位器时,电动机停止转动,排料停止。而进料继续进行,直到料层又到达上料位器时,排料电机又开始工作。排料框与固定料框之间的相对位置,由行程开关和刹车电机控制,使排料机构停止排料时不漏料。

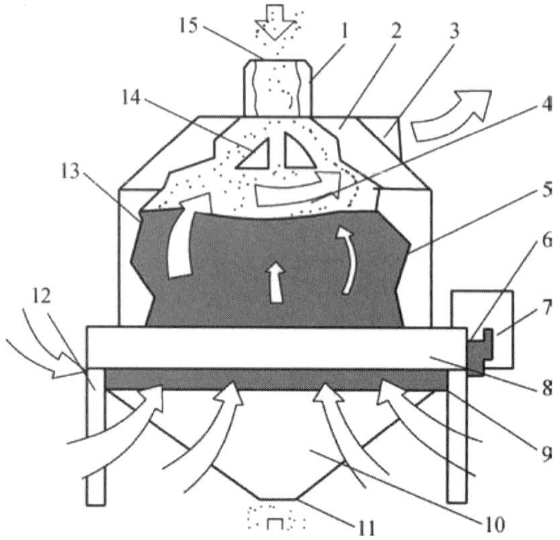

图 8-17 逆流式冷却器结构原理图

1. 闭风器 2. 出风顶盖 3. 出风管 4. 上料位器 5. 下料位器 6. 固定框调整装置 7. 偏心传动装置 8. 滑阀式排料机构 9. 进风口 10. 出料斗 11. 出料口 12. 机架 13. 冷却箱体 14. 菱锥形散料器 15. 进料口

冷却器风网的配置情况见图 8-6。颗粒大小不同、季节不同,冷却时间也不同,因此要通过调整上下料位开关的位置,来调整颗粒料的冷却时间。

排料机构有滑动式和摆动式两种。滑动式排料机构(图 8-18)的冷却器适用于一般颗粒料的冷却。摆动式排料机构的工作状态见图 8-19。摆杆由液压油缸带动进行往复摆动,通过限位开关的控制摆杆的摆动角度,以改变排料量。通过上下料位开关控制排料机构的工作,生产结束时通过手动开关进行清料排空。

而摆动式排料机构的冷却器(图 8-20)比滑动式排料机构冷却器的适用范围更广,可用于大直径颗粒料和团块状物料的冷却。摆动式排料冷却器的均料机构是旋转式,由电机通过减速器带动一倾斜的淌板,把进入的热颗粒料均匀分配到冷却箱内。

四、碎粒机

为提高饲料制粒机的度电产量,经常采用模孔较大的环模来加工细小的颗粒料,再将冷却后的较大颗粒破碎成符合质量要求的小颗粒。碎粒机就是将大颗粒($\phi3\sim6$ mm)破碎成小颗粒($\phi1.6\sim2.5$ mm)的专用设备。碎粒机的结构与对辊式粉碎机相似,结构见图 8-21。

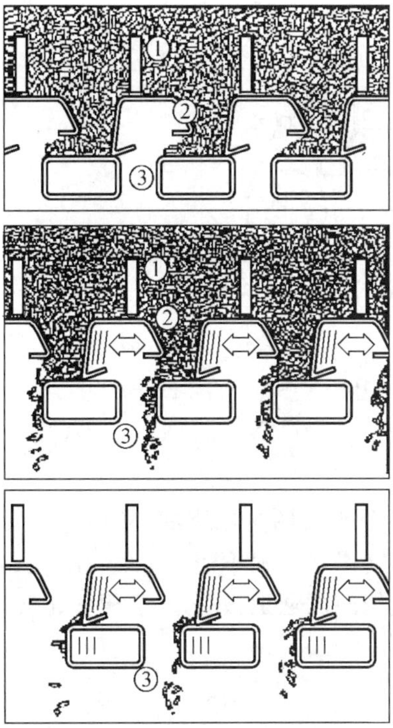

图 8-18 滑动式排料机构的工作状态

①分隔框 ②活动框 ③固定框

上图:停止状态;中图:排料状态;

下图:清理状态

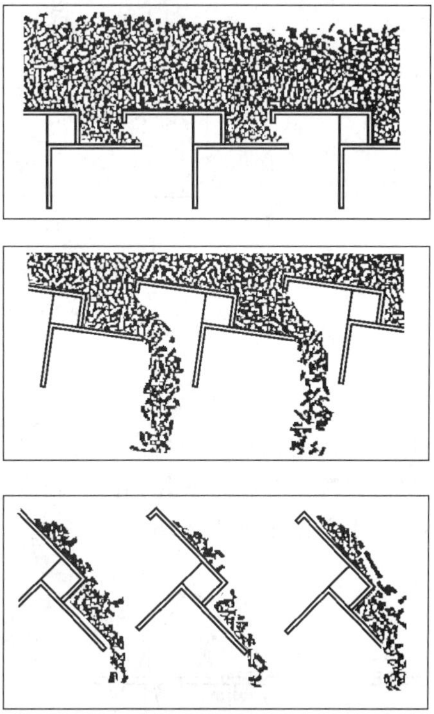

图 8-19 摆动式排料机构的工作状态

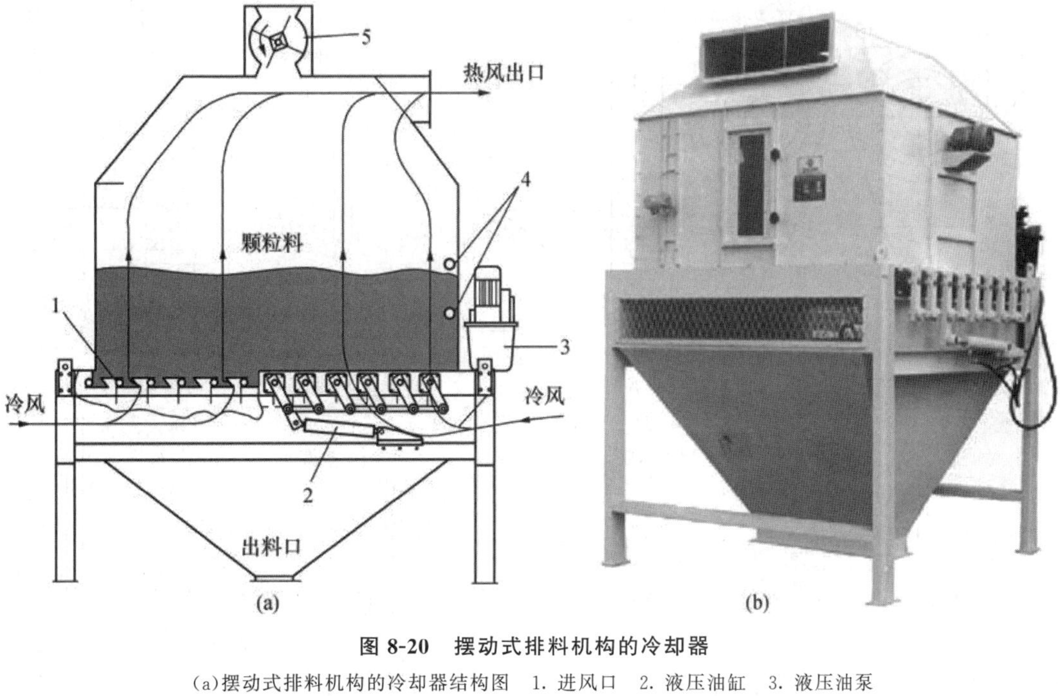

图 8-20 摆动式排料机构的冷却器

(a)摆动式排料机构的冷却器结构图 1. 进风口 2. 液压油缸 3. 液压油泵

4. 上下限料位开关 5. 闭风机 (b)摆动式排料机构的冷却器外形图

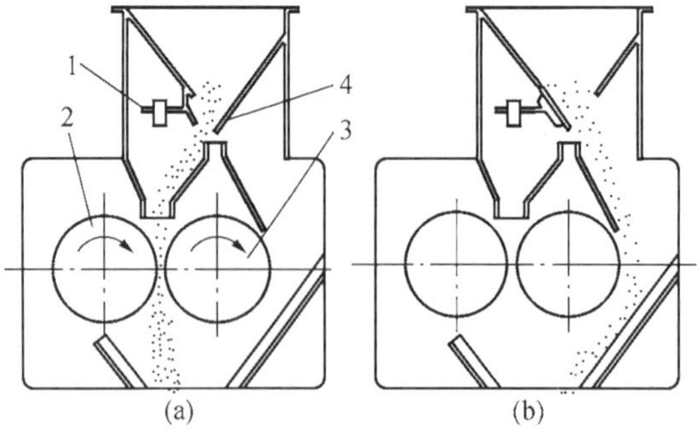

图 8-21　碎粒机结构及工作示意图

(a)工作状态　(b)旁流状态

1. 压力门　2. 快辊　3. 慢辊　4. 翻板

工作时,已冷却的大颗粒从碎粒机的料斗进入碎粒机的两个轧辊间,受到轧辊的剪切、挤压等作用而破碎成较小的颗粒,从下面的出口排出。如果颗粒料不需要破碎,在工艺上也要经过碎粒机。只不过饲料是从轧辊的一侧流过,而两轧辊间的通道被关闭,轧辊停止转动。两轧辊之间的间隙可以根据需要调整(图 8-22)。其传动机构见图 8-23。

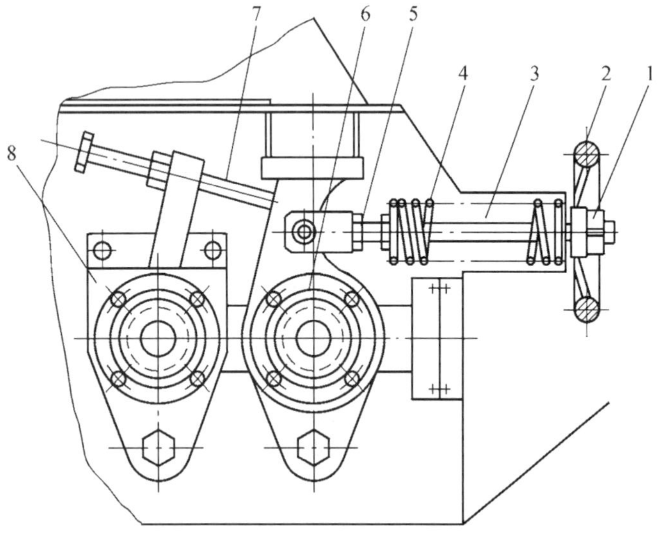

图 8-22　轧距调节机构图

1. 锁紧螺母　2. 调节手轮　3. 调节螺杆

4. 压紧弹簧　5. 调节螺母　6. 慢辊轴承座

7. 限位螺钉　8. 快辊轴承座

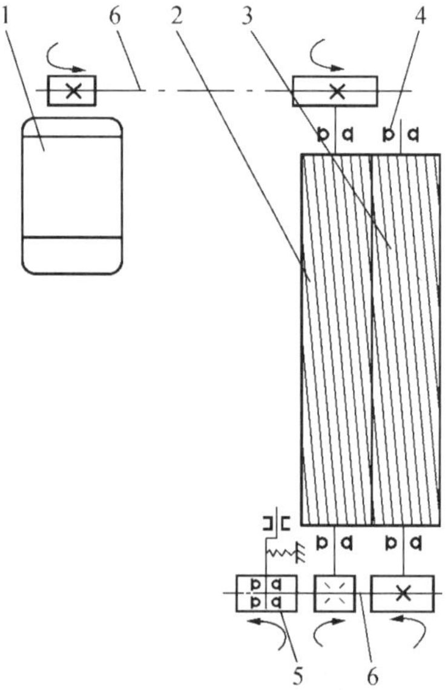

图 8-23　传动机构简图

1. 电动机　2. 快辊　3. 慢辊

4. 轴承　5. 惰轮　6. 三角带

五、分级筛

在颗粒生产过程中,会出现细碎粉末和不均匀的颗粒;经破碎的颗粒料粒度也不均匀,影响成品的外观质量。分级筛的作用就是对制粒后或破碎后的碎粒进行筛分,筛除过大或过小的颗粒,获得合格的颗粒饲料,将不合格的大颗粒送回待制粒仓重新制粒或直接送入冷却器通过碎粒机重新破碎，过小的颗粒则返回重新制粒。目前分级筛的种类主要有回转振动分级筛和振动式分级筛。

(一)回转振动分级筛

回转振动分级筛具有振动小、噪声低、筛分效率高等优点。不仅用于颗粒料的筛分，还可用于饲料原料的清理。其结构见图8-24和图8-25，工作时，物料经进料口进入，在筛体圆周运动作用下，均匀地分布在整个筛面上，并且自动分级，料层下面的较小的物料迅速过筛，而筛面上较大的颗粒物料向出料端运动。较大颗粒从第一层筛面流下，不合格的小颗粒和粉尘则从第二层筛面下流出，成品从第二层筛面上(两筛之间)流出。因为这种分级筛工作时，物料没有跳动，小颗粒始终紧贴筛面，保证了筛分效率。在筛理过程中，筛面下的弹性小球不断弹击筛面，清理筛孔，有效地防止筛孔堵塞，提高了筛理效率。

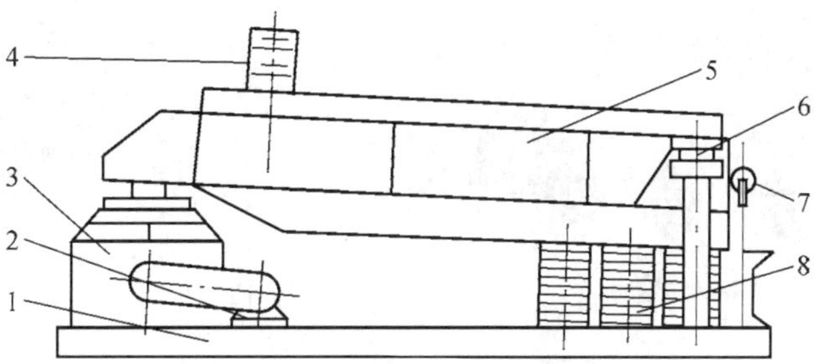

图8-24　回转振动分级筛的结构

1. 机架　2. 电动机　3. 传动箱　4. 进料口
5. 筛箱　6. 滑动轴承　7. 拉杆　8. 出料口

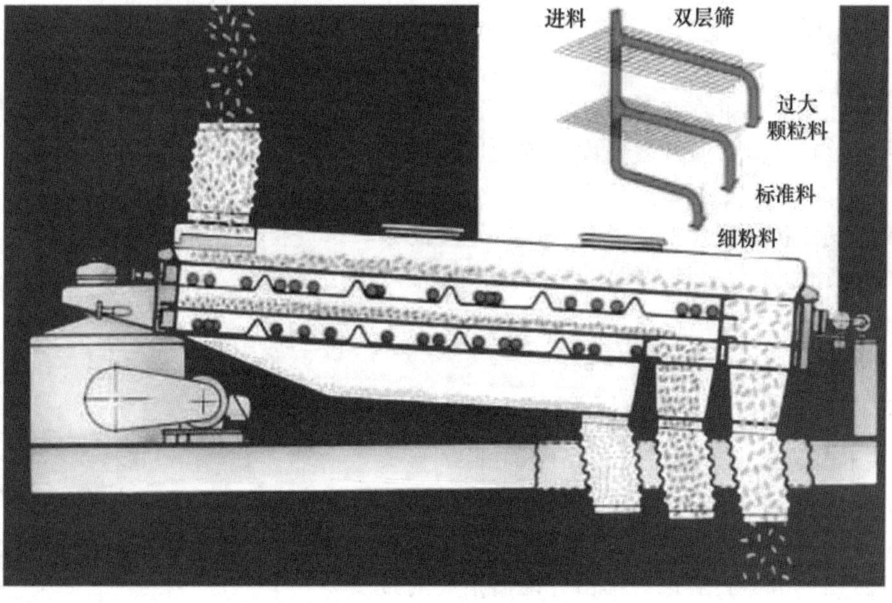

图8-25　回转振动分级筛工作图

(二)振动分级筛

结构见图 8-26,主要由喂料机构、筛体、筛网(三层)、除尘装置、振动机构和机架组成。从进料口进入的物料,由吸风口清除轻杂物后,均匀地流到筛体上,筛体在振动电动机的驱动下带动筛体振动。筛面倾斜放置,物料在振动作用下沿筛面流动,较大颗粒从第一层筛面流下;不合格的小颗粒和粉尘则从第三层筛面下流出;成品从第二层筛面和第三层筛面上流出。

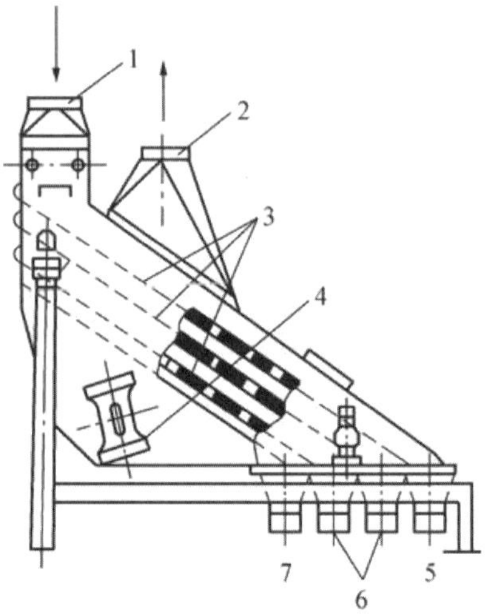

图 8-26 振动分级筛

1. 进料口 2. 吸风口 3. 筛网 4. 振动电动机
5. 大颗粒出口 6. 合格颗粒出口 7. 细碎粉末出口

六、喷涂设备

在制粒过程中添加油脂不能超过 5%,否则会影响颗粒质量。有些颗粒饲料需要添加较大比例的油脂,可以在制成的颗粒成品表面喷涂。国内主要有自流式喷涂设备和滚筒式喷涂设备。比较先进的采用真空喷涂设备,不仅喷涂油脂还能喷涂液体维生素或其他添加剂。

(一)自流式喷涂设备

其主要结构由料斗、振动给料器、喷射筒、分料圆盘、喷嘴和输送器等组成(图 8-27)。物料从料斗经振动给料器进入喷射筒,通过分料圆盘向四周分散,安装在分料圆盘的 2 个喷嘴对颗粒料进行喷涂,喷涂后的颗粒料由螺旋输送器排出。供油系统通过控制系统控制调速油泵的转速调节喷油量。

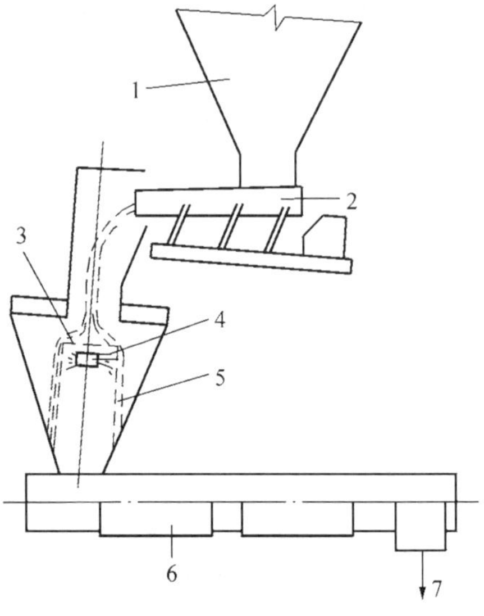

图 8-27 自流式喷涂设备

1. 料斗 2. 振动给料器 3. 分料圆盘
4. 喷嘴 5. 料流 6. 输送器 7. 出料口

(二)滚筒式喷涂设备

滚筒式喷涂设备的外形与结构分别见图 8-28 和

图 8-29，由料斗、流量调节器、导流管、滚筒和喷油系统等组成。颗粒料由料斗进入流量调节器以保持稳定的流量，通过导流管进入旋转着的滚筒，颗粒在滚筒内翻滚抛扬，同时喷油系统按需要的喷量通过喷嘴向颗粒喷涂油脂，已经喷涂油脂的颗粒料从滚筒末端排出。控制系统既要控制流量调节器又要控制喷油系统，保证按需要的比例喷涂油脂。油脂可根据季节不同和种类不同，采用适当的加热处理，并自动控制油温。

图 8-28 滚筒式喷涂设备外形图

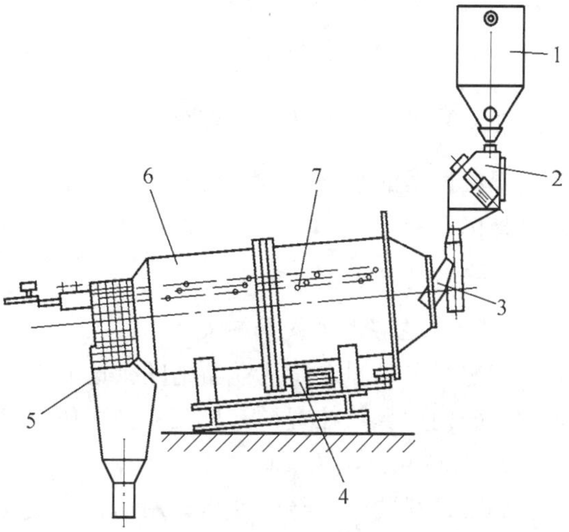

图 8-29 滚筒式喷涂设备结构图

1. 料斗 2. 供料器 3. 导流管 4. 电动机与减速机 5. 出料口 6. 滚筒 7. 喷管与喷嘴

(三)真空喷涂设备简介

真空喷涂设备的结构见图 8-30，颗粒料通过计量秤 5 和闸门 4 进入真空混合机，然后进料阀门 8 关闭，真空阀 6 打开，真空系统将真空混合机内抽成真空，而后经过液体秤称量的液体

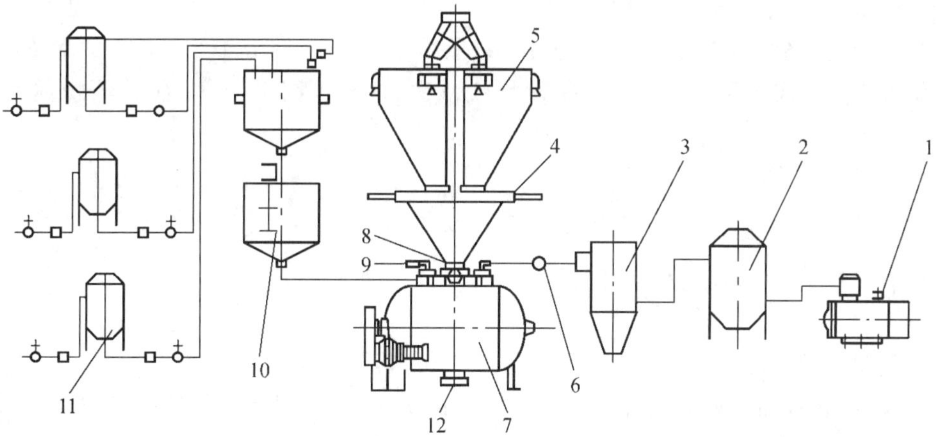

图 8-30 真空液体喷涂设备结构图

1. 真空泵 2. 真空罐 3. 除尘罐 4. 闸门 5. 计量秤 6. 真空阀 7. 真空混合机 8. 进料阀门 9. 电磁阀 10. 液体秤 11. 液体罐 12. 出料阀门

喷入真空混合机内，与颗粒料充分混合。混合完成后真空混合机通入大气，颗粒表面的液体在压差的作用下，被吸入到颗粒的内部。

任务 8-3 制粒质量管理

一、颗粒饲料的质量指标

颗粒饲料的水分、营养成分指标、卫生指标等均与相应的粉状饲料质量指标相同，而加工质量指标有所不同。

(一)直径与长度

1. 颗粒直径与长度的测定

用游标卡尺测定。从样品中随机选取 5 粒，用游标卡尺逐个测定直径；取 20 粒，逐个测定长度。分别计算颗粒直径与长度的平均值，所得结果应表示至一位小数。

2. 颗粒直径与长度的要求

颗粒饲料的直径与长度与适用动物种类、生长发育时期有关。颗粒饲料的长度一般为直径的 1.5～2.5 倍。颗粒饲料的直径通常有 2、2.5、3、3.5、4、5、6、1.5、1.8、3.2、4.5、8、12、16、20 mm 等规格。

一般雏鸡料加工成碎粒料，仔猪颗粒饲料 2.5～5.5 mm。

(二)含粉率与粉化率

1. 含粉率

含粉率指颗粒饲料中所含粉料(2.0 mm 筛下物)质量占其总质量的百分比。

测定含粉率及粉化率通常是在颗粒冷却后立即测定。颗粒温度与 环境温度之差应在 5℃以内。

含粉率测定：将样品用四分法分为两份，每份约 600 g(m_1)，放于 2.0 mm 的筛格内，在振筛机上筛理 5 min 或用手工筛(每分钟 110～120 次，往复范围 10 cm)，将筛下物称量(m_2)。含粉率按下式计算：

$$\Phi_1=\frac{m_2}{m_1} \tag{8-5}$$

式中，Φ_1 为含粉率，%；m_1 为样品质量，g；m_2 为 2.0 筛下物质量，g。

2. 粉化率

颗粒饲料在特定测试条件下，产生的粉末重量占其总重量的百分比。

测定步骤：将样品用四分法分为两份，每份约 600 g，放于规定筛孔的筛格内，在振筛机上预筛 5 min，也可用手工筛，从筛上物中分别称取样品 500 g(m_3)两份。各装入粉化仪的两个回转箱内，盖紧箱盖，开动机器，使箱体回转 500 r，停机后取出样品，放于规定筛孔的筛格内，在振筛机上筛理 5 min，或用手工筛，将筛下物称量(m_4)，(如同时需测含粉率则可在预筛时，用 2.0 mm 及规定筛孔的筛格相叠使用)。

粉化率按下式计算：

$$\Phi_2 = \frac{m_4}{m_3} \times 100\% \tag{8-6}$$

式中，Φ_2 为粉化率，%；m_3 为回转前样品质量，g；m_4 为回转后筛下物质量，g。

3. 质量标准

按 GB/T 16765—1997《颗粒饲料通用技术条件》，颗粒饲料的加工质量指标见表 8-9。

表 8-9 颗粒饲料加工质量指标

种类	直径 d /mm	长度 l /mm	含粉率 /%	粉化率 /%
肉鸡料	≤5.0			
蛋鸭料	≤8.0	2.0	4.0	10.0
仔猪料	≤5.0			
兔料	≤6.0			

注：测定含粉率及粉化率通常是在颗粒冷却后立即测定。颗粒温度与环境温度之差应在5℃以内。含粉率、粉化率为厂内成品库取样测定数值。

(三)硬度与耐水性

1. 硬度

硬度指颗粒饲料对外压力所引起变形的抵抗能力。

颗粒饲料的硬度采用硬度计测定。在冷却后的颗粒中挑出表面质量完好的颗粒(长度为直径的 1.5～2 倍)，分别用硬度计测定其破坏压力，用平均值和标准差来表示颗粒硬度。

颗粒饲料的硬度并非越大越好，一般 0.06～0.12 MPa。

2. 耐水性

供水产动物食用的颗粒饲料在水中抗溶蚀能力称为耐水性。一般鱼饲料要求达到 0.5～2 h，虾饲料要求达到 3～6 h。

二、制粒质量管理

(一)影响颗粒饲料质量的因素

1. 饲料配方及成分

饲料配方及成分因素包括容重、粒度、含水量、各种营养成分含量、摩擦特性、腐蚀性等。这些因素都直接影响颗粒饲料的质量、生产率、能耗及机械寿命。

(1)原料成分

①蛋白质：含天然蛋白质的原料在制粒过程中受热容易变性塑化，利于制粒。

②脂肪：良好的润滑剂，有利于提高制粒生产率，减少压模磨损，但含量超过 5%时，不利于颗粒成形。

③纤维：不利于制粒，会降低产量，加快压模磨损。但植物茎纤维能吸收较多的蒸汽软化，提高颗粒饲料的硬度；植物的皮、壳等纤维，在颗粒中起离散作用，会降低颗粒饲料的产量和质量。

④淀粉：有利于制粒，起到很好的黏结作用，但含量过大，会影响产量。

⑤无机质：不利于制粒，加快压模磨损，降低产量，并会造成模孔堵塞。

(2)含水量　原料含水量对颗粒的产量和质量都有明显影响。调质后原料含水量适宜，可提高生产率，降低压模磨损，改善颗粒质量，但含水量过高，反而难于制粒，同时，冷却时含水量降不到贮藏标准。

(3)粒度　饲料的粒度可分为粗粒、中粒、细粒。中、细粒有较好的制粒能力，提高制粒产量和质量，降低能耗，延长压模寿命。粗粒夹杂在颗粒中，容易使颗粒开裂，粉化率也大。Hill 和 Pulkinen(1988)的研究表明，锤片粉碎机筛片从 2.8 mm 提高到 6.4 mm，颗粒稳定性降低 15%以上。有关资料认为，粉料应 100%通过 14 目筛，25 目筛上物不超过 25%。

一般，压制直径 3～5 mm 的颗粒，适宜用中粒，粉碎玉米时，筛网孔径 2～2.5 mm。压制直径 2.5 mm 以下的颗粒，适宜用细粒，粉碎玉米时，适宜用孔径小于 2 mm 的筛片。压制直径 6 mm 以上的颗粒，才可用粗粒。粉碎玉米，可用 3 mm 以上孔径的筛片。

(4)容重　容重越大，生产率越高。

(5)配方的影响　饲料原料之间制粒特性有差异，因而配方间制粒特性有一定差别。饲料原料的制粒特性可通过品质因数、能耗因数、摩擦因数衡量。从生产的角度考虑，品质因数、能耗因数希望大于 5，摩擦因数希望小于 5。各种原料的制粒特性参考附录。

配方的制粒特征可通过下式计算：

$$Fs = \sum_{i=1}^{n} Fs_i \cdot C_i \tag{8-7}$$

式中，Fs 为配方的摩擦因数；Fs_i 为某种原料的摩擦因数；n 为原料品种数；C_i 为某原料配比，%。

品质因数、能耗因数采用同样方法计算，公式略。

2. 调质

调质质量直接影响颗粒饲料质量、生产率及能耗。调质质量与原料种类、原料粉碎粒度、蒸汽质量与供汽量、进料速度、调质时间等因素有关。

3. 设备因素

(1)制粒机

①模孔的有效长度。有效长度越大，颗粒越坚硬，强度越高；反之，颗粒松散，粉化率高，质量差。

②模孔粗糙度。模孔粗糙度越低，生产率越高，且颗粒表面光洁，不容易开裂，质量好。

③模孔直径。对一定厚度的环模来说，孔径增大，生产率大，但颗粒质地松散；反之，颗粒生产率低，颗粒坚硬，强度大。如果采用破碎，可用 4.5～6.0 mm 的压模，分级筛上层筛孔 ϕ5 mm，下层 ϕ1.5 mm。猪饲料 ϕ3.5～5.5 mm，牛饲料 ϕ4.5～8.5 mm。

④模孔间距。模孔间距与原料有关。压制磨损性小的原料时，采用间距小的压模；压制磨损性大的原料，应选用间距大的压模。

⑤模孔形状。模孔的形状有内锥孔、外锥孔、阶梯孔、直孔等。不同模孔形状，使压模具有不同的特性和用途，具体使用时，应根据原料的种类、颗粒大小、脂肪含量等选用。

⑥压缩比。模孔长度与模孔比称压缩比。Heffher 和 Pfost(1973)、Hill 和 Pulkinen

(1988)的研究都说明高压缩比能获得高质量颗粒。Vest(1993)指出,压模厚度增加,制粒效率下降。一般加工畜禽颗粒饲料,压缩比为(6～10)∶1,水产动物颗粒饲料为(10～12)∶1,幼龄水产动物饲料为(12～16)∶1。

(2)冷却器 冷却器种类、风网系统配置等影响颗粒饲料冷却效果,影响颗粒饲料质量。

(3)碎粒机 碎粒机压辊的技术特性、新旧程度等影响碎粒效果。

4. 操作因素

(1)调质 调质时间、蒸汽用量影响调质质量。具体生产中根据颗粒质量情况进行调整。

(2)制粒机

①制粒机转速。压模转速影响饲料在模孔中的压缩效果,对颗粒硬度和粉化率影响都很大。转速过大时,容易出现带有断层的不良制品;转速低时,产量低。应根据原料种类和颗粒大小进行调整。Hill 和 Pulkinen(1988)证实低压模转速(250 r/min)可获得高的颗粒稳定性。压模转速通常在 130～400 r/min(Leaver,1985),低转速(≤175 r/min)适合于压制大直径(≥12.7 mm)和硬颗粒。高转速(250～300 r/min)适合于小直径颗粒。一般压制直径为 ϕ4.5 mm 的颗粒,内径为 11 英寸的压模,其转速为 280 r/min,压制直径大的颗粒,转速则应降低。

②模辊间隙。一般模辊间隙为 0.1～0.4 mm。

(3)进料量 进料量影响颗粒饲料质量。包括调质、制粒、冷却、碎粒、分级等都受到进料量的影响。进料应均匀,进料量根据原料组成及生产率而定。刚开机时料流要小,逐渐增大至满负荷工作,并稳定料流。

5. 季节、气候

颗粒质量也受季节、气候的影响。制粒过程中,应根据季节、气候适当调整制粒参数,保证颗粒质量。例如夏季,应保证颗粒冷却效果,避免颗粒饲料保质期短,造成经济损失。

(二)保证颗粒饲料质量的措施

1. 合理配置设备

根据颗粒饲料加工能力、质量要求,选择合理的加工工艺流程,配置适当的机械设备,以保证加工质量。

2. 控制粉状原料水分

有效控制粉料水分,以保证调质质量。

3. 制粒参数科学合理

根据季节、饲料配方等,选择合理的制粒参数:蒸汽压力、蒸汽量、模辊间隙、制粒机转速、压模、冷却时间、通风量等,控制好进料量,保证各工序质量,进而保证颗粒饲料产品质量。

4. 经常检查维修设备

经常检查维修设备,及时更换制粒机的环模、压辊,碎粒机的轧辊和分级筛筛网等。

5. 严格遵守操作规程

按照操作规程开、关机,在正常运转时调整各参数,保证设备在最佳状态下作业。

任务 8-4 水产饵料加工

一、水产饵料特点

(一)水产动物饵料的物理形态

1. 粉状饲料

饲料原料经微粉后的产品，以 α-淀粉为主要黏结剂，均匀混合而成。例如鳗鲡饵料。直接投喂或使用时添加水和油脂等，简单的搅拌制成糜状投喂。其缺陷为鱼激烈抢食造成饲料的浪费及水质的污染。

2. 软颗粒饲料

含水量高的颗粒饲料。具有粉状饲料的优点，可避免因抢食造成的饲料损失及水质污染。

3. 硬颗粒饲料(沉性粒状饲料)

投饵过量时会造成水质恶化及饲料浪费。可限量定时投料解决。但由于沉性饲料颗粒过硬，鱼摄食后又会将饲料吐出，且饲料沉于底部后一些鱼不喜摄食，因而造成饲料浪费及水质恶化。

4. 碎粒料

由硬颗粒饲料经破碎制成，又称碎屑饲料。分级成不同粒度，以适应不同规格鱼类苗种的需要。

5. 膨化颗粒饲料(浮性颗粒饲料)

通过调节工艺参数可制出沉性粒状料、慢沉性粒状料、干式软性粒状料及软性湿性粒状料。其中慢沉性粒状料应用于虹鳟及银鲑的养殖；干式软性粒状料适合海水鱼摄食的习性，应用于鳗鱼、比目鱼等的养殖。

由于加工过程中经高温及高压处理，大多数的淀粉(80%～90%)被糊化，提高饲料碳水化合物的利用率，破坏饲料中抗营养因子的活性。但由于维生素被破坏，以浮性饲料投喂影响水产动物健康，如美洲鲈的脱颚、金目鲈和七星鲈的断颈及掉鳞、成长缓慢。可通过膨化后喷涂工艺解决。

6. 微粒饵料

微粒饵料又称为人工模拟浮游生物饵料。代替鲜活饵料(浮游生物)饲喂鱼、虾、贝类等幼体的开口饵料，通常粒径在数十微米至 200 μm 左右。对微粒饲料的要求：饲料粒径在 10～500 μm 大小的范围；能自由调节比重；饲料营养素在水中不会溶出；摄食后能在消化道内被消化吸收；富含幼龄水产动物必需营养素。

微粒饵料由于制造工艺不同，可分为：

(1)微胶囊化饲料　利用尼龙蛋白、明胶、阿拉伯胶或几丁聚酯等被覆材质将饲料原料以胶囊方式包覆起来，防止营养素溶失在水中。

(2)微粒黏结饲料　是将饲料原料用玉米蛋白或红藻胶等黏结剂黏结而成的饲料。

(3)微粒包衣饲料　是微粒黏结饲料经胆固醇、卵磷脂或玉米蛋白等材料包衣而成，防止饲料营养成分溶失，且在水中有很高的安定性。其制造方法是将做好的微粒黏结饲料，再加入用有机溶剂溶解的包衣材料，搅拌均匀后即可形成包衣，再将有机溶剂蒸发即成。

(4)冻结干燥法　将饲料原料与黏结剂依比例混合搅拌后再低温冻结，经冻结干燥后再粉碎过筛而成。由于整个流程是在低温下进行，对易受热变性之营养物质的影响较小。

(5)喷雾干燥法　经乳化的液体饲料喷雾干燥的微粒粉状制品。是目前使用较普遍的方式。

(二)水产饵料与畜禽饲料的主要区别

1. 水中的稳定性好

水产饲料一般需投入水中，且水产动物摄食时间较长，为了减少饲料在水中的散失和对水体的污染，需尽可能增加饲料在水中的稳定性，所以水产饲料中需添加黏合剂。

2. 粒度要求高

水产饲料原料的粉碎粒度要求高，对虾、鳗鲡要求更高。

3. 脂肪添加高

水产动物对碳水化合物消化率低，为满足能量需要，保障必需脂肪酸营养需要，水产饲料油脂添加量高于畜禽饲料。由于制粒工序油脂添加量的限制，因此在工艺流程中考虑配置喷涂系统。

4. 漂浮性

水产动物食性和习性不同，有的在上层摄食，有的在下层摄食。对于上层摄食的水产动物，必须加工浮性饲料。

5. 熟化加工

为保证水产动物对饲料的消化利用，加工工艺流程中考虑熟化加工，既保证了颗粒饲料质量，又有利于水产动物消化。

二、水产饵料生产工艺

由于水产动物饲料加工要求的特殊性，水产动物饲料加工工艺通常有以下特殊工艺。

(一)后粉碎工艺

水产动物饲料配方组成以副产物为主，且加工粒度要求高，当采用先粉碎工艺时，配料仓结拱严重，因而采用后粉碎工艺比较适当。

(二)微粉碎与超微粉碎工艺

饲料经微粉碎加工后，水产动物对饲料消化率提高，颗粒防水稳定性增强，适口性显著改善，增强了饲料的均一性。水产动物饲料颗粒粒度范围 50～2 500 μm，要求有较细的粉碎粒度。如对虾和某些鱼类幼体要求 95%的饲料粒度小于 60 目(250 μm)，有时要求 95%达到过 80 目(177 μm)，甚至 100 目。为保证水产动物饲料粒度及颗粒饲料质量，水产动物饲料加工工艺流程中安排微粉碎工序。为防止结拱，微粉碎工序配置在配料后，或者配置在混合工序后。

微粉碎和超微粉碎尚无一致的划分方法。一般微粉碎指饲料颗粒粉碎至 0.1～0.01 mm 粒级，粉碎至 0.01～0.001 mm 粒级为超微粉碎。

微粉碎工序配置微粉碎机、分级机、气力输送系统、除尘风网(图 8-31a、图 8-31b)。

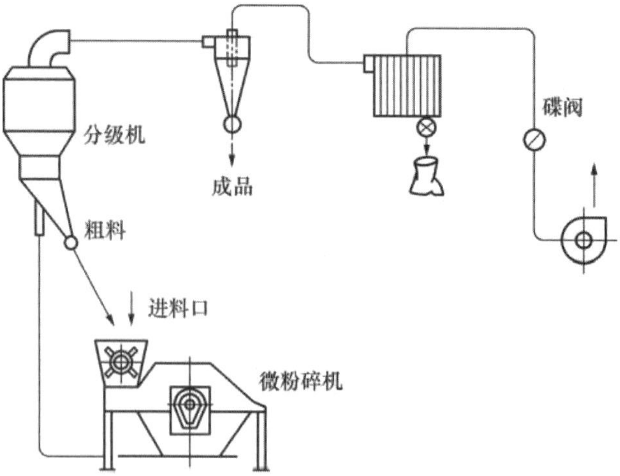

(a)示意图

(引自庞声海,郝波. 饲料加工设备与技术.
北京:科学技术文献出版社,2001)

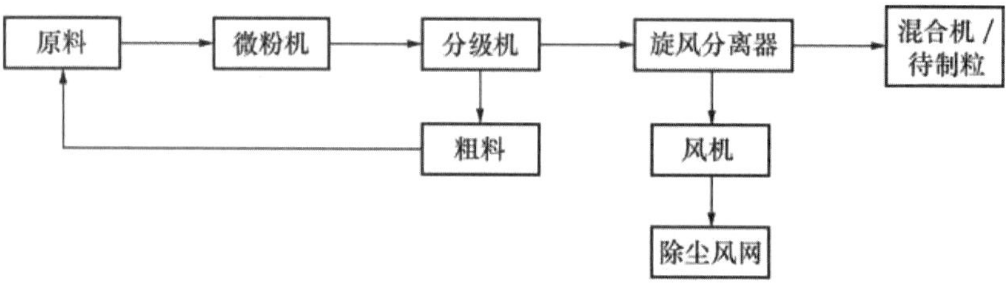

(b)流程图

图 8-31b　微粉碎工艺流程

(三)熟化颗粒饲料加工工艺

为保证水产动物饲料有较好的消化率,水产动物饲料加工采用熟化工艺。包括熟化调质、制粒后熟化、二次制粒等。

1. 熟化调质

为改善颗粒饲料质量、提高糊化度,可在调质工序熟化调质(图 8-32)。前置熟化器经制粒后,颗粒表面往往产生微裂纹,特别是经冷却后更明显,在水中浸泡容易溃散。熟化器内温度稳定在 90℃左右,熟化时间 10～20 min。

2. 制粒后熟化

制粒后熟化,可显著改善颗粒饲料耐水性。后熟化可对制粒后颗粒表面裂纹有弥合作用,耐水性增强。熟化器内温度稳定在 100～110℃,熟化时间 5～12 min。

3. 二次制粒

为增强颗粒饲料防水稳定性,可采用二次制粒工艺。二次制粒工艺指使饲料经过两台串联的制粒机成形的工艺,用以提高饲料对液体组分的吸收,改善饲料品质。饲料通过第一次制粒,温度提高,实际上起到了强化调质的作用,同时由于是颗粒状态下熟化,更有利于熟化(图 8-33)。

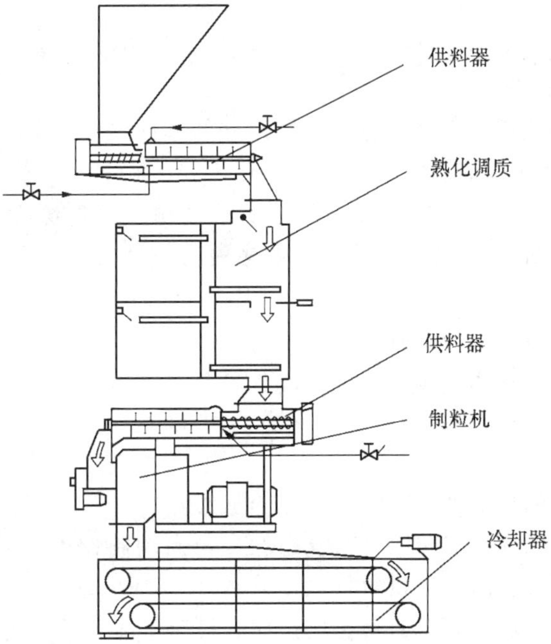

图 8-32　熟化调质系统

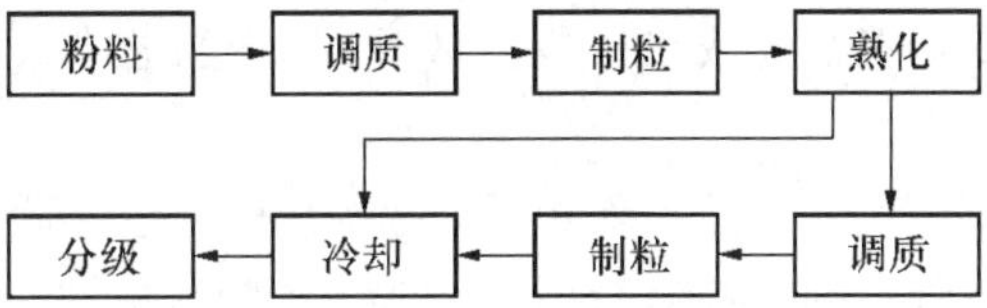

图 8-33　二次制粒工艺流程

(四)膨化饲料加工工艺

为提高饲料消化率，满足特殊需要，高档水产动物饲料需要膨化加工。水产膨化饲料分沉性饲料和浮性饲料。一般要求沉性料 95%下沉，浮性料漂浮率大于 80%。为保证膨化饲料的营养价值，防止营养缺乏症，在膨化加工后，要配置喷涂系统。有关膨化加工工艺流程参考膨化一节。

任务 8-5　制粒工序操作规范

一、制粒工序操作规范

(一)操作要求

正确的操作是使设备充分发挥效率和提高产量，并使颗粒质量符合要求；正确地使用、维护设备，能延长机器设备的使用寿命。制粒系统在操作使用前应对机器的有关部分进行调整、试车检查。

①操作者必须经过专业培训，了解制粒系统机械设备的组成、功能，了解各机械设备的结构、技术性能参数和操作方法。

②机器启动前要做好检查工作。检查各连接部分的紧固情况，不得有松动现象。检查制粒机环模是否灵活，不能有卡住、碰撞和摩擦现象，待制粒的粉料中不能有石块、铁杂、麻绳等异物，压粒室内不能残留工具、饲料等物品，不能带负荷启动。检查电器设备是否完好。

③在确认人机安全的情况下，才可以按操作顺序启动各台机械设备。

④制粒前要清楚需要制粒的饲料种类、技术要求、工艺流程、需要生产的数量，检查或更换相应孔径的环模，并调好环模与压辊的间隙。

⑤按工艺流程和操作顺序启动各台机械设备，检查蒸汽的压力（0.2～0.4 MPa）和温度（130～150℃）情况，安全阀每年要检验一次。调质器和蒸汽管道温度较高，操作人员工作中要注意避免烫伤。

⑥做好班前班后机器的检查、清洁、维修和保养工作。

⑦开机时按从前往后顺序，先启动后续机械设备，再启动制粒机主电动机，而后启动调质电动机和供料器电动机。关机时先停供料器电动机、后停调质电动机，最后停主电动机。停机后要及时清理制粒室内积存的饲料和磁性金属杂质。最后从前往后依次停止后续机械设备。

⑧工作中严禁打开制粒室内门盖，以免造成人身伤亡事故。不可用手在观察窗接料，要用专用工具接料检查调质情况。

⑨在工作过程中，发现异常情况或出现机器故障时，应按操作顺序停机，经检查排除故障后再继续工作。

⑩操作者在工作中不断摸索、积累操作经验，凭眼力和手感灵活掌握。只有正确地调整供料量和蒸汽添加量，保证调质后的饲料有合适的温度和湿度，使主机在额定电流下工作，制出颗粒质量好、产量高的合格颗粒料。

⑪制粒后的颗粒冷却、碎粒、分级和喷涂等环节对颗粒质量也有较大影响，要根据不同季节，不同种类颗粒料的要求，确定合适的工艺参数。

⑫操作者应穿紧身工作服，系好袖口，戴防护帽和口罩，操作时精力集中。生产中随时注意各台机械设备的运转情况，及时进行调控和处理，保证正常生产，避免发生机械和人身伤亡事故。

（二）投产前的试运转和试车

1. 新环模的研磨

环模模孔由于加工和热处理等原因，不是很光洁，有的磨孔甚至留下热处理时烧结的杂质（如铁屑、氧化物），致使许多模孔不出料（小模孔的环模尤为严重）。故在使用前要进行光洁处理（试运转）：用直径小于模孔的钻头清理有杂质堵塞的模孔；装上新模，调好模辊间隙，在模孔的进料面抹上一层润滑脂；按厂家使用说明书中的要求，用含油物料摊好后对模孔研磨，待90%以上模孔出料时，再用含30%～40%细沙的含油物料进行研磨，沙粒粗细视模孔大小而定，粒径为0.6～1.5 mm，孔大取大径。经过磨合处理后即可投入正常使用。

2. 试车

除上述有关部分进行调整、研磨外，在正式生产之前还应对制粒机进行试车检查。

试车步骤如下：

①检查各连接部分是否紧固可靠。

②按润滑点加注润滑油脂，对压辊内的油脂可在正常开车后注入。

③检查模辊间隙调整是否恰当。

④检查供料器、调质器和制粒室内有无异物。

⑤检查供汽系统是否正常，蒸汽压力应在0.2～0.4 MPa，温度130～150℃。

⑥开动主机，检查环模压辊转向是否正确(应顺时针转)，机器有无异常声音和异常现象。

⑦检查行程开关(门盖和主轴安全销处)是否起作用，用手拨动行程开关触头，主电机应能断电。

⑧主机开动20 min，停车后用手触摸齿轴靠近油封处。若齿轴发热，应将油封压板压松些，但不能漏油。

⑨待制粒料仓的下料门不打开，先开动供料器，检查供料器运转有无杂音。

⑩开动调质器电机，检查调质器转动是否灵活可靠。

⑪重新开动主机，用少量油性饲料从下料斜槽的观察门喂入进行试压(要尽量均匀喂料)，直至90%以上模孔出料。机器各部位试车正常后，就可投入正式生产。

3. 生产操作

开机时应注意开机顺序，其顺序应是从后往前、从下往上，其步骤如下：

①按前述试车内容做好检查准备工作。

②调整好蒸汽压力，放掉蒸汽管道中的冷凝水。

③从后往前开通成品管路通道；开动分级筛；开动碎粒机；开动冷却器风机和闭风机。

④开动压粒机主电机，再开动调质器电机，最后开动供料器电机，并将供料器调至最低转速。

⑤打开下料门，同时打开蒸汽阀门，压制出颗粒料后，将供料器转速和蒸汽加入量逐渐调至合适的程度。

⑥调整切刀，使颗粒长度适宜。

⑦进一步调整供料器转速，使压粒机工作电流达到额定电流值，并相应调整蒸汽流量，使物料温度、湿度适宜。

⑧工作正常后，应随时观察主机电流表，及时调整进料量和进汽量；并随时打开喂料斜槽的观察门观察，如有较大铁杂质吸附在磁铁上，应及时取出，严防铁杂质进入压粒室。

4. 生产结束后停机

当生产结束需进行停机时，也应注意停机的顺序，其顺序恰与开车顺序相反，即从上往下、从前往后。其步骤如下：

①从上往下关闭下料门，相继关闭供料器电机。

②从观察门中看到压粒室无料时，关闭蒸汽阀门和调质器电机。

③从观察门内喂入油性饲料，使之填满压模模孔，以利下次启动，免于模孔堵塞。

④关闭主电机。

⑤主机停止后打开门盖，清除压粒室内积料；并清除磁铁上的杂质。

⑥冷却一段时间后，冷却器内无料时，从前往后依次停止冷却器风机和闭风机；再停止碎粒机和分级筛。

(三)制粒机的调整

制粒机主要有以下几个部位需进行调整。

1. 供料器喂入量的调整

供料器的喂入量是通过改变供料器的转速来调整。调整时,只需调节电磁调速电机(或变频器调整电动机转速)或无级调速减速器上控制器的调整按钮,就可获得不同转速(一般在10～120 r/min范围内),从而改变物料的喂入量。进料口端螺旋为变螺距结构,可防止待制粒仓中物料结拱;出料口端螺旋为双头结构,确保下料均匀。

值得提出的,在调整供料器转速的同时,应相应调整蒸汽流量,以保证物料有合适的温度和湿度,并保证主电机电流在额定值以下工作。

2. 调质器搅拌桨叶角度的调整

搅拌桨叶的安装角度影响到物料在调质器内的充满系数、输料速度和调质时间的长短。安装角度太大,调质时间短,影响调质效果;安装角度太小,易引起堵塞。因此,经过一段使用后,有必要检查1次。

调整步骤:抽出搅拌轴,松开桨叶的紧固螺母,用小锤轻轻敲击桨叶,使桨叶转变角度。增大或减小,拧紧紧固螺母后装上搅拌轴去试验,若不合适,再进行调整,直至调整好。

3. 模辊间隙的调整

模辊间隙调节步骤:打开门盖,卸下压模罩,清除模内表面和压辊外表面的积料和杂质。松开锁紧螺钉、止退螺母,拧动调节螺钉使调节齿轮转动,由于偏心的作用使模辊间隙得到调整。当调节齿轮偏转角度太大,调节有困难时,可用弹簧卡钳取下调节齿轮前的弹簧挡圈,再把调节齿轮取下转过若干个轮齿装好后再进行调整。模辊间隙一般在0.05～0.3 mm,调整时可用塞尺测量。有经验者可凭感觉:以模辊正好接触,无料时压模能带动压辊断续转动为宜。新模的间隙宜小些,间隙调整好后必须拧紧止退螺母和锁紧螺钉。

4. 切刀的调整

不同直径的颗粒应有不同的长度(一般颗粒长度为颗粒直径的1.5～2.5倍)。切刀调整时,应先松开锁紧螺母根据生产实际要求的颗粒长度调整切刀。切刀向外退出,颗粒变长,反之变短。但要注意;颗粒的长度不得小于3 mm,以免切刀调得太近碰到压模。若需要很短颗粒,要在一个挤压区安上两把切刀。

(四)制粒机的维护保养

制粒机的保养对设备的正确使用、延长其使用寿命及改善其性能有着重要意义。设备的技术保养分日常保养和定期保养。

1. 日常保养

①严格按润滑图规定向各润滑点加油,尤其是压辊,每班都要从主轴尾部油杯压入油脂(最好在运转时进行)。

②班前检查制粒机内各螺栓、螺钉和抱箍有无松动现象。

③开车前检查切刀与压模的间距(可从门盖上的观察孔内观察),保证不小于3 mm。

④班前检查有无漏油现象,有漏油时立即更换油封。班前检查保安磁铁,及时清理磁性杂质和积料。

⑤保持制粒机外表清洁。

⑥对于有机外润滑的大型制粒机，班前必须检查机外冷却润滑系。

2. 定期检查与保养

①每周检查一次各部件的连接部件有无松动。

②每周检查各行程安全开关是否动作可靠。

③每周清理一次喂料绞龙和调质器，如短期内不用也必须清理。

④主传动箱内和两只减速器内机油，在开始工作 500 h 后应更换新油，以后连续工作约半年(1 000 h)换油一次。夏季、冬季分别用 N46 号、N32 号机械油。

⑤绞龙轴、调质器内搅拌轴上的轴承，每半年拆下清洗保养一次。

⑥每半个月检查一次环模与传动轮连接键的磨损情况，以便及时更换。

⑦每半个月检查一次皮带传动型制粒机的主动传动皮带，可用专用皮带测力仪测查，更换皮带时应全部更换。

3. 环模的存放

①存放期超过 6 个月，必须清除模孔中的填充料，否则填充料会硬化，难以清除。

②环模存放于干燥、清洁处，避免因潮湿使模孔腐蚀，降低环模寿命和出料困难。

③如果在生产中需要卸下环模存放备用时，需将模孔中的物料压出，用含有非腐蚀油性且易于清除的原料(例如米糠或油性燕麦壳等)填入。

(五)制粒机的故障排除

按机械故障发生的部位主要有：

1. 调质器

①搅拌轴端部及减速器内轴承非正常损坏：其主要原因是不及时添加润滑油所致。因此，要做到定期给搅拌轴的轴承注油，检查减速器内机油液位，不足及时添加；轴承损坏应及时更换。

②搅拌轴桨叶紧固螺母松动、桨叶脱落或折断进入制粒室。导致压模、压辊损坏：要定期(一般 1 周)将搅拌轴卸下，清理缠绕轴上的麻绳，检查螺母是否松动，桨叶、螺杆是否断裂。

2. 压粒室

①压辊内轴承损坏：主要原因是润滑不良或装配不当，压辊内轴承每 2 h 加油 1 次(手泵每次压 1～2 次)。更换轴承装卸较紧时，不可用铁锤猛击，最好用铜锤或木槌，必要时可进行技术处理。

②紧固螺栓断裂与更换：25、32 型制粒机的传动轮与空轴连接螺栓、抱箍连接螺栓及 35、40 型制粒机传动轮与空轴连接螺栓、压模与传动轮连接螺栓，因承受较大负荷，并在高速运转状态下工作，螺栓易断裂。若发现某个螺栓断裂需要更换时，则该部位全部螺栓同时更换。

3. 轴承座的安全销断裂

安全销是起过载保护作用的。当进料过多或进入异物产生过载时，则安全销断裂，此时，原静止的主轴随空轴一起转动，同时触动行程开关，切断电源，从而起到过载保护作用。安全销断裂要用安全销配件配上，不能用其他螺栓代替。

4. 主传动箱

①紧固螺母和紧固螺栓断裂和损坏：有的制粒机的大齿轮是用(螺母)螺栓紧固在空轴上的，千万不能忽视大齿轮与空轴的紧固螺母和紧固螺栓的定期检查，否则易造成大事故。还应注意止退垫圈(或弹簧垫圈)每次拆装都应更换新的，并检查是否漏装。

②齿轮两端轴承损坏:主要原因是装配不当、润滑不良而造成的。制粒机出厂时一般主传动箱不加润滑机油,用户在安装完毕开机前不要忘记添加机油。主电机轴与齿轮轴连接的联轴器的同轴度不符合要求,易造成轴承过快损坏、轴承座孔严重磨损、联轴器上尼龙套损坏。故在主电机第一次拆卸时要注意电机底部有无垫片及垫片厚度、位置,装时复位,保证主电机与齿轮轴连接的联结器的同轴度。轴承损坏要及时更换。

制粒机常见故障与排除方法见表 8-10。

表 8-10 制粒机常见故障与排除方法

序号	故障现象	故障原因	排除方法
1	原料能正常进入压制室,但压不出粒	(1)模孔堵塞 (2)水分太多或太少 (3)模辊间隙太大 (4)喂料刮板损坏	(1)用钻头打通模孔 (2)调节蒸汽流量 (3)调整模辊间隙 (4)更换喂料刮板
2	无原料进入压制室	(1)存料斗结拱 (2)保安磁铁处堵塞 (3)绞龙内堵塞	(1)破拱 (2)清除异物,疏通堵塞 (3)抽出绞龙,疏通堵塞
3	安全销折断	压制室进入硬质异物	清除异物,更换安全销
4	主机启动不起	(1)压制室内积料未消除 (2)电路有毛病	(1)清除积料 (2)排除电路故障
5	噪声大	(1)主轴轴承太松 (2)轴承磨损而失效 (3)环模或压辊磨损严重	(1)收紧主轴尾部圆螺母或螺钉 (2)更换轴承 (3)更换环模或压辊
6	压辊跳动厉害	主轴轴承未收紧	主轴轴承收紧
7	主轴轴承未收紧	(1)水分不恰当 (2)原料配方有问题 (3)原料粉碎粗细度不合适 (4)颗粒太硬 (5)轴承的油封收得太紧 (6)电流未达到额定值	(1)调整蒸汽流量 (2)改变原料配方 (3)改善粉碎质量 (4)如不能变换配方,可更换环模,用模孔有效长度短的环模 (5)适当放松 (6)增大变速器转速,加大物料流量

引自庞声海,饶应昌．饲料加工机械使用与维修．北京:中国农业出版社,2000.9。

二、逆流式冷却器的操作与调整

1. 操作前检查

操作前做好常规电器设备和机械部分的检查工作。清理冷却器内残余物料。

2. 做好检查调整工作

(1)菱锥形散料器的调整　冷却器内上部的两个半菱锥形散料器的作用是将制粒机出来的颗粒料向四周散开,均匀分布。如果出现分布不均现象时,需要调整两个半菱锥形散料器之间的距离,调整好后拧紧固定螺丝。

(2)排料流量的调整 逆流式冷却器排料流量的调整能适应制粒机产量的变化。调整时只要调整曲柄滑块机构的曲柄长度,转动手轮调整曲柄长度,即可改变移动框与固定框之间的移动距离,从而改变冷却器的排料流量。

(3)冷却时间的调整 逆流式冷却器冷却时间的调整,能够适应季节变化和颗粒大小的变化。通过调整冷却器外观察门上的两个感应式料位开关位置,即可调整颗粒料在冷却器内冷却的时间。颗粒料层到达上料位开关时,启动排料电动机排料,料层下降到达下料位开关时,停止排料。

(4)停机时排料框位置的调整 停机时排料框位置的调整,能够使排料活动框和固定框重合不漏料。调整时只要调整传动机构内的行程开关位置即可。

3. 逆流式冷却器的操作

逆流式冷却器经检查调整后,先启动冷却风机,后开动进料闭风机(关风器)进料,料层高度达到上料位开关时,自动启动排料机构排料,当料层下降到下料位开关时,排料机构停止排料。冷却完毕后,先停止进料闭风机停止进料,后停止冷却风机,最后停机关闭电源清理冷却器。

4. 逆流式冷却器的故障与排除

逆流式冷却器的故障与排除方法见表 8-11。

表 8-11 逆流式冷却器的故障与排除方法

故障现象	故障原因	故障排除方法
排料电动机不能启动	1. 电路系统有问题 2. 电动机损坏 3. 上下料位器损坏	1. 检查并排除电路系统问题 2. 修理或更换电动机 3. 更换料位器
冷却器内颗粒料堆积不多	散料器损坏或没调好	调整或更换散料器
活动排料框往复运动不灵活	1. 轴承损坏 2. 滚轮损坏 3. 导轨损坏 4. 转动点润滑不良 5. 活动排料框与固定框相碰	1. 更换轴承 2. 更换滚轮 3. 更换导轨 4. 润滑各转动点或轴承 5. 调整两框之间的间隙

引自庞声海,饶应昌. 饲料加工机械使用与维修. 北京:中国农业出版社,2000.9。

三、碎粒机的操作与调整

1. 安装前检查

碎粒机一般与冷却器配套安装,安装在冷却器底部,安装前应进行全面检查。

2. 轧距的调节

要得到不同的粒度,就必须调节轧距。碎粒机的快辊轴承座固定安在两侧面,而慢辊轴安在外侧可摆动的轴承座上。调节轧距时,先松开锁紧手柄,转动调节手轮,带动调节螺杆使慢辊轴承座前后移动。即改变了轧距大小。轧距大小在指示牌上显示出或用塞规量出。调好后再用锁紧手柄锁紧。调节时一定要使两端的轧距大小一致。在此机构中压紧弹簧使慢辊保持适当的压紧力。

如有硬物进入破碎区时,能自动增大轧距,待其通过轧辊后,自动恢复原有轧距,以保护辊齿不受损坏。

3. 操作步骤

开车前认真检查各连接部位是否有松动现象；检查轧辊转动方向是否正确，转动是否灵活，不得有卡碰、摩擦等异常声响；调整轧距限位螺钉，保证两轧辊互不相碰；若颗粒料不需破碎，就将活门操纵杆推进，活门关闭，并由弹簧锁住，触动行程开关，机器停转，颗粒料从旁路流出。

4. 技术保养

①班前班后应做好必要的检查和清洁工作。

②各传动件应始终保证运动灵活，检查运转时是否有不正常的声音，一旦发现故障应及时排除。

③定期检查所有连接部位的紧固程度，发现松动应及时拧紧。

④每 3 个月对设备润滑 1 次。

⑤定期检查皮带传动情况，使三角带保持一定的张紧度。

⑥轧辊如已磨损应及时修复或更换。

5. 故障及其排除

碎粒机故障及排除方法见表 8-12。

表 8-12　碎粒机的故障及其排除

故障现象	故障原因	故障排除方法
出机颗粒大，破碎大小不匀，有未破现象	轧距过大，两轧距不平行，间隙大，漏料	调节轧距，调节轧距的平行度
粉末比例大	轧距过小，辊齿磨损过大，进机颗粒硬度低，黏结性差	调整轧距，调整轧辊的平行度
轧辊单边工作，进料偏置于一面，闷车	进料过于集中一处，进料过多，过猛	使进料均匀，减少进料

引自庞声海，饶应昌．饲料加工机械使用与维修．北京：中国农业出版社，2000.9。

四、分级筛的操作与调整

1. 开机前检查

分级筛一般安装在高处，开机前检查筛体的自由振动状态，开通各物料通道，检查各连接部件的紧固情况。

2. 分级筛的操作

根据生产颗粒料的种类不同，更换相应规格的筛网。筛面大孔在上层，小孔在下层。但每个筛框的小孔筛面为工作面，大孔筛网是托橡胶球的筛网，千万注意不能装反，否则会发生堵料现象。

开机程序为先开除尘风机，再启动振动机构，设备运动平稳后开始进料，逐渐增至额定工作流量。

停机程序为先断料，再关闭振动机构电源，并注意筛体通过共振区的状态，最后关闭除尘风机。

3. 分级筛的维护保养

①为使设备工作状态良好，应定期检查分级筛的除杂效率及设备的运动状态。每天要检查进料机构及筛面工作状态，为使筛孔通畅应经常清理筛面，使筛孔通畅率保持在80%以上；及时清理橡皮球，一旦磨损要及时更换，以保持足够的筛面自清能力。

②注意检查筛面、橡胶支撑块、吊杆等易损件的磨损状态，定期维护振动电机及振动机构的轴承、传动装置。

4. 故障及其排除

分级筛常见故障及其排除方法见表8-13。

表8-13 筛选设备故障及其排除方法

故障现象	故障原因	故障排除方法
筛体振动异常，产生不正常噪声	1. 振动电动机偏心块松动或块移位 2. 筛体焊接处开裂，连接螺栓松动 3. 橡胶减振器失效 4. 平衡块安装不当 5. 转轴发生弯曲 6. 轴承损坏	1. 调整偏心块 2. 补焊筛体、紧固螺栓 3. 更换减振器 4. 调整平衡块 5. 更换或校直转轴 6. 更换轴承
成品中有不合格颗粒	1. 筛网有破损 2. 筛框未顶紧或密封不严	1. 更换筛网、修补孔洞 2. 压紧筛框，检修密封毡带，填补漏洞
产量显著下降	1. 物料水分过高，堵孔严重 2. 筛孔大小不符合要求 3. 转速过低或皮带打滑 4. 喂入量不足	1. 调换低水分物料 2. 更换符合要求的筛网 3. 检查带轮，调整皮带张紧度 4. 增加喂入量
三角带发热	1. 三角带松紧不一致 2. 皮带轮槽磨损或表面过于粗糙	1. 调节三角带的张紧度 2. 检修带轮
轴承发热	1. 润滑脂过多或过少 2. 轴承损坏 3. 主轴弯曲或惯性力不平衡 4. 轴承外圈配合不紧 5. 三角带过紧 6. 长期超负荷	1. 按规定添加润滑脂 2. 更换轴承 3. 校直主轴调整平衡块 4. 拆换与轴承配合的零件 5. 调整三角带的张紧度 6. 减少喂料量
电动机转动无力	1. 电动机缺相 2. 电动机断路 3. 长期超负荷	1. 接通三相电 2. 检修电动机 3. 减轻电动机负荷
电动机启动困难	1. 电压过低 2. 导线过细 3. 保险丝熔断	1. 供电电源正常后再启动 2. 换适当规格导线 3. 换相应规格的保险丝

引自庞声海，饶应昌．饲料加工机械使用与维修．北京：中国农业出版社，2000.9。

任务 8-6 膨化与膨胀

一、膨化与膨胀加工的意义

(一)膨化与膨胀

膨化指饲料经调质、增压挤出及骤然降压,使其体积膨大,制成蓬松状的颗粒饲料。膨胀是饲料经调质、增压挤出及骤然降压,使其体积膨大,制成蓬松的规则颗粒。膨化与膨胀加工类似,其区别是膨化加工制成需要的颗粒,而膨胀加工制成不同膨胀率的粉状料或不规则颗粒。膨化加工适合于生产膨化颗粒饲料,而膨胀加工用于原料预处理。

(二)膨化与膨胀加工的意义

饲料经膨胀加工或膨化制粒后,具有以下优点:

1. 提高饲料消化率

饲料经膨化或膨胀加工后,消化率显著提高。据报道,谷物经膨化后,猪对饲料的消化率可提高 5%～15%,豆粕消化率可提高 2%～6%。鱼类饲料消化率可提高 10%～35%。一些低营养价值原料,经膨化或膨胀加工后,显著提高消化率,进而可充分利用饲料资源,降低配方成本。

2. 改善饲料适口性

饲料经膨化或膨胀加工后,适口性明显改善,采食量显著提高。

3. 消灭抗营养因子

饲料中对湿热敏感的抗营养因子经膨化或膨胀加工后被破坏,因而可改善动物生产性能。例如,大豆经膨胀加工制成全脂膨化大豆粉,可消灭大豆中抗营养因子,提高消化率。全脂膨化大豆粉被广泛应用于仔猪、肉鸡、狐貉等配合饲料生产。

4. 适合于水产动物摄食

制成疏松、多孔的漂浮颗粒饲料,适合上层鱼类摄食。避免了饲料浪费及水体污染。

5. 杀灭病原微生物

饲料经膨化或膨胀后,杀死致病微生物,降低动物消化道疾病发生率。

6. 提高液体吸收量

饲料经膨化加工后,形成疏松多孔的颗粒,有利于吸收更多液体,油脂添加量大的颗粒饲料,采用膨化加工更有利于提高颗粒饲料质量。

二、膨化与膨胀工艺

(一)膨化饲料加工工艺

1. 膨化工艺类型

根据膨化过程中添加蒸汽、水与否,膨化分为干法膨化与湿法膨化。

干法膨化:对原料加温、加压处理,不加蒸汽,但有时加水增加湿度。

湿法膨化：对原料加温、加压处理，加蒸汽调质。

2. 膨化条件

膨化加工通常条件为：原料粉碎粒度 1.40～0.6 mm(14～30 目)；原料水分含量 13%～20%；原料中有效淀粉含量 20%以上；膨化压力 3.0～10.5 MPa；物料在膨化腔内停留时间 10～30 s；温度 120～200℃。

3. 膨化颗粒饲料加工工艺流程

(1)常见工艺流程　膨化颗粒饲料加工工艺流程包括：调质、膨化、干燥、冷却、碎粒、分级、喷涂等环节(图 8-34)。

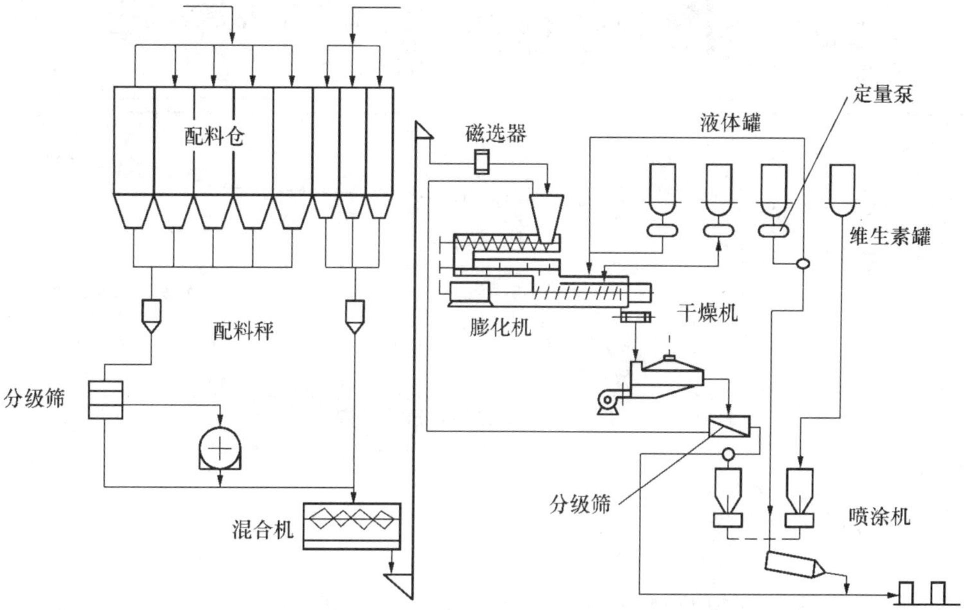

图 8-34　膨化饲料生产工艺流程

(2)浮性颗粒饲料加工　加工浮性饲料时，挤压膨化机的螺套和螺杆结构使得蒸汽和水的添加量高达干物质的 8%，如果水分添加量合适，膨化机的螺套结构正确，则挤出物到达模头时最终压力 3.4～3.7 MPa，温度为 125～138℃；含水量 25%～27%。挤出物穿过模头后的膨化产品密度为 320～400 g/L，含水量为 21%～24%(图 8-35)。

(3)沉性颗粒饲料加工　加工沉性饲料对膨化机的操作条件要进行调整，以适应生产密度高达 450～550 g/L 的饲料。混合物料进入膨化机前的含水量通常达到 20%～24%，水和蒸汽的流速一定要平衡，物料在调质器的出口处达到 70～90℃。挤出物的含水量达到 28%～30%。

生产活性水产饲料，膨化机模头处的压力通常在 2.6～3.0 MPa，挤出物含水量 28%～30%，挤出的密度在 450～550 g/L，温度在 120℃，水分 26%。

膨化机使用带放气口的模头，干挤压机使用二次挤压模头，这样可以降低挤压物的温度、水分和膨化度，才能制成沉淀饲料。沉性水产饲料应含 10%的淀粉和不高于 12%的脂肪，最终产品应干燥到含水 10%～12%，过度干燥会使沉性饲料上浮(图 8-36)。

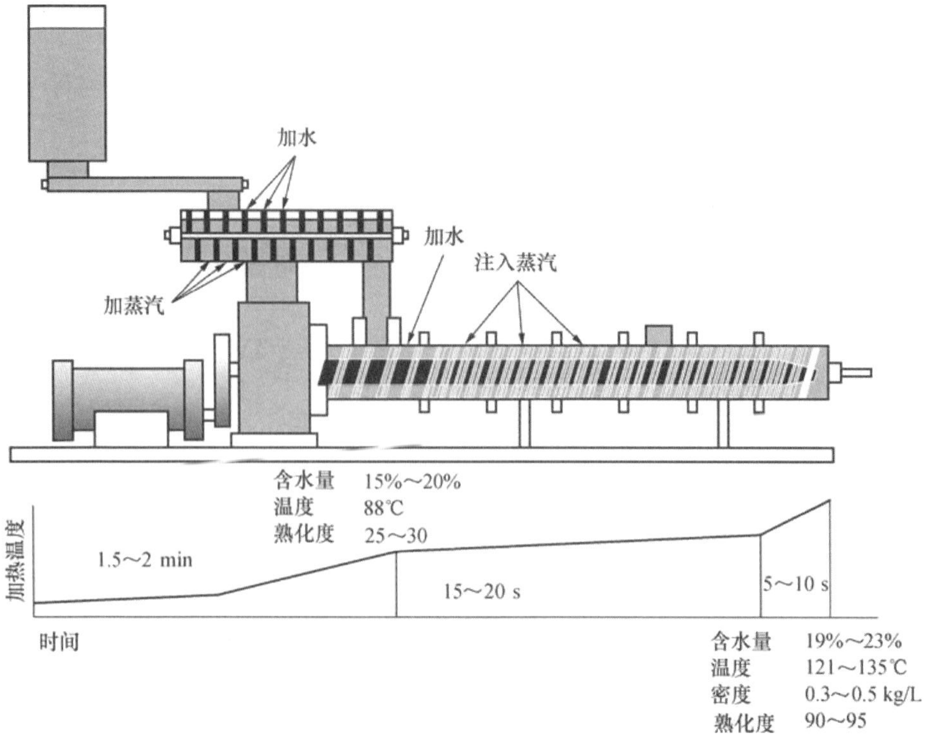

图 8-35 高浮性水产膨化饲料挤压机内温度变化

(引自 Robert R. McEllhiney,沈再春等校译. 北京:中国农业出版社,1996)

(二)膨胀饲料加工工艺

1. 膨胀器工作原理

膨胀器有一副螺杆和螺套,具有混合和揉搓的功能,在螺套的外壳口装有蒸汽喷射阀和油脂喷射阀,用于添加蒸汽和油脂,其出料口的开度由液压系统驱动的滑阀机构来任意调节。经调质后的物料温度应控制在 70～90℃ ,水分应控制在 17%～21%,喂入膨胀器后,物料在螺杆螺套之间受挤压、摩擦、剪切等作用,其内部压力不断升高,最大达 4 MPa,温度不断上升,最高可达 140℃。在 3～7 s 的时间内温度和压力的急剧升高,物料的组织结构发生变化,使淀粉进一步糊化,蛋白质变性,粗纤维破坏,杀死沙门菌等有害菌。高温高压物料从出料口出来,其压力在瞬间突然释放,水分发生部分闪蒸,冷却后物料呈疏松多孔的结构,膨胀后的物料呈团状、絮状或粗屑状。

2. 膨胀工艺流程

膨胀粉状配合饲料:原料进行膨胀加工,冷却后粉碎,经配料、混合后加工粉状配合饲料。

膨胀颗粒饲料、膨胀粗屑料、膨胀颗粒饲料加工组合工艺流程见图 8-37。

其中 A 路线加工普通颗粒饲料,B 路线加工膨胀粗屑料,C 路线加工膨胀颗粒饲料。

三、膨化与膨胀主要设备

(一)挤压膨化设备

挤压膨化设备可以膨化加工单一原料也可膨化加工全价配合饲料。挤压膨化设备按螺杆

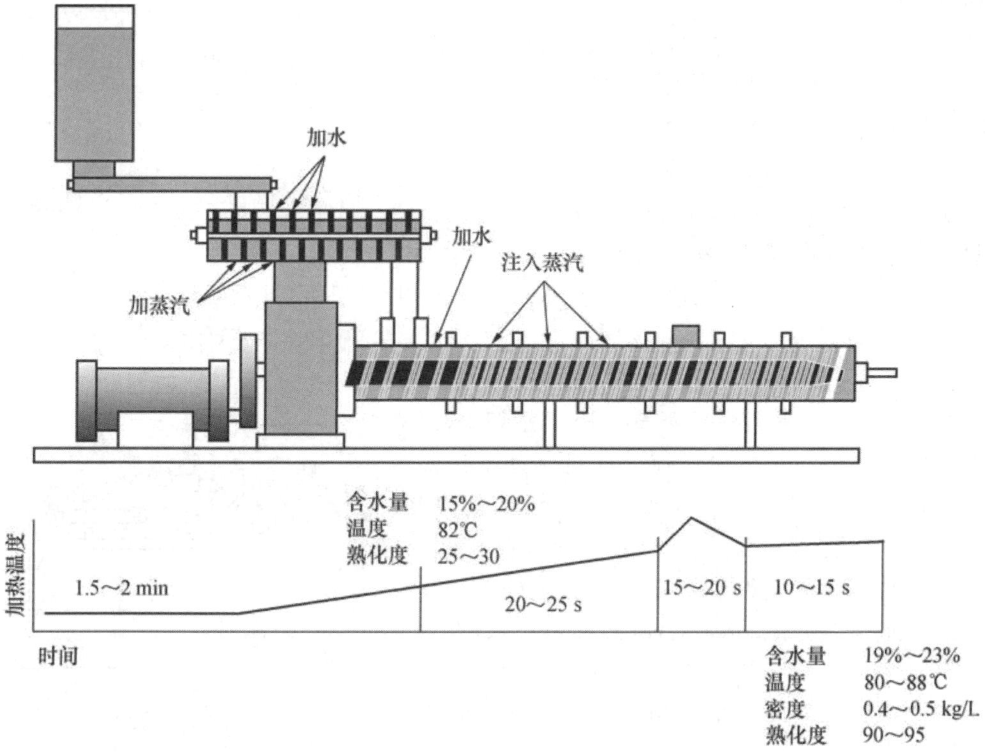

图 8-36　沉性水产膨化饲料挤压机内温度变化

（引自 Robert R. McEllhiney，沈再春等校译．北京：中国农业出版社，1996）

的结构可分为单螺杆和双螺杆两种。单螺杆结构较简单，双螺杆虽然结构较复杂，但能生产黏稠状物料，且出料稳定受供料波动的影响较小；按调质方法可分为湿法膨化机和干法膨化机两种。湿法膨化机在调质时需加蒸汽，来增加物料的湿度和温度；干法膨化机在调质时则不加蒸汽，但有时加些水使物料增湿。目前常用的是单螺杆挤压膨化机和双螺杆挤压膨化机。有些水产饲料压制颗粒饲料前为了提高饲料的熟化度，要将饲料用膨胀器进行膨胀调质处理。

1. 单螺杆挤压膨化机

单螺杆膨化机的结构见图 8-38 至图 8-40，主要由进料斗、喂料器、调质器、膨化机构、模板、切刀装置和传动机构等组成。

(1)膨化机的构造　喂料器是为保证均匀稳定喂料，并根据挤压电动机的额定电流值调整喂料量。一般用电磁调速电动机或变频器进行调速，改变喂料器的喂料量。进料斗的出口常用螺旋绞龙向挤压膨化段喂料，还设有液态饲料组分的添加系统。

调质器与制粒机的调质器作用、结构基本相同，只是调质后的水分较多，为 20%～30%。

膨化机构见图 8-41，由螺杆、螺套、模板、抱箍等组成。螺杆、螺套都是分段组合的，可以根据膨化饲料的种类和要求调整压缩程度，改变膨化饲料的膨化度。

膨化机构按作用和位置在长度上分三段：

喂料段。此段螺杆为单头螺纹做成，螺距较大，占螺杆总长的 10%～25%。主要将调质好的物料进行输送并压缩，使物料充满螺旋槽内。

压缩段。此段螺杆为等径双头螺纹，约占螺杆总长的 50%。螺槽沿物料推移方向由深变浅，对物料进行压缩。

挤出段。为双头等径螺纹，螺槽更浅，螺距逐渐变小，约占螺杆总长的15%～30%。挤压力可达3.0～10 MPa，温度能达到120～170℃，此段压力最大、温度最高，所以螺杆、螺套的磨损也最严重。

挤出段的出口为模板，模板的形状根据不同饲料的需要设计而成不同的模孔，物料从模板的模孔中挤出，进入大气，压力和温度骤降，使其体积迅速膨胀，水分快速蒸发脱水凝固就成了膨化料，物料膨化后体积增大9～13倍。

切刀装置。一般贴紧模板面安装1～4把切刀，刀片的刃口要锋利。切刀由电磁调速电动机驱动工作或用变频器调速，转速通常为500～600 r/min，传动装置安装在可移动的支架上。

主轴传动装置。主传动装置由主电动机通过几根三角带驱动主轴皮带轮，带动主轴（螺杆）转动。大功率主轴的转速为450～550 r/min，小功率在400 r/min以下。目前国产的挤压膨化机有用变频调速器控制主电动机的转速。

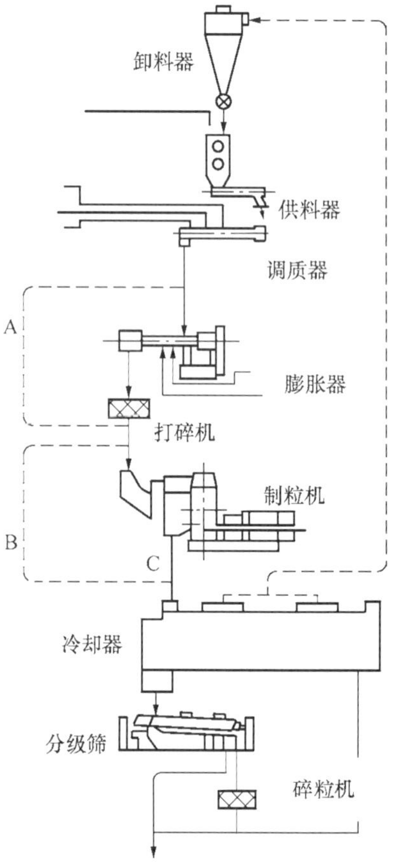

图 8-37 膨胀器组合工艺流程

（引自庞声海，郝波．饲料加工设备与技术．北京：科学技术文献出版社，2001）

（2）挤压膨化机的工作原理　含有一定比例淀粉（20%以上）的粉粒状原料由供料器均匀地送入调质器（干法膨化不经蒸汽调质），在调质器内进行加温和加湿，经搅拌混合使物料各组分的温度、湿度均匀一致。调质后的物料送入螺杆挤压腔内，挤压腔的空间容积沿物料前进方向逐渐变小，物料所受到的挤压力逐渐增大。同时，物料在挤压腔内的移动过程中还伴随着强烈地剪切、揉搓与摩擦作用。有时，根据需要还可通过机筒夹套内流过的蒸汽对物料进行间接加热，这样共同作用的结果，使物料温度急剧升高（110～120℃），物料中的淀粉随之糊化。整个物料变成熔化的塑性胶状体。到物料从挤出模孔排出的瞬间，压强骤然降至0.1 MPa（1个大气压），水分迅速变成蒸汽而增大体积，使物料体积亦迅速膨胀，水蒸气进一步蒸发逸散而使物料含水量降低（一般降低50%左右），同时温度也很快下降。物料随即凝结，并使凝结的胶体物料中呈许多微孔。连续挤出的柱状或片状膨化产品经旋转切刀切断后进行冷却，有时还需进行干燥和喷涂添加剂（如油脂、维生素等）等后处理工序。

2．双螺杆挤压膨化机

近几年，在膨化颗粒饲料和食品加工中，双螺杆挤压膨化机的使用日益增多。

双螺杆挤压膨化机与单螺杆挤压膨化机的膨化原理基本相同，区别在于膨化时所需要的热量不只是靠挤压物料产生的"应变热"（机械热），还需设有专门的外部加热控温装置，螺杆的作用主要是推进物料。由于螺杆的啮合方式不同，双螺杆膨化机的两个螺杆多用同向旋转啮合式。这种类型的膨化机在工作时，一个螺杆的螺纹与相邻螺杆的流槽存在着相互作用，因而螺筒壁不需提供物料的防转机构，对物料有良好的混合效果，有较高的单机生产能力及螺杆表

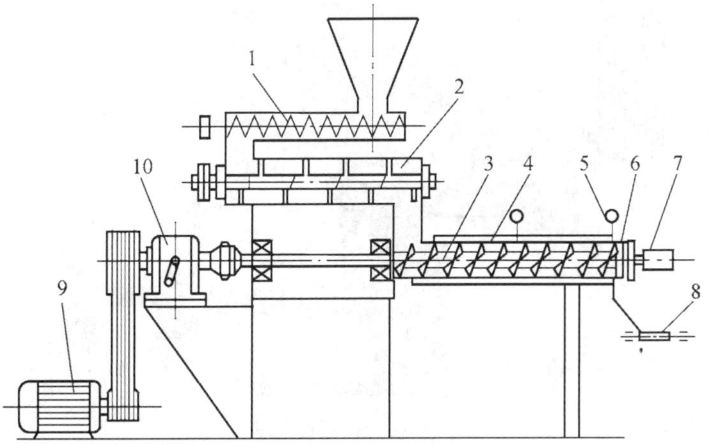

图 8-38 单螺杆挤压膨化机的结构

1. 螺旋喂料器 2. 调质搅拌器 3. 挤压螺杆 4. 挤压螺筒
5. 压力表或温度表 6. 成型模板 7. 切刀装置
8. 输送带 9. 电动机 10. 减速机

图 8-39 单螺杆挤压膨化机外形图

1. 贮料筒 2. 调质器 3. 电动机 4. 吊梁导轨
5. 蒸汽进口 6. 切碎机构

面自清的能力。工作中物料被相互啮合的螺杆齿廓分隔成一些小腔室，各个小室的物料在螺杆的推动下均匀地被向前移动，也使得各小腔内的物料温度和所受的剪切力比较容易控制。

双螺杆挤压膨化机的螺杆和螺套为分段结构，可以根据水生动物和宠物的饲料对调质的要求，增减挤压螺套长度，以改变被挤压的物料在机器内停留的时间，通常要求挤压螺杆长度与其直径之比的范围为(10～20)∶1。特别是膨化全脂大豆效果更好。

双螺杆挤压膨化机的构造比较复杂，机械加工的精度要求较高，这种机型的设备投资比较大，但可在产品的效益中得到补偿。目前国产的双螺杆挤压膨化机价格与进口的单螺杆挤压膨化机价格相差不多。

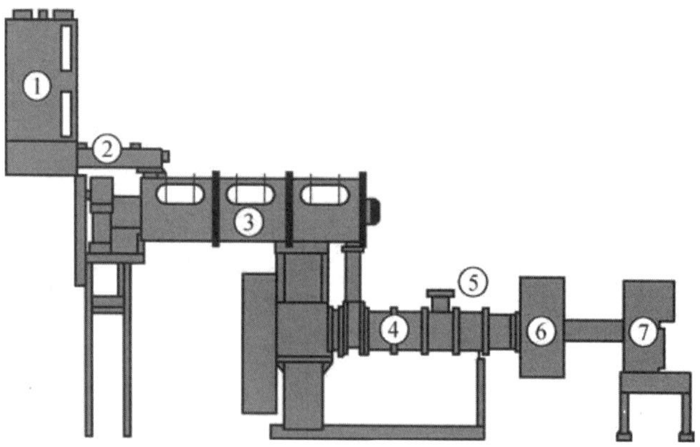

图 8-40 挤压膨化机

1. 贮料筒 2. 喂料器 3. 调质器 4. 喂入挤压段
5. 挤压膨化段 6. 切碎机构 7. 调速电动机

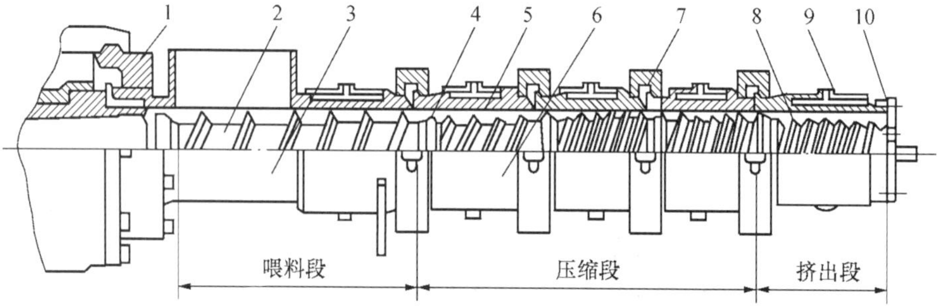

图 8-41 膨化机构

1. 传动箱 2. 喂料螺杆 3. 喂料螺套 4. 阻力圈 5. 压缩螺杆
6. 压缩螺套 7. 抱箍 8. 挤出螺杆 9. 挤出螺套 10. 模板

3. 膨化产品的后熟化

在膨化生产过程中，物料在膨化前要根据不同的饲喂对象进行良好的调质，也就是加入不同量的饱和水蒸气，使物料达到一定的温度和湿度(含水量)，物料含水量的多少直接影响着物料的膨化程度和沉浮性能，经过螺杆的高温高压作用，可使物料变成熔融状。刚膨化出的产品水分在22%～28%，温度在80～135℃，这种高温高湿的产品较软，不便贮存和运输。为提高其硬度和糊化度，必须对膨化产品进行后熟化处理，即干燥和冷却。

膨化产品通常采用连续输送式干燥机进行干燥处理，这种机器的结构见图8-42。

工作时，高温高湿的物料进入干燥机，被均匀地散布在移动着的输送器上，膨化机的生产能力和输送带的线速度决定了料层的厚度。热空气的温度范围为100～200℃，通常以1 m/s的速度穿过物料的料层。干燥过程与时间和温度有关，因此，干燥机提供有效的干燥面积决定着所需要的空气温度，为增加干燥面积，常把干燥器做成多层结构。

膨化产品经干燥后，水分降低了，但温度较高，还需降温、冷却。常把干燥机和冷却器设计成一体，即干燥冷却器。把多通道的干燥机上部做干燥，下部为冷却。膨化产品采用吸风的方法，借助周围的空气来冷却降温和干燥。

使用干燥冷却机时，应注意以下问题：

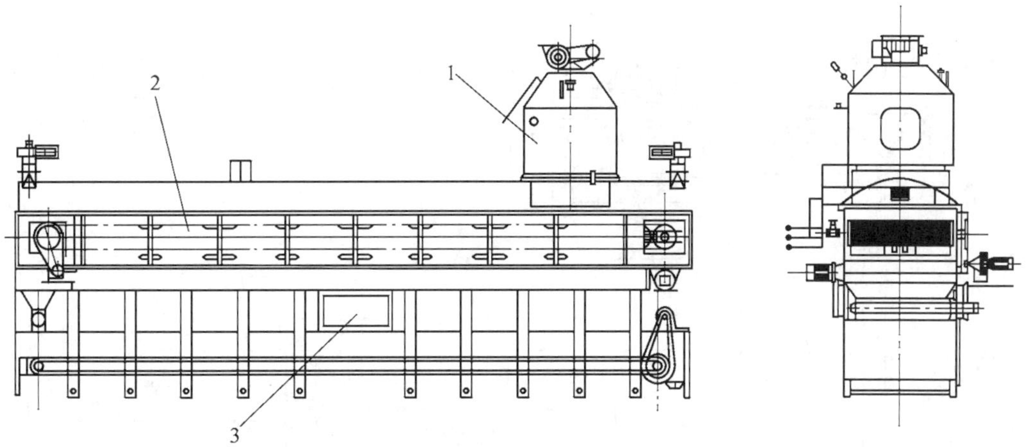

图 8-42　后熟化干燥冷却器

1. 熟化部分　2. 干燥部分　3. 冷却部分

①刚膨化出的物料，若淀粉含量较高时，不应堆得太厚，以减少变形和结块。

②为促进干燥，打破团块，物料在干燥过程中应翻转和搅动。

③为迅速、有效、均匀地干燥，气流应相对较快且均匀地通过物料。

（二）膨胀器

膨胀器的结构与膨化机的结构很相似，其不同之处在于膨胀器的出料口开度可在一定范围内任意调节，使螺杆对物料的挤压力在一定范围内调整。因而可根据需要生产各种膨化率不同的膨胀料，也可以直接生产膨胀粗屑料。

膨胀料对饲料选择范围广，可利用廉价的原料，降低生产成本。生产膨胀颗粒料时，可提高环模制粒机的效率，增加制粒机的产量，降低制粒机的电耗，并能适用多种配方的制粒。

膨胀器由喂料器、调质器、螺杆螺套总成、环形隙口出料机构、传动机构和油脂添加系统组成（图 8-43）。

喂料器、调质器与膨化机相同。螺杆螺套总成见图 8-44。

膨胀器有一副螺杆和螺套，具有混合和揉搓的功能，在螺套的外壳口装有蒸汽喷射口和油脂喷射口，用于添加蒸汽和油脂。出料口的开度由液压系统的滑阀机构来任意调节。经调质后的物料温度应控制在 70～90℃，水分在 17%～21%，进入膨胀器后，物料在螺杆螺套之间受挤压、摩擦、剪切等作用，其内部温度和压力不断升高，最大到 4 MPa，温度最高到 140℃。在 3～7 s 的时间内，温度和压力急剧升高，物料的组织结构发生变化，使淀粉进一步糊化，蛋白质变性，粗纤维被破坏，杀死沙门氏杆菌等有害菌。高温高压物料从出料口出来，其压力瞬间释放，水分发生部分闪蒸，冷却后物料呈疏松多孔结构，膨胀后的物料呈团状、絮状或粗屑状。

环形隙口出料机构设置在机座前端接分料盘，机座外圈上装有滑阀机构，滑阀机构后端连接出料开度显示装置与滑阀机构和液压系统，出料机构的开度可根据需要通过液压系统和出料开度显示装置驱动滑阀机构进行大小调节和定位。

（三）挤压膨化机的操作

①挤压膨化机结构较复杂，操作较困难，要求技术水平高。操作人员首先要认真熟悉设备

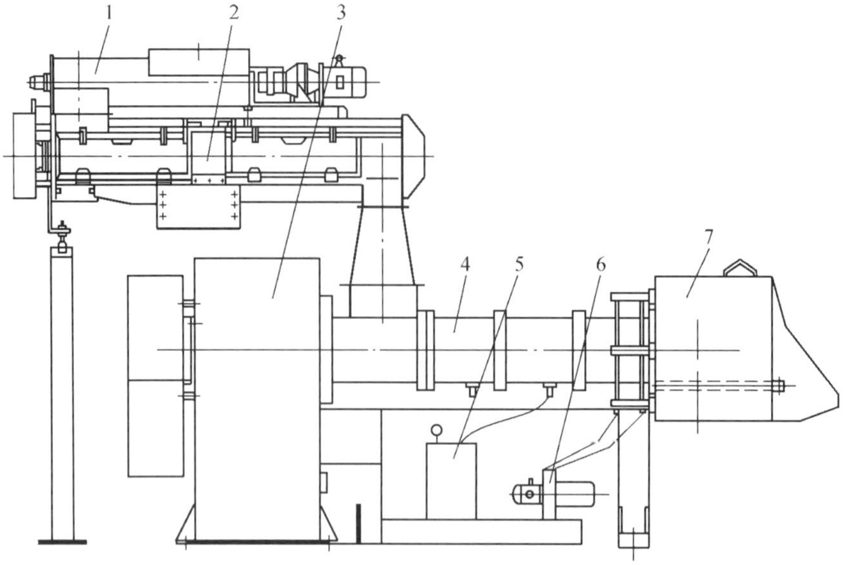

图 8-43 膨胀器的结构图

1. 喂料器 2. 调质器 3. 主传动箱 4. 螺杆螺套总成

5. 油脂添加系统 6. 液压泵 7. 环形隙口出料机构

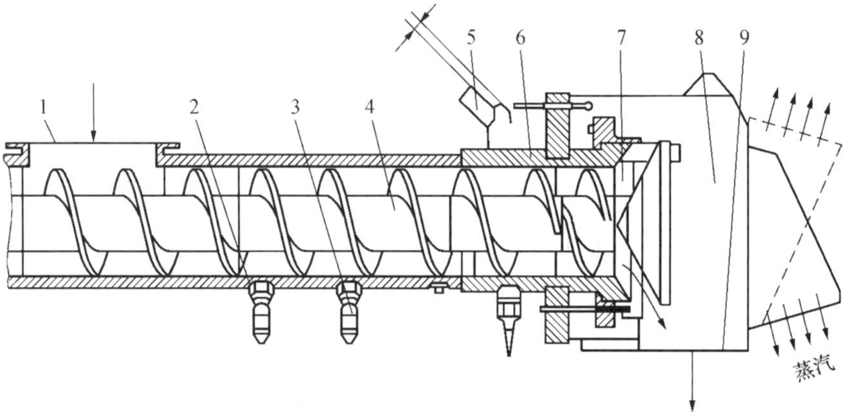

图 8-44 螺杆螺套总成

1. 进料口 2. 蒸汽添加口 3. 油脂添加口 4. 螺杆 5,7. 环形隙口

调节系统 6. 螺套 8. 卸料箱 9. 出料口

使用说明书，充分了解其结构、性能、工作原理、操作程序、安全技术及常规检查、调整和技术维护。

②操作人员必须了解所需加工的产品和配方，根据产品要求配方中各种成分理化特性来调整、操作膨化机，确定适合的挤压膨化温度、水分、进蒸汽量等参数，并进行记录，以便不断总结经验。工作中控制好进汽量或进水量，控制好物料的含水量是至关重要的一项。

③膨化机在生产过程中，决不能超过主电机的最大负荷，为了安全起见，一般控制负荷在90%左右，在电路中应当有自锁和保护功能，一旦主电机超载就要停止喂料电机。

④当膨化机严重阻塞时，应将膨化机套筒抱箍拆下进行疏通，拆卸过程中要注意安全。定

位销损坏应及时更换，重新安装时，应检查一下装配面是否有杂质、有无损伤。

⑤膨化机出料处温度过高时，应加冷却水冷却。

⑥做好设备的润滑工作，正确选用合格的润滑油脂。

(四)膨化机常见故障及其排除

膨化机常见故障、故障原因及排除办法见表8-14。

表8-14 膨化机常见故障及其排除

序号	故障现象	故障原因	排除方法
1	加工大豆时膨化腔不出料	出料螺塞与主轴紧固螺栓锥面距离太小	将螺塞与紧固螺栓锥面贴紧后松4～5圈
2	加工大豆时，豆粉太粗或有较多整粒、半粒大豆	1. 出料腔螺塞与紧固螺栓锥面距离太大 2. 出料腔螺塞孔径太大	1. 将螺塞与紧固螺栓锥面贴紧后松4～5圈 2. 换上孔径较小的螺塞
3	1. 加工粉料堵塞不出料 2. 出糊状稀料	1. 供水压力及给水量太小 2. 供水压力及给水量太大	调整流量并保证水压0.35 MPa左右
4	膨化大豆颗粒大，膨化粉料温度低，效果不佳	1. 压力环磨损严重或摩擦环损坏 2. 螺头磨损	1. 更换压力环或摩擦环 2. 螺头掉头使用或更换
5	正常工作后突然不出料	出料孔被金属杂质堵塞	停机清除模孔中的金属杂质
6	膨化颗粒大小不均	模孔大小不均	配置适当尺寸的模孔
7	膨化颗粒长短不一	切割速度太高或太低	调整切割速度
8	加工大豆时，豆粉从进口反喷	进料过快、过多或出料不畅、堵塞	控制好进料速度，将出料螺塞按加工大豆时膨化腔出料口不出料的排除方法调节

引自庞声海，饶应昌. 饲料加工机械使用与维修. 北京：中国农业出版社，2000.9。

【岗位操作任务】

岗位操作任务8-1 饲料制粒机的观察与使用

一、目的要求

了解制粒机组的构造、特点并初步掌握其使用方法，能根据饲料加工工艺的需要合理选择不同类型的制粒机。

二、材料与仪器设备

制粒机组一套、工具、仪表、全价饲料等。

三、内容与方法步骤

①观察制粒机组的构造并讲解其特点。

②观察供料器的构造并讲解其调速方法和注意事项。

③观察调质器的构造并讲解其使用方法和注意事项。

④观察压粒机的构造并讲解其使用方法和注意事项。

⑤观察冷却器的构造并讲解其使用方法和注意事项。

⑥观察碎粒机的构造并讲解其使用方法和注意事项。

⑦观察分级筛的构造并讲解其使用方法和注意事项。

⑧按从后到前的顺序分别起动各台机械设备,注意观察其运转情况,一切正常后开始加料、加蒸汽,经检查调质情况后进入压粒机压粒,根据压粒机的电动机电流情况调整供料器和蒸汽量,压出的颗粒经冷却器冷却后到碎粒机,然后经斗式提升机送到分级筛,合格的颗粒进入成品仓,过大的颗粒返回碎粒机重新碎粒,细粉返回待制粒仓重新制粒。

四、实验报告

写出观察到制粒机的构造,分析总结其特点,初步掌握其使用方法及注意事项。

五、分析与讨论

根据实际观察到的制粒机组情况进行分析与讨论。

岗位操作任务8-2　制粒工序操作

一、目的要求

通过制粒机组的操作,熟悉制粒机组的机械设备配置、工艺流程,初步掌握制粒机组的操作方法。

二、材料与仪器设备

制粒机组一套、工具、仪表,饲料等。

三、内容与方法步骤

1. 操作要求

①操作者必须经过专业培训,了解制粒系统机械设备的组成、功能,了解各机械设备的结构、技术性能参数和操作方法。

②机器启动前要做好检查工作。检查各连接部分的紧固情况,不得有松动现象。检查电器设备是否完好。

③制粒前要清楚需要制粒的饲料种类、技术要求、工艺流程、需要生产的数量,检查或更换相应孔径的环模,并调好环模与压辊的间隙。

④按工艺流程和操作顺序启动各台机械设备,检查蒸汽的压力(0.2～0.4 MPa)和温度(130～150℃)情况,安全阀每年要检验一次。调质器和蒸汽管道温度较高,操作人员工作中要注意避免烫伤。

⑤开机时先开后续机械设备,再开主电动机,而后开调质电动机和供料器电动机。关机时先停供料器电动机,后停调质电动机,最后停主电动机。停机后要及时清理制粒室内积存的饲料和磁性金属杂质。

⑥操作者应穿紧身工作服，系好袖口，戴防护帽和口罩，操作时精力集中。生产中随时注意各台机械设备的运转情况，及时进行调控和处理，保证正常生产，避免发生机械和人身伤亡事故。

2. 制粒机组的操作

开机时应注意开机顺序，其顺序应是从后往前、从下往上按顺序启动各台设备。

①调整好蒸汽压力，放掉蒸汽管道中的冷凝水。

②从后往前开通成品管路通道，开动分级筛，开动碎粒机，开动冷却器风机和闭风机。

③启动压粒机主电机，再开动调质器电机，最后开动供料器电机，并将供料器调至最低转速。

④打开下料门，同时打开蒸汽阀门，压制出颗粒料后，将供料器转速和蒸汽加入量逐渐调至合适的程度。调整切刀，使颗粒长度适宜。

⑤工作正常后，应随时观察主机电流表，及时调整进料量和进汽量；并随时打开喂料斜槽的观察门观察，如有较大铁杂质吸附在磁铁上，应及时取出，严防铁杂质进入压粒室。

3. 生产结束后停机

当生产结束需进行停机时，也应注意停机的顺序，其顺序恰与开车顺序相反，即从上往下、从前往后。其步骤如下：

①从上往下关闭下料门，相继关闭供料器电机。

②从观察门中看到压粒室无料时，关闭蒸汽阀门和调质器电机。

③从观察门内喂入油性饲料，使之填满压模模孔，以利下次启动，避免模孔堵塞。

④关闭主电机。主机停止后打开门盖，清除压粒室内积料；并清除磁铁上的杂质。

⑤冷却一段时间后，冷却器内无料时，从前往后依次停止冷却器风机和闭风机；再停止碎粒机和分级筛。

四、实验报告

根据观察到的内容总结出制粒机组的操作方法、注意事项。

五、分析与讨论

对加工出的颗粒饲料质量进行分析讨论，并总结经验。

岗位操作任务 8-3　制粒性能测定

一、目的要求

通过制粒性能测定，掌握制粒机制粒性能测定的方法，为确定制粒工艺参数提供依据。

二、材料与仪器设备

环模式制粒机组一套、秒表一块、工具一套、隧道式电烘箱一台、药物天平一台、样品筛一套、谷物硬度计一个、粉化率测定仪一台、混合后的饲料等。

三、内容与方法步骤

制粒性能测定项目有颗粒成形率的测定、颗粒硬度测定、颗粒饲料水中稳定性的测定、颗粒饲料粉化率的测定四项。

1. 颗粒成形率的测定

颗粒成形率采用抽样测定，三次抽取其平均值。测定时要进行烘干处理，然后冷却到室温。

制粒机运转正常时开始测定，在第5、15、25 min分别抽取1.5 kg颗粒饲料。将颗粒饲料放入隧道式电烘箱烘干0.5 h、95℃后取出冷却到室温。称取冷却后的颗粒饲料1 kg，将颗粒进行筛分(筛孔边长为颗粒直径的80%)，筛上颗粒的质量与1 kg颗粒饲料的质量之比即为颗粒成型率。将3次测定的颗粒成形率取其平均值即为颗粒成形率。

2. 颗粒硬度测定

颗粒硬度是以冷却后的颗粒中挑出表面质量完好的颗粒(长度为直径的1.5～2.0倍)，分别用硬度计测定其破坏压力，用平均值和标准差来表示颗粒硬度。

将冷却到室温的颗粒饲料取30～100粒，挑出表面完好的颗粒20粒放入硬度计的托盘中。用手轮旋转螺杆，使上活塞往下对机油加压，通过下活塞的压头对颗粒加压，由压力表指示出压力值，当颗粒被压破时指针迅速回零，副指针则留在原处，所指读数即为被压颗粒的破坏压力值P1。重复上述过程，分别测出其余颗粒的破坏压力值P2、P3…P20，然后计算出平均值。

3. 颗粒饲料水中稳定性的测定

颗粒饲料水中稳定性采用抽样测定，用规定数量的颗粒(含水率13%)全部溶化所需时间来表示。

烘干颗粒到预定水分(含水率13%)，取出完整颗粒100粒，放在8目筛片上，将筛片放于清水中，筛片沉于水面3 cm以下。颗粒浸于清水中开始计时，每隔3 min摆动液面1次。摆动方法是在量杯上2 cm处画出标志，用手将量杯左右倾斜摆动10 s。直到颗粒全部溶化后从筛孔中漏下(每个颗粒溶化1/2以上即算溶化)，记录总时间，即为颗粒饲料水中稳定性时间。反复上述过程3次，取其平均值即为颗粒饲料水中稳定性时间。

4. 颗粒饲料粉化率的测定

颗粒饲料粉化率过高，在贮运中易破碎、分离，造成营养损失；粉化率过低，动物消化困难，增加能耗和成本，降低颗粒产量。颗粒饲料粉化率采用颗粒饲料粉化率测定仪测定。

①在颗粒冷却后应立即进行，在粉化率测定仪的每只箱内放入500 g样品，用50 r/min的转速旋转10 min。

②用比颗粒直径小的金属丝编织的筛网筛分样品，以确定颗粒和粉末的质量。

③粉化率测定公式如下：

$$\text{粉化率}=\frac{\text{筛分后颗粒质量}}{\text{样品颗粒质量}}\times 100\%$$

四、实验报告

根据实际测定的内容写出实验报告。

五、分析与讨论

根据实际测定结果进行分析，对测定结果进行评判。对制粒参数进行讨论。

【知识拓展】

除本项目介绍的饲料成型加工的工艺与设备之外，通过各种信息渠道了解国内外最新的有关饲料制粒与膨化等方面的科技成果，便于在饲料生产中应用。

职业能力和职业资格测试

1. 解释下列名词：调质、碎粒、分级、冷却。
2. 颗粒饲料加工质量指标有哪些？
3. 影响颗粒饲料质量的因素有哪些？
4. 如何保证颗粒饲料质量？
5. 画出普通颗粒饲料制粒工艺流程图。
6. 制粒机械设备由哪些机械设备组成？各有什么作用？
7. 制粒机由哪些部分组成？各有什么作用？
8. 立式逆流冷却器有几种类型？各有什么特点？
9. 分级筛有几种类型？各有什么特点？
10. 喷涂设备有几种类型？各有什么特点？
11. 简述制粒机械设备的操作顺序？
12. 挤压膨化机有几种类型？膨化机与膨胀器有什么不同？

项目9　饲料包装与贮藏

【项目设置描述】

饲料包装可以保证饲料的品质和安全，使用户使用方便。同时还可突出饲料产品的外表、标志和品牌，提高饲料产品的商品价值。本项目主要介绍了饲料包装工艺、设备及成品贮藏的要求。

【学习目标】

1. 了解饲料包装工艺及成品贮藏要求，掌握成品贮藏技术。
2. 了解常用的包装设备的结构及原理。
3. 掌握包装工艺及包装设备的使用维修技术。

任务9-1　包装工艺

一、包装工艺分类

包装工艺可分人工包装和自动包装两种。一般生产粉状（全价）配合饲料的生产厂，采用自动包装可提高生产率，降低成本。浓缩饲料包装规格多样，采用自动包装和人工包装都比较普遍。由于添加剂预混料采用大规模生产设备的少，进而采用人工包装的较多。

二、包装工艺流程

配合饲料包装工艺流程如下：料仓接口→自动定量秤定量→人工套装→气动夹袋→放料→入口引袋→缝口→割线→输送。

任务9-2　包装设备

一、包装秤

（一）机械定量包装秤

1. 结构

机械定量包装秤由机体、给料系统、杠杆系统、称量斗、打包筒、电磁计数器、电器和气动控制等组成(图 9-1)。主要性能:称量范围 25～100 kg,称量速度 100～250 包/h,称量精度静态 1‰,动态 3‰。

(1)供料器　采用螺旋或皮带输送供料,并配摆线针轮减速器。

(2)喂料斗及喂料门　由喂料斗、大小喂料门、汽缸等组成。它是利用称料斗放料时间接收供料器(螺旋或皮带)输送来的物料进行贮存,是每次称量的中间环节。当大小喂料门同时开时,物料迅速落入称料斗。里门开着两个直径 40 mm 的孔,用作流料。在门旋转轴上装有添松机构,以防散落性差的物料结拱(图 9-2)。

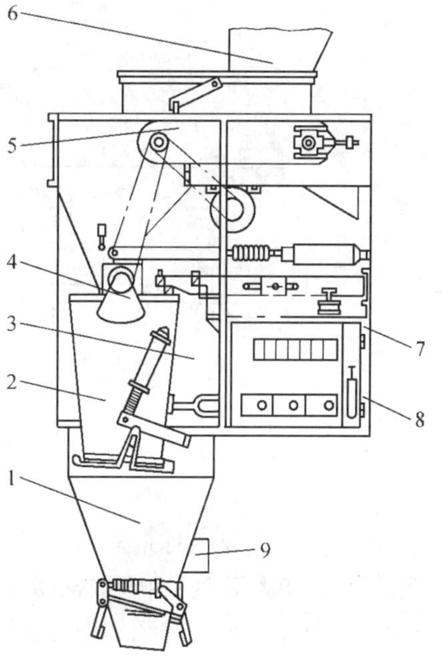

图 9-1　定量包装秤

1. 打包筒　2. 称量斗　3. 杠杆系统　4. 喂料斗及门　5. 给料系统　6. 贮料斗　7. 电器控制　8. 气动控制　9. 电磁计数器

(3)杠杆系统　由接近开关、砝码、阻尼器、游砣、标尺、两根平行横梁组成的框架、十字簧片等组成。如图 9-3 所示。其基本原理是杠杆天平比臂关系与阻力天平应力和应变关系的有机组合,秤斗的物料重量通过这两者关系,接近开关控制得以称量。杠杆系统采用 1∶5 的杠杆臂比,用十字簧片结构代替代常规衡器采用的刀子刀承结构,灵敏稳定,阻尼器使称重动作平稳;横梁上刻有分度,用来调节相应误差,可进行无级调节;游砣用于平衡空间料柱重量,抵消系统误差。

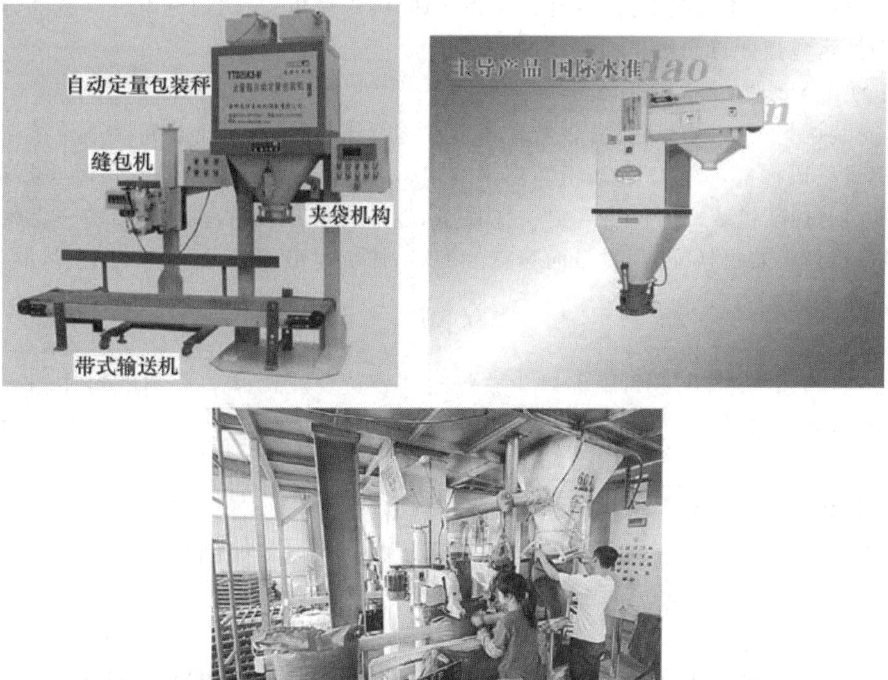

图 9-2　定量包装秤实例图

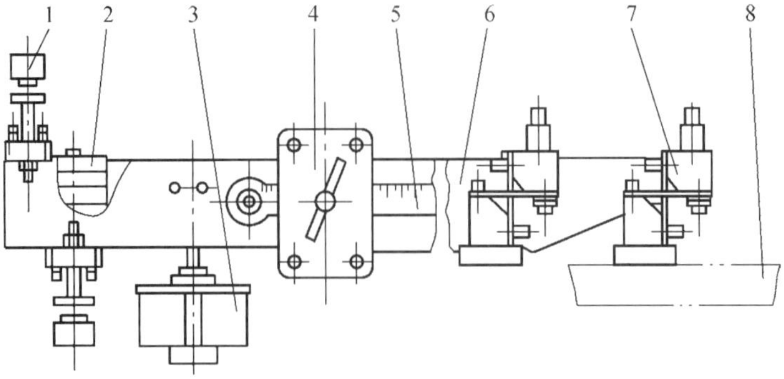

图 9-3 杠杆系统结构

1. 接近开关 2. 砝码 3. 阻尼 4. 游砣 5. 标尺

6. 横梁 7. 十字簧片 8. 称料斗

(4)称量斗 它是由称量斗体、斗门、连杆、汽缸、摇臂组成。斗体做成圆锥形,以免挂料;底门为双开门,卸料迅速;由汽缸推动摇臂动作来开闭底门;摇臂一端装有平衡重块,使料斗处于平衡状态;称量斗还装有环钩稳定机构,使大进料时物料冲击秤斗摆动速度平稳,保持恒定位置。

(5)装袋器 由装袋口、汽缸、夹袋臂等组成。它主要是把料袋夹持在装包筒筒口,经过精确称量的物料落入套在筒口的袋内。夹袋机构采用弹簧和四连杆机构的联合装置,以防止在袋装过程中袋受落料的冲击力而滑脱。装袋口下部为双层筒体,并与外部风网相连,能自动吸风(风量为 200 m^3/h)、降尘。

(6)气动、电控及计数器 由气动三元件、电磁阀、节流阀操纵汽缸动作,控制称量和包装,迅速可靠、噪声小;采用继电器控制线路,调整方便,维修简单;采用预选电磁计数器,可预定包数,当达到预定包数即自动停止称量。

2. 秤的称量过程

当秤安装调整就绪后,先将游砣移至“零”位,进行试称,待各部动作正常后连续取 5 包,用校验秤、感量砝码称重,记取 5 包数值算出平均值,以此值作为称得物料的实际重量减去额定称重(如 20 kg 标准包装),即得出空中料柱重量,然后将游砣向称量方向移动一定距离,以抵消空中料柱重量。若更换配方、批量而容重改变时,按上述步骤进行空中料柱重量的测定和校正,每个班次均需复查。

称重过程如下:

(1)贮料阶段(大进料) 利用称量斗放料时间螺旋(皮带)从料仓向喂料斗输入贮存料。如将时间继电器调节约 4 s 左右,则贮存料约为额定称量的 60%,大小门同时打开,物料迅速落入称量斗。

(2)二段进料(中进料) 给料螺旋(皮带)继续送进物料,以喂料斗作缓冲通道均匀地直接落入称量斗,这样进料直到额定称量的 95%。由于时间继电器控制全部称量过程,在总时间的前 2 s 左右,小门迅速关闭。

(3)三段进料(小进料) 小门关闭时,给料螺旋(皮带)继续送料,而小门上有两个直径 40 mm 的小孔,门的转轴中心装有松散拨料机,使物料形成两条料柱落下添秤。当达到额定称量时,横梁摆动到位,由于 3‰精度的接近开关作用,使大门迅速关闭,切断料流、称量过程结束，随之为下一循环作新的进料贮存。

(4)放料阶段　当大小门全关闭，达到称量时，称量斗底门马上打开，使已精确称量的物料卸入袋中。当物料卸净后，称量斗底门迅速关闭，使之自动开始下一循环工作。该秤采用了三段进料，故精度高。

3. 机械式自动包装机的调整

(1)喂料门和排料门汽缸运动速度调整　汽缸活塞运动速度过快，易产生冲击和振动，影响称量精度；过低则降低称量速度，影响汽缸工作可靠性。汽缸活塞运动速度调整：拧松消声节流阀上的锁紧螺母，用螺丝刀调节节流阀的开度，以此来控制气流量，达到调节喂料门及排料门汽缸活塞运动速度的目的。调毕，需拧紧锁紧螺母。

(2)夹袋器的调整　调整接近开关外伸端长度直至距夹袋手板自然下垂位置时的距离为5 mm左右，此时接近开关上的发光管应不亮；然后抬起夹袋手板，此时接近开关上发光管应点亮便可。夹袋汽缸活塞运动速度的调整与排料门汽缸活塞运动速度调节相同。

(3)气动三联件的调节　调整调压阀，使其要作压力在0.4～0.6 MPa范围内，并定时给油雾器加注洁净的润滑油及定时排放滤水器中的凝结水，确保压缩空气质量。

(4)缝包输送部分调整

①调整缝包机针距，以适应输送带运行速度，使两者速度同步；

②调整缝口立柱升降高度，以适应不同高度包装袋和缝口需要；

③调整输送带张紧机构，使输送带保持合适张紧度，调整时需两边交替进行，调毕，需拧紧防松螺母。

4. 机械式自动包装机常见故障及其排除

机械式自动包装机常见故障及其排除见表9-1。

表9-1　机械式自动包装机常见故障及其排除

故　　障	原因及排除方法
喂料门打不开	稳压电源是否有24 V直流输出接近开关，通用继电器是否工作。1 T、2 T是否有电压，电磁阀是否正常，气路是否畅通
称料斗底门不放料	3LX、5LX两个行程开关及电磁阀工作是否正常
称量精度不稳定	气压是否过低，料门关闭是否严密，物料是否结块，三段喂料是否正常，阻尼器有油及调整是否合理
称量速度慢，产量到要求	供料是否正常，贮料斗是否结拱，是否有杂物影响物料流动
不到额定称量，常半包放料	检查气源是否达到0.42～0.5 MPa
额定称量包夹不紧而脱落	检查气压、气源是否泄漏
称重过程中漏料	检查称量斗底门、紧固件、连接件是否松动、脱落

(二)电脑定量包装秤

电脑定量包装秤是采用传感器、单片电脑芯片对包装秤的机械设备(如给料、袋包输送机、夹袋机构)实行控制。这种控制可靠性高，电控电路大为简化。定量包装秤的给料门、闸门、夹袋机构均以气动方式工作，因此，整机可靠性高。使用时，在电脑控制下定量打包秤皮带供料机以正常速度运行，料仓的料进入秤斗计量，电脑采集重量数据，当到达慢速供料定值，皮带供料机改为慢速运行，同时控制气动微加料闸门下降，物料料层随之减薄，减少流量，降低物料冲量，使计量在接近静态下进行。当达到包重设定值时，皮带供料机停转，气动控制的落下的物料则通过电脑上的拨盘开关补偿挡在设定时预先扣去。计量完毕，电子包装秤询问夹袋机构上的袋是否夹紧，若夹紧则气动卸料门打开排料，排料完毕，自动关闭卸料门，进行下一包计量，如此反复进行。

1. 结构及性能参数

包装秤主要由秤体、夹袋机构和电控柜组成。

(1)电控柜　内设称重控制器、PLC 微电脑、滤波器、PC 回路。

(2)控制驱动　PLC 输出控制电磁阀开关，直接推动汽缸。

(3)输入信号　外接 2 组开关键。第一组为包装按钮；第二组为脚踏开关或其他触发开关。

(4)性能参数　包装质量为 10～100 kg；精度为静态Ⅲ级，动态 0.30％FS；包装速度为 4～10 包/min；超载能力为最大称重的 120％。

2. 工作原理及要求

(1)工作原理　包装秤处于自动状态，当控制器接收到启动信息后，夹袋机迅速反应，夹紧料袋，延时(时间长短可由软件设置)一段时间，控制器同时开启快速加料阀门，物料落入袋中，当料袋中的物料重量达到设定的快速加料定值时，加料速度转入慢速加料阀，使加料速度减缓，当料重达到慢速加料设定值时，关闭慢速加料阀，稍作延时(可调)，待空中量到达料袋，再启动夹包器放松料袋。快、慢加料的设定值可根据物料的流动性、密度等状态，以及使用者的经验，由用户自行设定。控制器根据实际的包装精度，自动修正空中量。包装秤还具有去皮重、包装计数、启动延时、放袋延时、超差报警，以及掉电后能记忆所有设定参数等功能。

(2)基本要求　安装过程中，秤斗要平衡，与传感器连接要紧密，不能移动，以免传感器与秤斗之间变形影响精度。基本要求：①电源。单相 200～240 V，50 Hz。②气源。压力 0.4～0.8 MPa，用气量 0.15 m^3/min。③工作环境。温度 0～40℃，湿度≤90％，尽量在少灰尘状态下运行。

3. 影响包装秤称重精度的因素

(1)传感器　选用稳定性好、线性度高、抗干扰能力强的传感器，要定时打扫秤斗和传感器周围的灰尘。

(2)称重控制器　选用先进控制器，具有性能可靠、精度高、抗干扰能力强、自动补偿等功能。改变控制器中各种参数，会对称量精度有影响，所以包装秤正常工作后不要随意改动参数。

(3)信号抗干扰　应采用屏蔽接地排除外界干扰。

(4)采样的随机性　对于粉料，由于其下料不稳定，随机性大，应采取增大慢加料、自动补偿等措施。

4. 包装秤的操作

(1)操作前检测工作步骤　①包装秤是否已接电源；②安装是否正确；③空压机提供的气压是否充足；④料仓是否有足够原料；⑤将计数器复位。

(2)手动包装　①将控制方式选择为“手动”;②将包装袋套入夹袋器;③按下夹袋按钮;④按快加料按钮,直到目标量前停止;⑤按慢加料按钮,直至目标量;⑥再按夹袋按钮,卸下包装袋。

(3)自动包装　①将控制方式选择为“自动”;②启动自动包装按钮;③包装秤自动完成夹袋、快加料、慢加料、卸料、计数器自动加1等过程。

(4)自动破拱　按破拱按钮,包装秤自动完成循环破拱过程。

5. 包装秤常见故障及其排除

包装秤常见故障及其排除见表9-2。

表9-2　包装秤常见故障及其排除

故障	原因	排除方法
慢给料时过快影响精度	1. 慢给料闸门太大 2. 精计量参数设置太小	1. 调节慢给料闸门 2. 重新设置精计量
工作时秤体有抖动和振动,影响称量精度	1. 安装秤体的钢架刚度不够 2. 汽缸活塞运动速度过快,导致冲击和振动	1. 加强钢架刚度 2. 调整气路消声节流阀使汽缸动作平稳,减少冲击 3. 增大滤波系数,可提高称重精度
称重控制器显示“OL”超载	1. 传感器电缆线或连接螺丝松动 2. 传感器坏	1. 连好传感器电缆线,拧紧连接螺丝 2. 更换传感器
称重控制器显示不稳定	1. 屏蔽接地不良 2. 传感器电缆接头松动或传感器坏 3. 供电电压不稳定 4. 控制器提供的电压不稳或A/D转换部分坏 5. 打包秤秤斗没固定好	1. 恢复原屏蔽接地状态 2. 维修接头或更换传感器 3. 使用稳定电源装置 4. 维修或更换控制器 5. 重新固定打包秤秤斗
内存数据或设置参数丢失	1. 掉电保护系统故障 2. 控制器长时间没使用	1. 检查电路 2. 给控制器充电
执行机构不动作或误动作	1. 电磁阀损坏 2. 电源部分故障 3. 机械故障 4. 气路故障 5. PLC故障	1. 更换电磁阀 2. 检查电源部分 3. 连接松动、脱落部分 4. 检查气压值是否达到要求和有无漏气、接反现象 5. 重新输入程序或维修PLC
数显稳定正常,但与实际重量不符	1. 与秤体之间连接不正常 2. 静态下,秤没校准	1. 检查秤斗与秤体之间除传感器之外,有无其他传力渠道 2. 重新校秤

二、缝口机

缝口机主要由底座、机身、丝杆、立柱、回转架、缝纫机头和电机等组成,如图9-4所示。选用ZDY12-4锥形转子电机,通过减速箱驱动丝杆转动,使回转架和缝纫机头以

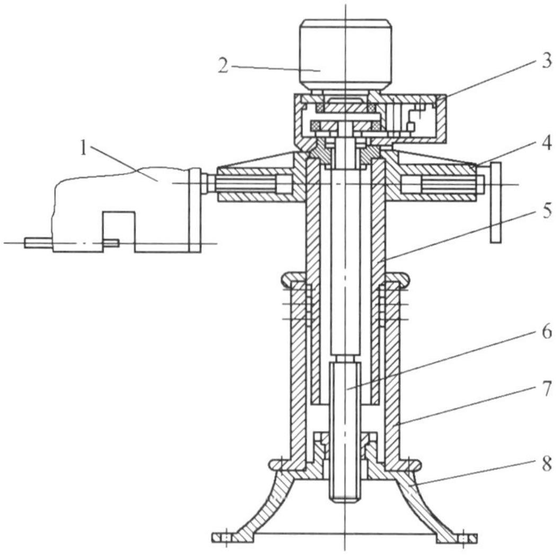

图 9-4 缝口机

1. 缝纫机头 2. 锥形转子电机 3. 减速器 4. 回转架
5. 立柱 6. 丝杆 7. 机架 8. 底座

20 mm/s 速度可上下升降，以适应袋口不同高度缝口的需要，电机断电停车后能自动制动。机身上有两个偏键导向，并可调节主柱的升降松紧。

工业缝纫机头由一台 0.6 kW 电机驱动；转动时松开紧定螺丝，到位后再固定。操作前应调节针距，以适应缝袋和输送机皮带速度的要求。由电控箱控制缝纫机头的启动、停止。在袋包输送机上装有一行程开关，包袋通过碰击行程开关，即使缝纫机割线自动停下。

三、袋包输送机

它是由驱动滚筒、输送带、传动链及电机等组成。电机通过减速器、传动链，带动二副伞齿轮同步驱动成 90°驱动滚筒（机头）以保证二条皮带线速度一致，机尾（从滚动筒）下部带有张紧螺杆，用来调节整条皮带的松紧程度；皮带托辊可调节二皮带长度上的微小差异。输送皮带是由二条 200×4 输送带组成 90°槽沟，与袋底形状一致，使装满的袋子夹紧并保持直立。工作

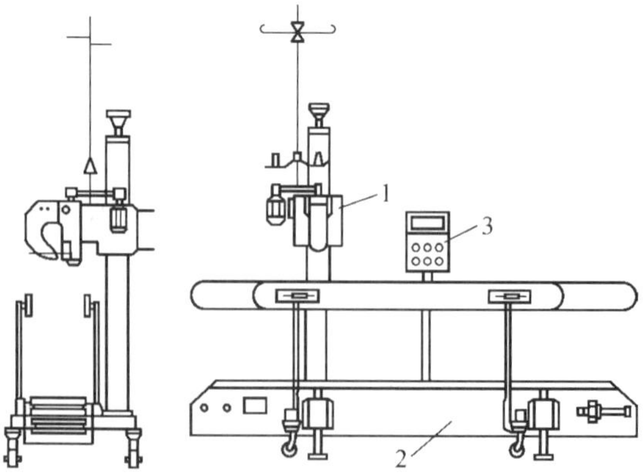

图 9-5 袋包输送机

1. 缝包机 2. 输送机 3. 电控箱

时，输送带将过秤装满袋子稳定地通过缝口机处进行缝口，运袋和缝口二者速度要配合一致，袋子缝口后再运到机尾卸下。

任务 9-3 包装质量控制

一、包装要求

①对饲料包装的要求主要是防潮、防虫、防陈化等。传统使用的塑料编织袋防潮性能较差，最好采用防潮包装袋，即在袋中衬一层聚乙烯薄膜袋，能有效防潮，又有一定的透气性，对饲料的保藏有利。②包装袋要求严密无缝，无破损，包装袋的大小要适宜，便于装料和封口。③包装工艺要能保证包装质量和包装效率。④饲料标签标示的内容必须符合国家有关法律和法规的规定，并符合《中华人民共和国国家标准饲料标签(GB 10648)》的要求。

二、包装质量控制

包装过程是饲料加工和质量控制的最后一道工序。按规定的加工工艺进行操作和合理的质量控制，是饲料质量控制的重要环节。

1. 包装饲料的质量控制

(1)包装前的质量检查　饲料经过包装，其外观质量缺陷不容易被发现。所以，包装前的检查是十分必要的。包装前应检查和核实以下几方面：①被包装的饲料和包装袋及饲料标签是否正确无误；②包装秤的工作是否正常；③包装秤设定的数量是否与要求的重量一致；从成品仓中放出部分待包装饲料，由质检人员进行检验，检查饲料的颜色、粒度、气味以及颗粒饲料的长度、光滑度、颗粒成型率等，并按规定要求对饲料取样。

(2)包装过程中的质量控制　包装饲料的重量应在规定的范围之内，一般误差应控制在1%～2%；打包人员应随时注意饲料的外观，发现异常情况及时报告质检人员，听候处理；缝包人员要保证缝包质量，不得将漏缝和掉线的包装饲料放入下一工序；质检人员应定时抽查检验，包括包装的外观质量和包重。

2. 散装饲料的质量控制

散装饲料的质量控制一般比袋装饲料简单。在装入运料车前对饲料的外观检查同包装前；定期检查卡车地磅的称量精度；检查从成品仓到运料车间的所有分配器、输送设备和闸门的工作是否正常；检查运料车是否有残留饲料，如果运送不同品种的饲料要清理干净，防止不同饲料间的相互污染。

三、成品贮藏

(一)成品库的建筑要求

成品库的建筑基本要求是防潮、防水，地面平整(水磨石地面)，内墙光滑，顶棚隔热良好、具备足够的高度等。成品库的高度应在 4 m 以上，最好达 6.5～8 m，以利卡车的进入与设备安装。成品库应设在阴凉的一侧。有条件的可建地下室或配备制冷设备。要求每种产品占用一个明确的位置，地面有托架。可设置多层货架以充分利用空间。成品库的面积应与生产规模相适应，保证每种产品有1～2个货位，以便于码放与识别。

（二）成品贮藏注意事项

①成品饲料在库房中应码放整齐，合理安排使用库房空间。

②建立"先进先出"制度，以防码放在下面和后面的饲料因存放时间过长而变质。

③不同饲料之间要预留足够的距离，以防发生混料或发错料。

④防止破袋，保持库房清洁。对于因破袋而散落的饲料应及时处理，防止不同饲料之间的污染。

⑤应特别注意防潮，检查库房顶部和窗户是否有漏雨等现象。

⑥贮存时间应不超过产品的保质期，最好备有温度和水分检测控制装置，以防产品变质。

⑦定期对饲料成品库进行清理，并做好盘存记录，发现变质或过期饲料及时处理。

⑧做好防虫、防鼠、防鸟等工作。

职业能力和职业资格测试

1. 饲料包装工艺包括哪些步骤？
2. 常用的饲料包装设备有哪些？
3. 试述机械定量包装秤的结构、操作及常见故障的排除方法。
4. 试述电脑定量包装秤的结构、操作及常见故障的排除方法。
5. 饲料包装有哪些要求？如何提高饲料包装质量？
6. 饲料成品贮藏时应注意哪些问题？

项目 10　添加剂预混料生产

【项目设置描述】

添加剂预混料是根据动物和环境的需要向各种配合饲料和浓缩饲料中加入的、具有不同生物活性的特殊物质，可以提高畜禽生产性能、降低饲料消耗、减少疾病发生率等目的。为了获得质量满意的添加剂预混料，除了必须配备结构及技术参数符合工艺要求的混合机外；前后工序的合理安排及混合机本身的合理使用均是重要条件。此外，载体稀释剂的选择、混合机良好的装料、合理的操作顺序以及混合时间的妥善掌握等也是必要条件。

【学习目标】

1. 理解添加剂预混料生产的基本要求。
2. 掌握添加剂预混料的生产工艺。
3. 熟悉添加剂预混料生产设备。

任务 10-1　添加剂预混料生产基本要求

一、添加剂预混料生产基本要求

复合预混料在全价配合饲料中起补充营养作用，可以提高有效成分的利用率并改善其质量。复合预混料组成成分复杂，用量相差悬殊，所以其生产的过程与配合饲料相比，具有一定的特殊性。其生产基本要求如下。

(1)微量成分活性要得到很好的保护　要求选用纯正的原料，另外，在原料的贮存、预处理乃至加工过程中，要注意添加剂间的配伍性，避免不同组分产生交叉影响。

(2)生产工艺要简短而且高效　预混料工厂的工艺设计要求在确保成品质量的前提下，主要应考虑准确配料与均匀混合，缩短流转线路，减少运送环节。配料、混合与成品打包应呈空间排列，尽可能减少提升与输送次数，以减少物料间的交叉污染及混合后的分级。为了避免不同组分、产品间的交叉污染，在工艺设计时采用些专门的措施，如原料分别贮存，使用专门生产线；设备无死角，易清理，保证无残留，并便于观察，检测；生产结束或更换品种时，能有效清理在生产线中可能造成污染的残留物质。

(3)配料精度要求高　预混料生产所涉及的物料大都是微量成分，有的甚至是极微量成分，有些成分其安全剂量与中毒剂量十分接近。因此，生产预混料的配料系统要求精确度高、误差小，应选用适当精度的秤和设计出合理的配料工艺，如多级稀释混合、分组配料，某些极微量成分在配制室内用微量天平称取以保证称量准确。

(4)混合均匀度要求高　预混料的物料组分微量，尽管选用了高精度的配料系统，保证了每批料总量的精确，但如果混合不均匀，往往达不到产品的质量要求。一般微量组分要求的配料误差是0.01%～0.03%，载体误差是0.1%～0.3%，预混料生产的混合均匀度要求在5%以内。要实现这个目标，必须选用高效、低残留、高均匀度的混合机，设计出合理的混合工艺。此外，还应对原料的理化特性作必要的改善，如载体或稀释剂的粒度、微量组分的吸湿性等。

(5)包装要求高　在贮存中，预混料中的某些微量组分会逐渐变化，失去活性，因此包装材料要有利于贮存。预混料品种多、用法特殊，因此包装要求称量准确，严防污染，标签使用应正确、谨慎，以防事故发生。

(6)设备要有防腐蚀性　由于某些微量组分有腐蚀性，凡与微量组分接触的设备，其工作表面均需用不锈钢或其他防腐蚀材料制造。

(7)检测系统应完善　生产预混料，尤其是加药料的厂家，需经严格审核方能生产与销售。所以预混料的生产除了要求有高质量的生产设备外，还应具有高精密的检测仪器和高水平的检测人员。目前，有些预混料厂的检测人员甚至比生产人员多，检测仪器也完善、精密，可进行物理、化学、生物等方面的性能测定。另外，预混料的生产还要求有高素质的生产和管理人员。

(8)劳动保护要求高　预混料厂的某些原料，对人体健康有一定影响，甚至在一定剂量下有毒，故应有专人负责添加，计量准确，操作室内设有可靠的通风除尘系统和其他劳动保护措施。

(9)成品销售要快　预混料中的某些成分有一定的时效性，因此产品应尽早出售，包装上准确注明出厂日期。在设计预混料厂时必须考虑到这一点，对成品的后处理贮存应与一般的配合饲料厂有所区别。

二、添加剂生产的管理

(1)进料系统　预混合饲料原料分核心饲料和载体(稀释剂)两大类。载体或稀释剂的物理特性直接影响核心料的混合均匀度，一要选择非活性物料，不损害核心原料的活性；二要选用吸附性好、与核心原料在容重、粒度、颗粒表面的粗糙度、水分、散落性、结团情况等物理特性差异较小的原料，这些特性与核心料的差异越小、混合的效果越好，混合后不易再度分离。如维生素预混料多选用烘干处理的玉米粉，微量元素预混料多选用沸石粉、凹凸棒土、膨润土等。

生产工艺上载体是预混合饲料生产中用量很大的组分，多采用外力提升。常用的是预混料专用提升机，此系统配套设施简单，运行费用少，投资成本低廉，目前使用得最多；但相对而言它的残留较高，交叉污染较厉害，需要经常清理，在不同季节不同地区使用差异较大。在输送要求不高的场合也有用罗茨鼓风机正压输送，此类机配套设施较简单，它的残留相对较少；但运行费用高，投资成本较高，不能避免交叉污染，在湿度高的环境下输送的物料里有小团块，需要经常清理除尘布袋，目前使用的有较好前景的是高压输送系统，它的使用范围广泛，残留最少，交叉污染最轻微，不需要经常清理，使用对环境要求较少，工艺布置容易；但此系统配套设施多,运行费用高,投资成本高很多,目前使用量在逐渐增加。

生产工艺上核心饲料是预混合饲料生产中最重要的组分。小厂家往往是直接将其添加进混合机。规模较大的生产厂家就要用到自动配料系统,而此时这些料因自身的特性而需要特定的设置来满足它们才能保证整个生产系统稳定可靠运行。添加量极小的原料,如亚硒酸钠、药物饲料添加剂可先加入载体预混后再参与新的配料系统。微量元素等容易吸潮添加剂,可建立独立的可调控的封闭系统。维生素易受潮湿、热、光照、金属离子等因素的影响而降低其活性,为了满足生产工艺的要求,所有维生素添加剂都需经过特殊的预处理,在进混合机前应避免与有害因素的接触。对于那些不易处理又要参与配料的组分我们只能采用快进快出方式,应每天清理,减少残留。在更换品种时要使用滑石粉等清洁物对机器进行清洗,避免交叉感染,更新药物添加剂时尤为重要。

(2)计量混合系统　科学的配方要靠精确的计量配料来实现,要保证严格按照配方要求准确配料,就要用先进的计量设备和合理的工艺,预混料生产对各类计量配料设备的准确度、稳定性均有很高的要求,因此,对有关设备要加强管理、定期校准。对于添加量小又会影响安全的药物,如硒、高铜等添加物,在计量和稀释上要特别小心。混合机是制作预混料最重要的设备,不同的预混料品种需要选择不同的混合机设备,如牧羊添加剂混合机、牧羊双轴桨叶式预混料混合机和快速无残留牧羊"混合王"双层高效混合机等。一般情况下,对混合机的要求是:①混合效率高,最佳搅拌时间短;②混合均匀度高;③结构合理,机内残留少且易被清除;④装出料方便;⑤密闭性能好、漏料少;⑥防静电。

有关预混料生产的基本工艺问题,见标准编号JT-预混料生产的步骤:

①载体是首先进入混合机的物料。

②植物载体添加后,如果可能应首先考虑添加油脂,以减少此后的粉尘及起到物料分离的作用。使用矿物载体,除非喷雾,不得直接添加油脂,以免结块;油脂以精炼油脂或矿物油(石油炼油企业基础油,不得超过添加量0.5%)为好。

③添加顺序为:载体+(油脂)+最大量添加剂+微量+(保护胆碱)+(油脂)+(抗氧化剂)+维生素;每一步均需混合均匀后,方可进行以后的添加。注:括号指配方中有要求的内容。

④最大量添加剂按照添加量的大小循序添加,如果配方中包括氨基酸,也属于该范围。

⑤配方方案中有工艺流程的,按工艺流程执行,没有工艺流程的按以上方法进行。

(3)成品包装储藏　包装预混料产品不宜散装运输,应包装以防止分离和保证运输储存过程中有效成分的稳定。

①添加剂及预混料的包装多为小包装。一般根据应用的一次用量或几次用量,不宜过大,以防开包后有效成分的损失;另外,以一次用量作为包装量包装,即使分离,对配料不会有影响,而且配料方便。

②预混料在储藏过程中有的活性物质会损失,特别是维生素和药物。影响微量组分活性的因素主要有载体含水量、pH和储藏温度、时间。

③为了防止储藏期活性成分的损失对预混料质量的影响,可对稳定性较差的组分超量添加;限制储藏时间,综合预混料一般以1个月内用完为好,最长不宜超过3个月;控制储藏条件,要求低温通风。仓内最高温度不得超过31℃。仓库的墙、顶需要有隔热防潮层,高温季节应有通风装置,光线不宜过强,阳光不应直接照到产品上。

(4)除尘系统　粉尘问题是预混合饲料厂安全生产和环保工作的重点。生产的很多环节会产生粉尘。如物料的输送、粉碎、混合、筛分、包装等生产环节。人长期处于含有大量粉尘的环境中,会严重影响身体健康。落在设备上的粉尘会影响操作,还会造成电器设备失灵,引起事故。因此,必须在饲料厂内采取有效措施对粉尘进行控制。控制的主要工作包括除尘风网系统的布置、设计、除尘器的选择以及日常的设备管理等。

①料口处。饲料厂的原料投放大多数采用人工将袋料倒入下料口中,在投料的过程中容易产生大量的粉尘,因此可在每一个投料口采用独立除尘,直接置于下料斗的除尘罩上,实现边进料、边除尘、边回收。

②斗式提升机处。一般在机头,即卸料处进行吸风,这里一般也采用独立除尘,边除尘、边回收。如果进料提升机较多,也可以多台集中除尘,但需注意的是集中除尘的回收料需单独存放,特殊处理。粉碎机处如果用机械式出料,可设一台脉冲除尘器,置于出料绞龙反向端,兼有除尘和吸风两种功能。注意在安装时绞龙出口处要闭风,防止漏风。

③小料添加处。小料因为量少,在混合机中需单独添加。这里一般也采用独立除尘,不过其回收料的处理不同厂家有不同做法。多数厂家采用边除尘、边回收进混合机;部分厂家将回收料进行特殊处理,这种做法对产品的稳定应有更好的保证。

④预混合饲料厂料仓大多采用单体仓,所以每个料仓都需设吸尘点,对吸尘点的选择应根据所处位置具体确定。

料仓上的吸尘点可根据仓的布置和仓内物料特性而确认是采用独立除尘还是集中除尘。这里的集中除尘要求每个除尘点需配密闭蝶阀,除尘回收料进行特殊处理。

任务 10-2　添加剂预混料生产工艺与设备配置

一、预混料生产工艺

预混料的生产工艺主要由载体粉碎、载体微量组分的配料、混合、输送、除尘、包装、贮存等工艺组成。

(1)粉碎工艺　载体使用粒度在 590(30 目)～177 μm(80 目)之间。稀释剂的粒度,通常在 30～200 目之间。推荐稀释剂的粒度和容重是其稀释的活性成分的 2 倍,这样能减少活性成分的分离。

(2)配料工艺　预混料是由多品种、配量小、价格高的微量组分和载体所组成。因此,预混料的配料准确性要求高。根据配量不同,配料误差的要求不同:50 kg 以下的配料秤的配料误差为 5 g;100～150 kg 以上的误差为 50 g。为了保证配料精度,大称量用大秤,并根据物料和称量条件,采用人工配料、微量配料秤配料和自动配料秤配料等配料方式。

(3)混合工艺　对预混料厂来说,混合是其最重要的工序之一,也是保证产品质量的关键所在。预混料混合时的变异系数 *CV* 不得超过 5%。要求预混料在机内的残留量小,一般不大于 100 g/t,以减少微量元素的污染。为减少粉尘,保证预混料的均匀一致,要求混合过程中一般需添加油脂。

根据上述要求，预混料配制工艺应注意以下几点：

①微量组分原料浓度高，加入量小者，要予以稀释。一般在配制室内设一台小容量的稀释混合机进行原料预稀释。一般将其稀释到配料称量最大称量的5%以上时，方可参加配料。

②原料的投料顺序。各种原料的投料顺序对混合均匀度的影响也很大，必须严格按照操作顺序进行。如先加载体，后加微量组分。如载体用量较大，可分两次加入，先加一半，在加入全部微量活性组分之后，再加另一半载体。油脂的添加主要是为了减少粉尘和提高载体的承载能力，添加量一般为混合总量的1%～3%。其添加顺序，可参考图10-1，主要防止油脂与微量组分首先接触。

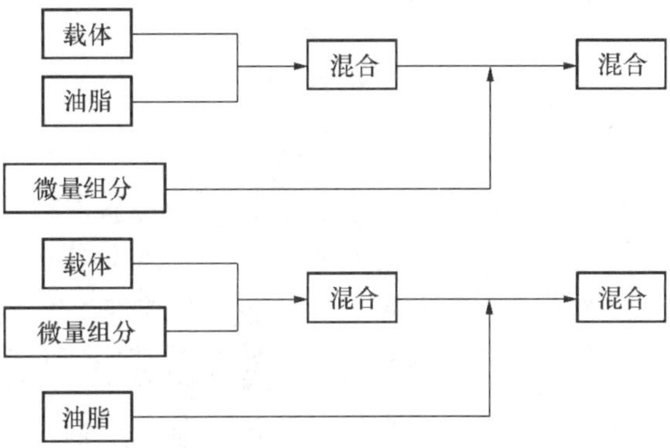

图10-1 油脂添加顺序

③设备清洗。更换品种时，需及时对药物和微量元素经过的设备进行清洗。清洗方法是用载体走2次，清洗后的载体弃之不用。易结块的油脂混合机需人工清洗。

④成品包装。包装重量主要根据用户的生产规模和使用方法而定。包装材料主要决定于包装物料的性质。被包装物料的稳定性差、含微量组分浓度高时，应采用纤维纸板箱(筒)包装(内衬塑料袋)。对于含维生素一类预混料采用三层牛皮纸和一层塑料薄膜组成四层组合包装袋。

⑤贮藏保管。预混料成品的贮藏要求低温、通风，仓库温度最高不超过30℃，相对湿度不宜超过75%。仓库需要有隔热措施，夏季高温季节应设有通风装置。保持干燥、阴凉、避光。贮藏时间不超过3个月。

⑥预混料厂要求具有较好的通风除尘系统。

二、几种预混料生产工艺简介

(一)人工配料加工工艺

预混合饲料微量配料秤要求精度高，价格昂贵。人工配制则能减少资金投入，故现在应用较多。图10-2是人工配料预混料加工工艺流程。

预处理：利用台秤、天平、混合机、球磨机，将亚硒酸钠、碘化钾、氯化钴、维生素 B_{12} 制成浓度为1%的预混料。

载体的处理：载体经接收、粉碎后进入载体料仓，根据需要进行计量。

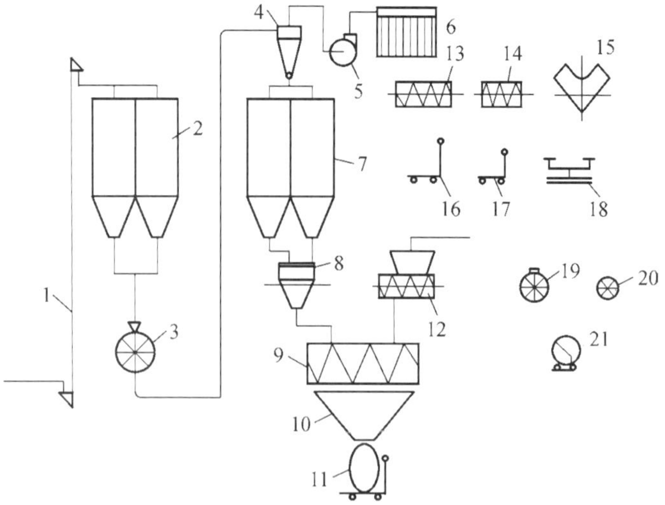

图 10-2 人工配料预混料加工工艺流程

1. 载体提升机 2. 待粉碎载体仓 3. 粉碎机 4. 气力输送卸料器 5. 风机 6. 集尘器 7. 载体仓 8. 计量秤 9. 每批 250 kg 混合机 10. 成品仓 11. 成品包装 12. 每批 50 kg 混合机 13. 每批 50 kg 混合机 14. 每批 5 kg 混合机 15. 每批 70 kg 混合机 16. 50 kg 台秤 17. 5 kg 台秤 18. 1 kg 天平秤 19. 200 kg/h 粉碎机 20. 20 kg/h 粉碎机 21. 球磨机

维生素预混料生产：按配方比例称取各种维生素，其中维生素 B_{12} 以 1%预混料进行配料，以每批配制 200 kg 预混料计算所需的各种维生素，载体分两次加入，第一次人工加入混合机 12，经混合 10 min 后进入预盛有载体的混合机 9 继续混合，再混合 10 min，即为维生素预混料成品。

微量元素预混料生产：以每批生产 200 kg 微量元素预混料计算，按配方比例称取铁、铜、锰、锌及防结块剂后，混合在一起倒入粉碎机 19 粉碎。粉碎后的物料进入预盛有载体的混合机 12，同样称取 1%含量的硒、钴、碘预盛有载体的混合机 9 再次扩大混合，制成微量元素预混合饲料。

复合预混料的生产：利用混合机 13、14 将维生素与微量元素制成一定含量的维生素预混料与微量元素预混料直接加入预盛有适量载体的混合机 9，然后按配方比例取其他添加剂如氨基酸、抗生素、药物、抗氧化剂等，分别加入混合机 9，经充分混合均匀后，即可得复合预混合料。

(二)罗氏公司维生素添加剂预混料加工工艺

罗氏公司维生素添加剂预混合饲料厂工艺流程如图 10-3 所示。

(三)美国 MEC 公司设计的预混料生产工艺

MEC 公司时产 10 t 预混合饲料厂，产品是各种预混料和浓缩饲料。其流程如图 10-4 所示。该流程有原料接收、清理、配料、混合、打包和通风除尘几个部分。

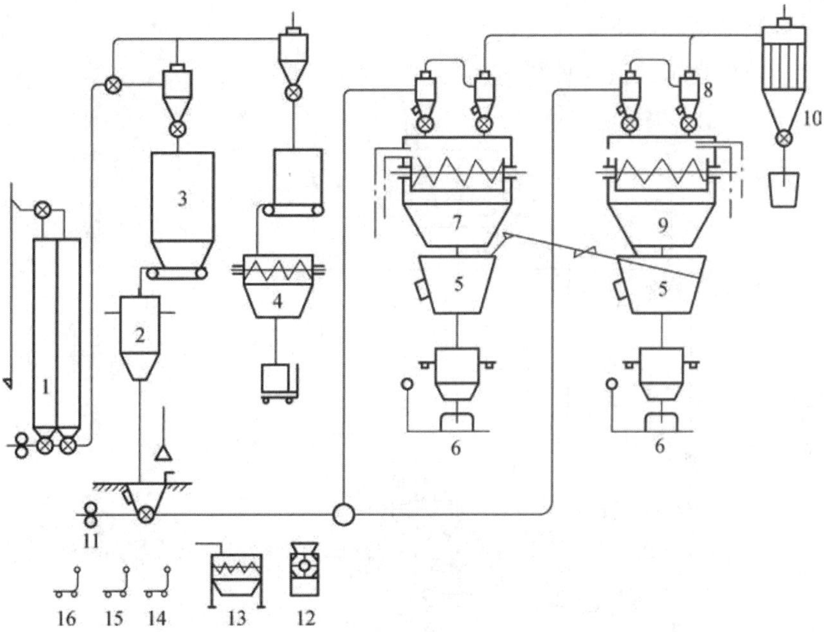

图 10-3 罗氏公司维生素预混合饲料厂工艺流程

1. 载体仓 2. 计量秤 3. 给料机 4. 混合机 5. 振动器 6. 计量打包 7. 453.59 kg(1 000 lb)混合机 8. 离心卸料器 9. 1 814.36 kg(4 000 lb)混合机 10. 脉冲除尘器 11. 压送风机 12. 粉碎机 13. 混合机 14. 453.89 kg(1 000 lb)计量台秤 15. 45.36 kg(100 lb)计量台秤 16. 2.268 kg(5 lb)计量台秤

(引自杨在宾,杨维仁.饲料配合工艺学.北京:中国农业出版社,1997)

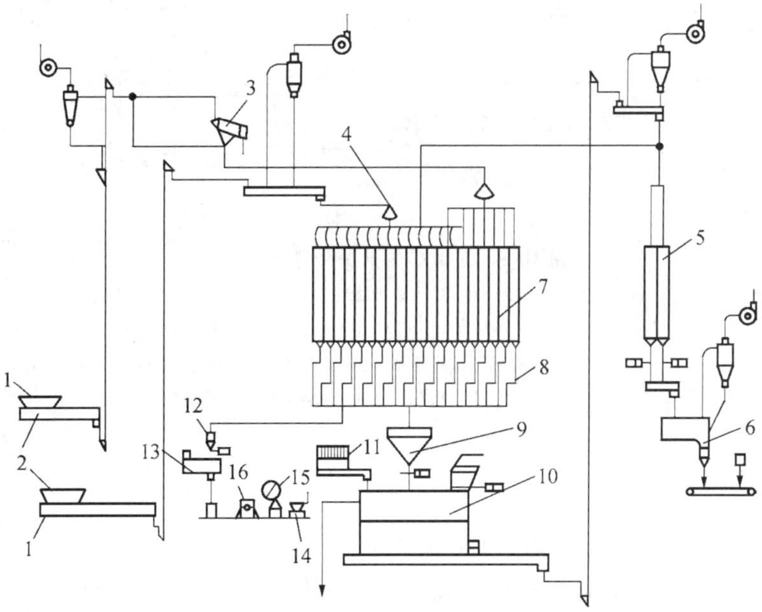

图 10-4 MEC公司时产10 t的预混合饲料厂工艺流程

1. 刮板输送机 2. 刮板输送机 3. 初清筛 4. 分配器 5. 成品仓 6. 计量打包机 7. 配料仓 8. 螺旋给料机 9. 2 t自动配料秤 10. 2 t混合机 11. 微量配料秤 12. 200 kg计量秤 13. 0.293 m^3 混合机 14. 量台秤 15. 混合机 16. 料车

(引自杨在宾,杨维仁.饲料配合工艺学.北京:中国农业出版社,1997)

(四)微量矿物盐前处理工艺

微量矿物盐前处理工艺流程见图 10-5。

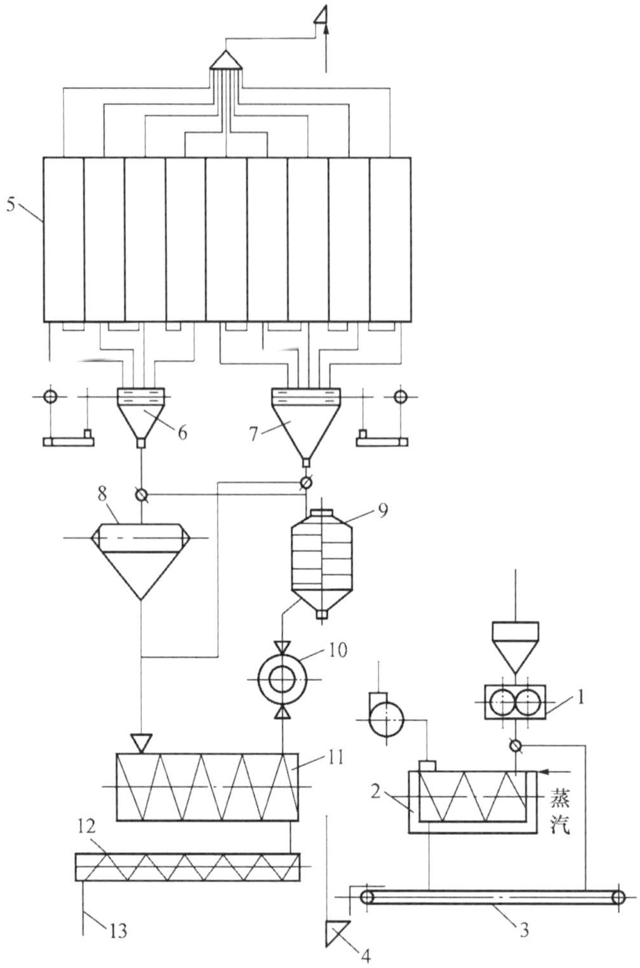

图 10-5 微量矿物盐前处理工艺流程

1. 对辊破碎机 2. 干燥器 3. 带式输送机 4. 提升机 5. 料仓
6. 小计量秤 7. 大计量秤 8. 球磨机 9. 预混合机
10. 高速粉碎机 11. 混合机 12. 绞龙 13. 成品出料

(引自杨在宾,杨维仁. 饲料配合工艺学. 北京:中国农业出版社,1997)

三、设备配置

(1)粉碎设备 饲料添加剂预混料的生产设备最好选用不锈钢结构。常用的粉碎设备有锤片式粉碎机、齿爪式粉碎机、微粉碎机和超微粉碎机。与粉碎机配套使用的设备还有给料器、分级筛、输送机和气力输送装置等。

(2)输送设备 输送在添加剂预混料生产中,是衔接各种机械设备,提高加工效率的重要纽带。根据不同的工艺设计,在准确配料与混合前,各种原料的输送设备,可选用普通斗式提升机、螺旋输送机、胶带输送机与普通刮板输送机等。

(3)配料设备 添加剂预混料厂从原料进厂到成品出厂,为保证产品质量,各环节均需配置相当精度的称量设备。一般在添加剂活性成分稀释前,极微量活性成分用感量为0.1 mg的天平(即万分之一分析天平),一般活性成分用感量50～500 mg的天平称量。稀释后的添加剂根据各厂条件,可用人工称量(多采用台秤,静态精度为千分之一),但国外一些现代化的工厂大多用电子计算机控制的微量配料秤。

(4)混合设备 混合是保证饲料产品质量的主要因素,近年来混合机发展较快,已达到了比较完善的阶段。主要混合机型有单、双桨叶式高效混合机,螺带式、卧式混合机及悬臂式双螺旋锥形立式混合机等。稀释混合多采用性能好、体积小、残留少、混合均匀度高的混合机,目前多采用立式行星锥形混合机,该机混合室为锥形,由锥形筒身和两条能行星式运转的绞龙型搅拌器组成,是一种高效混合机,它无论对干状物或面团状物均能混合均匀,该混合机混合均匀度变异系数 $CV \leqslant 5\%$,能满足高浓度微量组分的混合要求;适用于预混合料的混合,但价格贵。改进产品有多功能三螺旋特殊喷液锥形混合机。螺旋行星式混合机运转时可使壳体内粉料作三维对流、剪切与扩散混合,强化了混合作用,可缩短混合时间,提高混合均匀度。螺旋行星式混合机还具有能耗低、密封性好、出料干净、运转平稳、可靠、清理维修方便等优点。

(5)包装设备 添加剂预混料成品以包装出厂较为合适,不宜散装运输,否则在运输过程中容易产生分级,影响成品质量。包装材料主要取决于包装物料的性质,若包装物料的稳定性差,其包装要求应高些。包装设备可采用手动、半自动和全自动,视用户资金状况而定。根据用户需要与加工工艺,小包装每袋重有250、500、1 000 g等规格,包装材料有聚乙烯塑料、锡箔、纸袋、瓶(塑料桶)等。大包装每袋重2～25 kg,包装材料有塑料牛皮纸复合材料、编织化纤袋等。包装设备有全自动包装设备和半自动包装设备。

【岗位操作任务】

饲料加工厂实习参观

一、饲料加工厂参观实习实训

(一)实习教学目的

通过到饲料加工厂进行参观实习,学生要对饲料厂的布局、企业管理过程以厂生产所涉及的各种设备、设施有一个概括性的了解,增强认识,对将要学习课程的内容有一定的了解,为学好专业课打下基础。通过参观大中型饲料加工厂,了解饲料加工的工艺流程、主要饲料加工机械设备和生产过程,了解饲料加工厂的整体布局情况、生产的饲料种类、经营管理情况等。

(二)实习教学要求

在参观实习中,要求学生一定要注意安全,遵守企业的各项规章制度,听从指挥,不经允许不要碰动任何机械和电器按钮。认真观察并做记录,根据具体参观的饲料加工厂的情况写出实习报告。

(三)实习具体内容

1. 饲料厂概况

(1)建厂历史 建厂时间,建厂依据,厂址选择,建厂总投资。

(2)生产规模 日生产班次,年生产天数,小时产量。

(3)人员配备 总人数,管理人员数量,销售人员数量,技术和检、化验人员的数量和配备。

(4)原料来源及产品销售 原料品种、来源、价格;成品品种、规格,销往地区,销售价格。

(5)主要技术经济指标 吨产品电耗(包括粉状配合饲料和粒状配合饲料)、全员劳动生产率、利润情况、年纯利润、饲料加工成本。

2. 厂区总平面布置

饲料厂占地面积,主要建筑物建筑面积(包括主车间、原料库、立筒仓、成品库);附属建筑物建筑面积(如配电房、机修车间及生活办公设施等)。按各建筑物的分布,画出厂区总平面图。

3. 工艺流程

主要弄清饲料生产中所用设备的先后顺序,设备之间的连接等。

(1)配合饲料的加工工艺流程图(中央控制室)

①观察饲料接收与清理粉碎工段的流程与机械设备。

②观察配料与混合工段流程与机械设备。

③观察制粒工段流程与机械设备。

④观察成品称重打包工段流程与机械设备。

⑤观察挤压膨化工艺流程与机械设备。

原料接收—原料清理—粉碎—配料—混合—制粒—成品包装。

在实习中,应根据该厂的具体情况进一步了解饲料加工工艺,按国家标准图形符号绘制出实习厂的工艺流程图。

(2)对工艺流程中的设备进行编号。

(3)现场查看各个生产设备铭牌,了解设备的技术参数 其中主要包括设备的型号、动力配备、标称产量、生产厂家、生产时间等,据此编制明细表,设备明细除包括设备铭牌上的内容外,还应标注生产工艺中同种型号设备的数量(台、个)等。

4. 饲料加工设备

主要了解饲料加工设备的基本构造和原理。

观察主要饲料加工机械设备的型号、构造、主要技术参数,与其他设备的组合情况等。

①饲料粉碎机的类型、型号、主要技术参数、数量等。

②配料仓的数量,电子配料称的数量,每批配料的时间、电子秤的结构、称重传感器的数量等。

③饲料混合机的型号、主要技术参数、数量等。

④饲料制粒机的型号、构造、主要技术参数、数量等。

⑤成品仓的数量、称重打包机械的型号、构造、主要技术参数、数量等。

⑥输送机械设备的种类、数量、用途。除尘系统、气动系统。

了解各加工设备(包括不理、粉碎、配料、混合、制粒及制粒后处理设备)的结构、工作原理、设备的基本操作方法、操作和维修所需空间的测量和主要易损件及其更换方法。

5. 输送设备和通风除尘与气力输送系统

①了解输送设备(斗式提升机、螺旋输送机、刮板输送机、带式输送机)各基本结构和工作原理;了解溜管的作用及外形结构特点、布置角度等。

②了解通风除尘与气力输送设备(除尘器,包括脉冲除尘器和刹克龙除尘器;风机、闭风器、吸尘罩、接料器等)的结构和工作原理;吸风点设置位置,集中风网和独立风网的配置;画出实习厂的通风除尘网络图。

6. 贮仓

饲料厂各种仓、库(立筒仓、原料库、成品库)及车间内各种贮料仓(待粉碎仓、配料仓、等制粒仓和缓冲仓)的形式及作用,了解其主要参数,如仓容、出料口形式及各种物料(原料、成品)的贮存时间。

7. 产品质量控制与配方

①了解该饲料企业的质量管理情况(原料检验、饲料化验、产品检验)。检、化验仪器及设备的型号、名称,饲料常规检测项目及检测方法。

②了解该饲料企业生产的饲料种类(预混料、浓缩饲料、全价粉状配合饲料、颗粒饲料、膨化饲料等)。

③了解该饲料企业的生产经营情况(月产量、年班产能力)。

④了解该饲料企业的企业文化、集团公司的情况等。

(四)实习报告

根据观察了解该企业的综合情况,写出实习报告,并提出自己对该企业的评价和自己的感受。

【知识拓展】

添加剂预混料生产过程的混合质量控制

一、影响混合质量的因素

混合过程实际上是由对流、扩散、剪切等混合作用与分离作用同时并存的一个过程。凡影响这些作用的因素都将影响混合质量,主要因素如下:

(1)机型的影响　机型不同,主要混合方式就不同,混合强度也有很大差异。例如,以对流作用为主的卧式螺带混合机比以扩散为主的立式螺旋混合机在混合时间、混合质量以及残留等方面都具有优越性。因此,选择合适的混合机是极其重要的。

(2)混合组分的物理特性的影响　物理特性主要指物料的密度、粒度、颗粒表面粗糙度、水分、散落性、结团情况等,这些物理特性差异越小,混合效果越好,混合后越不易再度分离;此外,组分在混合物中所占比例越小,可在其他组分接近完成混合时添加黏性的液体成分,如糖蜜等,以降低其散落性,从而减少分离作用。

(3)操作的影响　混合时间、各组分进料顺序等都将影响混合质量,因此要保证混合时间和按照合理加料顺序来加料。

(4)静电的影响　维生素 B_2、叶酸、矿物质等物料会由于静电效应而吸附于机壁上。要将机体妥善接地和加入抗静电剂以防静电的影响。

二、混合均匀度的评定方法

一般混合均匀度的评定方法是，在混合机内若干指定的位置或在混合机出口以一定的时间间隔截取若干个一定数量的样品，分别测得每个样品所含某种检测组分的含量，然后按下式算出其变异系数(CV)。

$$CV = S \div X \times 100\%$$

式中，S 为混合物各样本中被检测组分含量的标准差；X 为混合物各样本中被检测组分含量的平均值。

变异系数表示的是样本的标准差相对于平均值的偏离程度，是一个相对值。变异系数越小，则混合均匀度越好，理想混合状态下变异系数为零。因此从某种意义上讲，变异系数表示的不是均匀程度。我国饲料标准规定：全价配合饲料的变异系数应不超过 10%，添加剂预混料则不应超过 7%。

三、添加剂预混料生产中的质量控制

为了获得质量满意的预混料，除了必须配备一台结构及技术参数符合工艺要求的混合机外，前后工序的合理安排及混合机本身的合理使用均是重要条件。此外，载体稀释剂的选择、混合机良好的装料、合理的操作顺序以及混合时间的妥善掌握等也是必要条件。

(1)载体稀释剂的选择　外购需要稀释的各种添加剂一般都是很细的，因此要选择粒度和密度都与之接近的稀释剂。合适的稀释剂或载体包括常用的饲料组分，如大豆粉、麦粉、脱脂米糠等。一般是选择粒度细、无粉尘、并对添加剂中的活性组分有亲和性的物料作稀释剂或载体。如果稀释剂或载体选择得当，成品不需要运送，添加剂中的活性成分不大集中，则不必有黏合剂。若预混合的成品需要长距离的输送，则应当使用油脂。使用油脂的最大缺点是一部分添加剂的活性成分滞留在混合机的叶片上，影响清理。

(2)混合机的供料　添加各种成分的顺序取决于混合机的形式。一般顺序如下：

①先将±80%的稀释剂或载体送进混合机。

②再将称重好的活性成分铺到稀释剂或载体上，有些装置人工放不方便，可将活性成分用一般的机械方法送进。

③然后再送进其余 20%的稀释剂或载体。

(3)消除或减少混合好后预混料的储运过程　在物料运输过程中，由于重力、风力、离心力、摩擦力等作用，使混合均匀的物料发生很大变化。运输距离越长，落差越大，则分级越严重。因此，混合好的物料最好直接装袋包装，避免或尽量减少混合好的物料的输送、落差，尽可能不用螺旋输送机或斗提机提升，料仓的高度不能太高，以减少或消除混合物的分离或分级。

对于每批混合物必须能识别分明，包装袋有明显的标志，最好用有色的符号或标签加以区别。

(4)混合机的合理使用

①适宜的装料。不论对于哪种类型的混合机，适宜的装料是混合机正常工作并且得到预期效果的前提条件。若装料过多，一方面会使混合机超负荷工作，更重要的是过多的装料会影

响机内物料的混合过程，进而造成混合质量下降，装料过少，则不能充分发挥混合物机的效率，也会影响混合质量。所以不论在哪种混合机中，物料的装料程度都应得到有效的控制，这样才能保证混合机的正常工作，并使混合后的饲料满足质量要求。

卧式螺带混合机，其充满系数一般以0.6～0.9为宜，料位最高不能超过转子顶部平面；双轴桨叶混合机的充满系数一般控制在0.6～0.85。

②正确的混合时间。对于分批混合机，混合时间的确定对于混合质量是非常重要的。混合时间过短，物料在混合机中得不到充分混合便被卸出，混合质量得不到保证，混合时间过长，物料在混合机中被过度混合而造成分离，同样影响质量，且能耗增加。

混合时间的确定取决于混合机的混合速度，这主要是由于混合机的机型决定的。如卧式螺带混合机，通常每批3～5 min，其长短取决于原料的类型和性质，如水分含量，粒度大小，脂肪含量等；双轴桨叶混合机的混合时间每批小于2 min；对于转筒混合机，因其混合作用较慢，则要求更长的混合周期。

③合理的操作顺序。在加料的顺序上，一般是配比最大的组分先加入或大部分加入机内后，再将少量及微量的组分置于物料上面。在各种物料中，粒度大的一般先加入混合机，而粒度小的则后加。物料的密度变有差异，当有较大差异时，一般是将密度小的物料先加，后加密度大的物料。

④尽量避免分离。任何流动性好的粉末都有分离的趋势。分离的原因有：

a. 当物料落到一个堆上时，较大粒子由于较大的惯性而落到堆下，惯性较小的小粒子有可能嵌进堆上裂缝。

b. 当物料被振动时，较小的粒子有移到底部的趋势而较大的粒子有移到顶部的趋向。

c. 当混合物被吹动或流化时，随着粒度和密度的不同，也相应地发生分离。

为了避免分离多采取以下几种方法。

a. 力求混合物各种组分的粒度接近，或用添加液体的方法来避免分离。

b. 掌握混合时间，不要过度混合。一般认为应在接近完成均匀之前将物料卸出，在运输或中转过程中完成混合。

c. 把混合后的装卸工作强度减少到最小程度。物料下落、流动或滑动越少越好。混合后的贮仓应尽可能地小些，混合后运输设备最好是皮带运输机，尽量不用螺旋输送机、斗提升机和气力输送装置。

d. 混合机接地和饲料中加入抗静电剂，以减少因静电的吸附作用而发生的混合物分离。

(5)经常检测和维修混合机　就卧式螺带混合机而言，经过一段时间使用后，螺带的磨损、损坏和变形，螺带与混合机壳体之间的间隙增加，都将大大影响混合均匀度。此外，排料门漏料也是影响混合机性能的重要因素之一。为确保饲料产品质量要定期检测混合机的运行性能，及时维修，每半年一次。

综上所述，添加剂预混料生产中的混合过程其实是一个非常复杂的过程，实际生产中一定要引起足够的重视，其生产过程的质量控制涉及许多方面，从原料选择、机器设备的选型，使用操作、混合过程的最佳工艺参数、混合过程的顺序以及人员的操作等。构成了影响预混料产品最终质量的多种因素，只有综合考虑影响产品质量的各个方面，才能保证生产出符合产品质量标准的、满足动物生长所需要的预混料产品。

职业能力和职业资格测试

1. 添加剂预混料生产的基本要求是什么？
2. 简述预混料生产的加工工艺。
3. 预混料生产需要哪些加工设备？

项目 11　噪声和粉尘控制

【项目设置描述】

饲料厂的安全生产是饲料生产中不可忽视的问题。饲料加工中产生的噪声、粉尘以及可能引起的粉尘爆炸等，对环境污染和对生产、人身危害极大。因此，饲料厂必须制订劳动保护条例和安全措施，对主要污染源（如噪声、粉尘）采取必要的防治手段，保障职工的身心健康，保护周围环境不受污染，构建人与自然的和谐相处。本项目主要介绍噪声和粉尘卫生规范与控制措施等。

【学习目标】

1. 理解饲料生产企业进行噪声和粉尘控制对企业安全生产的重要意义。

2. 掌握饲料生产企业粉尘和噪声的卫生规范。

3. 能从饲料生产工艺设计和设备选型配置及车间布置的角度出发，有效降低噪声和粉尘的产生。

任务 11-1　噪声控制

饲料生产的很多环节均会产生噪声，如物料的粉碎、原料的清理以及筛分等。饲料厂的噪声是仅次于粉尘的第二大公害。

一、噪声分类

饲料工厂的噪声来源众多，主要源于生产过程中机械振动、电磁振动、空气振动以及物料的打击、碰撞、摩擦和变形等。尤其在筛选、粉碎、制粒等工序中产生的噪声更大，其噪声量一般都在 85 dB 以上，有的甚至高达 100 dB 以上。

噪声起源很多，工业噪声的类型主要有空气动力性噪声、机械性噪声和电磁性噪声三种。

（一）机械性噪声

机械性噪声是在撞击、摩擦、应变的机械应力作用下，机械高速运转，导致机器内部零部件和液体振动而产生的。各零部件精度不够高、不平衡、装配不妥，以及在饲料的清理、研磨、粉碎过程中，物料与设备，物料与物料之间产生的摩擦、撞击就会产生各种噪声。如粉碎机、破碎机产生的噪声，玉米在金属溜管中流动产生的噪声等。噪声的过度集中，会引起不可忽视的噪声污染，一般在 80～90 dB。

(二)空气动力性噪声

空气在流动过程中，与各种设备发生撞击，产生涡流、冲击或者压力突变导致各种机械装置等产生气流噪声。噪声大小与空压机的转速、叶轮结构的形状、进气和排气管的尺寸和形状有关。饲料厂的气力输送装置、空气压缩机、离心通风机等所产生的噪声属于此类，其中以高压风机产生的噪声为最高。研究表明，粉碎机在空载时的噪声主要由机器振动辐射的固体噪声和空气动力形成的噪声组成，其中空气动力性噪声成为其主要的噪声。

(三)电磁噪声

在电机、电器元件等设备中，电流或磁场的变化导致电机在空气中交变相互作用，引起电枢壳体和铁芯等有关构件的振动而辐射出噪声。如发电机、电动机、变压器、接触器产生的噪声就属于电磁性噪声。对饲料厂来说，不同的设备所产生的噪声亦不尽相同。如风机以空气动力噪声为主，而粉碎机则为空气动力噪声和机械动力噪声兼有。其中，以粉碎机的噪声最强，决定了饲料厂噪声高低。因此，电磁噪声对生产环境和周边环境的污染相当严重。

空气动力性噪声是由气体振动产生的。当气体中有了涡流或发生压力突变等情况时，引起气体的扰动，就产生了空气动力性噪声。离心通风机、空气压缩机、气力输送装置等产生的噪声属此类；机械性噪声是由于固体振动而产生的。在撞击、摩擦、交变的机械应力作用下，机件发生振动，就产生机械噪声。如粉碎机、压粒机等设备产生的噪声；电磁性噪声是由于电器的空气隙中交变力相互作用而产生的。如电机定子转子的吸力、电流和磁场的相互作用等。

噪声污染有两个特点，一是影响范围广，一个噪声很大的饲料厂，夜间工作会把听得见噪声的居民吵醒；二是没有后效，噪声源停止活动后，污染立刻消失。

二、噪声卫生规范

饲料厂的许多设备和装置，如饲料粉碎机、高压离心风机、初清筛、气力输送装置等在工作时产生的噪声量一般为 90 dB，最高达 100 dB 以上，超过了人们的承受能力。噪声对人体健康的影响主要是听力损伤和心血管系统功能失调。目前各国的工业噪声允许标准都以引起听力损伤的临界限度作为基础，表 11-1 是我国企业对工人接触噪声的时间及强度的要求标准。研究表明，噪声和听力损伤之间的关系主要决定于噪声强度和接受噪声的时间。听力损伤大体上与噪声强度呈线性关系。85 dB 以下的噪声，即使对终身职业性暴露者，也一般不致引起听力损伤。听力损伤的临界暴露年限与噪声强度的关系是：噪声强度 85、90、95 及 100 dB 以上时，临界暴露时间分别为 20、10、5 和 5 年以下。

表 11-1 企业工作间的噪声标准

接触噪声时间 /(h/工作日)	新建、扩建、改建企业允许噪声 /dB	现有企业允许噪声 /dB
8	85	90
4	88	93
2	91	96
1	94	99
最高不超过 115 dB		

另外，根据不同目的，噪声标准还可分为三种：为保护听力，噪声应控制在75～90 dB；为保证工作和学习，控制在55～70 dB；为保证休息和睡眠，应控制在35～50 dB。其中低值是理想数据，高值是不容许超过的数值。

三、噪声控制

噪声控制包括三个基本因素，即噪声源、传播途径和接收者。只有对这三个因素进行全面考虑，才能制订出既经济又能满足降噪要求的措施。

合理配置噪声源是噪声控制的一项重要措施。其原则是：安静区与噪声区分开；高噪声与低噪声的设备分开；把噪声极强的设备安置在地下或较偏僻的地方，尽可能地减少噪声的污染。另外，还可采取戴耳塞或防噪声头盔的办法，减少噪声对接收者的危害。

(一)噪声声源控制法

声源控制法首先要确定噪声的发声源，然后再采取方法和措施降低噪声，是噪声控制中最直接、最有效和最经济的方法。降低各主要设备的噪声，可从设计角度如产品设计、制造、安装等多方面考虑。饲料工厂设计者在选择设备型号时，可选取相对噪声较低、性能好的机械设备。但是不同厂家生产的设备由于生产制造工艺和手段不同，而使其性能不一致。而且，对于某些设备如粉碎机、风机等，若要将其噪声降到标准水平以下，花费高昂。因此，饲料工厂可根据本企业的实际情况，有选择性地购买相关的设备仪器，在降低噪声的同时可节省经费。

(二)噪声传播控制法

1. 吸声降噪技术

吸声降噪技术是利用多孔材料，如玻璃棉、矿渣棉、泡沫塑料、毛毡、石棉绒、木丝板、吸声砖等吸声性能较强的材料进行消声、吸声，是工厂最常用的方法。其原理是将吸声材料做成吸声体，安装于内墙壁面和隔声罩内壁以减弱混响声，从而达到降噪目的。吸声的关键在于吸声材料的选择，在实际生产中可根据具体情况，对吸声材料性能和价格进行综合评估并加以选择。

吸声是依靠吸声材料或吸声结构来吸收混响声(对直达声无效果)，这种“吸声减噪”的方法，是控制工业噪声的主要措施之一。吸声材料一般装饰在房间的内表面上，也可把吸声材料做成“空间吸声体”的形式，悬挂在屋顶下。据资料，当空间吸声体的面积占室内地坪面积40%左右时，即可取得与满铺吸声饰面相近的效果。但采用悬挂法时，不应影响设备的布局和采光照明。

2. 隔声减噪技术

隔声减噪技术是采用隔声装置，如砖、混凝土板、玻璃等密实性材料，隔离空气中传播的声波，将声源体封闭起来，从而达到控制噪声传播的目的。目前，饲料工厂多采用集中安置的噪声源如风机等于密闭空间内，以控制噪声扩散。建立隔音间可形成一个小范围的低噪声区，防治噪声效果明显，投资成本较低。因此，建造隔音间来控制噪声污染是行之有效的方法。声波具有反射性，隔声间墙壁可采用隔层空气墙或填充吸声材料的双层墙，使声波产生无规则的反射，降低噪声的强度。隔声间的门、窗，可采用隔层或多层门窗，以减弱噪声与外界的连通。

用壁面把声波遮住和反射回去，把噪声源与接收者分隔开来的措施叫隔声。隔声是依靠材料的密实性，利用声能的反射而隔声。坚实厚重的壁面对空气噪声和固体噪声的隔离效果较好。隔声的办法，一般是用隔声罩把噪声源密闭。但有时为了维修方便或有利于机器设备的散热通风，也可用隔声屏障将噪声屏蔽起来，使噪声源向声屏障后面辐射的声能降低。或者在最吵闹的车间建立控制用的隔声间，保护操作者不受噪声干扰。

隔声结构的种类很多，有单层墙、两层空气墙或充填吸声材料的双层墙等。这要视隔声要求而定。对于饲料厂的粉碎机组、高压离心风机等噪声源，一般选用单层密实均匀的隔声结构件已能满足要求。

3. 隔振降噪技术

隔振降噪是在振源与设备之间设置具有弹性性能的隔振装置，隔断振源所产生的大部分振动，减少振源对设备的干扰。其通过消除振源与基础件之间的连接，解决由于振动而引起的噪声。减振装置种类繁多，有螺旋弹簧、钢板弹簧、圆柱弹簧、回纹钢弹簧、圆锥弹簧等。其中钢弹簧减振器是最常用的减振器之一，其优点是有很低的固有振动频率、较大的静态压缩量，而且耐高温，耐油污，经久耐用，可承受较大的荷载，性能稳定。

隔振是把传来的振动波，通过反射等措施使其改变方向或减弱。隔振装置有隔振橡胶、弹簧、空气垫、缓冲器等。减弱从振源传到基础上的振动叫作积极隔振，减弱从基础传到怕振仪器上的振动叫作消极隔振。

减振处理是把振动产生的机械能转化为热能而被吸收，使振动受到限制。这种振动能量的损耗作用称为阻尼。阻尼材料包括沥青、橡胶以及一些高分子涂料等各种材料，它们具有内摩擦、内损耗大的特性。适宜于防治由鼓风机、气力输送管道等各种装置的薄板外壳辐射出的固体噪声。为取得满意的减振效果，阻尼涂料的涂敷厚度一般应为金属薄板厚度的 2 倍以上。

目前，饲料工厂通常在粉碎机、颗粒机等主要设备下面安装橡胶减振器或橡胶弹性垫，在气力输送系统和除尘风网系统的刚性管道上设置用帆布或人造革或橡胶短管制作的柔性连接件，以及在各种管道穿过建筑物墙板时用泡沫塑料等材料包裹衬垫隔离，可大大降低其通过空间传递过来的噪声。

4. 消声器

消声器是利用声音的吸收、反射、干涉等措施达到消声目的的装置。消声器只对空气噪声有效。对消声器的要求是：消声量大、空气动力性能好（阻力小）、体小耐用价廉。消声器一般可分为三类：阻性消声器、抗性消声器和阻抗复合消声器。

如饲料厂中饲料粉碎机的负压吸风系统、冷却器的风机、除尘系统的风机等，在风机出风口可以设置消声器，降低噪声。

（三）声源受体控制技术

声源受体控制技术是基于在噪声环境下的工作者而言，主要通过从业者本身的个人防护以达到防止噪声对人体健康造成不良影响的方法。对于在声源和传播途径上无法采取措施，可采取个人防护措施，主要是保护听觉器官的措施，减小噪声对人体的危害。常用的个人防护装置有耳塞、防声棉、耳罩等形式。此外，操作人员可在遵循工厂相关规章制度的前提下，尽量减少直接接触噪声的时间。维修工人应经常对设备进行检查与维护，以保证机器设备能够平稳地运行。有条件的饲料工厂可安装噪声计，使工人随时了解生产车间的噪声环境状况，提高工人环境自我保护意识。

任务 11-2 粉尘控制

能在空气中悬浮一定时间的固体粒子叫作粉尘。分散于空气中的粉尘,一般以一种不均质、不规则和不平衡的复杂运动状态存在。饲料厂的粉尘大多数具有有机、无毒、可燃的特点,且浓度高,具有一定爆炸危险性。饲料生产的许多环节均会产生粉尘,如物料的输送、混合、破碎、筛分等。粉尘不但会严重影响车间职工的身体健康,而且会造成电器设备故障,甚至会引发粉尘爆炸。必须采取有效措施对粉尘进行控制。

一、饲料粉尘的概念及来源

粒径小于 10 μm 的粉尘,一般在气流的作用下能长期飘浮在空中,称为飘尘;粒径大于 10 μm 的粉尘容易沉降,故称为降尘。国际标准化组织规定,凡粒径小于 75 μm 的固体粒子的悬浮体称为粉尘。饲料粉尘可定义为:在饲料生产过程中产生的一种细小的能在空气中飘浮的有机质固体微粒,粒径小于 75 μm,且含有淀粉、蛋白质、纤维素与灰分等。

在饲料的产、购、销、储、运等环节,特别是在饲料生产的清理、提升、散落、平整过程中,不可避免地产生大量粉尘。一般认为,饲料粉尘来源于两个方面:一是纯粹的饲料粉尘,是饲料生产过程中产生的,其数量与生产方法、过程及品种有关;二是伴生的粉尘,是在饲料原料或成品在运输过程中,由于饲料原料或成品之间的相互作用,如摩擦、挤压及装卸过程中机械破坏而产生的。

饲料粉尘的污染源于尘化作用,所谓尘化作用是指任何粉尘都在自然力或机械力的作用下,使尘粒从静止状态变成悬浮于周围空气中的作用。研究表明:机械作用力、重力和布朗运动对尘粒的影响较小,甚至可以忽略不计,而起决定性作用的是空气流动速度。生产过程中产生的粉尘,是由于空气流动而引起的粉尘飞扬过程,即由一次尘化和二次尘化作用形成的。

二、粉尘分类

按粉尘的成分可分:无机粉尘(如石英、水泥、金属等)、有机粉尘(如谷物、毛发、炸药等)和混合性粉尘。按粉尘的颗粒大小可分:①可见粉尘:其粒径大于 10 μm,在静止的空气中能呈加速度沉降,用肉眼可辨出;②显微粉尘:其粒径为 0.25～10 μm,在静止空气中呈等速沉降,需在普通显微镜下分辨;③超显微粉尘:其粒径小于 0.25 μm,悬浮在静止的空气中,它们只能随空气分子作不规则的布朗运动,需在超倍显微镜或电子显微镜下才可分辨。

为检验工作区的粉尘浓度是否达到国家卫生标准,有必要对粉尘浓度进行测定。我国常用粉尘浓度测定方法是滤膜测尘法。此法具有操作简单、精度高、费用低、易于推广等优点。

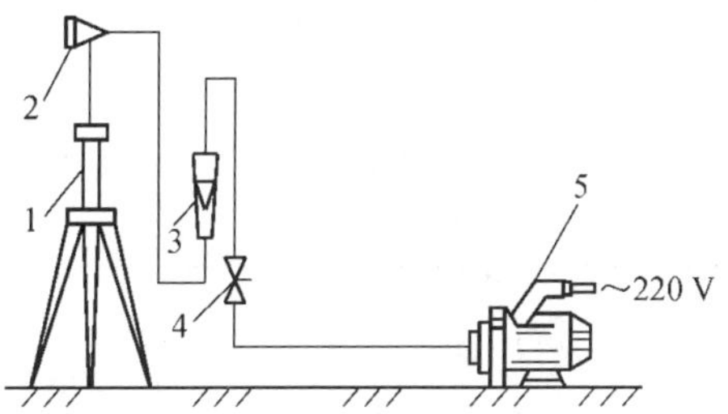

图 11-1 滤膜测尘系统

1. 三脚支架 2. 滤膜采样头 3. 转子流量计 4. 调节流量螺旋夹 5. 抽气泵

滤膜测尘装置(图 11-1)是由滤膜采样头、流量计和调节装置及抽气泵等组成。当抽气泵开动时，工作区的含尘空气通过采样头被吸入，粉尘被阻留在滤膜表面上。根据滤膜在采样前后增加的质量(即被阻留的粉尘质量)和采样的空气量，就可算出空气中的粉尘浓度 (S)。

$$S=(W_2-W_1)/Q_N$$

式中，W_1、W_2 分别为采样前后的滤膜质量(mg)；Q_N—标准状态下的采气量(mg)。

平滤的直径一般为 40 mm，膜孔(滤料)直径 1.2～1.5 μm，适用于粉尘浓度<200 mg/m³的工作区，当粉尘浓度更高时，可采用大直径(75 mm)滤膜折叠成滤斗形夹在滤膜夹内。通常用转子流量计测定采样抽气量。抽气速度 Q 一般控制为 10～13 L/min，采样时间 T 为 10～20min。则测得的总抽气量 $Q=T\cdot q/1\ 000\ \mathrm{m}^3$ 换算成标准状态的空气量 Q_N。

三、粉尘爆炸

当有机物粉尘在空气中达到一定浓度，它与空气中的氧气具有极大的接触表面，一旦因偶然事故发生燃烧，其蔓延就非常迅速。由于强烈燃烧而产生的大量气体和热量在一瞬间来不及散开，使局部压力猛增，发生爆炸。如果措施不当，会在整个饲料厂发生连续爆炸。饲料厂的粉尘燃烧与爆炸，必须同时具有四个条件：

1. 适当的粉尘浓度

易燃粉尘只有在一定的浓度下，尘粒间的距离短到可以彼此相互引燃，并使热量的积累足以引起爆炸；据资料，当面粉在 1 m³ 的空气中悬浮 15～20 g 时，最易爆炸。特别是 10 μm 左右的粒子，当浓度为 20 g/m³ 时，危险性最大。这一浓度相当于看 2 m 外的物体模糊不清。达到粉尘爆炸的最低浓度称为爆炸下限。根据有关试验资料，粉尘爆炸危险浓度的下限值见表 11-2。

表 11-2 粉尘爆炸危险浓度的下限值

	粉尘类型	最低可爆炸浓度/(g/m³)	粉尘的灰分/%
筒仓库	火车卸料坑粉尘	271	48.0
	工作塔底层设备粉尘	113	30.0
	筒仓下层的粉尘	41	14.0
	筒仓上层的粉尘	62	32.1
	提升机机头的粉尘	150	42.6
	称重层粉尘	54	11.5
	分配层粉尘	87	13.0
制粉厂	小麦粉	25.3	4.0
	小麦细粉	17.0	4.3
	粉尘	17.0	16.7

2. 足够的氧气

粉尘爆炸要有足够的氧气。如果粉尘浓度过高，氧气的数量就相对少，氧气不足不会造成爆炸。因此粉尘爆炸浓度有一个最高的界限，即粉尘在空气中的浓度为 65 g/m³。粉尘浓度超过此界线，一般就没有爆炸危险。如堆积的面粉就不容易燃烧和爆炸。

3. 火源

有点燃粉尘氧气混合物的火源因素。这些因素包括机械摩擦、撞击等产生的热源，电机等各种电器过热、短路、闪电放电、雷击等带来的火花以及管理不善造成物料结块自燃、抽烟等。

4. 封闭空间

粉尘爆炸需要一个有限的封闭空间。易燃粉尘与氧以适中的浓度混合，即使点燃它，如果没有一个有限的容量，就不会形成大的压力，粉尘也不会爆炸。

四、粉尘卫生规范

粉尘问题也是饲料厂环保工作的重点。粉尘易使环境污染，影响人的身体健康。长期吸入过多的灰尘，会引起鼻腔、咽头、眼睛、气管和支气管的黏膜发炎。粉尘越细，在空中停留的时间越长，被吸入的机会越多，对肺组织的致纤维化作用也越明显，是造成尘肺、矽肺等疾病的直接原因。粉尘还能加速机械的磨损，影响生产设备的寿命。粉尘落到电气设备上有可能破坏绝缘或阻碍散热，易造成事故。灰尘排至厂外，会污染厂区周围的大气，影响环境卫生。在条件具备的情况下，粉尘还会出现燃烧或爆炸事故，它具有很大的破坏性。

我国现行的《工业企业设计卫生标准》规定，在生产无毒粉尘的车间空气中，最高允许浓度为 10 mg/m^3；对于居住区大气粉尘的最高允许浓度规定为，粉尘的自然沉降量，在当地清洁区基础上容许增加的数值不超过 3 $t/(km^2 \cdot 月)$。此外，饲料厂的有机物粉尘，通常都属于易燃易爆的范围，其最危险的浓度是 15～65 g/m^3，或者形成这种混合物的可能性数量，超过该封闭空间体积的 5%。因此，对饲料厂还需制订专门的防燃防爆安全措施。

五、粉尘控制

(一)防尘措施

防治粉尘在室内扩散的最有效方法是：直接在尘源处进行收集，经除尘器净化后排至室外。这种通风除尘方法称为局部排(吸)风。该网络主要由吸尘装置、风管、除尘装置和通风机等设备组成，如图 11-2 所示。采用通风除尘网络，要做到“密闭为主，吸风为辅”。这有两层意思；一是把产生粉尘的机器设备尽可能进行密闭，然后根据需要合理地安装吸尘装置，以便控制气流和吸除粉尘；二是如果吸风过大，会在室内形成真空，产生负压，造成从真空度比房间小的设备部分排出大量粉尘。主要的防尘措施有如下几个方面。

①设计合理的吸尘装置(合理通风量、管道风速、进风和出风速度、静压及吸尘点处捕尘风速等)，合理安装和布置吸尘系统，在投料口、粉碎室、小料添加口、料仓群、斗式提升机处、冷却器以及打包处等，应设计吸风点且并入组合风网。使用中加强管理和维修(如定期清除积尘，防止堵塞和漏风，每日监测袋式除尘器分压变化等)。

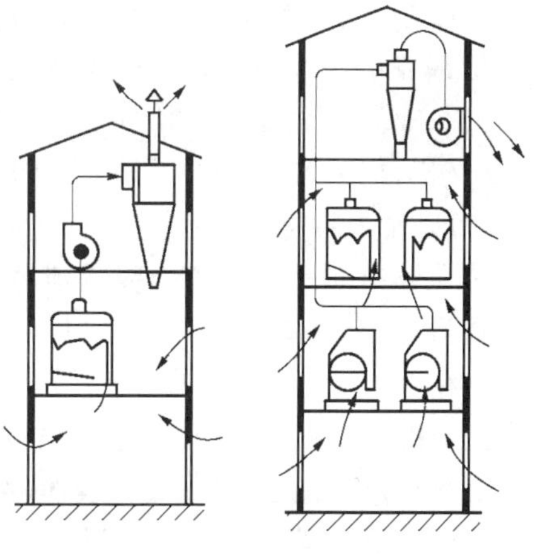

(a)　　(b)

图 11-2　通风除尘网络

(a)单独通风除尘网络　(b)集中通风除尘网络

②密闭除尘设备和设施，防止粉尘外溢。

③简化物料流动（特别是添加剂预混料和配合饲料），减少物料自由落入料仓（或其他容器）的次数和落差，以减少粉尘形成的机会；在保证要求物料粒度（包括微量组分）条件下，避免物料过度粉碎，以达到降低物料尘化和抑尘的目的。

④提高除尘设备的效率，以免使已收集的粉尘扩散。

⑤确保所有设备接地良好，并在粉料中喷入液体（如添加1%～3%的油脂），以减少或避免静电蓄积而导致微量组分尘化和分离。

⑥除密闭输送外，尽量减少气力输送粉料，而采用其他机械输送。

⑦通过成型或液体降尘剂，防止成品在一切操作过程再度出现粉尘和分离。

⑧用吸尘器等清理已沉积在地面、机器上的粉尘，防止二次尘化。

（二）粉尘防爆

饲料厂是比较容易发生粉尘爆炸的部门之一。据资料，各部门粉尘爆炸次数的情况统计，配合饲料厂占48%。在饲料厂中，筒仓和料仓、斗提机和吸风系统的爆炸次数占75%，其相应比例各为40%、20%、15%。爆炸原因多数是由于电焊、气焊或其他明火作业引起的。为防止粉尘燃烧爆炸，提出下列要求。

1. 建筑设施的防爆要求

（1）建筑布局

①饲料厂的生产区、生活区要分开，在生产区设置专门的吸烟室；

②生产性房间尽量做成小车间，并在它们之间安置保护通道；

③为防止从机动车辆中排出的气体成为粉尘混合气的燃烧源，在装卸散装饲料点建造倾斜平台（图11-3），装卸产生大量粉尘时，可以不启动发动机而顺坡离开。

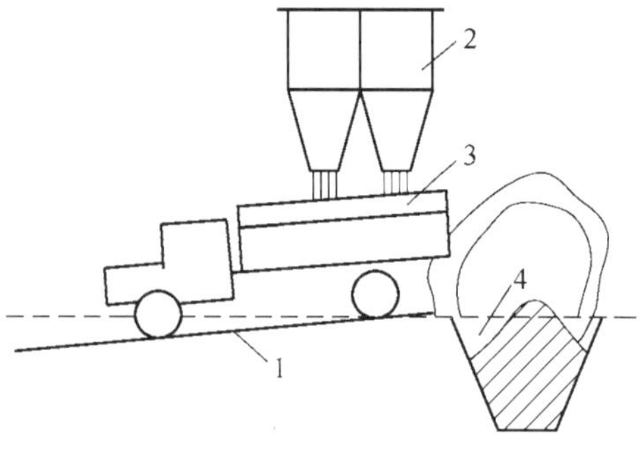

图11-3 倾斜平台的使用

1. 倾斜平台 2. 卸料斗 3. 汽车料斗 4. 粉尘空气混合区

（2）建筑结构

①每个生产性房间安装易脱落的保护结构。易脱落件的面积和房间体积之比不小于0.03 m^2/m^3，覆盖易脱落件的重量不大于120 kg/m^2，门和窗户做成易向外打开而不被破坏时，可以作为易脱落件的补充。

②在楼梯间和升降机中装设泄爆孔，泄爆孔需布置均匀。

③在生产性房间，不应设计在上面易沉积粉尘的突出建筑结构。由于工艺原因必须采用这样的结构时，突出部分与水平的倾斜角不应小于60°。

④料仓、楼板以及房中墙的表面、梁、柱等要做光滑，建筑结构中的结合点，要做平整，墙与墙之间的夹角做圆，不留下沉积粉尘的空穴。房间内表面最好染上与粉尘的色泽有区别的色调。

2. 工艺、设备的防爆要求

由于设备运动机件的摩擦和发热，当管理、维修不善或运动机件有毛病时，可能很快过热，因此，要采取相应措施，例如，在斗提机和胶带输送机的被动轮上安装速度继电器等自动控制的连锁装置，防止传动带打滑、摩擦造成胶带发热。

为防止原料内的金属及其他异物进入设备中因碰撞摩擦而产生火花，引起粉尘燃烧和爆炸，在饲料加工工艺中，必须安装清选机和磁选机。

由于悬浮在空气中的易燃粉尘产生的静电电压可达到3 000 V以上，在一定条件下，静电放电会点燃粉尘，引起爆炸。因此，对于绝缘材料的橡胶织物的输送带、塑料制造的风管、气力输送管等，要安装金属防护网等措施，并保证各种机器设备安装在地上。

在工艺设备中，合理使用泄爆保护装置（图11-4）是安全措施之一。泄爆管与机器或机组的专门洞眼连接，它不小于0.028 5 m^2/m^3 被保护设备的内部体积。泄爆管的孔用易破坏的隔膜（如牛皮纸）密封。当发生爆炸时，隔膜破坏泄压，从而保护了设备。泄爆管一般用有弹性的、紧固的、不易燃烧的、厚度不大于0.04 mm的铝片或铜片制成。泄爆管尽可能短而直，弯管弯的角度不大于15°，以减少其阻力。因为泄爆管的阻力越小，爆炸时机器内部压力增长越小。不准把几根泄爆管连接在一个集流管中，以免一台机器发生爆炸而传播到其他机器中。

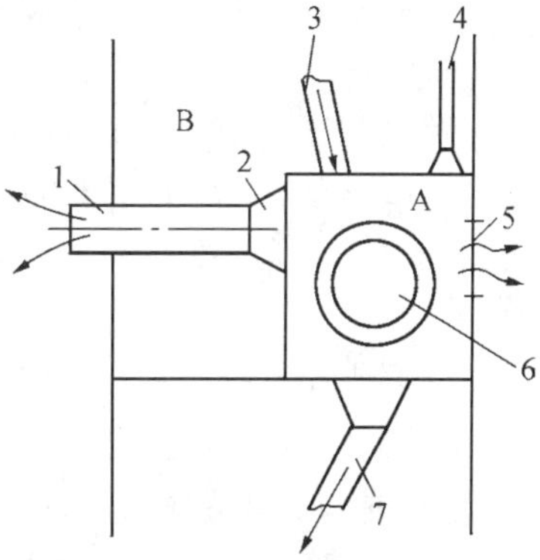

图11-4 安装泄爆管保护设备

1、3. 溜管 2. 泄爆管薄膜
4. 泄爆管 5. 作业机械组成部分
6. 房间通向室外出口上的薄膜
7. 吸风管 A. 机器 B. 房间

机器设备一般涂上不燃烧的油漆，在离心除尘器、料仓、风管、斗提机的进料口处等要装设挡火器，防止火势蔓延。

3. 电器的防爆要求

电气设备、电气通风系统符合安全规范，都必须选用防爆型和接地装置，防止电机过热、电线漏电和短路而起火。高大建筑物安装避雷针。

由于普通照明电器上易沉积粉尘，造成灯泡温度升高可能形成火源。因此，要采用有保护的照明装置，保护罩和垫圈一起安装。对于可携带光源，应具有不传播爆炸的性能，其玻璃罩应用金属网保护。

4. 有火作业的防爆要求

在饲料加工企业中，几乎有1/3的粉尘爆炸是违反规范而进行明火作业发生的。进行明火作业前，应做到以下四点：①操作人员要有在生产性房间进行明火作业的许可证，并严格遵守安全操作规程；②完全停止全部机器的工作；③仔细清除房间中的粉尘，包括墙、天花板、机械设备和管道内外的粉尘；④关闭风管、通风井以及设备的检查孔和洞眼。

加强对工作人员的培训，是防爆的根本措施。全体工作人员应熟悉除尘的办法、可能着火的火源、爆炸保护和挡火装置、疏散办法等，应遵守安全管理的规章制度，才能有效地防止粉尘爆炸。

六、吸尘与除尘设备

（一）吸尘装置

饲料厂的吸尘装置，主要用来吸除粉尘，有时也用来完成某些工艺任务，如降温、吸温和分离杂质等。

1. 设计、选用吸尘装置的原则

吸尘装置是通风除尘系统中的重要组成部分，在选择和设计吸尘装置时应考虑以下几点：

①吸尘装置应尽可能使尘源密闭，并缩小尘源的范围。密闭装置要避免连接在振动或往复运动的设备上。

②吸尘装置的吸口应正对或靠近灰尘产生最多的地方，吸风方向尽可能与含尘空气运动方向一致，但为了避免过多的物(粉)料被抽出，吸口不宜设在物料处在搅动状态的区域附近(如流槽入口)，或粉料的气流中心。吸风罩的收缩角一般不大于 60°，保证罩内气流均匀。

③吸尘装置的形式不应妨碍操作和维修，对于密闭装置可开设一些观察窗和检修孔，但数量和面积应尽量小，接缝要严密，并躲开正压较高的部位。与吸尘罩相连的一段管道最好垂直敷设，以防进入物料造成堵塞。

④为防止吸走原料和其他物料，吸口面积应有足够尺寸，使吸风速度降低。吸风口速度：对于谷粒 3～5 m/s；对于粉料 0.5～2.5 m/s。

⑤高浓度微量组分宜用独立风网，它的吸风沉降物料不宜直接加入混合机内，应稀释后或采用小比例(1%～2%)加入。对从大容积密闭室或存仓吸风时，可不设吸风罩，将风管直接插入即可。

⑥所需风量，在满足控制灰尘的条件下尽量减少，以节约能耗，并防止房间形成真空。

2. 吸风罩

吸风罩有两种形式：一为密闭式，另一为敞口式。

(1)密闭式　它是防尘密闭罩与吸风罩相连，其特点是把尘源的局部或整体完全密闭，将粉尘限制在一个有限的空间内。如斗式提升机，它的粉尘主要产生于底座，一方面畚斗畚取物料时与其发生摩擦、翻动；另一方面通过溜管和提升机流入大量的诱导空气，使座内空气压力升高，造成粉尘从缝隙中逸出。为了防尘，可安装吸尘装置，其结构是在两管之间的底盖上装设吸口的吸风管。为了减少诱导空气，可在溜管中装设一个自由悬挂的活门，它能根据物料的多少而自动启闭。

(2)敞口式　由于工艺条件等各方面的限制和要求，机器装置无法密闭时，就只能把吸风罩设置在尘源附近(上部、下部或侧面)；依靠负压吸走含尘空气。如主、辅料的投料口就无法密封，则可做成敞口式的吸风罩。

吸尘速度是指克服尘源散发粉尘扩散力再加上适当安全系数的风速。只有当吸风罩的风速大于吸尘速度时，才能把粉尘吸入到罩内。

(二)除尘装置

从气流中将粉尘颗粒分离出来的装置称为除尘器。饲料厂的粉尘，有的是饲料，有的是危害人体健康的无机灰尘。因此，饲料厂的除尘装置既是环境保护设备，又是生产设备。按照作用力的不同除尘装置可分为重力除尘、惯性力除尘、离心力除尘、过滤除尘、声波除尘等多种类型，其性能见表 11-3。

表 11-3 除尘器性能比较

除尘器类型	除尘效率/%	最小捕集粒径/μm	阻力/Pa	能耗/(kJ/m³)
重力沉降室	<50	50～100	50～130	
惯性除尘器	50～70	20～50	300～800	
通用离心除尘器	60～85	20～40	400～800	0.8～1.6
高效离心除尘器	80～90	5～10	1 000～1 500	1.6～4.0
袋式除尘器	95～99	<0.1	800～1 500	3.0～4.5
电除尘器	90～98	<0.1	125～200	0.3～1.0

现就饲料厂目前采用最多的离心式除尘器和袋式除尘器分述如下。

1. 离心式除尘器

离心式除尘器又称离心分离筒、集料筒、旋风除尘器、沙克龙。

离心式除尘器是利用离心力将高速混合气流中粉粒与空气分离的装置，其结构简单、本身无运动部件，如图 11-5 所示。它捕集或分离 5～10 μm 以上粉尘效率较高，但处理 1.0 μm 以下粉尘的除尘效率低。通常用作粉气混合流的集料装置或在除尘效率要求高的除尘系统中，用作第一级除尘设备。工作时，含尘气流以 10～25 m/s 的流速由入口进入分离筒，气流将由直线运动变为圆周旋转运动，旋转气流将围绕着圆筒螺旋向下，含尘气流在旋转过程中产生离心力，粉尘在其离心力的作用下，被甩向筒壁，粉粒便失去惯性力，由于重力作用将沿筒壁面下落至锥体底部，经叶轮排出。

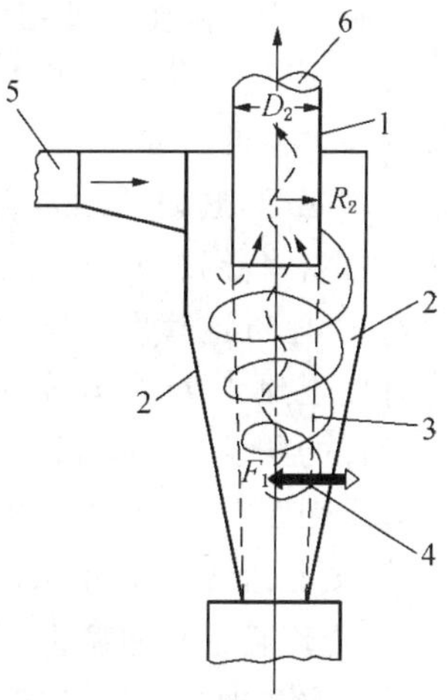

图 11-5 分离筒的分离原理

1. 内筒 2. 外筒 3. 假想圆筒 4. 粒子 5. 入口 6. 排气口

2. 袋式除尘器

袋式除尘器主要采用滤料（织物或毛毡）对含尘气体进行过滤，将粉尘阻挡在滤料上，以达到除尘的目的，其结构如图 11-6 所示。过滤过程分为两个阶段，首先是含尘气体通过清洁滤料，这时起过滤作用的主要是纤维。其次，当阻留的粉尘量不断增加，一部分嵌入滤料内部，一部分覆盖在滤料表面，而形成粉尘层，此时含尘气体的过滤主要依靠粉尘层进行的。这两个阶段的效率和阻力有所不同。对饲料工业用的袋式除尘器，其除尘过程主要在第二阶段进行。

袋式除尘器的主要优点有：①除尘效率高，特别是对细微粉尘（5 μm 以下）也有较高效率，一般在 99%以上，经除尘后的空气含尘浓度常小于 0.1 mg/m³，可以回到车间再循环；②工作稳定，便于回收干料；③一般不会被腐蚀。其缺点是：①滤袋中的粉尘浓度可达到爆炸的浓度，此时若有明火进入易发生爆炸事故；②体积大，占地面积大，设备投资高；③换袋的劳动条件较差；④不宜处理湿粉尘。

决定除尘器的性能是滤袋和清灰机构，简介如下。

(1)滤料及滤袋性能　为提高滤尘性能，需选择适合滤袋材料，如工业涤纶绒布、毛毡以及新材料聚四氟乙烯（滤膜）等是很好的滤袋材料。滤袋一般占设备费用的 10%～15%，需定期更换。滤袋的除尘效率还与过滤风速有关，过大过小都不利，通常在 0.9～6.0 m/min 范围内选用。在运行中要保持滤袋完整，否则，在一个滤袋上出现小孔，除尘效率将急剧下降。为解决静电荷积聚问题，可在滤料中掺入导电纤维。据资料，滤料中只要有 2%～5%的这种纤维，就能防止静电积聚。滤袋通常做成圆形，袋径为 120～300 mm，长为 200～3 500 mm，袋间间距不小于 50 mm。

(2)振打清灰装置　对滤袋进行清灰的振打装置有机械振动式、反吹风式和脉冲式等多种。现代饲料厂多采用脉冲式。

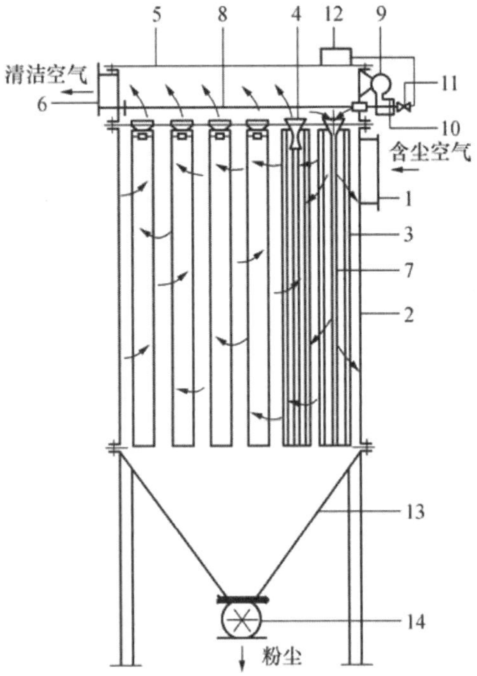

图 11-6　喷吹脉冲袋式除尘器

1. 进气口　2. 中箱体　3. 滤袋　4. 文氏管　5. 上箱体　6. 排气口　7. 框架　8. 喷吹管　9. 气包　10. 脉冲阀　11. 控制阀　12. 控制器　13. 灰斗　14. 卸灰阀

举例：脉冲袋式除尘器的使用与维护。

①脉冲袋式除尘器使用中注意的问题。

A. 合理选配风机和电机。风机和电机是脉冲袋式除尘器的主要部件，它们的选型必须与除尘器要求匹配，选型基础是必须满足除尘器的用风量，不然，将导致袋式除尘器运行效果不良。

B. 合理布置管网。除尘管道的布置方式在一定程度上制约着除尘效率的提高。在空间及场地允许的条件下，尽量以垂直管道代替水平管道。如果因工艺场地等条件限制必须铺设水平管道，则要在水平管道处安装清灰孔，定期清理积灰，否则将严重影响除尘风量的提高。

C. 合理确定脉冲喷吹参数。脉冲喷吹清灰参数是脉冲袋式除尘器有别于其他类型袋式除尘器的主要地方，脉冲喷吹清灰的参数有：喷吹压力、喷吹间隔、喷吹时间、压缩空气耗量，如果这些参数选择设计不当，将直接影响到清灰效果和除尘效率。

D. 合理选择滤袋材料。脉冲袋式除尘器的捕集粉尘能力主要是依靠滤料上形成的粉尘层。滤布则主要起着形成及支撑粉尘层的作用。一般来说，袋式除尘器滤料应满足以下条件：过滤性能好，阻力低；质地均匀，尺寸稳定，机械强度高，使用寿命长；化学稳定性好，耐酸耐碱，耐较高温度，抗氧化；原料来源广泛，价格较便宜。

E. 加强日常检测与监控。除尘器每个通风除尘系统都要安装和配备必要的测试仪表，在日常运行中要定期对除尘器有关参数进行测定并做好记录，以便掌握其工作状态和进行适当的调整。

F. 避免安全事故。袋式除尘器在运行时要特别注意燃烧和爆炸事故发生，并采取相关的预防措施。在处理燃烧气体或高温气体时，常常有未完全燃烧的粉尘、火星、易燃烧和爆炸性气体进入袋式除尘器之中，有些粉尘具有自燃的性质或带电性，同时大多数滤料的材质又都是易燃烧、摩擦易产生积聚静电的，在这样的运转条件下，存在着发生燃烧、爆炸事故的危害，这类事故的后果往往是很严重的。所以应妥善考虑和采取有效的防火、防爆措施。

G. 防止结露发生。滤袋结露是多数袋式除尘器的通病，危害甚大。所谓结露是指含湿空气在一定的气压和温度下析出饱和水分的现象，析出水分的温度点称之为露点。滤袋结露受潮后，致使灰尘不是松散地而是黏糊地附着在滤袋上，把织物孔眼堵死，造成清灰失效，除尘器压降过大，无法继续运行，甚至产生糊袋无法除尘。

H. 正确操作和维护。按规范操作和维护是提高袋式除尘器使用性能和寿命的重要途径。

②脉冲袋式除尘器常见故障与排除措施。

A. 滤袋压差过高。除尘器滤袋压差过高是指滤袋内外压力差超出了在线监测压力表的测量范围。滤袋压差的升高易造成以下问题：a. 导致系统处理粉尘的能力明显下降；b. 容易造成输灰管道的堵塞；c. 导致风机长期在高频状态下工作，增加了系统的电能消耗。除尘器滤袋压差升高的主要原因有：a. 含尘气体温度过高，且系统未采用任何保温绝热措施，使得管道、除尘器中的粉尘与外界环境存在较大温差，发生热交换降温而析出水蒸气，出现结露，增加了粉尘的湿度和黏性，应采取保温绝热措施。b. 脉冲喷吹系统相关参数设置不当，除尘器清灰效果差。如滤袋脉冲喷吹的时间间隔过长、脉冲喷吹宽度过短、压缩空气压力过低，造成滤袋张度降低，滤袋上的粉尘也堆积过厚。应重新设置脉冲喷吹系统相关参数。c. 滤袋材料与粉尘特性不匹配，造成部分气孔被堵塞。d. 除尘器的除尘负荷以及滤料的过滤风速过高。

B. 滤袋破损。脉冲袋式除尘器是利用除尘布袋的过滤作用将含尘气流净化的，因此布袋的完好情况直接关系到净化效率。应选择耐磨、耐腐蚀的滤袋材料，提高滤袋的使用寿命是解决问题的有效方法。另外，要定期检查除尘布袋磨损情况，发现破袋现象应及时处理，小的破孔可进行黏合和缝补，尺寸大的则要进行更换。

C. 除尘器漏风。主体设备和管网的密闭效果是影响脉冲袋式除尘效果一个不可忽视的因素。袋式除尘器用负压操作，如果主体设备及壳体和管道的连接处密封不严，其一，漏出除尘风，将使实际风量减小，影响除尘效果的提高；其二，漏入冷空气，将增加含尘气体处理量和使含尘气体温度降低而出现冷凝水，这二者都会使含尘气体露点发生变化，导致结露产生。另外，控制气管、换向阀、提升阀之间的连接软皮管老化、破损漏气也不容忽视，漏气会导致提升阀因得不到所需的压缩空气，不能及时提起或关闭，造成整个系统不畅，出现除尘器进、出口负压差波动较大的情况，使除尘器工作不正常，如发现这类问题，应及时更换皮管。

D. 脉冲气源不佳。压缩空气的质量是脉冲袋式除尘器稳定运行的关键，高压风的质量影响除尘效果有三个方面的表现：一是高压风供风量。正常情况下，每个脉冲阀工作所需的高压风量如满足不了要求，则不能正常清灰，导致除尘器“糊袋”。二是高压风压力。在除尘布袋清灰瞬间，只有布袋内压力大于布袋外压力（除尘器内负压）3～5 倍，才能使布袋正常清灰。三是必须保证高压风干燥清洁。一般空压机直接供给的高压风含有一定的水和油渍，如不及时将水排出，所含水分随高压风喷吹进入除尘布袋，势必造成布袋表面结成厚厚的“粥”状粉尘层，从而导致除尘布袋报废。

E. 脉冲阀工作不正常。脉冲阀、控制仪是脉冲袋式除尘器必不可少的重要附属设备，主要担负着除尘布袋的清灰工作，以维持除尘器长期而稳定地运行。如果脉冲阀、控制仪工作不正常，其直接表现为“糊袋”，从而使除尘系统阻力增加，除尘效果明显降低。电磁脉冲阀漏气是最常发生的故障，主要原因有：a. 电磁脉冲阀的气压平衡孔堵塞。安装压缩空气管道时没有把管道内的铁锈和焊渣等异物清理干净,或者压缩空气含有较多的油渍和水。b. 电磁脉冲阀膜片损坏。出现电磁脉冲阀漏气时,从以下几个方面查找原因并采取措施。a. 把储气罐上的排水阀打开,对其吹气以便排出管道内的铁锈和焊渣等异物。b. 更换电磁脉冲阀的双膜片。膜片对脉冲阀压缩空气起到密封作用,使用时间过长,易发生老化,起不到密封作用。更换时需注意磨片上的小孔是否透气,安装后一定要保证透气。c. 更换用于压紧膜片的弹簧,由于长时间、高频率使用,会使弹簧弹力减弱,难以压紧膜片而造成漏风。d. 更换电磁脉冲阀磁铁的连接弹簧。弹簧容易生锈,生锈后因弹力不够,使得电磁脉冲阀断电后电磁铁无法弹起,造成电磁脉冲阀气孔持续漏气。

F. 提升阀工作异常。提升阀工作异常主要表现在:a. 阀板脱落;b. 气缸不动作或动作不到位。阀板脱落主要是由于阀板在气缸丝杠上的位置调整有点偏下,气缸运行到下止点时,阀板变形严重。长时间阀板中心孔周围便出现龟裂,造成阀板脱落。处理方法是将阀板位置朝上调,使气缸运行到下止点时,阀板产生轻微形变(3～5 mm)即可。气缸不动作可能是二位五通阀排气孔堵死或是二位五通阀内部进入粉尘或异物,造成阀芯无法动作。可采用煤油清洗并用润滑脂润滑的方法排除,在清洗时必须注意内部小配件的丢失,按照正拆反装的方法进行。气缸动作不到位多半是气缸内部故障造成,主要是气缸内积水和气缸活塞漏气。

【知识拓展】

通过调查,收集资料,了解目前饲料生产企业采用哪些先进的噪声控制技术和除尘技术。

职业能力和职业资格测试

1. 噪声的控制技术有哪些?各有什么特点?
2. 饲料厂粉尘控制的技术是什么?
3. 饲料厂粉尘爆炸的条件有哪些?防止粉尘爆炸的措施有哪些?
4. 饲料厂的吸尘、除尘设备有哪些?其吸除粉尘的原理是什么?

项目 12 饲料厂自动控制

【项目设置描述】

我国饲料加工生产过程的自动化控制水平已经达到了国际同行业先进水平，具体体现在单机设备控制和生产过程控制。在单机控制方面，逐步形成了计量称重设备控制仪表的系列化、标准化及通讯网络化。主要关键性加工设备（如粉碎机、制粒机）机电一体化控制技术的研究及应用也有所进展，初见成效。现场检测装置由单一的料位器，发展到防堵、跑偏、测速等现场保护装置，检测精度、稳定性及信号传输方式都在不断更新。在生产过程自动控制方面，发展到包括全厂生产过程在内的所有设备都采用可编程序控制器实现自动化连锁控制，主要的单机设备及配料环节采用智能化仪表实时控制，并在此基础上，将可编程序控制器、智能化控制仪表通过数据通讯的方式与上位机联网，在上位机上实现全方位的生产过程监控与管理。

【学习目标】

1. 了解工业生产中自动控制的一般原理及 PLC 自动控制系统的特点。
2. 熟悉饲料生产过程中的自动控制方式。
3. 能掌握饲料生产中粉碎机、油脂添加及制粒工序自动控制系统的工作特点与操作。

任务 12-1 饲料生产的自动控制

一、自动控制的一般原理

在工业生产中，有很多诸如电源、温度、压力、流量、转速等都需要按生产工艺要求保持在相对恒定状态的物理量。但是这些设备在运行过程中往往随着负载、电网、气压、元器件漂移等波动，而使这些物理量渐渐偏离恒定或给定值。为了满足工艺要求以及设备正常安全工作需要，应把上述偏离值再调节过来，使实际值自动调节至给定值，完成这一功能的过程称作自动控制。

工业生产过程中的控制系统，一般可分为开环控制和闭环控制，开环控制也称手动控制，闭环控制也称自动控制。

1. 开环控制系统

由输入设定量、控制器、执行机构、控制对象和输出量组成，其方框图参见图 12-1。

图 12-1 开环控制系统方框图

以饲料厂粉碎机为例，阐述开环控制的工作原理。在饲料厂经常采用电磁调速电机（也称滑差调速电机）控制粉碎机喂料器（螺旋输送机）转速，从而控制喂料器流量，进而控制粉碎机的工作电流。这是一个典型的开环控制系统，见图 12-2。

图 12-2 粉碎机开环控制系统方框图

操作工根据粉碎机额定工作电流，为喂料器设定一个相应的电机转速，通过调速控制器控制电磁调速电机的转速，控制执行机构喂料器的流量，最终达到控制粉碎机工作电流的目的。所以，设定转速与粉碎机工作电流呈一定的比例关系，那么其开环控制的工作原理是当转速增加，粉碎机工作电流也相应增加，反之则下降。

开环控制系统的最大优点是控制简单、成本低、维护方便。开环控制系统的缺点是控制过程受到各种扰动因素将会直接影响到系统输出量的稳定性，而系统不能进行有效的、迅速的自动修正和提示报警。特别是这种扰动较大而输出量与设定量有较大偏差时，粉碎机工作状态不正常，造成能源浪费或者堵料跳闸，粉碎机不能在满负荷下高效工作。

2. 闭环控制系统

在开环控制系统方框图中，如果把系统的输出量通过反馈环节作用于控制器部分，形成闭合环路，这样的系统称为闭环控制系统，也称反馈控制系统。

闭环控制系统由输入设定量、比较环节、控制器、执行机构、控制对象、输出量和检测反馈环节组成，见图 12-3。

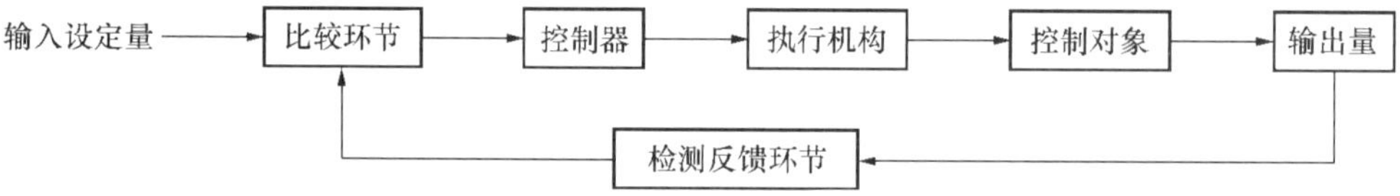

图 12-3 闭环控制系统方框图

下面以饲料厂粉碎机为例，阐明闭环控制系统的工作原理。图 12-4 是典型的闭环控制系统方框图。其自动调节过程为：当实际粉碎机电流大于输入的设定电流时，两者产生负的偏差值通过调速控制器的数字 PID（P 为比例系数，I 为积分系数，D 为微分系数）运算后，输出一个比原来小的控制值，使滑差调速电机的转速、喂料器流量相应减小，粉碎机工作电流下降，并逐步回归至输入设定电流，实现自动控制的目的。

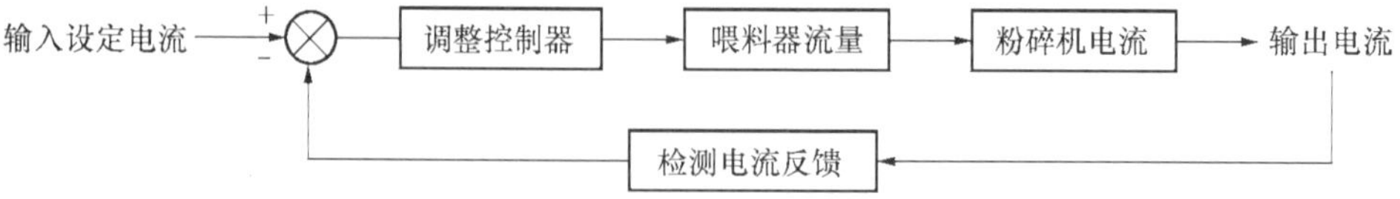

图 12-4 粉碎机电流闭环控制系统方框图

简单的图表形式自控过程描述如下：

粉碎机电流——→调速控制器输出——→滑差调速电机——→喂料器流量——→粉碎机电流

实际生产过程中，粉碎机工作电流经常偏离所设定的电流，造成偏离的原因很多，而且是随机、不可避免的，采用闭环控制技术恰恰能在线、实时、快速地修正偏差。粉碎机始终在高效、安全和稳定的工况下工作，无须设有专人监控粉碎机。

二、自动控制和自动控制系统

一般来说，自动控制系统主要分为两种：恒值控制系统与随动系统。

恒值控制系统的特点是系统的输入量是恒量，并且要求系统的输出量相应地保持恒定。饲料厂的液体添加控制系统，粉碎机电流控制系统和制粒机调质温度控制系统都是恒值控制系统。

随动系统的特点是输入量是变化量（有时随机），并要求系统的输出量能跟随输入量变化而做出相应的变化。随动系统在工业和国防上有着极为广泛的应用，例如，刀架跟随系统、激光制导系统、雷达导行系统、机器人控制系统等。

在一个自动控制系统中，当扰动或给定值发生变化时，输出量将会偏离原来的稳定性，通过自动控制，输出值又回到原来的稳定值或跟随新的给定值稳定下来，自动控制系统从一个稳态过渡到新的稳态需要一定的时间过程。而在这个过渡过程中，最大超调量、调整时间、振荡次数和稳态精度是考核控制品质的主要指标。

图 12-5 为系统对突加给定信号自动控制过渡过程响应曲线。图中：ΔC_{max} 为最大偏差值；t_s 为调整时间；N 为振荡次数（2 次）；2%～5%为稳态误差。在上述指标中，最大偏差值和振荡次数反映了系统的稳定性能；调整时间反映了系统的快速性，稳态误差反映了系统控制的准确性。品质好的自控系统，最大偏差值尽量小，调整时间短，振荡次数少，稳态误差小。

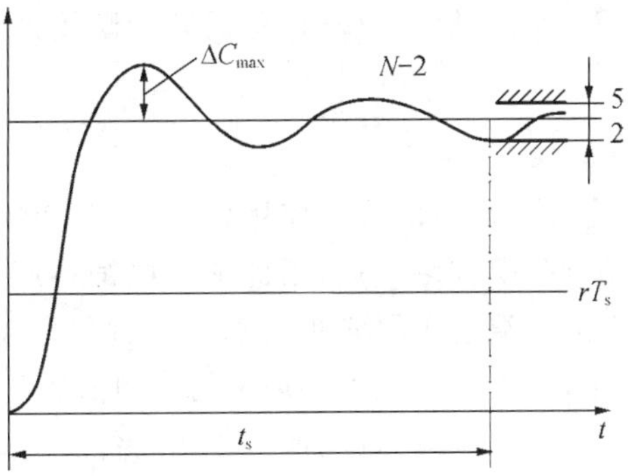

图 12-5 系统对突加给定信号自动控制过渡过程响应曲线

三、饲料生产自动控制方式

饲料生产自动控制方式就是按照工艺的要求，以一定的规律控制电动机或闸阀门的启动（开）或停止（关），使生产过程中的所有设备能有序地协调运行，也就是大量的开关量顺序控制问题。

开关量是指这样一类的控制或被控制量。形象地说如同一个开关状态一样，不是断开就是闭合，如果用数字来刻画描述它，即可用“0”或“1”来表示其两种不同的状态。例如在某种条件下，控制继电器的线圈得电或失电，其触点闭合或断开，电动机的启动或停止，电磁阀的打开与关闭，定时器的预定时间是否到达，计数器的预定数值是否计满等，这些统称为开关量。

顺序控制就是指生产设备及生产过程，根据工艺要求，按照逻辑运算，顺序操作，定时或计数等规则，通过预先编制的程序，在现场输入信号作用下或人工干预下，使执行机构（如电动机、闸阀门等）按照预定的程序动作，实现以开关量为主的自动控制。

饲料生产自动控制方式一般为以下几种方式：

（一）继电控制方式

对饲料生产工艺主流程设备的控制，最初只是简单的设备启、停操作，设备之间并不连锁控制。随着生产规模的加大，设备数量增多，往往由于流程中某一台设备发生故障，不能及时发现并做相应的连锁停车，堵料现象时有发生，并且故障范围不能有效地控制在最小范围内，造成生产过程的停顿。因此在后来的配套设计中，在原有继电控制基础上进行改进，采用大量的中间继电器、时间继电器等电器元件，来实现设备的连锁控制功能，这种控制方式存在着以下一些突出问题。

①继电控制装置，由于其元器件本身触点的可靠性，使用寿命受到一定限制，因此，系统的可靠性不高。固定接线方式造成的系统通用性、灵活性差，在设计安装调试过程中工作量非常大，给今后的管理及维修也带来困难。

②由于被控量较多，使得构成的继电控制系统元器件增多，点据的空间较大，需要更多的控制柜来安装这些元器件，因此集中控制室的面积也相应地要增加。特别是在一些旧厂改造扩建中，地理环境受到限制，在满足工艺设备安装的前提下，控制室面积、空间的大小，更加突出地摆在土建设计人员的面前，往往在建筑结构上为此要付出一定的代价。有时这些控制设备不得不分散在几个楼层内安装，给敷线、电气设备的防火防爆处理也提出更高的要求，管理也不方便。

（二）微机控制方式

微机控制技术在配料混合生产环节的成功应用，显示出其控制装置的灵活性和适用性而且它具有采样速度快、运算功能强等许多优点，因此在一些饲料厂的配套设计中，通过扩大微机配料秤的控制范围，达到在配料混合工段实现局部生产过程自动化控制。这种控制方式局部自动化控制程度虽然提高了，但由于其他生产环节的控制依然还停留在继电控制、人工手动操作的水平上，整个生产过程很不协调，一旦其他工段或设备发生故障，查找困难，不能及时排除，都将可能导致生产过程的停顿，局部自动化程度再高也得不到充分地发挥。对于大量的开关量自动控制来说，它不需要复杂的数学运算，而要求编制程序简单、系统线路简捷，能与现场的功率设备直接联系，使用维护方便。采用微机控制方式，需要专业人员来使用维护，在使用环境、抗干扰方面有较高的要求，系统的输出驱动能力有限，往往要加一级功率放大中间环节。显然，采用通用的计算机来完成开关量的控制，不是一种理想的控制方式。

（三）PLC 控制方式

可编程序逻辑控制器（programmable logic controller，PLC）的出现，解决了上述问题，提供了非常有效的手段，其体积小、功能强、可靠性高、编程方便，通用性、灵活性好，非常适合于大量的开关量控制场合。因此，被广泛地应用于饲料厂全厂的生产过程自动控制中，基本取代了继电控制方式和微机控制方式，是目前比较先进、成熟的一种控制方式。

四、PLC自动控制系统的组成及工作原理

1969年美国GE公司为适应汽车型号的不断翻新，设想把计算机功能完备、灵活、通用等优点和继电控制系统简单易懂、操作方便等优点结合起来，制造成一种新型的控制装置，代替原来的继电控制盘，以减少重新设计控制系统所需的成本和时间，于是第一台可编程序逻辑控制器PLC便诞生了，由于它是应用户的要求而研制的一种工业控制器，因此更加注重在工业环境下的高可靠性、通用性，以及容易推广、维修。自1969年首次在汽车工业自动装配线上使用获得成功后，PLC应用领域不断扩大，销售量不断上升。

(一)可编程控制系统的基本组成

①中央处理单元CPU，包括存储器、运算器和控制器。

存储器是存取程序的部件，在可编程序控制器工作之前，将被控设备的工作程序“写入”存储器中；工作时从存储器中将程序“读出”并执行程序规定的操作。更改存储器中的内容，即可改变控制程序，十分灵活方便。在可编程序控制器中，通常采用半导体存储器，根据不同的存取方式，分为读写存储器(RAM)和只读存储器(ROM)两种，在机器运行过程中RAM可以随时把信息存进去(称为“写入”)，也可以把信息取出来(称为“读出”)，修改程序方便；ROM需要通过专门的装置，事先把信息“写入”，在机器运行过程中只能“读出”，存放的信息不易丢失，可靠性高。

存储器的主要参数是存储容量和存取时间，一个存储器的容量是指它所能存放的二进制数码的数量，用“字”和“字长”表示。例如某存储器的容量为1 024×8，是指它能存放1 024个二进制数码(字)每个数码有8位(字长)，通常用8位字长1 MB=1 024 kB。一般微型可编程序控制器的存储容量为1～4 kB，大型可编程序控制器的存储容量可达64 kB以上。半导体存储器的存取时间为100～500 ns。

运算器通常由各种逻辑运算电路和结果寄存器组成，可以完成各种逻辑运算，并将运算的结果保存在结果寄存器中，对于算术运算，一般采取逐位串行处理的方式来完成。

控制器的作用是产生各种控制信号，指挥整机正确协调地工作，在微型可编程序控制器中，常采用微处理器作为中央处理单元，起定时器和控制器的作用，存储器则另外设置。

②输入输出单元BIO：包括输入电路，输出电路，计时电路和中间变量存储器。

输入电路包括输入隔离电路和输入选择电路两部分，其作用是将接入可编程序控制器的各种输入信号，经过隔离和变换后，根据存储器送来的地址信号，选择某一路输入信号送往运算器。

输出电路包括输出寄存器和输出驱动电路两部分，其作用是，根据存储器送来的地址信号，将运算器的运算结果送往选定的某一路输出寄存器中，再通过输出驱动电路放大后，驱动某一路执行机构。输出驱动电路可采用继电器或大功率晶体管电路。

计时电路的作用是实现时序控制，中间变量存储器的作用是暂存中间运算结果，给出一些标志信号等。

③程序输入输出单元PIO。程序输入输出单元是人-机联系的设备，作为程序输入设备的有键盘、盒式磁带机等；作为程序输出设备的有打印机、盒式磁带机等。其作用是输入或输出程序，通过配套的编程软件和编程通讯电缆及接口，在计算机上也可以实现程序的输入及

输出。

除上述三部分单元以外，还有各种总线。在 CPU 与 BIO 之间有输入输出总线，CPU 与 PIO 之间有程序输入输出总线，在 CPU 内部，还有地址总线、数据总线和控制总线，在不同时刻的信号控制下，传送不同的信息。

（二）可编程序控制器基本硬件配置

可编程序控制器在硬件结构形式上，分为整体盒式结构和模块组装式结构，控制点数少的多为整体盒式结构，其体积更加紧凑，在机电一体化设备中大量使用。控制点数较多的用于系统控制的多为模块组装式结构，其扩容、更换模块非常方便。在饲料加工生产过程控制中，常用到的是日本 OMRON 公司的 C200H 型 PLC，简单介绍如下（图 12-6）。

（1）电源模块　由外部供给 PLC 控制电源，既可使用 100～120 V AC 电源，也可使用 200～240 V AC 电源，并有电源指示，短路保护，转变成 PC 内部所需要的 5 V DC 电源或 24 V DC 电源等功能。

（2）主控模块　即 CPU 模块，它在 PLC 控制系统中的作用类似于人体的神经中枢，它按 PLC 中系统程序赋予的功能，接收并存贮从编程器键入的用户程序和数据，用扫描的方式接收输入模块的状态或数据，诊断电源 PLC 内部电路工作状态和编程过程中的语法错误等。PLC 进入运行状态后，从存储器内逐条读取用户程序，经命令解释后按指令规定的任务产生相应的控制信号，实现输出控制，制表打印或数据通讯等功能。

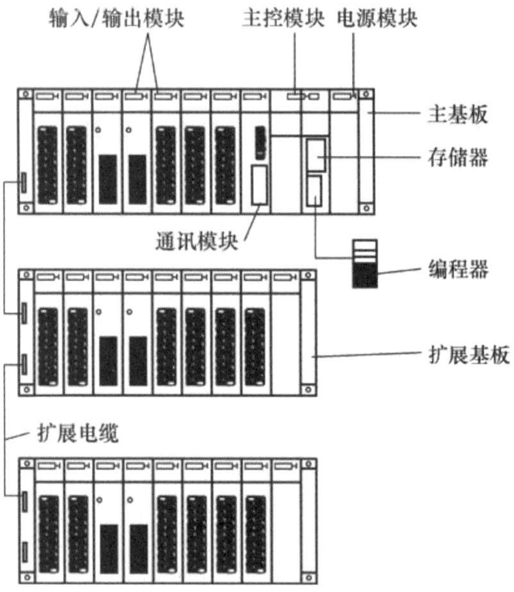

图 12-6　C200H 型 PLC

（3）存储器　PLC 配有系统程序存储器和用户程序存储器。前者存放监控程序，模块化应用功能子程序，命令解释和功能子程序的调用管理程序以及各种系统参数等；后者存贮用户编制的程序。系统程序关系到 PLC 的性能，不能由用户直接存取，因而 PLC 产品样本或使用说明书中所列的存储器型式及其容量，系指用户存储器而言。

（4）通讯模块　通过 RS-232、RS-422 或 RS-485 接口，与上位机等外围设备进行数据通讯，在特定的通讯协议下将 PLC 内有关数据传送给上位机，并接收上位机对 PLC 的数加载。

（5）输入输出模块　即 I/O 模块，是 CPU 与现场 I/O 装置或其他外部设备之间的连接部件，PLC 提供了各种操作电平和驱动功能的 I/O 模块和各种用途的 I/O 功能模块，供用户选用。如 32 点 TTL 输入/输出模块，16 点 24 V DC 输入模块，16 点继电器输出模块，A/D 或 D/A 转换模块等。

（6）安装基板　基板也叫底板，用于安装 PLC 的各种模块，由模块插入导向槽和连接总线板组成，分为主基板和扩展基板。CPU 模块一定要安装在主基板上，根据安装模块数量的多少，有 3 槽、5 槽、8 槽或 10 槽的基板可供配置选择，基板之间通过扩展电缆连接。

（7）编程器　编程器用于用户程序的编制、编辑、调试和监视。还可通过其键盘去调用和显示PC内部的一些状态和系统参数，它经过通讯接口与CPU模块联系，完成人机对话。

(三)可编程序控制系统的工作过程

首先，根据控制过程的要求，结合机器的指令，编制出程序。程序中包括了控制过程所要求的条件和程序，以及在这些条件和程序下规定执行的操作。其次，将程序存储到存储器中。如果是随机存取存储器，可通过键盘逐条送入；也可通过磁带或纸带快速送入。如果是只读存储器，需通过专门的写入装置，将程序写入。以上两项工作都是在机器脱离生产线的情况下进行的，即在"离线"状态下进行的。然后，起动机器，机器在其控制器作用下，将自动地、连续地取出和执行存储器中的程序，即取指令和执行指令。根据指令的内容，对有关设备进行规定的操作，使被控对象按照程序规定的条件和顺序一步一步地动作，直至完成整个操作过程。

任务12-2 自动控制设备

一、粉碎机负荷自动控制

粉碎是饲料加工的重要环节。粉碎机自动控制，其手段就是通过控制器调节粉碎机的进料流量来修正偏离了设定值的值。其目的是保证粉碎过程基本质量指标的前提下，使粉碎机在满负荷(额定电流)工况下高效运行。

饲料厂对粉碎机负荷控制大多采用手动开环控制。由于粉碎机的工作负荷(电流)往往受到物料、吸风、电控等诸多因素的变化而偏离设定值。所以，专职操作员需做经常性调整。粉碎机通常是饲料厂电耗最大的设备之一。消耗每度电所得到的粉碎产量愈高，则粉碎机效能也愈高。但是，粉碎机负荷也不能经常超过其额定负荷10%状态下运行，否则将造成跳闸停机，甚至造成机电设备损坏。因此，要保持粉碎机高效、稳定和安全状态下工作，对粉碎机负荷进行自动控制以及对其工况进行监控是必需的。

(一)粉碎机自控特点与功能要求

(1)恒值控制　对于粉碎机负荷控制是一种典型的恒值控制系统。对于不同品种的物料，人工设定不同的粉碎机工作负荷。当设定电流(输入量)恒定时，通过控制器调节，粉碎机负荷(输出量)将与设定电流保持一致。

(2)纯滞后环节　所谓纯滞后，通俗一点讲，就是当粉碎机给料流量发生变化时，粉碎机工作电流需要滞后一些时间后才会发生相应变化。根据粉碎机设备的固有特点以及选用执行机构的不同，纯滞后时间也有所不同，从自动控制角度看，纯滞后时间愈短，控制的响应速度则愈快，系统的控制对象则愈稳定。

(3)主要参数及功能

①控制范围。0～100%FS(任意设定)。

②控制精度。2%～8%FS。

③能够实时显示人工设定电流以及实际工作电流。

④具有手动和自动控制两种方式，其切换时无扰动。

⑤对缺料及超负荷实行声光报警以及实时处理。

⑥设备工况连锁，风机、粉碎机运行与进料机构的连锁。

(二)系统的组成和工作原理

粉碎机负荷闭环控制系统主要有输入设定量、比较环节、控制器、执行机构、控制对象（输出量）和检测反馈环节组成，见图 12-7。

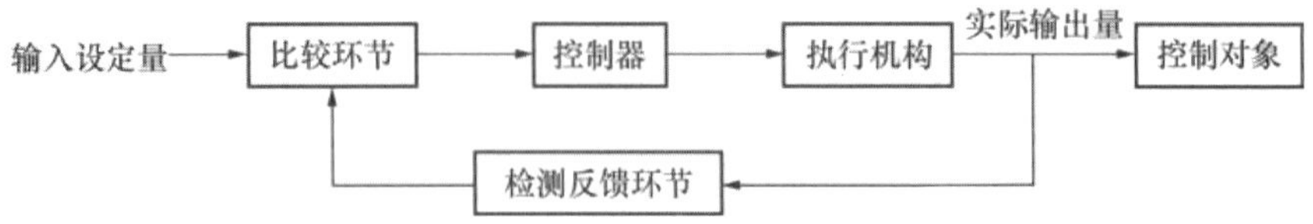

图 12-7 粉碎机负荷闭环控制系统

(1)输入设定量　通过控制器键盘或拨盘开关设定电流或额定电流的百分数，该设定值要求在粉碎机运行时随时可以修改。

(2)检测反馈环节　该环节的检测器件是电流互感器，规格为 300 A/0.1 A，适用于 22～210 kW 的粉碎机主电机，电流互感器串在主电机的一次回路内，以检测粉碎机实际的工作电流。

(3)比较环节　把输入设定电流与电流互感器检测到的实际工作电流相比较，其误差值作为 PID 控制的输入量。

(4)控制器　是以单片微处理器为核心的仪表，以其自动控制的输出去控制执行机构。

(5)执行机构　粉碎机的执行机构就是给料机构，常用的有滑差调速绞龙、电磁振动给料机和自流式气动薄膜调节阀。下面以气动薄膜调节阀为例，粉碎机负荷自动调节过程为：当实际粉碎机电流小于设定值时，其比较的差值通过控制器 PID 运算后，输出一个比原来大的控制值，使调节阀喂料开口增大，相应给料流量增大，从而使粉碎机电流增加，并逐步回归至输入设定电流实现自动控制的目的。

(三)粉碎机负荷自动控制调节参数的整定

自动控制系统调节是否稳定、控制的目标值与实际值之间误差是否达到工艺指标要求，当有干扰时，过渡过程时间是否短。这些都是衡量自控系统调节品质好坏的主要指标。调节参数的整定就是为了使自控系统获得最佳的控制效果。调节参数主要有控制周期、P（比例系数）、I（积分系数）和 D（微分系数）。

(1)控制周期整定　当被控对象确定以后，纯滞后时间通过秒表可以测量出来，控制周期的整定主要依据纯滞后时间的大小。从系统稳定角度看，希望纯滞后时间越短越好，这有利于快速消除系统的静差。但是对于纯滞后控制对象，快速控制反而引起系统的不稳定，严重时会产生振荡。通过测定，粉碎机所配置的执行机构不同，其纯滞后时间也不同。电磁振动给料机和气动薄膜调节阀的纯滞后时间一般为 3 s；绞龙给料的纯滞后时间一般为 5 s。绞龙愈长，其纯滞后时间也愈长。为了控制器自控的通用性，要求控制器控制周期的整定范围在 2～7 s。

(2)PID 参数整定　如何调节才能使系统获得最佳的控制效果，PID 参数整定是关键，为了更能说明问题，下面采用图示法，对控制曲线加以分析（图 12-8）。图中的三条曲线 A、B 和

C 是设定值与实际值误差最大时的过渡过程动态曲线。另外，三条曲线的控制周期是相同的，但是其 PID 参数各不相同。下面就分别加以叙述。

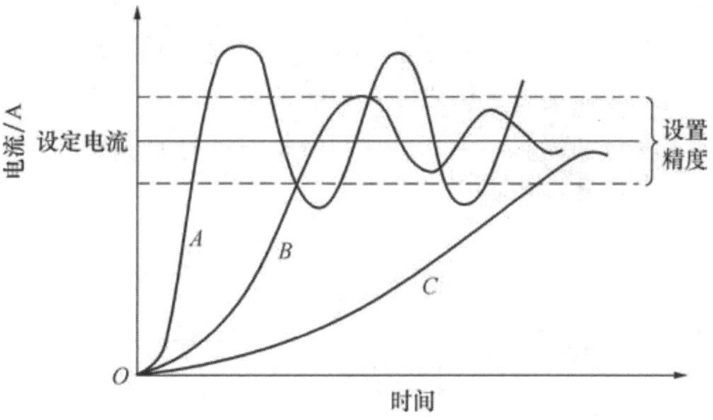

图 12-8 过渡过程动态曲线

曲线 A：这条曲线虽然调节至设定电流值的时间短、调节响应快，但由于超调大（最大电流与设定电流差）、上下波动很大（振荡），所以控制效果很不理想，主要原因是 P、I、D 参数整定值太大。

曲线 C：这条曲线与曲线 A 的控制效果正好相反，虽然没有超调出现，系统控制也较稳定。但是调节至设定电流值的时间太长，调节响应过慢，所以控制效果也不理想。主要原因是 P、I、D 参数整定值太小。

曲线 B：这条曲线是最佳控制曲线，它综合了 A、C 两条曲线的优点。控制响应适中，超调小（一般不超过设定值的 10%），振荡次数少，过渡过程短，控制稳定性好、品质高。

二、饲料厂油脂添加自动控制系统

1. 饲料厂的油脂添加系统

添加油脂后能提高饲料的热能含量，改善适口性，尤其是对幼猪、肉鸡饲料中添加油脂后增重效果更显著。油脂添加量一般在 1%～3%，而对于某些经济动物饲料，油脂添加量超过 3%的，其超过部分可在制粒后喷涂。油脂添加部位根据工艺要求主要有三种：①混合机内添加，在每批量混合同时添加油脂；②调质室内添加，油脂添加口设在蒸汽加入口旁；③在颗粒压制机后添加，喷涂在颗粒料表层，油脂添加按喷量控制方式分为间歇工作和连续工作。混合机内添加是间歇工作方式，其特点是泵的速度固定，通过改变喷油时间来改变喷油量。其余的两种油脂添加是连续工作方式，其特点是通过调节泵的转速达到改变喷油流量，因为齿轮泵的特性是泵排油量与泵转速呈比例线性关系。

2. 油脂添加的功能与自动控制要求

①喷量误差≤1%（设定喷量与实际喷量的相对误差）。

②能将油脂自控加热到 60～80℃范围。

③储油罐的高低液位计与输油泵的自动控制。

④油脂密度自动补偿。

⑤油脂喷涂量随动颗粒料流量控制。

⑥接受油脂喷涂信号。

⑦控制仪表能设定或修改喷涂量，应有故障指示及报警功能。具有保存班次、批次、累计油量，配置串行通讯口与上位机联网，实现定量管理。

3. 间歇式油脂添加结构特征

由图 12-9 可知，间歇式油脂添加主要有储油罐、过滤器、齿轮泵、电机组件（喷油泵）、压力表、溢流阀、电磁阀、流量计、喷油装量组成。其中储油罐内有加热用的蒸汽盘管或电热棒，通过温度传感器对油脂温度自动控制。其液位计与输油泵实现自动连锁。喷油泵选用齿轮泵，配用六极电机作动力。流量计选用容积式椭圆形流量计。

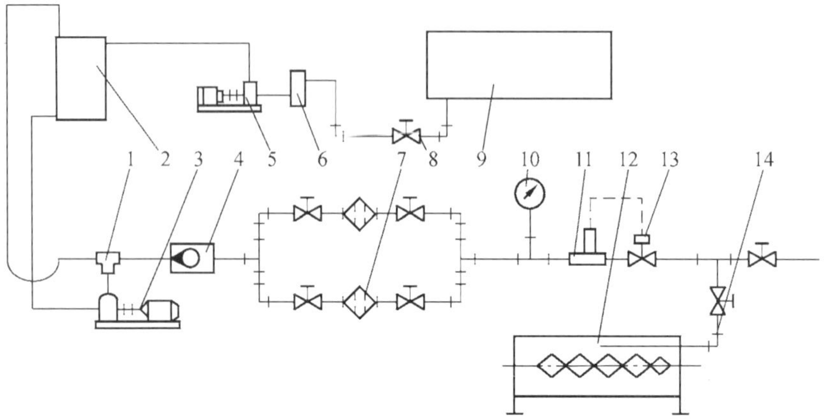

图 12-9 间歇式油脂添加基本结构

1. 溢流阀 2. 贮油罐 3. 输出油泵 4. 单向阀 5. 抽油泵 6,7. 过滤器 8. 旋塞阀 9. 贮油池 10. 压力表 11. 流量计 12. 混合机 13. 电磁阀 14. 喷油管

4. 电脑控制仪表

电脑控制仪是以八位单片微处理器为核心的仪表，输入回路共有一路模拟量（温度传感器）；一路脉冲频率信号（椭圆流量计）；三路开关量信号（添加信号、上液位、下液位）。输出回路共有四路（喷油电磁阀、输油电机、加热器和故障报警）。

温度传感器采用 Pt^{100} 铂热电阻，测量范围 0～300℃。其有两个功能：一是油脂加热温度的自动控制；二是作为油脂密度的温度补偿。

椭圆流量计是一种容积式流量计，工作电压为 24 V（直流），当油脂通过时，椭圆流量计发出脉冲频率，流量大，则频率高；反之亦然。其每个脉冲就代表多少升体积，体积乘以密度得出重量。所以电脑只需在单位时间内对脉冲计数累计，就能知道油脂添加重量。但是，温度与密度存在着函数关系，即温度变化则密度也随着变化，同样重量也随之变化。所以为了提高油脂添加的精度，一定要对温度进行密度补偿。

添加信号，当配完的料以及人工添加量进入混合机以后，外部设备应该给予控制仪表一个开关量添加信号，以确定何时进行油脂添加。一般先让粉料混合 1 min 左右再喷油，然后再混合 2 min 左右，便可获得满意的混合均匀度。

5. 油脂添加系统工作原理与自控原理

油脂添加系统主要完成以下三个自控过程。

(1)油罐温度控制　油脂加热后的温度要求在 60～80℃范围内，通过键盘设定好上、下限温度后，当仪表检测到油脂温度低于 60℃时，自动打开电加热器或蒸汽开关；当仪表检测到油脂温度高于 75℃时，自动关闭电加热器或蒸汽开关，由于加热器有惯性效应，所以在到达温度上限前应关闭加热器。

(2)油罐液位自动控制　当仪表检测到下液位信号时，打开输油泵进油；当仪表检测到上液位信号时，关闭输油泵。

(3)油脂添加定量自动控制　控制仪表在正常工作前，应正确设置油脂温度上下限范围(根据具体油脂黏度调整)、油脂添加重量值、延时喷油时间，并且油脂定量校验准确。油脂添加定量自控流程，见图 12-10。

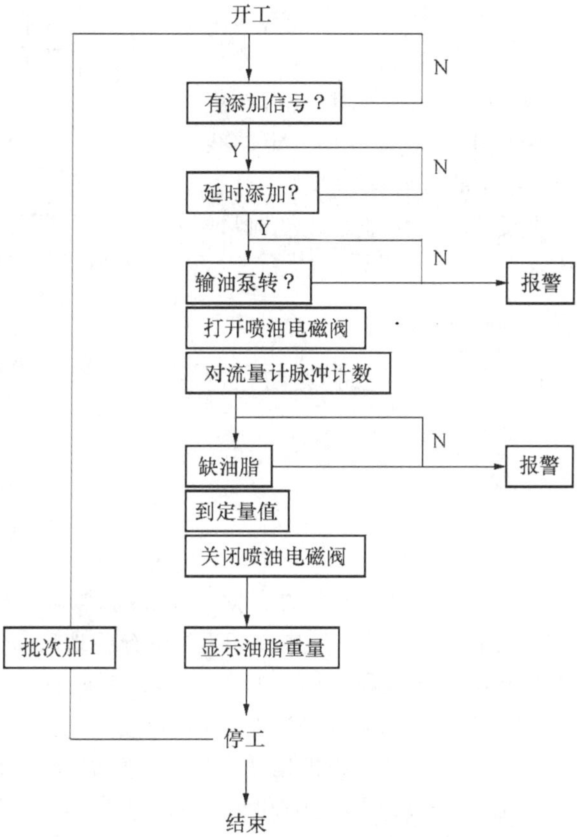

图 12-10　油脂添加定量自控流程

6. 连续式油脂添加控制系统

连续式油脂添加控制系统主要用于压制糊粒后，对颗粒表层进行油脂喷涂。喷油量 3%～8%。该设备由供料、供油及仪表控制柜三部分组成。

(1)供料部分　供料部分的形成有以下三种：滚动式、重力自流式和皮带输送式，三种形式以皮带输送式物料流量最为稳定。图 12-11 为皮带输送式供料结构示意图。它由料仓、容积式皮带输送机、锥形混合喷涂仓和双绞龙混合。输送器组成。供料仓的储量为 2 t，起缓冲仓的作用。根据料仓上下料位器控制整个系统的工作。容积式皮带输送机给喷油提供稳定的颗粒料流量，皮带机转速可调，调节流量在 5～20 t/h。

(2)供油部分　喷油泵的转速可调，以调节喷油流量，而喷油泵旋转与皮带机随动。其余部分同间歇式完全一样。

(3)控制仪表部分　与间歇式控制仪表硬件框图相比，连续式控制仪表增加了对皮带机转速的检测、喷油泵的调速控制和对供料部分的时序控制。供料部分的时序控制要求当颗粒料进入料斗达到上料位层面时，双绞龙混合器开始转动，紧接着皮带机进料，隔一定延时后，油脂喷涂，当料仓的颗粒料层面到达下料位时，再按先开后关的时序，逐步把所有设备停掉。

(4)流量随动控制工作原理　连续式油脂添加系统中，容积式皮带输送提供均匀供料，皮带机的转速根据产量情况需要经常性的调节，随之供料流量也相应改变。所以，皮带机的转速与供料之间存在一定的线性关系。当控制仪表检测到皮带机转速改变后，经过软件处理输出控制，使喷油泵的转速也随之改变，保证了油脂添加的准确性，具体为：

皮带机转速⟶供料流量⟶喷油泵转速⟶喷油流量

因此，连续式油脂添加是一种典型的随动控制系统。

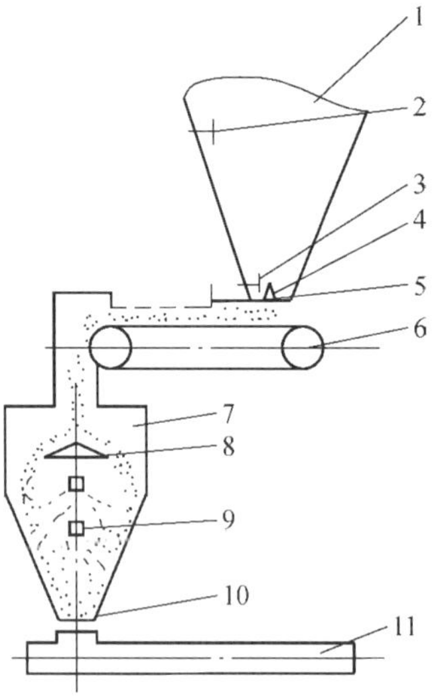

图 12-11　皮带输送式供料

1. 料斗　2. 上料位　3. 下料位　4. 卸荷角板　5. 闸门　6. 皮带进料器　7. 锥形混合器　8. 散料器　9. 喷嘴　10. 锥形混合出料口　11. 双绞龙混合器

三、制粒工序自动控制

(一)概述

随着我国饲料工业的迅速发展，颗粒饲料的产量不断提高，颗粒饲料品种亦在逐步增多，它不仅用于禽、畜，更在水产饲料中得到广泛应用，而且在有些地区如广东的颗粒饲料已达60%以上，鱼的颗粒饲料达100%，而且颗粒饲料的产量还在递增。

颗粒压制机是生产颗粒饲料的关键设备，亦是饲料厂中动力消耗最大的设备之一，其能耗占饲料厂生产总能耗的40%以上；颗粒压制机是噪声较高、蒸汽外溢的设备，工人的操作环境较差；压制机的压模、压辊在制造、安装调试过程中的误差以及喂料量的随机变化，使压制机的主机负荷产生波动，波动值可超过满负荷的5%～10%以上，严重时会使压模堵塞、停机，操作工人必须密切监管。所有这些不仅增加了工人的劳动强度，而且影响制粒产量。人工操作的压制机为了安全生产，只能降低压制机的产量，让其负荷控制在80%以下。对于一些小颗粒及难挤压的饲料产量下降就更多，负荷只能控制在70%～75%下运行。因此，人工操作下的压制机很难达到既高产、又优质，只能低效率运行。

为了提高颗粒压制机的生产效率和改善工人劳动条件，从20世纪70年代起国外就开始了压制机的自动控制研究。随着计算机及微电子技术的发展，新型电脑自控仪表日趋完善，为实现压制机自动控制提供了可靠的基础。世界上第一台计算机自动控制的颗粒压制机80年代初期在西欧诞生，此后在美国、瑞士、意大利和日本等10多个国家得到了应用。至今全世界已有相当数量的自动控制压制机投入了生产。

(二)制粒机结构组成及功能

颗粒制机主要工作部件基本相同，主要有喂料器、调质器、压模和压辊组成的三个核心部分。

(1)喂料器 喂料器对压制机来说是主物料流量的调节机构。如果物料性质不同,压模孔径不同或者在运行中流量在波动时,需对喂料器的转速进行调节。给料量根据主电机电流大小进行人为的调节,前者在开车后马上进行调节,后者在生产过程中随时调节,使其给料量在符合主电机负荷所设定的值上进行正常运行。为此,喂料器配有可控制的调速装置,一般为滑差调速装置。

(2)调质器 是使物料在调质器与蒸汽及糖蜜均匀混合,使物料的温度、水分达到最佳挤压条件,有利于物料挤压成型,减小压模以及压辊的磨损。同时,压制机能获得较高的产量。物料通过蒸汽调质,其料温、水分亦随之增加,对于添加的蒸汽量,物料温度和水分三者之间最容易检测的是温度。由于物料温度的变化,实际上就反映着蒸汽添加量及物料水分的变化值,所以物料温度的变化就是蒸汽量调节的依据,同时亦间接说明物料软化程度。于是,调质器配有压力表、温度检测器和蒸汽调节阀等装置,操作就比较便利。

(3)压模、压辊等组成的压制室 该部分由主电机传动,是颗粒饲料压制机的核心部分,亦是动力消耗量大的部位。物料在压制室内经压模、压辊挤压成型。压制机随着物料性质、物料流量的变化,主电机的电流也随之波动,经测定纯滞后 3～5 s。所以,人工操作首先是观察主电机电流的变化程度。可以说它是制粒机正常工作的雨晴表,是压制机操作的基准点。对控制系统而言,主电机的电流和物料温度是控制目标,喂料器的调速装置、蒸汽的调节阀和糖蜜的调节阀,均为控制对象或称执行机构。

(三)制粒机开环控制

颗粒饲料压制机控制目标与执行机构的相互关系主要决定于以下几个因素:物料性质、压模孔径、进料量、蒸汽、糖蜜添加量、蒸汽压力、物料温度、物料水分等参数。对于一个具体的饲料厂,压制机、饲料品种形式和配方确定以后,则饲料性质、压模孔径就视为恒量,而进料量、蒸汽和糖蜜添加量、蒸汽压力、物料温度、物料水分则为变量。其变化规律为:当物料流量增加则主电机电流增加,反之则下降。物料温度增加则物料水分增加,反之则下降。在生产过程中,当主电机电流增加或减少,即应减少或增加给料量,使其达到电流(负荷)设定值的控制要求。此刻蒸汽添加量不作调整。如果电流达不到控制要求,又是温度造成的,则应调整蒸汽的添加量。以上的相互关系就是控制反馈的原则。手动或自动控制的控制原理基本相同,仅控制精度不同和压制机工作可靠性不同而已。因为流量变化后主电机电流在 10 s 内才见变化。所以,工人操作是不可能达到最佳控制值的。

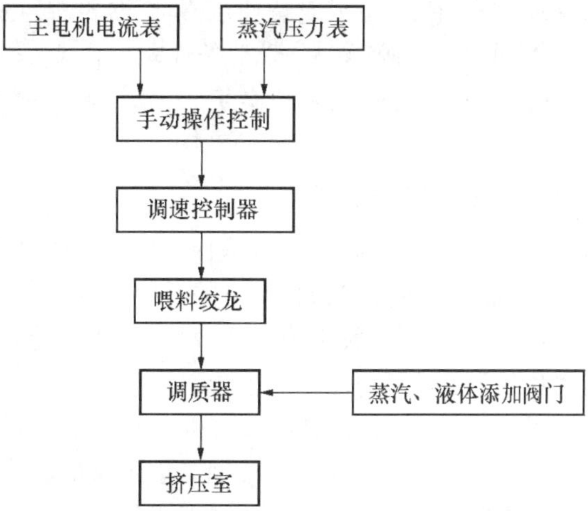

图 12-12 人工操作制粒机功能示意

目前,国内饲料厂对蒸汽、液体添加量和主物料流量这些主要影响颗粒饲料产量的参数,都是凭借操作员的直观感觉和日常工作经验进行手动开环控制,这种人工操作制粒机的配合模式及工艺条件可由图 12-12 来表示。

人工操作控制过程叙述如下：操作工在制粒机正常工作后，通过对制粒机出料口的取样，采用目测方法从颗粒料的外观的光洁度、色泽、成型程度等方面观察、比较和分析，再根据质检员对成品做的粉化率、水中稳定性等质量指标，综合以往经验，作出是否应调节的判断。如果达不到所要求的产量及质量指标，则应作如下调整：一方面通过主电机电流表，操作调整控制器，调节滑差喂料电机的转速，通过改变主物料流量的大小来控制主电机负荷及产量的大小；另一方面，根据蒸汽压力表、操作阀门开口的大小，通过改变蒸汽、液体添加量的大小，来控制温度高低、糖蜜多少。这种人工操作制粒机的配合模式及工艺条件，在国内饲料厂具有相当的普遍性。由于是手工开环控制调节，间歇式调节很难实现高产、优质的目标，其存在的缺点主要有以下几个方面。

(1)质量不稳定　调质后粉料温度的不稳定(波动大)是影响质量的主要因素，而温度的不稳定是蒸汽添加量及物料流量的不稳定引起的。由于受到煤质、蒸汽输送损耗、天气、多部门共同用汽的时间不同，压制机没配置专用的蒸汽“稳压”装置，电网电压及频率波动、调整控制器的时漂等诸多因素的影响，蒸汽压力、供气量及流量的不稳定无法克服和避免。另一方面，控制手段的落后，没有温度检测装置以及平均 20～30 min 取样一次，也制约了质量信息的快速反馈和调节，再加一些人为因素，使光洁度、色泽、粉化率、水中稳定性等颗粒饲料质量指标造成不同程度的下降。

(2)产量低、单位制粒能耗增加　从理论上讲，主物料流量应当稳定，在此前提下应使制粒机主电机接近或达到在满负荷状态下工作。但是，实际的情况是工人手动设定的负荷往往仅为满负荷的 70%～75%FS。究其原因，这是由于温度的不稳定、电网电压及频率波动、调整控制器时间漂移，这都将造成主电机负荷的不稳定以及偏离设定值。为了避免环模堵塞、“失速”和停车现象，操作工往往将实际工作负荷压低至离主电机满负荷较远的值上，以牺牲产量为代价来换取制粒机长期、安全、可靠运行。产量下降，必然造成单位制粒能耗及成本的增加。

(3)设备使用寿命缩短、维护费用增加　主物料流量和调质后粉料温度的不稳定或达不到要求，很难使物料的温度、水分达到最佳软化挤压条件，致使物料通过压模和压辊时产生的摩擦热增加，磨损增加，造成设备使用寿命缩短，维护费用增加。

(4)操作工劳动强度大，劳动条件差　由于一些质量信息反馈只能通过取样来实现，所以频繁的取样和调整、较大的噪声、外溢蒸汽，都将使操作工劳动强度增加，劳动条件相当恶劣。

(四)制粒机闭环控制

以传统的制粒机构为对象，综合应用单片微机微电子和数字直接控制(数字 PID)技术，实现蒸汽、液体添加量和主物料流量的最佳配合模式及工艺条件，无疑能克服手动开环控制所存在的主要缺点，提高制粒机的生产效率，以及企业的经济效益。这种自动控制制粒机的最佳配合模式及工艺条件可由图 12-13 来表示。

从图 12-13 可知，颗粒压制机自动控制系统由两上闭环调节回路组成。其定性的调节原理可描述如下。其中箭头朝上或朝下表示该值的增加或减少。

蒸汽液体添加量↑→温度传感器↑→PID 自动调节↓电动调节阀开口↑→蒸汽液体添加量↓。

主物料流量↑→主机电流↑→电流传感器↑→PID 自动调节↓→滑差电机转速↓→主物料流量↓。

颗粒压制机自动控制的优点在于,当现场蒸汽、液体添加量和主物料流量受到各种扰动因素时,实际控制值与设定控制值会产生偏移(误差),通过智能控制仪表的数字 PID 调节,能连续、快速地得到修正,使实际控制值与设定控制值达到一致(在允许的误差范围内)。最终使蒸汽、液体添加量和主物料流量保持在最佳配合模式及最佳工艺条件状态。

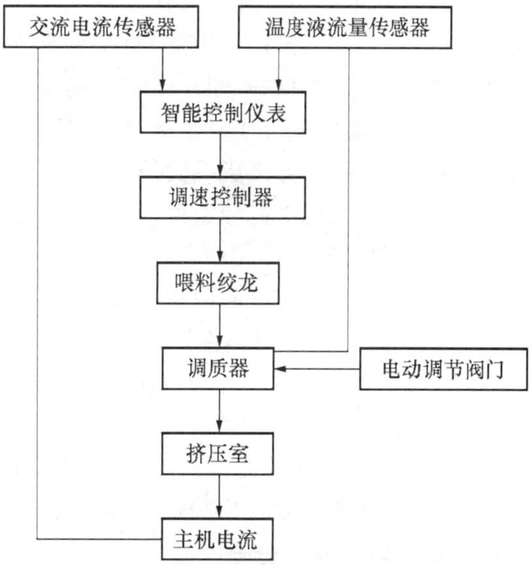

图 12-13 自动控制压制机功能性示意

(五)主要技术指标及性能

①电流控制精度≤±5 A;适配制粒机功率为 37～160 kW;其功率范围能满足国内生产的各类型号及产量的制粒机。

②温度控制精度≤±5℃。

③系统配有液体添加量的模拟量 I/O 接口。

④带标准串行通讯接口 RS-232C(电流环),可在联网上位微机上显示出和打印当前电流、温度值以及液体添加量和实际用量。

⑤系统配置八路开关量 I/O,以实现制粒机与相邻设备之间的协调与连锁。

⑥所有系统设置的参数均能得到永久性保护;定量数据实现掉电保护,这给操作工带来很大便利。

⑦系统除了自控功能外,还配备有手动调节功能,且手/自动能自由切换。

⑧系统能显示电流值、温度值、液体添加流量、电动调节阀的开度值,实时和实观性强。

(六)控制器工作原理

制粒机自控系统的控制对象由主电机负荷(喂料流量)和调质后粉料温度(蒸汽添加量)两个闭环控制回路组成。第一个为负荷闭环控制回路,由交流电流传感器采集主电机的工作电流,通过调节滑差调速电机的转速来控制喂料流量的大小,使主电机负荷稳定在设定值的范围内,以期达到较高的产量;第二个为温度闭环控制回路,由温度传感器采集调质粉料温度,通过调节电动调节阀开度的大小来控制蒸汽添加量的大小,以期达到设定温度。

智能控制仪表是把现场安装的传感器采集到的交直流小信号经过不同的信号调理和放大,产生 0～5 V 电压,通过 VFC、光电隔离和串/并转换得到的数据分时给单片微机进行实时处理,其结果一方面供数字显示,另一方面与设定值相比较,通过数字 PID 运算,输出数字控制量,经并/串转换、光电隔离、FVC,产生 0～10 mA 的标准调节信号,去控制执行机构,最终达到实际的负荷和温度与设定值保持动态一致。

(七)系统控制对象特性

(1)控制周期整定 制粒机自控系统的控制目标是温度和主机电流,通过现场观察,每当喂料绞龙转速和电动调节开口变化时，主机电流和温度并不是同步地相应变化，而是有一段延迟时间，称为滞后。从自控角度看，制粒机的控制对象特性是纯滞后环节，这是控制对象固有的特性。如果不对纯滞后时间加以定时试验，自动控制的关键参数之一，控制周期就很难得到整定。而控制周期的过短或过长都将造成温度和主机电流的大幅度上下波动(振荡)或控制响应慢产生超差，其结果直接影响到控制精度下降，严重时无法实现自控。通过现场对系统加以扰动试验后，测出主机电流和温度的纯滞后时间分别为 5 和 8 s，以此作为自控系统对主机电流和温度的控制周期。

(2)主机电流和温度之间的相互关系　制粒机自控系统由主机电流和温度两闭环回路组成，在自控状态下，实际的定性测试表明：主机电流和温度这两控参数既相对独立，又相互联系、影响。在一定的范围之内，当温度不变时，主机电流产生偏差，则调节主物料流量；同样，当主机电流不变时，温度产生偏差，则提高蒸汽添加量。当温度上升或下降时，主机电流会减少或增加；同样，当主机电流增加或减小时，温度也会下降或上升。温度变化时，对主机电流的影响较大；而主机电流变化时，对温度的影响较小。

(八)自动控制 PID 控制

控制精度是本系统主要考核指标，数字 PID 控制设计是否适用制粒机控制对象对达到设计指标并使系统长期稳定、可靠运行具有举足轻重的意义。以往闭环自动调节采用的经典数字 PID 算法控制已有许多成功的实例。但是，对于制粒机控制对象不能完全套用，应对其改进、优化。制粒机控制对象主要有四个固有特性：大纯滞后环节；双变量(主机电流和温度)的相互影响；调速电机的“失速”和物料的堵塞；执行机构输入/输出控制呈非线性。

软件在数字 PID 算法处理上以及非线性校正上采用了多种新技术。在控制对象设定值的上下范围内分别划分为多个区域，当实际控制量进入不同区域，P、I、D 参数进行不同的运算处理，主要有：积分分离、带控制死区、整定合理的控制周期等，以解决滞后环节对控制稳定带来的不利影响。采用模糊控制方法处理多变量变化时相互影响。进入缺料状态下，保持控制输出量以解决滑差调速电机“失速”问题。用大比例调节方法防止物料堵塞、停机。输出控制采用正弦波(调速电机非线性特性)和抛物线(电动调节阀非线性特性)查表方法，以解决执行机构输入/输出的非线性特性。所有这些方法都是为了实现静差小、超调小、上升时间快和过渡过程短的最佳自控曲线。

(九)自控系统干扰来源及抗干扰措施

实现自控系统运行在多种现场环境条件的适应性以及长期稳定性，关键技术在于抗干扰措施是否有效。

饲料厂电器的主要干扰来源于大负荷设备的启停对电网造成的干扰和波动，地回路干扰。大量的各种电器、开关在吸放过程中产生的火花电磁干扰，对智能控制仪表危害最大。根据以往设计产品在抗干扰方面的成功经验，除了采用隔离变压器、电源低通滤波器、开关量 I/O 光电隔离和小信号传输屏蔽与一点接地以外，系统还对模拟量的 I/O 采用 VFC 和 FVC 加光电隔离技术，以实现模拟信号与数字信号的隔离，在电子线路上完全阻断了现场各种串模和共模干扰对微机的干扰通道。

【岗位操作任务】

中控操作

一、目的要求

通过观察了解饲料加工配料混合工段机械设备的组成并初步掌握配料混合工段的操作方法。熟悉饲料加工中配料混合工段机械设备的组成,初步掌握配料混合工段机械设备操作方法。

二、材料与仪器设备

大中型饲料加工机械设备一套,各种饲料原料。

三、内容与方法步骤

1. 分析加工机组的工艺流程

熟悉饲料加工机械设备组成与加工工艺流程。

2. 操作前准备

根据生产任务做好各种检查和准备工作,需要粉碎的原料通过清理粉碎工段粉碎后进入配料仓,不需粉碎的粉料经过清理后进入配料仓。

3. 操作

打开配料电脑,调出需要生产的饲料配方,根据技术部提供的配方要求调整电脑中的饲料配方;设定混合时间、放料时间、混合批次、慢加料量、允许误差等技术参数。预混合料添加剂和油脂在混合机加入,不计入配料秤中。

开动空气压缩机,安排成品仓位号或待制粒仓位号;关闭混合机门,启动后续输送设备。

电子配料秤的配料方式是分批累积称量,按电脑配方的自动配料按钮,电脑进行自动配料。首先启动第一台供料器向秤斗加料,到慢加料量时,自动转换为慢加料状态,到剩下空中料柱时停止进料。然后转换为第二台供料器工作,直到所有饲料配合完毕。电脑检测混合机是否有料,混合机门是否关闭;如混合机门关闭,秤斗门打开,饲料进入混合机,秤斗门关闭,开始下一批配料工作。在饲料进入混合机中,如需加入预混合料添加剂时,电脑报警提示加入预混合料添加剂,加完后按下按钮,返回信号。如需加油脂,饲料进入混合机后开始喷油,再混合一段时间。当混合时间到,自动打开混合机门放料,放料结束后关闭混合机门,进入下一批配好的饲料。以后每批次按序重复循环进行。

一种饲料配合完毕后,重新调整电脑和其他机械设备,准备下一种饲料的生产。配料过程中,电脑自动统计记录各种饲料原料的用量、配料累积误差量、生产的各品种饲料的数量等,下班时通过打印机打印出来生产报表,分送各有关部门。也可以统计每月的生产报表。

四、操作报告

根据观察到的内容总结配料混合工段机械设备的操作方法和顺序。

五、分析与讨论

结合操作进行分析与讨论。

【知识拓展】

中控岗位操作规程

一、目的

根据产品订货传递单合理安排生产任务，正确操作设备，确保成品质量达到要求，确保设备正常运行。

二、适用范围

中控岗位。

三、质量工艺控制内容

①严格按照配方和生产工艺的要求生产。

②严格遵守设备操作规程，确保设备生产安全。

四、具体工作

（一）生产前准备工作

①根据协调中心传送的产品订货传递单，结合成品日报表下达本班生产任务单（一式五份），配料人员一份，小料投放人员一份，标识控制人员一份，班长一份（中控人员持生产任务单到配方管理员处领取大料配方），自留一份。

②预热微机，电子配料秤，上班后 10 min 内完成，操作正确。

③详细了解前一班生产任务完成情况，仓贮情况，设备运行情况。

④确认各岗位工作准备情况。

（二）生产中工作

1. 开机

①检查并调整电子配料秤，配料秤调零，油脂添加系统的喷油量精度在规定范围内，上班后 20 min 内完成。

②严格遵守设备操作规程，按操作规程和工艺要求启动设备，并真实、准确填写每盘料的配料记录和投料记录，详细记录好当班主要设备的运行时间。

③检查模拟屏显示是否正常，注意各仪表读数是否正常，发现异常情况及时处理（粉碎机空转电流值是否超过规定值）。

④根据生产任务调出或输入配方，调出或输入配方时要仔细与大料配方核对，核算总重量是否与配方总量一致。混合应按照设定标准进行，不得擅自更改混合时间（混合时间一般 120 s，需喷油的产品混合时间为 150 s，特殊产品另定）。

⑤根据仓贮量和生产计划合理安排投料顺序和投料数量，投料顺序和投料数量能满足配料秤连续生产要求。配料顺序设定时，严格按照“先多后少，先轻后重”的原则进行设定，不得出现漏设及重复设定等现象。

⑥正确调整通道。确定了将投的原料品种之后，应及时将与该原料进入其指定仓相关的

分配器调整到位，随后启动投料工段，并给投料工发出投料指令。

⑦加强检查、监督。随时检查投小料工所投小料及小料品是否正确。经常检查原料进仓情况，经常通过查看成品感官质量以检查配料及混合质量检查确认核对每批油脂添加是否准确，认真填写中控室操作记录。

⑧根据任务单顺序生产，密切联系，完成配料。微机配好一盘料后，必须向投小料工发出投小料信号(人工或自动)，随后微机员与投小料工务必对微机所配盘次与投小料盘次进行核对，如有不符，停止配料。需要更换配方时应与各岗位沟通，发现问题及时解决。

⑨品种更换时按照洗机操作规程进行洗机，洗机的原料添加含有同种药物的产品品种内，并认真填写混合机洗机记录。

⑩及时处理三楼巡仓人员反馈的情况，防止串仓、溢仓，每次投料完毕，确保输送设备继续运转 3～5 min。

⑪监控设备运行。随时掌握电压及主要设备的电流情况，严防烧坏电机，尽可能防止设备空负荷运行；注意观察设备的运行情况，发现异常必须停机并及时向车间主任、班组长报告，不得无故拖延；并要积极配合机电人员进行维修。设备维修时，必须挂警示牌(警示牌内容"有人作业，禁止合闸")。

⑫配料的同时随时整理，检查微机和模拟屏的运行状态，随时观察，发现问题及时记录并报告生产主任。

⑬履行员工保密职责和微机室日常管理。禁止除生产指挥人员、维修人员(控制室故障期间)、临时检查人员外的其余任何人员进入微机室；除微机员本人外，其他任何人员不得操作微机；爱护微机及其他设备，每天下班前打扫微机室卫生，配合电工定期清扫微机室各种电器的积尘。

⑭基本技能要求：熟知微机的操作，能够处理日常工作中遇到的微机的非硬件故障，懂得如何校验配料秤；熟知控制台上的所有按钮、开关的功能；熟知本公司生产机组工艺流程、所有设备的安装位置以及一些可能造成配料质量事故的细节。

⑮工作效率要求：保证每盘料重量达到配料秤或混合机设计能力(个别销量小的品种除外)；微机每小时配料定额以不造成下道工序待料为原则。

2. 停机

①与各个岗位联系，确认是否可以关机，不得漏岗。

②按操作规程顺序停机，严格遵守操作规程。

③如不继续进行生产，则切断电源，关闭空调和门窗。

(三)生产后工作

①保持微机室内整洁有序。

②工具、用具、警示牌等定置摆放。

③每周配合投料口人员进行混合机内壁检查清理一次，并做好混合机检查记录，如发现不良情况及时通知品控和车间主任。

五、注意事项

①上班穿工作服，禁止光膀子、穿背心短裤、拖鞋，不随地吐痰。

②不准串岗、脱岗、睡岗、替岗，不准随地躺坐。

③严守公司机密。

职业能力和职业资格测试

1. 简述自动控制的一般原理。
2. 简述自动控制系统的分类及其特点。
3. 简述饲料生产自动控制方式有哪些。
4. 简述粉碎机自动控制系统组成及工作原理。
5. 简述饲料厂油脂添加自动控制系统的工作原理。
6. 比较粉碎机、油脂添加设备及制粒设备中自动控制系统的异同,各有什么特点。

项目13 饲料工厂工艺设计与实例

【项目设置描述】

饲料工厂的设计质量直接影响到投资成本、项目的技术先进性、项目建设工期与质量及项目投产后的产品生产成本、生产效益、产品质量和企业的经济效益。饲料工厂的主要任务是根据饲料配方和饲养要求，选用合理的加工工艺和设备，生产成本低、效益好的合格饲料产品。质量管理制度是制定和实施质量方针的全部管理职能，是企业管理的中心环节，也是现代化管理的重要内容。

【学习目标】

1. 掌握饲料工厂类型、功能以及饲料厂工艺设计的内容。
2. 掌握饲料厂总平面设计、要求以及配合饲料产品质量控制。
3. 掌握配合饲料工艺设计的步骤。
4. 能够画出饲料厂工艺流程图，学会配合饲料厂工艺流程设计。

任务13-1 饲料工厂类型与布局

饲料工厂建厂投资一般包括以下两部分：一部分是固定资产投资，包括土地征购、厂房建设、设备及公共工程等的全部投资；另一部分是流动资金，包括原材料的采购贮备、人员工资、能源及包装等生产消耗所需的周转资金。小型饲料加工厂通常需要流动资金比固定资金的数量多。

一、饲料工厂类型

饲料厂所生产的饲料品种很多，根据所生产的饲料品种的不同，可将饲料厂分为以下几种类型。

(1)饲料原料厂　饲料原料厂主要是为生产配合饲料厂提供生产所必需的动、植物性及其他的蛋白质饲料，如鱼粉、肉骨粉、血粉、羽毛粉、松针粉、草粉、单细胞蛋白等。

(2)饲料添加剂厂　饲料添加剂厂主要是生产营养性添加剂(如维生素、微量元素、氨基酸等)和非营养性添加剂(如激素、抗菌素、驱虫剂、抗氧化剂等)。这些饲料添加剂在配合饲料中所占比例很小，但往往作用很大，不可缺少。

(3)添加剂预混料厂　添加剂预混合饲料厂主要是将上述各类添加剂与载体或稀释剂混

合而制成粉状饲料半成品。产品有单组分添加剂预混合料和多组分(复合)添加预混合料。

(4)浓缩饲料厂　浓缩饲料厂主要是生产由蛋白质饲料原料、矿物质和添加剂预混合料组成的粉状饲料半成品,不能直接饲喂,必须与能量饲料稀释混合后,才能饲喂动物。

(5)全价配合饲料厂　全价配合饲料厂是根据动物的营养需要生产的养分全面的饲料,产品呈颗粒状或粉状,可以直接饲喂动物。

根据生产规模或年班生产能力的大小,饲料厂可分为如下几种类型(表 13-1)。

表 13-1　饲料厂的规模系列

项目	规模/(t/h)		
	2.5	5	10 以上
年生产能力/t	5 000	10 000	20 000 以上
规模(类型)	小	中	大

二、饲料厂企业系统的组成及其功能

(一)饲料厂企业系统的组成

饲料厂要实现其目标,必须具备完整的企业系统。一般企业系统由管理系统、实施系统和反馈系统组成。

1. 管理系统

它具有决策与计划、组织与指导、监督与控制、教育与鼓动四个方面的功能。它包括以下三个子系统:

(1)经营管理系统　包括计划、决策、财务、成本等。

(2)生产技术管理系统　含生产、产品设计与开发,质量、设备和物资管理。

(3)行政人事管理系统　包括职工生活、职工教育与培训、厂内日常事务管理、工厂安全及各项制度管理。

2. 实施系统

它是通过一系列具体活动,完成管理部门提出的计划,实现企业经营目标。它包括生产系统和供销系统。生产系统由以下四个部分组成:

(1)生产技术　包括配方设计、配方试验、工序及工艺流程的制定。

(2)基本生产　通过一定的工艺和设备,将原料加工成成品或半成品。

(3)辅助生产　包括供气、供电、供水和设备的维修。这些辅助生产是为了保证基本生产能正常进行所必需的。

(4)服务生产　包括原材料、工具及劳保用品的供应和保管,这些是为基本生产和辅助生产服务的。供销系统的功能是采购生产所需的原材料、工具、配件和设备以及产品的销售后服务。

3. 反馈系统

其功能是为管理系统提供纠正和修改经营目标和生产计划的信息。饲料厂的反馈系统对外主要是市场调查,质量跟踪;对内进行品质检测和检验。通常通过化验室和试验饲养场的反馈系统来完成。

(二)饲料厂的功能区

饲料厂的功能区，是通过建筑物和构筑物来表现，它可划分三个区：生产区、附属生产区和生活区。各区的主要建筑物和构筑物如下：

(1)生产区的主要建筑物及构筑物　主要包括饲料加工间、打包间、地磅房、卸料房或卸料坑、原料库(筒仓)、辅料库(辅料处理间)、成品库、变电室、锅炉房、水泵房、空压机房、水塔或水池、消防泵房、预处理室、化验室、机修间、袋库、器材库、露天堆场、水码头或铁路专线等。

(2)附属生产区的建筑物及构筑物　包括行政办公楼(综合楼)、传达室(门卫室)、自行车棚、汽车库、围墙、消毒池、宣传栏、庭院建筑等。

(3)生活区主要建筑物　包括食堂、宿舍、浴室、公厕、托儿所、娱乐室、球场等。

上述建筑物与构筑物并不是每一个饲料厂都具备，而是视各厂规模、产品类型及厂房具体结构不同有不同的组合。

三、饲料厂设计总原则

工厂设计是一项十分细致、严肃的工作。设计质量好坏不仅影响到基本建设投资费用，而且直接影响投产后产品的质量和各项技术经济指标，因此在设计中必须遵守以下设计总原则：

(1)节约用地　无论是新建厂厂址选择、工程设计及施工，还是老企业改造、扩建都必须充分贯彻节约用地的原则，不得随意扩大用地面积。

(2)采用新工艺、新技术、新设备　新建、改建、扩建、老厂技术改造，应尽量采用新工艺、新技术、新设备，使工厂在投产后能获得较高的技术经济指标和较好的经济效益。

(3)减少基本建设投资　在保证产品质量的前提下，应尽量减少原材料消耗，节约设备费用，缩短施工周期，减少基本建设投资。

(4)缩短设计时间　在条件允许的情况下，要尽量采用通用设计和标准图纸，以简化设计工作，缩短设计时间。

(5)充分考虑环保问题　设计中要充分考虑工人的劳动环境和安全保护问题。对车间的粉尘、噪声、防震和防火等要符合国家有关标准和规范。

(6)各项设计相互配合　工艺设计是一项与土建、动力、给排水等多项设计密切相关的整体设计，避免因互相脱节而造成设计缺陷，以影响今后产品质量、经济效益和生产管理。

四、饲料厂建设程序

配合饲料厂的建设属我国众多行业工厂基本建设的内容之一，需按照我国现行的基本建设程序进行。其建设阶段的顺序如下：①提出项目建议书；②编制可行性研究报告；③进行项目评估；④编制设计文件；⑤施工前准备工作；⑥组织施工；⑦交付使用。饲料厂建设程序可概括为四个阶段：项目建议书阶段、项目决策阶段、建设准备阶段和投资实施阶段。

五、饲料厂的厂址选择

选择好建厂地点，并对总平面布置做出合理的规划和设计，是关系到工厂建设投资、生产经营管理和职工工作、生活条件等各方面的大问题，必须慎重研究和周密考虑。

(一)厂址选择的意义和原则

1. 厂址选择的意义

厂址选择是基本建设前期工作的重要组成部分。厂址的确定，直接影响着项目建成后的经济效益、社会效益和环境效益的发挥，同时对地区工业的合理布局、地区经济的发展等有着深远的影响，需认真对待，不能凭主观意愿随意确定。

在厂址选择阶段，必须编制厂址选择报告书，需对两个以上的厂址按建厂条件进行详细的调查研究和比较，最后确定一个比较合理的厂址。

2. 厂址选择的原则

配合饲料厂厂址选择应符合下列要求：

①应避开易燃、易爆和排放有害气体、有害粉尘的工厂，并处在全年主导风向的上风向。与饲养场应保持防疫距离。②优先选择便于利用已有公路、水路、铁路和公共用水、电等设施比较完备的地区。大型仓厂结合的企业，还应考虑修建铁路专用线和专用码头的可能性。③宜选择地形平坦、地质坚实、地下水位较低的场地。④因地制宜、节约用地。⑤注意环境保护和生态平衡。

(二)厂址比选

1. 技术勘察

技术勘察是在初选厂址的基础上进行的。技术勘测的主要内容包括：①地形测量：详细测量厂址地形，按比例绘制出地形平面图，图上包括厂址附近的铁路、公路、河流及厂址界限等。查明厂区的自来水管网、下水道管网、输电线路等情况，绘制地下设施图。根据地势测量，绘制地势等高线图。②地质勘测：对拟建铁路专用线、主要建筑物及对基础有一定要求的建筑物的地质情况进行勘测，查明厂址土壤的耐压力、土壤成分和地层构造、地下水位的高低等情况。

通过技术勘察，可以具体确定下列问题：①根据地形和地质条件，确定主要建筑物的位置；②预计土方工程量，包括铲土和填土；③确定建筑物基础的深度和处理方法；④确定地坑、地槽和地下通道等的深度；⑤确定排水系统的优势方向；⑥确定厂区内铁路专用线的位置和同厂外铁路干线的连接点，确定专用码头的位置；⑦确定高压输电线路、水塔和给水系统线路。

2. 厂址技术条件的比选内容

(1)地形条件　①能满足工艺流程和运输布置的要求，并有适当的发展余地；②不受洪水、海潮和大型水库溃堤的威胁；③厂址外形尽可能简单，地形坡度不宜太大，以减少土石方工程量；④不占或少占耕地或林地，少拆迁民房或其他建(构)筑物。

(2)水文地质、气象条件　①岩土的地基容许承载力应能满足工程要求，一般不宜低于120 kPa，避免因工程地质造成基础工程复杂化；②应在地震烈度九度区以下选址；③避免在三级以上的湿陷性黄土地区、一级以上的膨胀土地区和岩溶、流沙等工程地质恶劣地区，以及滑坡、泥石流等直接危害地区选址；④地下水位最好低于基础埋深，寒冷地区，冬季最高地下水位不宜高于土壤冻结深度；⑤地下水水质应对建筑物基础无侵蚀性；⑥常年主导风向、日照、雷击、雨雾、气温等对生产的影响。

(3)原料资源、成品销售及交通运输条件　①生产原料应供应可靠、方便，靠近成品销售地区；②与厂外公路、水路、铁路连接方便，工程量小；③运输方便、畅通、短捷。

(4)动力供应、给水、排水条件　①工业电源和其他动力电源线路连接方便,动力供应可靠;②利用城市供水时,应接管方便,管路短,生活供水有保证;③采用深井水时,应满足水质、水量的要求;④场地雨水、生活污水应满足排放要求。

(5)协作条件　①在维修、公用工程、交通运输、仓储及其他设施方面与相邻企业协作的可能性;②所在地区在消防、施工能力、预制构件制作、吊装、建筑材料供应等方面可能提供的协作条件。

3. 厂址比较

一般应提供两个以上的厂址,根据比选内容进行比较,从中选择一个比较理想的厂址。要编写厂址选择报告书,作为可行性研究报告的附件。在可行性研究报告中,仅需扼要说明选址的主要过程、选址要求和厂址的主要内容比较以及厂址的推荐方案。

六、饲料厂总平面设计

厂址确定后,即可进行工厂总平面图设计。总平面图(图13-1)是将厂区范围内各项建筑物总布置在水平面上的投影图。根据饲料厂的生产性质、规模和生产工艺流程等要求,所有厂区所设置的一定数量的生产车间、辅助设施和生活用房等建筑物、道路、绿化的布置情况,以及相邻地区街道交通联系等进行科学的全面布局,这个过程称之为工厂总平面图的设计。总平面设计一般由工艺设计部门协同土建部门一起进行。

(一)总平面设计的内容

(1)厂区平面布置　涉及厂区划分、建筑物的平面布置及其间距的确定,厂内外运输方式的选择,厂内运输系统的布置以及人流和物流组织,厂区的绿化及美化方案的确定;如图13-1所示。

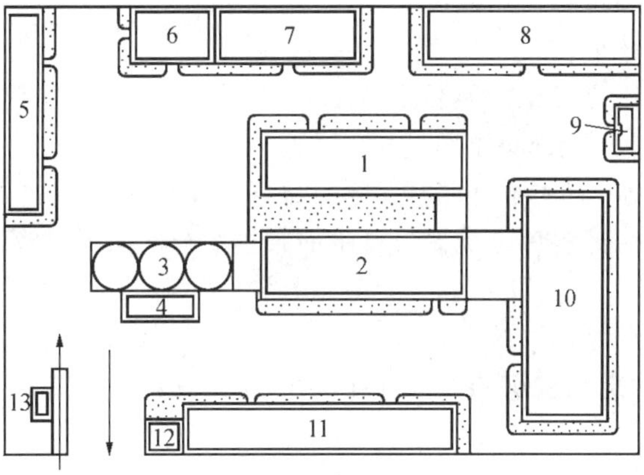

图13-1　配合饲料厂总平面图

1. 主生产车间　2. 粒料立筒仓　3. 辅原料库　4. 成品库　5. 汽车运料接收装置
6. 门卫　7. 办公楼　8. 机修间和材料间　9. 职工宿舍　10. 食堂
11. 浴室　12. 地中衡　13. 厕所

(2)厂区竖向布置　涉及各建筑物的标高、厂区道路的标高和坡度,室内地坪标高的确定,工程管网架空及地下敷设方案。

总平面布置主要技术指标应列表绘制在总平面布置图上。技术指标主要包括用地面积、总建(构)筑物占地面积、建筑系数、土地利用系数、道路铺砌面积、土石方工程量等。

(二)总平面设计的要求

在总平面设计时,可将厂区规划成几个区域,如生产区、辅助生产区、行政区和生活区等。每个区域的分布应是既有联系又适当分隔,达到联系方便,互不干扰。对各种建筑物和设施的布置,应符合生产管理、建筑布局、生活管理、安全卫生、厂区道路和管线布置要求。

任务 13-2 饲料厂工艺设计

饲料厂工艺设计是一项综合性较强的工作,不仅是技术性的工作,且是一项经济性的工作,同时还是一项艺术性的工作。

一、工艺设计的内容

工艺设计范围主要包括主车间、各种库房直接或间接生产部分。主要内容包括:工艺规范的选择、工序的确定、工艺参数的计算、工艺设备的选择、工艺流程图的绘制、工艺设备纵横剖面图绘制、工艺流程所需动力、蒸汽、通风除尘网络的计算及网络系统图的绘制、工序岗位操作人员安排、工艺操作程序的制定和程序控制方法的确定,以及设备、动力材料所需经费的概算。如果在施工图设计阶段中,还需绘制楼层板洞眼图和螺栓图。就工艺设计文件而言,一般有如下设计概述和图表:

①产品种类和产量的概述。

②主、辅原料种类、质量和年用量说明。

③各生产部分联系的说明。

④工艺流程说明并附详细工艺流程图。

⑤生产车间、主原料、辅原料库的工艺设备的选择计算。

⑥主原料、辅原料、水、液体原料、电、汽等的需要量计算。

⑦生产车间、立筒库、辅料库的机器设备平面布置图与剖面图以及预埋螺栓、洞孔图。

⑧通风除尘系统图。

⑨生产用汽、气、液体添加系统图。

⑩工厂及车间、库房劳动组织和工作制度概述。

二、工艺设计的原则

(1)要充分考虑生产效率、产品质量、经济效益、最初建设投资,以及对原料的适应性、配方更换的灵活性和扩大生产能力,增加产品品种等多方面综合因素,使工厂和社会得到较大的经济效益。

(2)工艺流程应流畅、完整而简单,不得出现工序重复。除一般生产配合粉料的工艺过程外,根据需要,当生产特种饲料或预混合料时,应相应增加制粒、挤出膨化、液体添加、压片、压块、前处理等工艺过程。

(3)尽量采用先进的工艺流程和工艺设备,以保证产量、质量和节约能耗。设备选择时,尽可能采用系列化、标准化、零部件通用化的设备。设备布置应紧凑，减少占地面积，但又要有足够的操作空间，以便操作、维修和管理。

(4)设计中应充分考虑建立对工作人员有利的工作条件，有效地治理噪声和粉尘，减轻劳动强度，有效的劳动保护条件，完善的防尘、防火、防爆、防震条件，保证安全生产。

(5)为保证工艺流程的连续性，后序生产能力比前序能力大5%～10%。另外，为保证达到投资后的生产能力，设计的生产能力应比实际生产能力大15%～20%。

此外，在工艺设计中还要注意以下具体事项：①不需粉碎的物料不进粉碎机。②粉碎机出料采用负压-机械吸送。③饼块料先用碎饼机粗粉碎，后再用通用粉碎机粉碎。④分批混合时，在混合机前后均应设置缓冲仓。⑤先磁选后粉碎(或制粒等)。⑥尽量减少物料提升次数，降低各种输送设备的运输距离和提升高度。⑦尽量采用粉碎机回风管，以降低除尘器的阻力。

三、工艺设计的基本资料和主要依据

工艺设计之前应尽可能多地收集工艺设计的有关资料。这可以通过对当地饲料原料供应、饲养业情况、饲料生产技术水平进行调查；对国内外同等规模和相近规模的饲料厂进行调查，查询有关科技资料，了解国家有关工艺设计的标准、规范、调查国内外饲料加工设备的规格、性能、价格等。这些资料主要包括以下内容：

(1)产品类型　产品类型决定于饲喂要求。按层次分预混合料、浓缩料、全价配合料等。按形态有粉状、粒状、膨化状、液态、片(块)状等。应该确定各种产品在近期如今后的生产中所占比例。如果只生产配合饲料，可采用较简单的工艺流程。若生产颗粒饲料，则需增加制粒工段。若同时生产预混料、浓缩料及全价配合料，则要求较高的工艺水平和先进设备。

(2)饲料配方　配方中的原料一般有粒料、粉料、块状料和液态料等，其种类和比例是设计中确定原料仓、辅料仓、配料仓的数量和仓容，主辅料的接收工艺，配料操作顺序与配料系统的技术参数，粉碎机的台数和生产能力的重要依据之一。如果配方中粉状原料的种类很多，可按其比例大小归类、合并以减少配料仓数目。饲料配方还应提出粒度要求，以便确定粉碎机筛孔直径大小及与之相匹配的台时产量的供料和出料系统。

(3)生产能力　生产能力小且产品单一时，可采用较简单的工艺流程；如果生产能力大而且产品多样时，可采用较完备的工艺流程，如一次粉碎和二次粉碎兼备，粉料和颗粒料兼有，自动配料微机控制，机械化和自动化较高。某些生产规模大、技术力量雄厚、设备完善的饲料厂，还可在生产配合饲料的同时生产浓缩饲料或预混合饲料。

(4)原料接收与成品发放形式　一般有两种形式：散装和袋装。这两种形式的原料运输方式和存储房库形式不同，使原料接收工序有所不同。同样，成品发放也有两种形式：预混合料必须采用包装；浓缩饲料两者皆可；配合饲料尽可能采用散装，但目前国内多采用袋装。

(5)投资限额　投资多少对设计有很大限制，一般先进设备和控制系统及完备的工艺需要耗用较多的资金。限额确定后，应根据限额来设计和选择恰当的工艺和设备。

(6)电气控制方式和自动化程度

(7)人员素质等

四、工艺设计的步骤

工艺流程设计时，应以混合机为设计核心，先确定其生产能力和型号规格，再分别计算混合工序前后工序的生产能力。通常要根据原料的粒料和粉料之比来计算配料仓之前的各工序的生产能力。对于混合工序之后的工序，无论是制粒还是粉料直接打包一般与混合机的生产能力一致，然后再确定各工序设备的生产能力与规格型号。工艺设备布置时，一般以配料仓为核心，先确定其所在楼层与开间后，再按配置原则合理布置其他加工设备和输送设备。确定各设备生产能力时，两相邻作业设备之间没有缓冲设备(仓)时，应确保后续设备的生产能力比前一设备大15%～20%。

大致有下列设计步骤：

(1)工艺流程草图设计　根据拟建厂生产规模、产品情况进行流程的组织，主要设备的选择计算，经过多方案比较，择优选定。

(2)车间设备布置　按照选定的工艺流程草图，将设备绘制成1∶50的小样图，在车间、立筒库等建筑物中排布，或采用电子计算机设计确定出车间等的长、宽、高和各层设备均安装平面布置图，纵、横剖视图。

(3)进行传动系统设计　包括工艺设备动力配置，传动形式选择、布置、计算。

(4)风网设计　包括气力输送和除尘风网的设计，确定所有风网管件、设备的规格尺寸。

(5)管网设计　主要是溜管的设计。

(6)蒸汽系统的设计

(7)压缩空气系统设计

(8)供电设计

(9)绘制正式工艺流程图　按设备布置后的实际结果采用国家标准的图形符号绘制正式工艺流程图。

(10)编写设计说明书

五、工艺流程设计

(一)原料接收

饲料加工厂中，一般将原料分为两大类，主原料和辅原料。主原料指谷物类，辅原料指谷物以外的其他原料。

1. 接收工艺

原料→下料坑→提升→初清—除铁—提升→立筒仓→提升→待粉碎仓

（初清→大杂；除铁→铁质；提升→待粉碎仓）

小型饲料厂主料和辅料共用一条原料接收线；中型饲料厂可设置主料、辅料各一条接收线；对于大型饲料厂可设置三条接收线，分别用于玉米、粉状料及粕料。

2. 接收能力

①原料接收工段通常只考虑白天作业，对于单班制生产厂，其接收设备的生产能力为车间成品生产能力的3倍。对于多班制生产厂，其原料接收能力应为成品生产能力的6～9倍。

②主原料仓容量一般贮存供主车间生产15～30 d所需原料量。对于来料方便且常年稳定的地区，贮存能力取小值，对于当地资源不足且供料季节变化较大的地区，贮存能力取大值。

③辅原料的贮存能力因原料性质不同而有较大差异，一般蛋白质原料、易于变质的原料取低值，对微量添加剂维生素、微量元素及其单品种预混合料药物要原装贮存，贮量为30～40个

班次用量，在实际生产中应根据产品的使用说明而定。

④对于多种微量成分预混料，在其中加有保藏剂时，可按说明书而定，一般可贮存 10～20 d 用量。当未加保藏剂时，贮存期应尽可能短，以保证具有效性。

⑤对液态糖蜜和脂肪，用液体接收管路接收，贮存于液体罐中，其贮量可取 15～20 个班次用量。接收处还需设置热水加热器，降低糖蜜脂肪的黏度，便于输送。

各筒仓中应设料位指示器，液体罐中应设液位指示器。

(二)原料清理

①清理工段中通常采用二道清理设备。第一道为筛选设备，如圆筒初清筛、圆锥形筛和振动筛，用以筛除大杂，并设有吸风以除轻杂和粉尘；第二道设备为磁选，如永磁滚筒、永磁筒(图 13-2)、电磁滚筒、磁选箱。清理工段设备的产量依所处工艺中位置而定，一般主、辅原料清理设备产量与所在进料线的产量相同，可取车间生产能力的 2～3 倍。

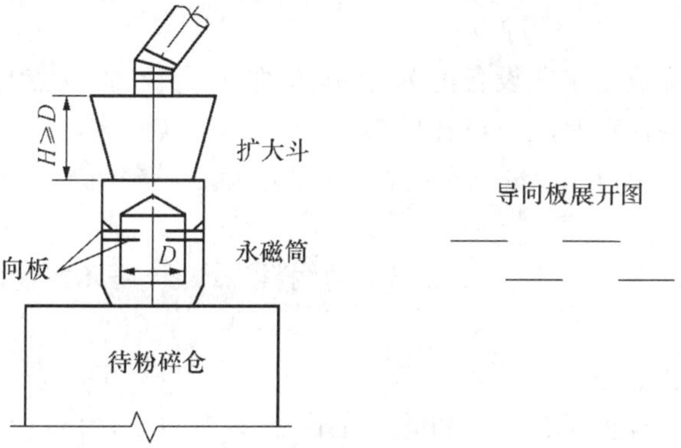

图 13-2 除铁装置设计图

②带吸风的进料地坑栅筛可用作第一道除杂设备，目前饲料厂进料地坑栅筛其筛孔一般多为长型孔，且长宽比都大于 5，麻袋线等细长形杂质就难以清除。因此可在栅筛上铺设 40 mm×40 mm 左右的方形孔筛网，就会较多地清除各种杂质，提高除杂效力。

③该工段设计时，也可在待粉碎仓上设置高效除铁装置，并在其上部做一扩大斗，永磁筒整圈淌板改为高低两排(图 13-2)，使物料均匀通过，提高除铁效果。此外，如果条件允许，也可在进粉碎机之前，再增设高效除铁装置，使铁质对粉碎机所造成的危害降至最低。

(三)粉碎

粉碎工段的工艺主要分一次粉碎和二次粉碎两类。在采用的基本工艺为先粉碎后配料时，粉碎的方式为单一粉碎，而在基本工艺为先配料后粉碎时，粉碎的方式为混合粉碎。

一次粉碎工艺的基本组合为：

待粉碎仓→供料器→磁选器→锤片粉碎机→汽力输送或机械输送加吸风→配料仓或混合机上缓冲仓

或

配料仓→配料秤→缓冲斗→供料器→磁选器→锤片粉碎机→汽力输送→配料仓

二次粉碎与一次粉碎的不同仅在于粉碎机部分，二次粉碎工艺的组合方式为：

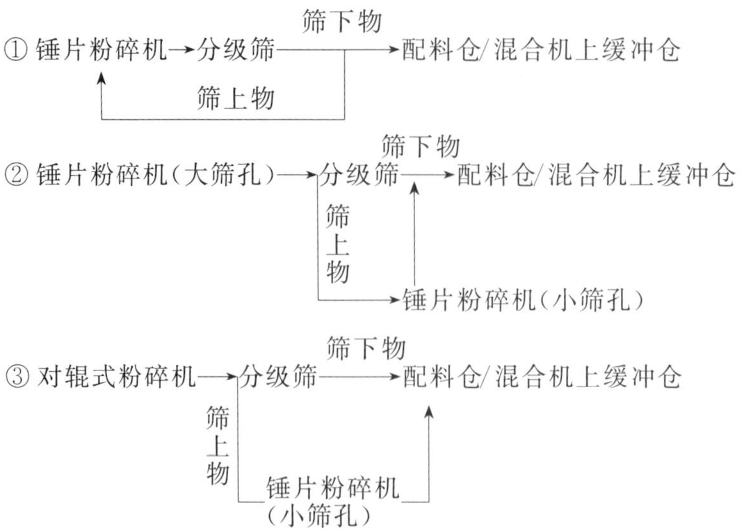

一次粉碎工艺的优点是工艺设备简单,操作方便,投资少,但缺点是粉碎粒度均匀性差,电耗高。二次粉碎工艺的优点是单产电耗低,粒度较均匀。实验表明,采用二次粉碎方案①比一次粉碎可节约电能 20%以上,产量也可提高;而采用对辊粉碎机破碎整粒谷要比用锤片粉碎机省电 20%左右。

一般认为一次粉碎工艺用于 10 t/h 以下的饲料厂;二次循环式粉碎工艺适用于时产大于 10～20 t 的饲料厂。

粉碎工艺设计的要点是:

①待粉碎仓容量应保证锤片粉碎机连贯工作 2～4 h 以上,每台粉碎机上至少有一个供料仓。当工艺中采用一台粉碎机时,应至少设两个待粉碎仓,以供调换原料用。

②粉碎机的产量直接影响到配料、混合工段作业的连续、稳定与饲料厂的产品;生产组织方式。通常对于一般综合性饲料厂,粉碎机的产量可取工厂生产能力 1～1.2 倍以上,当进行微粉碎时,微粉碎机的产量要专门考虑。

③粉碎机之前应有磁选器保险。

④粉碎机后采用机械输送时,要进行吸风,吸风量的配备为每平方米筛片每小时 300 m^3。

(四)配料、混合

1. 配料、混合周期与产量的关系

从配料的第一种料给料开始,到最后一种料的给料结束,再进入混合机充分混合,使其达到符合质量要求的混合均匀度,至混合机排料结束,完成这一过程所需的全部时间称为一个周期混合机混合周期一般为 6 min,当混预混料时,周期可达 8～15 min。近年来国外已将配料混合周期缩短至 3～4 min。但是采用不同的配料、混合方式,选用不同的配料秤、混合机,配置不同的给料机和料仓,都会使配料、混合周期有所不同。

2. 混合机的形式

混合机的形式主要为卧式双螺带式,也有卧式桨叶式。混合机作业方式有分批间歇式和连续式。连续式混合只用于油脂和糖蜜添加。

混合机的生产能力等于或略大于饲料厂的生产能力,并与配料秤相匹配。混合机下应设缓冲斗。容积应能存下混合机混一批的饲料量,以防止后面的输送设备过载。

3. 产量

主配料秤的产量通常等于或略大于饲料厂的生产能力，混合机的生产能力与配料秤相匹配。

4. 配料、混合流程

配料仓→给料机→配料秤（一台或数台）→混合机→埋刮板机→提升机→待制粒仓

（1）给料机　配料工序中的给料机是一个十分重要的环节，它是保证配料秤准确称量、影响配料时间的一个主要因素。它依据先进的控制方式使其通过快给料—慢给料—点动给料等几种办法来保证配料秤的配料精度。

①合理配备给料机及其转速：配方中容重大、体积大、比例大的原料进大仓，相应配置大的给料机，并以高的转速 100～150 r/min。反之则进小仓，相应配置小的给料机，低的转速 60～80 r/min。介于中间的要选用中型、中速给料机 100 r/min。同一种给料机也可因原料的容重不同配以不同的转速。

②配料仓容量因工艺设计不同可能不同，如采用均衡生产法和间隙生产法就有差别，但不小于配料秤连续生产 8 h 所需容量。配料仓的个数随生产规模不同而变化。

配料仓出料采用多点同时给料作业：对于配方中比例特别大的原料（如玉米）或特别轻的原料（如麸皮），可以同时分别进入二只配料仓，配料时以两台给料机同时给料，加快配料速度。对于小型饲料厂，使用单组分秤时，配料仓数与秤数相同，一般为 8～10 个；使用一台多组分秤时配料仓个数为 8～12 个。

③双轴螺旋给料机：在转速相同的条件下，双轴螺旋给料机的产量是单轴螺旋给料机产量的 1 倍，同时又解决了料仓易结拱的问题。

（2）配料秤　配料秤上喂料器数量与配料仓数相同，喂料器的产量必须满足配料秤的要求，喂料器可选用变径变距的螺旋喂料器、叶轮式喂料器等。为了保证喂料器检修方便，应在喂料器上方设闸门。喂料器应为双速喂料。

配料秤应为传感器式电子秤，并辅以电子计算机控制。配料精度静态应达 0.5/1 000，动态应达到 1/300。主配量秤的产量通常等于或略大于饲料厂的生产能力。配料周期一般为 6 min。为确保产品质量，配方中小于秤满量程比例 3%的物料不应参与配料，应从人工添加口加入，在投料时，尽量减少投料时间。

对于中型厂（时产 5～10 t），配料秤通常用 2 台（一台大秤，一台小秤），配料种类在 16～20 种，配料仓数为 16～22 个，其中微量添加剂或作为预混料参加配料，或者直接加入混合机。

对于大型厂（时产 10 t 以上），配料秤为 2 或 2 台以上多组分配料秤，配料种类可达 18～24 种，配料仓数可达 18～22 个（不包括微量添加剂配量秤上的仓数）。

（3）混合机　应下设缓冲斗。容积应能存下混合机混一批的饲料量，以防止后面的输送设备过载，混合成品的水平输送应选用刮板输送机。在有预混合工段时，应考虑载体的加工、称量、添加剂称量、混合、液体添加剂工序，其中添加剂的称量可采用配料秤称量或人工称量。当预混料参加配料秤配料时，经稀释预混的微量添加剂一般为配料秤最大量的 5%以上，为饲料配方的 2%以上。

对于大型饲料厂，在混合时添加油脂情况下，可设粉料筛除去大粒和结块料，保证产品质量。

(五)制粒

(1)制粒工段的工艺流程　见图 13-3。

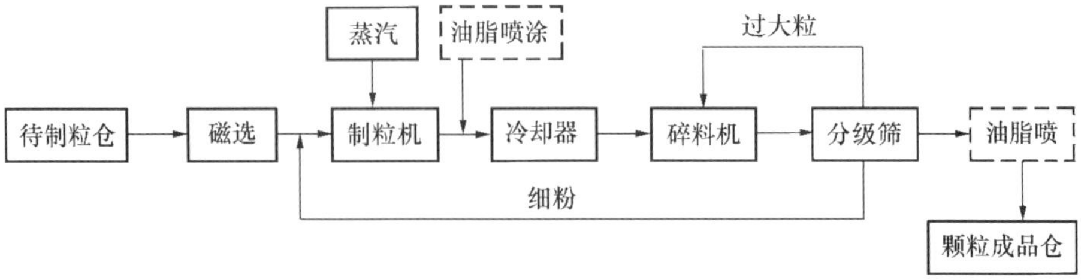

图 13-3　制粒工段的工艺流程

(2)待制粒仓容量　应保证制粒机连续工作 1 h 以上,应至少设两个待制粒仓以供调换饲料品种。制粒机进料之前应有磁选保护。制粒机的生产能力应根据颗粒产品需要量以及生产作业方式确定。考虑到市场的发展,一般综合性配合饲料厂制粒机生产能力,不应低于饲料厂粉状成品生产能力的 50%。制粒机产品主要为环模式制粒机,而平模制粒机仅适用于小型饲料加工厂。

(3)冷却器　冷却器有卧式和立式两类。目前以立式逆流式冷却器的冷却效果最好。冷却器产量确定时要注意冷却产量与颗粒直径成反比,而制粒机则相反。因此必须保证冷却器有足够产量。立式逆流颗粒冷却器的吸风量为每吨每小时 1 400～1 500 m^3,而其他冷却器的吸风量为每吨每小时 1 700～2 000 m^3,南方湿热地区的吸风量比北方要高出 10%～15%。

(4)碎粒机　通常紧排在冷却器之下,设备内有旁通路,供不需碎粒时物料流过。

(5)分级筛　通常设在顶层,以便筛下的成品进入涂脂喷涂机或直接进入成品仓。

(6)蒸汽　制粒机的蒸汽系统设计的好坏对制粒机生产效率有重大影响,蒸汽管道上必须配有疏水器、汽水分离器、调压阀和压力表。汽水分离器应尽量靠近制粒机,以免冷凝水进机。有条件时可配备蒸汽自动调节系统,以提高制粒机产量和质量。

(7)调质　当饲料厂生产鱼虾用硬颗粒饲料时,需要强化调质部分。可在制粒机之前加专用调质器或调质罐,提高粉状饲料的糊化程度或熟化程度;也可在制粒机之后、冷却之前增加后熟化器,提高颗粒的水中稳定性。

(六)挤出膨化、膨胀

(1)挤出膨化工艺　挤出膨化工艺是近期内发展的一种新型饲料加工技术,挤出膨化主要用于宠物饲料、水产饲料(沉性、半沉性、浮性饲料),也可用作原料的预处理。膨化有干法和湿法之分,干法膨化不需烘干仅需冷却,湿法膨化需先经干燥后再行冷却。在膨化机之前设置调质器和熟化罐,可以提高膨化机的工艺效果。在生产玩赏动物饲料时,往往需要在颗粒表面喷涂维生素、油脂等,因而也需要考虑液体添加工艺。

湿法膨化工艺如下:

料仓→喂料器→调质器→挤出膨化→烘干机冷却器→成品仓

(2)膨胀　主要用于生产乳猪料和原料预处理,膨胀器也可作为制粒前的调质设备。

料仓→喂料器→调质器→膨胀器→破碎机→制粒机→冷却器→成品仓

(3)高温瞬时调质器(UPC) 可与膨胀器和制粒机结合，挤出膨化、膨胀工段，配有UPC时，则挤出膨化效果更好。一般挤出膨化工艺，其熟化达80%～90%，产量能提高20%～30%，所以该工艺是制粒工艺中最新技术。

(七)成品发放

饲料的成品有粉状饲料和颗粒饲料两种，其包装形式也有袋装和散装两种。

散装工艺为散装成品库—散装车—称重—发放。

包装工艺流程为：待打包仓→称量→灌包机→缝口机→输送设备→成品库→发放。

散装成品仓的容量由散装成品占总产量的比例确定。待打包仓的容量为工厂产品生产1 h的存量。打包机的生产能力应略大于生产成品的生产能力。包装成品仓容量应为产品生产3～5 d的贮量。

一般饲料厂都将其成品以袋装形式出厂。随着养殖业向规模化、产业化方向发展，饲料厂产品结构也需进行调整，增加散装发放，以满足饲料、饲养一体化的需要。采用散装发放，将大大提高装卸效率，生产成本大大节约。

六、主车间设备的选择

工艺流程都是单个设备和装置按一定的生产程序和技术要求排列组合而成。由于饲喂对象和产品类型的不同，原料又多种多样以及设备种类规格繁多，所以每个设备之间和设备与装置之间可以安排各种不同的排列组合形式。在工艺流程设计时，应综合考虑多种因素(如产品类型、生产能力、投资限额等)，确定最佳方案。

合理的工艺流程需要先进的工艺设备才能实现。工艺设备包括作业机械、输送设备、各种料仓及附属设备。这些机器设备在前面各章节已论述。当前国内已有各种工艺设备可供选用。

(一)设备选择原则

①设备生产能力应适应工艺要求，其性能要满足配方的需要，单位产品电耗少，噪声粉尘不超过国家标准，工作可靠，使用维修方便，经久耐用，价格合适。

②应采用适用、成熟、经济、标准化和技术先进的设备。

③设备主要规格参数应符合国家标准GB 321—80优先数系要求。清理、打包、输送可借用粮食行业中适用的定型设备。

④设备选择的主要依据是生产能力、匹配功率和结构参数，另外也考虑安装、使用、维修等方面的要求。可用最小费用法和盈亏平衡分析法对所选设备方案进行选优。

(二)工艺设备的选择

选择时应参考前述各章节所列出机械设备的资料。这里从系列、配套角度作些叙述和补充。

1. 清理设备

清理是将混于原料、辅料、半成品或成品中的杂质及磁性金属清除。清理工序应有筛选和磁选设备，磁选设备宜设置于筛选之后，原料进筒仓贮存前应经初清，辅料经清理后方可进配料仓。清理设备可参用粮食行业定型设备和饲料工业专用产品。此外，在饲料生产重要工序(粉碎、制粒等)前还要安置磁选设备。

(1)圆筒初清筛　其特点是结构简单,单位筛理面积产量大,清大杂效果好。它是以筛筒长度为主要规格,按优先数系 R10 安排。其标准系列见表 13-2。

表 13-2　圆筒初清筛标准系列

筛筒长度/mm	500	630	800	1 000	1 250
产量/(t/h)	20	25	32	40	50

备注:筛筒直径皆为 610 mm,单位长度流量为 400 kg/(cm·h)。

(2)振动筛与平面筛　两者都以筛面宽度为主要规格,按优先数系 R10 安排,其系列标准见表 13-3。常用振动筛型号有 FSZ-630、FSZ-800 等;平面回转筛型号有 SM40、SM80 等。

表 13-3　振动筛和平面筛标准系列

型　号	振动筛						平面回转筛					
筛面宽度/mm	500	630	800	1 000	1 250	1 600	400	500	630	800	1 000	1 200
单位流量/[kg/(cm·h)]	30	35	40	40	40	40	50	50	55	60	60	60
产量/(t/h)	1.5	2.3	3.2	4.0	5.0	6.4	2.0	2.5	3.5	4.8	6.0	7.5

(3)永磁筒和永磁滚筒　这两种是饲料厂常用磁选设备,吸铁效果好,永磁滚筒能自动排铁。以滚筒长度为主要规格,按优先数系 R10 安排。常用永磁筒型号有 TCXT15、TCXT20、TCXT25 和 TCXT30 系列;永磁滚筒型号有 CXY-25、CXY-40 和 CXY-80 等,分别适用于中、大型饲料厂。

(4)初清磁选机　常用设备有 SCY-50/CXY-25,是 SCY-50 圆筒筛和 CXY-25 永磁滚筒的组合设备,兼有两者的性能。

2. 粉碎设备

一般选用台数少而单机产量大的粉碎机,比选用台数多而单机产量小的粉碎机方案更经济、合理。常用饲料粉碎设备有锤片粉碎机、对辊粉碎机、爪式粉碎机和碎饼机。

(1)锤片粉碎机　目前主要有 FSP 和 9F 两大系列,均以转子直径为主要规格,按优先数系 R20 安排。用孔径 3 mm 的筛片粉碎机粉碎含水率不高于 13%的玉米时,度电产量不低于 140 kg。

(2)对辊粉碎机　该机型电耗少、产量高、噪声低,但对原料品种适应性差,多用于二次粉碎中的初次粉碎。对辊粉碎机每 100 mm 长度的辊一般配套功率 1.1～1.5 kW。其以辊的长度为主要规格,按优先数系 R40 安排,常用磨辊长度有 600、800、1 000 mm 三种。辊径一律采用 250 mm。饲料厂多采用 MQ-6、MQ-8、MQ-10、MY-6、MY-8 和 MY-10 等六种型号。

(3)爪式粉碎机　又称高速粉碎机,饲料厂中多用于二次粉碎或矿物盐的微粉碎。特点是电耗少、产品粒度细。该机型以动齿盘直径为主要规格,目前尚未成系列。常用型号有 270、310、330、370、450 等。

3. 配料计量设备

饲料厂的配料秤以每批配料最大称量为主要规格,按优先数系 R10/3 安排。近几年我国配料计量设备发展很快,容积式计量已被淘汰,机电秤(字盘秤)也逐渐被电子秤所替代。电子配料秤是由秤体、喂料器、控制器、强电柜等组成,量程范围 50～2 000 kg 可任选,可组成一机

一秤、一机多秤使用,配料计量批量与混合批相同,适合于年班产 3 000～40 000 t 的饲料厂配套使用。其特点:

①采用国际标准的 STD 工业控制计算机,采用频谱均衡法抗干扰技术,故系统稳定可靠,抗干扰能力极强。

②全部操作采用汉字对话,操作方便,易学易懂,配有 80 行打印机,打印数据和各种报表。

③保持 99 种以上汉字配方,掉电不丢失。具有特别方便的全屏幕调看、修改、编辑配方之功能。

④具有自学习、自诊断功能,自动修正配料误差,自动浮零、故障报警及汉字提示功能。配料精度:静态,优于 0.1%FS;动态,优于 0.2%FS。

⑤可配置彩色或单色屏幕,能显示工厂工艺流程动态图或配料动态图。

⑥性能价格比高,一机多用,有多种附加功能。如粉碎机、制粒机的控制,原料秤、打包秤的计数等。如配置磁驱动器,则可做通用计算机使用,可进行生产财务管理,扩展灵活,易于计算机联网。

⑦秤体放料门有电动、气动两种;为保证计量精度,有快慢双速加料和变频调速加料机两种。

⑧具有自动配料和手动配料功能。

4. 混合机

当前各饲料厂多采用分批卧式螺带混合机。有少数饲料厂选配立式行星混合机,用于预混合和浓缩饲料的生产,常用型号有 SLH～250、SLH～500、SLH～1000 等。

卧式螺带混合机为老厂使用的主要设备,近年来已经采用双轴桨叶式高效混合机,其规格型号较多,最大容量 8 t。

5. 成形设备

(1)制粒机　目前国内生产的饲料制粒机,主要有卧环模和立式平模两类。前者以环模内径为主要规格,按优先数系 R40 安排,常用型号有 KYW-32、KYW-35、KYW-40、KYW-45 和 9KY-22、9KY-40、9KY-75 等;后者以压模直径为主要规格,按优先数系 R20 安排,常用型号有 KYZ-45、KYZ63 等。大、中配合饲料厂以卧式环模居多。

(2)冷却器　冷却器主要有立式和卧式两种。立式冷却器以进风筛网面积为主要规格,优先数系 R10/3 有 4 和 8 m^2 两种。过去常用 LOC-2.5 和 KLL-4 两种型号。现被 SKLL3 和 SKLL5 型所替代,其配备风机的动力和风量分别为 7.5、15 kW 和 8 700、17 400 m^3/h,并分别与生产率为 5、10 t/h 以下制粒机配套使用。卧式冷却器以其筛板长度为主要规格,一般筛面宽度为 800 mm,筛面长度按 R5 优先数系安排,有 2.5 和 4 m 两种,筛板均为两层,产量分别为 3～5 和 5～10 t/h。常用型号有 KLW80X 2。

(3)碎粒机　该机以轧辊长度为主要规格。原采用型号有 KPG·6 和 SLG-63。新产品型号为 SSLG15X80、SSLG15X100、SSLG15X150,即辊径皆为 150 mm,辊长分别为 800、1 000、1 500 mm,分别与 2.5、5、10 t/h 生产能力的制粒机配套。技术参数见第五章表 5-7。

(4)颗粒分级筛　颗粒分级筛一般是两层筛,以上层筛宽度为主要规格。原用型号为 KFZ-80,现用替代产品 SFJZ80X2 和 SFJZ100X2。它们分别与 5、10 t/h 以下生产率的制粒机配套使用。

6. 计量包装设备

(1)地中秤(衡) 地中秤常用于整车饲料原料和成品的计量。其结构原理见图 13-4。

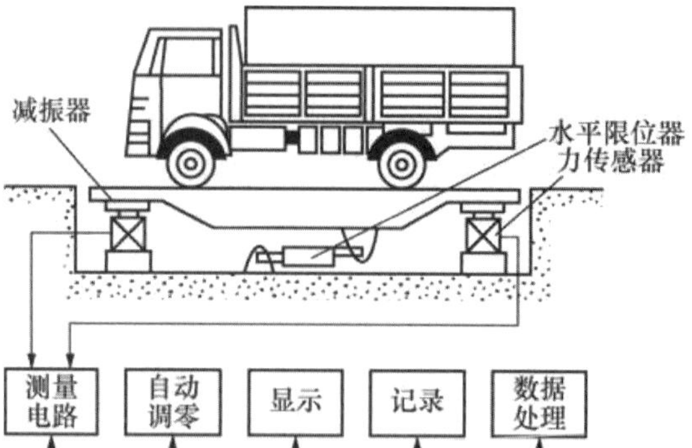

图 13-4 电子式地中衡工作原理

(2)定量包装秤 饲料成品打包可以采用定量包装秤,有螺旋式、带式供料等形式。可以根据包装的物料种类选用。

(3)饲料称重打包缝口机(包装组合机) 该机是饲料厂包装工段主要设备,用于成品粉料、颗粒料的自动定量称重、打包缝口并输送,除人工套袋、扶袋外,全部操作机械化和自动化,减轻劳动强度,称量精度高(±2%)。

七、主车间设备的布置

饲料厂除原料接收、成品发放和饼料粗粉碎外,其他所有工序和设备(包括清理)都集中在主车间内,故主车间设备布置最为重要。

(一)车间设备布置原则和要求

①设备布置按工艺流程顺序进行,尽量利用建筑物的高度,使物料自流输送,减少提升次数,节约能源和设备。

②某些功能相同的设备可布置在同一层楼内,以便统一管理和操作方便,如除尘设备。但布置在同一层楼内不等于在同一水平面上。

③布置设备不仅需要考虑建筑面积大小,还要考虑单位面积的造价。因此,设备布置时应充分利用楼层的有效空间,以减小建筑面积,另外要注意设备运行时的活载荷对厂房建筑结构的影响,一般活载荷较大的楼层的强度要求较高,单价造价就高,而且活载荷高的楼层所处位置越高,整个厂房单价造价就越高。

④粉碎机因为功率大、震动大,尽可能布置在底层或地下室。为解决粉碎机产生的噪声,可将它布置在单独的隔音间内。

⑤确定配料仓的位置是主车间布置一个重要问题。因为该设备的位置相应影响计量和混合设备所在的楼层位置。一般将配料仓布置在配料设备上面一层楼上。

⑥配料秤一般布置在混合机的上一层楼面上。为保证配料精度,配料秤附近不应有其他产生振动的设备。同时,配料仓下的螺旋卸料机的出料口与配料秤的入口间距应尽量缩小,其间距最大不能超过 2.5 m,以减少物料对秤的冲击力。配料秤与集中控制室的距离不应大于 25 m。

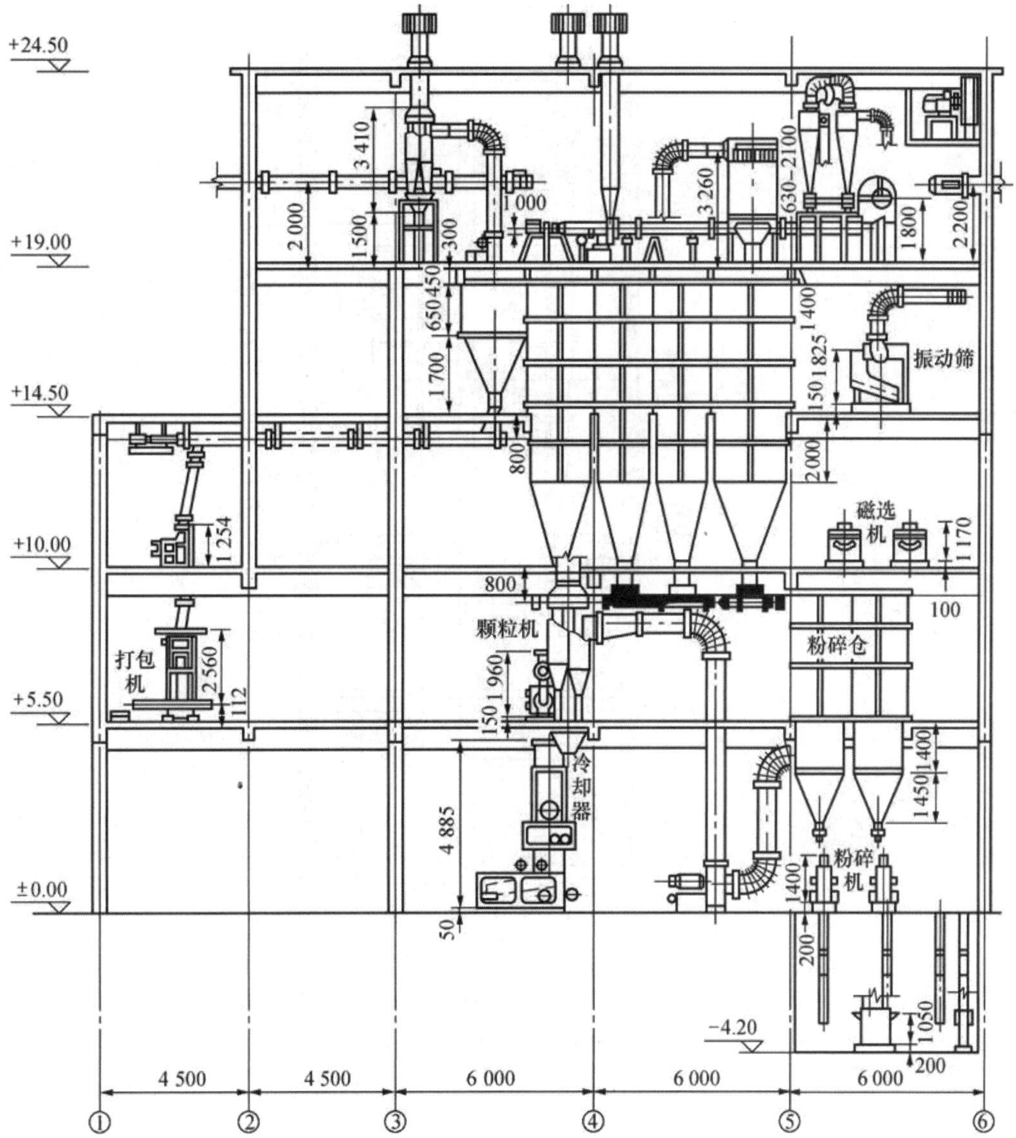

+24.50
+19.00
+14.50
+10.00
+5.50
±0.00
-4.20
3 410
2 000
1 500
1 000
300
3 260
630~2100
1800
2 200
450
650
1700
1400
1825
150
800
2 000
1 254
1 170
100
2 560
112
1 960
4 885
50
1400
1450
200
1 050
振动筛
磁选机
颗粒机
打包机
粉碎仓
冷却器
粉碎机
4 500
6 000
①
②
③
④
⑤
⑥
单位

(a)纵剖视图

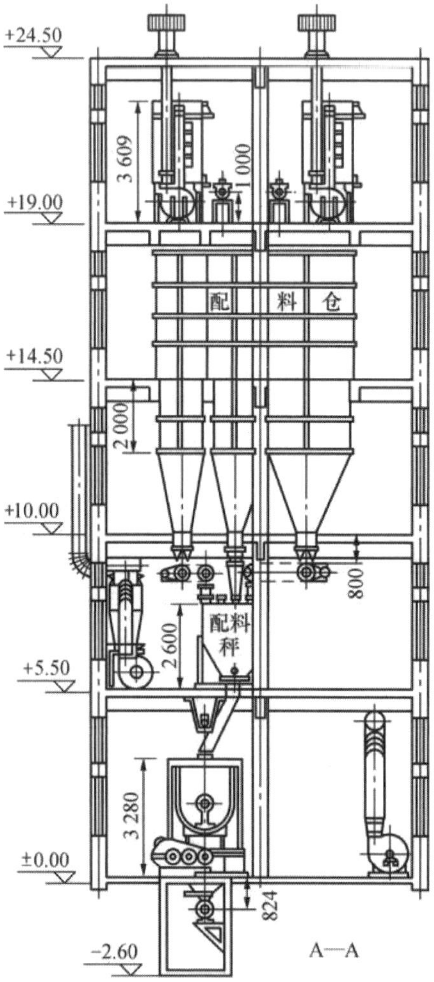

(b) 横剖视图

图 13-6 某配合饲料厂主车间剖视图

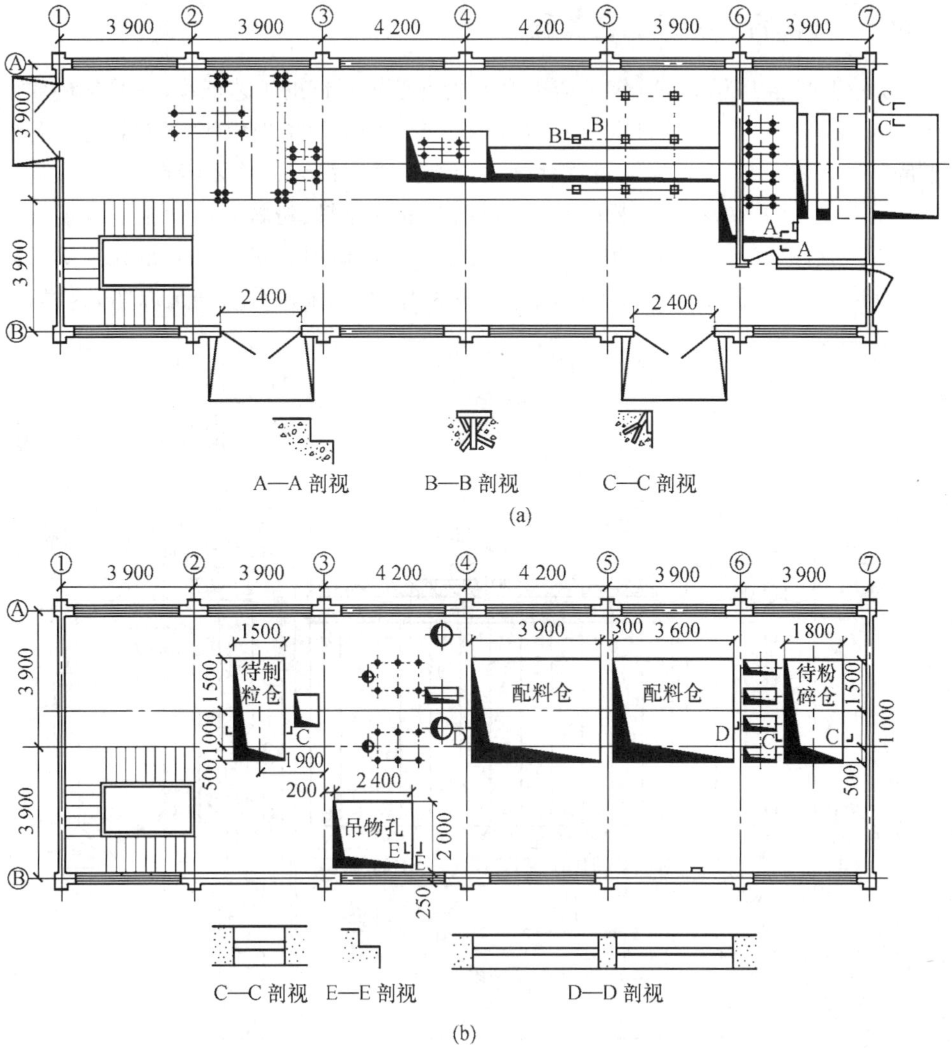

图 13-7　地坑图(a)和楼层孔位图(b)

③网路各个设备，如风机、除尘器、过滤器、卸料器、吸风口、关风器、阀门等要用规定的图例表示，并注明设备型号、规格、主要工作参数。

④可以不按严格的比例绘图，也可不必绘出网路中各设备的前后、上下关系，用平面展开画法即可。

任务 13-3　工艺流程实例分析

目前我国配合饲料厂的规模，有 2.5、5、10、20 t/h 等几种；小型饲料加工机组有 0.3、0.5、1.0、1.5 t/h 等多种。

一、时产 5 t 配合饲料厂工艺流程

图 13-8 是生产能力为 5 t/h(年班产 1 万 t)的配合饲料广的工艺流程,它是华中农业大学农业工程系于 1992 年为西安市北关农场设计的。该流程采用了先粉碎后配料、电子秤配料计量、分批混合的工艺方式,全部生产过程由微机控制。该厂设计的主要特点是:①在地面挖出深 31.5 m 的 T 形地下室,将两台粉碎机、一台混合机及粒料、粉料原料的粗清设备置于地下室,这样,可降低粉碎机、粗清筛的噪声,便于工人操作(如向混合机添加微量元素等),降低框架高度,减少造价,对地下水位低的地区(北方)极为有利;②采用分点通风除尘,这样,可以提高设备的利用率,节省能耗。

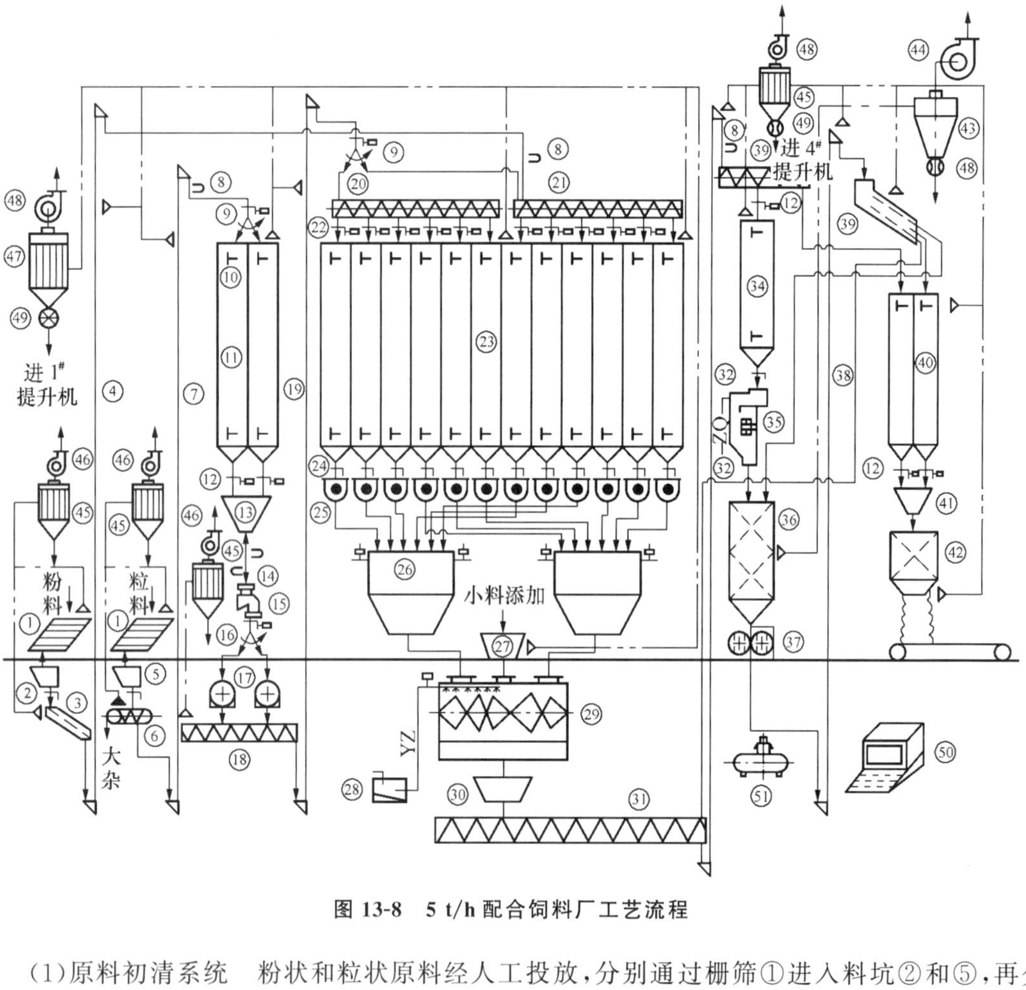

图 13-8 5 t/h 配合饲料厂工艺流程

(1)原料初清系统 粉状和粒状原料经人工投放,分别通过栅筛①进入料坑②和⑤,再分别经振动筛③和圆筒初清筛⑥清除大杂后,再分别由斗提机④和⑦提升,经磁盒⑧清除铁杂后,粉状原料通过电动三通⑨经螺旋输送器㉑进入配料仓㉓某一仓位。而粒状原料通过电动三通⑨进入待粉碎仓⑪。

(2)粉碎系统 该系统设置了两个待粉碎仓,仓中的粒料在电动闸门⑫开启下进入缓冲斗⑬,经过磁盒⑭再一次清除铁杂后,由自动喂料器⑮通过电动三通⑯喂入两台锤片粉碎机中一台进行粉碎。粉碎料由螺旋输送机⑱送入斗提机⑲并被提升,卸出后通过电动三通进入配料

仓顶部螺旋输送机⑳或㉑，再由它们分配到某一配料仓。该系统为粉碎机设置了负压吸风装置，以便提高粉碎机生产能力。吸风点设在螺旋输送机⑱的盖板上，采用自带风机的脉冲除尘器作为粉气分离装置，分离出的粉料返回螺旋输送机。

(3)配料计量系统　该系统设有⑫个配料仓、②台电子配料秤。配料时，每个配料仓的原料由螺旋给料器在微机控制下加入电子配料秤㉖的秤斗中，并由电子配料秤进行累积计量。每台秤的最大称重为250 kg，静态和动态精度分别为1‰和2‰，配料周期为3～4 min。每次配料完毕并收到混合机可以承料的信号时，电子配料秤秤斗的卸料门开启，物料全部卸完，此门即关闭。这时电子配料秤开始进行下一批物料的称重配料。

(4)混合系统　微量组分不参加配料过程，由人工称重并从小料添加口㉗直接加入混合机，与从电子配料秤卸入的物料一起，由卧式螺带混合机㉙进行混合。根据要求，可通过油脂(糖蜜)添加系统向混合室中物料添加油脂(糖蜜)。所选用的混合机在纯混合时间4 min时可使产品混合均匀度 CV 达到5%以下。预定混合时间达到时，混合机卸料机构自动打开，将物料在很短的时间内(15～20 s)卸入缓冲斗㉚。然后，卸料门自动关闭并向电子配料秤发出可以承料的信号，缓冲斗中物料由螺旋输送机㉛送入斗提机㉜并被提升，卸出并经磁盒磁选后由螺旋输送机㉝输送至粉料成品仓㊵之1，或进入待制粒仓㉞以备制粒。

(5)制粒系统　待制粒仓的配合粉料在仓下手动插门开启时进入环模制粒机㉟制粒。采用大孔径环模压制出的温湿度高的颗粒饲料依靠自流入立式冷却器㊱冷却、辊式破碎机㊲破碎后，进入斗提机㊳提升至颗粒分级㊴，分级筛为两层筛面，它将破碎后的颗粒饲料分成级，上层筛上粗颗粒回流至冷却器，以便再次经破碎机进行破碎，过细碎粒和粉末返回制粒机重新制粒，合格的颗粒作为成品进入颗粒成品仓㊵。

(6)成品包装系统　该系统设粉料、颗粒料成品仓各一个，二者共用一台自动打包秤。在两个成品仓下的两个电动闸门中任意一个开启时，对应的颗粒料或粉料流入缓冲斗㊶，再由自动打包秤完成称重、装袋、缝包等工序。

(7)通风除尘系统　该系统设有三个单点风网和两套组合风网。粉料的下料坑及其初清筛、粒料下料坑及其圆筒筛、粉碎机出料吸风为单点吸风除尘风网，另外两套风网为多点吸风联合除尘风网，以配粉料提升前后为界限来划分。五套除尘风网均采用自带风机的脉冲除尘器。

(8)供气系统　制粒所需的蒸汽由锅炉产生，并由蒸汽供给系统㊷提给制粒机调质器；所有脉冲除尘器及自动打包机所需的压缩空气则由空气压缩机㊶提供。

二、时产4 t高档对虾饲料厂工艺流程

根据水产饲料品种多、原料变化大、粉碎细度要求高、物料流动性差以及加工工艺的差别大等特点，该厂采用一次粉碎、一次配料混合的传统工艺完成对各种生产原料的预处理，采用二次粉碎与二次配料混合来完成成品后处理，从而有效地保障不同成品的高品质产出，工艺流程见图13-9。

在电器控制上对所有设备采用可编程逻辑控制器(PLC)进行顺序连锁控制，能很好地使各工序有机组合在一起，确保高产、稳产和安全生产，极大地提高了生产的自动化程度，充分发挥设备效率，提高产量，降低成本。

(1)原料清理与一次粗粉碎　由于水产饲料以饼粕料和粉料为主，根据不同的物料性质在

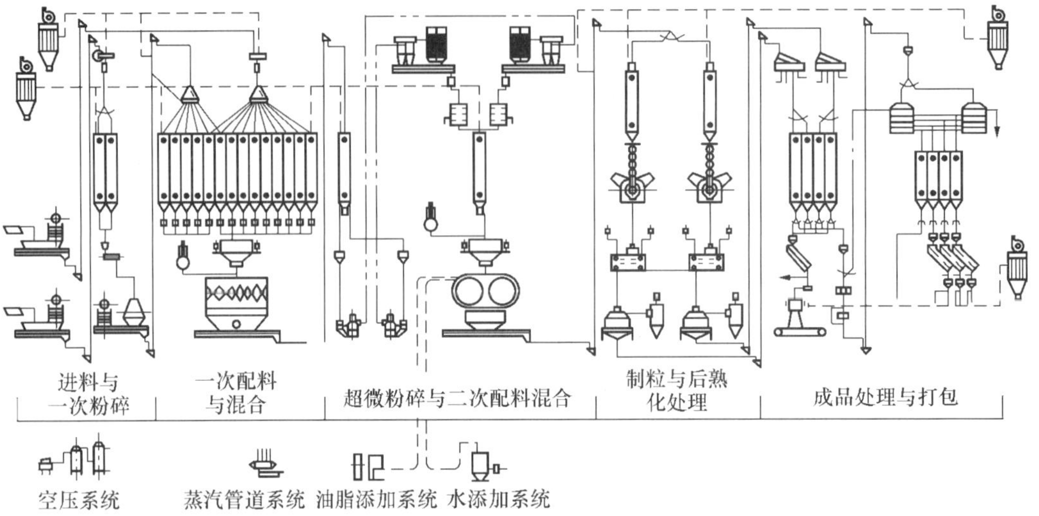

图 13-9 时产 4 t 高档对虾饲料厂工艺流程

(引自王春维.水产饲料加工工艺学.湖北科学技术出版社,2002)

原料库设置两条独立投料线:一条投料线主要用于接收不需经过粗粉碎的原料,原料经自清式刮板输送机、斗提机进入清理设备进行去杂磁选处理,然后经 10 工位分配器直接进入配料仓;另一条投料线主要用于接收需要经过粗粉碎的原料,原料经自清式刮板输送机、斗提机进入清理设备进行去杂磁选处理后进入待粉碎仓,对于个别原料(如虾壳等)可选择旁通不经过初清筛而直接通过磁选后进入待粉碎仓。为减少原料的交叉污染,投料口分别采用独立的除尘系统。

一次粗粉碎担负高档水产饲料生产中超微粉碎工序的物料前处理任务,以减小物料的粒度差别及变异范围,改善超微粉碎机工作状况,提高粉碎机的工作效率和保证产品质量的稳定。一次粗粉碎工段设有 2 个待粉碎仓,总仓容为 30 m^3。粗粉碎系统配有一套独立的粉碎机组,主机动力均为 55 kW,配筛孔 2.5 mm。这样可充分发挥该粉碎机的工作效率,该机粉碎后的原料经 8 工位分配器进入配料仓。

在本工段对粉碎机配置了带式磁选喂料器和全自动负荷控制仪。带式磁选喂料器一方面可使物料中所夹杂的铁磁性杂质无所幸免的被连续清理连续排出机外,不需作定期的停机人工清杂,减少停机时间,降低劳动强度;另一方面可使物料作全宽度无脉动连续均匀喂入粉碎室,从而保证粉碎机工作电流波动小,而运转平稳高效,全自动负荷控制仪则自动跟踪监测粉碎机电机的电流,并将信息反馈到带式磁选喂料器上,从而可以将主机的工作电流始终稳定在设定的最佳工作状态值上,不需人工干预和操作。

(2)一次配料与混合　配料仓共设 14 个,总仓容为 120 m^3,考虑到高档水产饲料原料的特殊性(容重小、自流性差等),配料仓配备了特殊的仓底活化技术来有效地防止粉料的结拱现象。根据不同配方要求进行配料过程全部由电脑控制自动实现,考虑到水产饲料加工中生产调度的复杂性,对一次混合机的配置大大提高了其产能的盈余系数,单批容量为 1 t,即理论上 1 h 的混合能力可达到 10 t 以上,排除品种更换过程耽搁的时间,也可有效地保证后道设备的满负荷工作。为了增强饲料生产的灵活性,使整个系统在特殊情况下也可生产高档硬颗粒鱼饲料，在一次混合机上也设置了添加剂手投料装置。经一次混合后的物料经刮板机、提升机送入待粉碎仓。

(3)二次粉碎(超微粉碎)与二次配料混合 水产动物摄食量低、消化道短、消化能力差，所以水产饲料往往要求饲料粉碎的很细，以增大饲料表面积，增大水产动物消化液与之接触的面积，提高其消化率，提高饲养报酬；同时，按水产动物摄食量低的特点，要求饲料的混合均匀度在更微小的范围内体现，这也要求更细的粒度。如对虾饲料要求全部通过40目分析筛，60目筛上物小于5%。对这样细的料必须采用超微粉碎工艺。

该超微粉碎工段设有一只待粉碎仓，待粉碎仓的物料经两工位叶轮式分流器可分别同时进入两台超微粉碎机。此处粉碎工艺的设计采用连续粉碎的方式，避免了加料伊始加速段和空仓时待料段的时间等候，可大大提高粉碎效率。并且，两台粉碎机同时对同一物料进行集中粉碎，可大大缩短同等重量物料的粉碎时间，从而减少后道工序设备空载等料的运行时间，提高设备的利用效率，降低生产成本。超微粉碎机与强力风选设备配套组合，并配置了行之有效的分级方筛来清除粗纤维在粉碎过程中形成的细微小绒毛，确保产品的优良品质。

由于进入二次混合仓的原料细度都在60目以上，且比重较轻，如果仓体结构设计不合理，就很容易在仓内形成结拱现象，为了杜绝这种现象的发生，一方面在仓底结构上采用偏心二次扩大设计，另一方面所有经过超微粉碎后的原料出仓机均采用叶轮式喂料器，它不仅设有破拱机构，而且可灵活调节各自的流量大小，各种原料经二次电脑配料后进入二次混合机。

对参与二次混合的添加剂，则在二次混合机上方设置了一套人工投料口，配有独立集尘回收装置，粉尘可直接混入二次混合料。二次混合过程将各种物料充分混合，混合均匀度达到93%以上。该工段是保证饲料质量的关键工段。本工段采用双轴桨叶高效混合机，每批次为1 t。

同时在混合机上设置了两个液体添加口：一个专门用做水的添加，液态水经不锈钢的泵体和流量计送入添液口；另一个口专门用做油性液体混合物的添加，主要是鱼油或卵磷脂，它们分别通过泵体和流量计送入添液口。油脂的储油罐设有加热搅拌装置，在混合过程中，通过微电脑控制液体添加的流量和添加的最佳时间，保证液态原料与固态原料混合充分均匀，经二次混合的粉状虾饲料经提升、磁选后进入后道待制粒仓。

(4)制粒成型与后熟化处理 本工段共设有两个待制粒仓，下设两台SDPM520制粒机。由于经过二次混合后物料湿度和黏度都比较高，很容易在仓底形成结拱现象，所以工艺设计上在制粒机过度斗上增设了破拱装置，以保证物料连续均匀的喂入制粒机。物料经调质压制成颗粒后，进入后熟化、干燥组合机，物料在高温高湿环境下进一步熟化，使其性状充分转变，这一过程相当于帮助消化能力差的水产动物进行“体外预消化”。熟化后的高湿度物料必须通过干燥机进行降水。物料的冷却采用液压翻板逆流式冷却器。采用这种工艺处理后的物料不但可以提高淀粉的糊化程度，增大蛋白原料的水解度以利于水产动物的消化吸收，同时还增强颗粒饲料耐水性，延长喂食时间，减少水质污染的隐患。

(5)成品处理与打包 冷却后的物料经提升后进入平面回转分级筛，平面回转分级筛配置为三层筛，分别为4目、12目和30目。4目筛上物为大杂，12目筛上物为成品或半成品，30目筛下物为细粉。虾饲料的成品仓为4个，这4个仓既是成品仓，成品料可直接从仓内放出，再经过一次成品打包前的保险筛筛理后进入成品电脑打包称量装袋；又相当于待破碎仓，在此仓可储存较大容量的颗粒料，让后道的破碎机来逐步消化。破碎料从成品仓内放出后经提升机进入待破碎仓，然后由破碎机来完成破碎工作。破碎机上方设有布料器，采用变频无级调速，这样可控制物料以合适的喂料量在整个破碎辊长度上均匀喂入，提高破碎机的产能。

经过破碎后的物料被均匀分配到 2 个旋振筛进行筛理分级，旋振筛配筛为 10 目、16 目、20 目和 30 目筛上物回流到提升机进待破碎仓重新破碎，16 目、20 目和 30 目的筛上物分别作为成品料进入破碎料成品仓。30 目筛下物作为废料集中收集，以后作为小宗原料搭配使用。

本工艺对虾硬颗粒饲料成品要求做到装袋无粉尘，在颗粒料装袋前采用保险分级筛对颗粒料中的不合格碎粒及粉料进行控制，最大限度地减少碎粒及粉料所带来的浪费、控制水质的污染。

由于破碎料的袋装规格较小(5 kg/包)，产量又不是很大，所以此处设为人工称量包装封口装袋。

(6)电气控制　所有设备电机采用电脑和可编程逻辑控制器(PLC)结合起来实行集中控制，配料系统由电脑控制配料秤自动完成配料任务。设置逼真的模拟控制屏，在模拟屏上可以监视所有设备的运行状况。为方便设备的检修与现场操作，对某些设备同时设有现场控制柜。车间内电线、电缆均以桥架敷设，便于检修。集中控制室设在二层。

该厂车间采用全钢结构的五层建筑，建筑面积约 1 060 m，总高约 25 m。车间底层占地面积为(长)18 m，(宽)13.5 m。全厂共有机械设备 244 台套，全部选用国内定型产品，总的装机容量为 957.60 kW。

三、时产 10 t 配合饲料厂工艺流程

国内贸易部武汉科学研究设计院设计的 10 t/h 是我国大型饲料厂之一。以其工艺流程(图 13-10)为例简介如下。

该厂采用先回流粉碎、后配料混合的工艺。配有大小各一台、电微机控制的电子配料秤(原为机电秤)，以适应预混合饲料和配合饲料的生产。全厂共有机械设备 200 余台(套)，主要设备选用国内定型产品。总装机容量 425 kW。

(1)原料接收与贮存　袋装或散装粒状原料经过计量后卸入卸料坑，经清理除杂可直接送入立筒仓贮存或进入待粉碎仓待粉碎。三个立筒仓总容量 750 t。

饼粕、糠麸等辅料，经计量后贮存于辅料库内。块状饼料经碎饼机粗粉碎后贮存，以备进行二次粉碎。不需粉碎的辅料经输送、清理后直接进入配料仓参加配料。

鱼粉、骨粉、食盐、钙、磷等原料在辅料库中分开储存，经输送线直接参加预混合配料。

(2)粉碎系统　采用单一循环二次粉碎工艺，以便提高粉碎机效率，降低能耗。为保证粉碎机连续生产和便于粉碎不同品种原料的周转，粉碎机上面设有总容量 27 m^3 的 3 个待粉碎仓。原料进仓前经磁选装置去铁杂质，确保粉碎机安全运行。经清理除杂的物料由振动喂料器喂入粉碎机粉碎。粉碎后的物料采用螺旋输送机输送，并配以吸尘系统吸风，这样既节约能耗，还能防止粉尘外溢、降低料温和提高粉碎效率。粉碎物料经筛分后，筛上物返回原机进行第二次粉碎，筛下物入配料仓贮存。

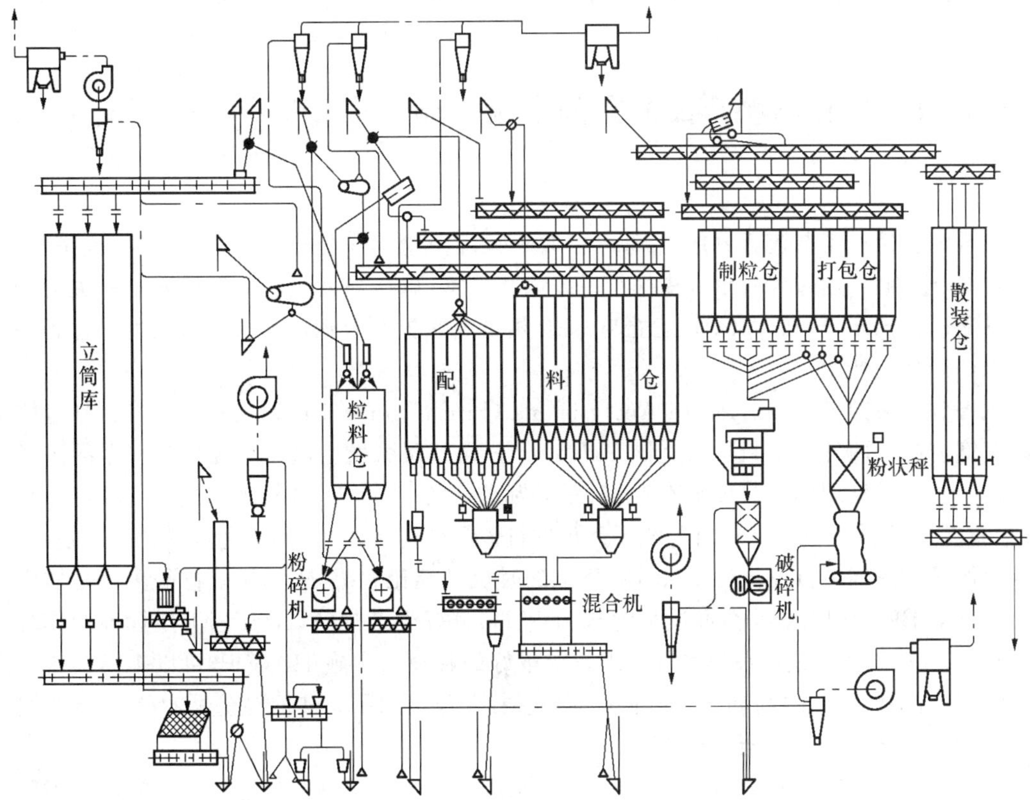

图 13-10 10 t/h 级配合饲料厂工艺流程

(3)预混合系统 鱼粉、骨粉等配比较小的物料及载体，用最大称量 250 kg 小秤进行预混合工段的计量配料。微量元素由人工添加，用 HJJ-71 小混合机混合成预混合料进入配料仓参加配料，也可作为成品进行人工称重打包出厂。

(4)配料混合系统 采用电子秤重量计量、数仓一秤的分批配料、分批混合的工艺。配料仓 12 只，总容量为 184 m^3。采用批量为 1 000 kg 大秤，每次可配 12 种料，配料周期不超过 6 min。大小秤通过同步控制，使各种物料按预定配比加入 HJJ-112 型混合机混合。混合周期为 6 min。

(5)制粒系统 配国产 SZLH40 制粒机，主机动力 75.90 kW 电动机，生产率相应为 3～8、3～10 t/h。

(6)控制系统 工艺流程由控制室模拟屏显示，由微机集中控制，指挥生产，提高了自动化程度。

(7)供气、除尘系统 采用水冷式空压机一台，通过两个贮气罐(压力为 0.7 MPa)，向气动阀门和脉冲除尘器供气。生产车间共安排由沙克龙、脉冲除尘器组成的五个除尘系统，完成吸风除尘工作。

(8)成品计量和包装系统 成品包装有两种形式：袋装和散装。袋装设有两条袋装生产线，每条生产线生产能力为 9 t/h。粉料经称量、装袋、缝包、再由皮带输送机输入成品库待出厂。散装配有 4 个成品仓，通过螺旋输送机将成品粉料输出，装入散装饲料车过磅出厂。

该厂经过技术改造(配料秤、自动控制、制粒系统等),投入全面正常生产。

任务 13-4 配合饲料产品质量的安全控制

配合饲料生产工艺流程一般为:原料接收→清理→粉碎→配料→混合→制粒(或挤压)→成品打包→贮藏。通过对每道程序进行系统危害分析,确认易发生产品质量安全的关键控制点(Critical Control Point,CCP),建立与CCP相对应的防控措施,加强监督,在生产过程中杜绝不合格产品的产生。

危害分析关键控制点(Hazard Analysis and Critical Control Point, HACCP)包括危害分析和关键控制点两部分。最早由美国Pillsbury公司与国家航空航天局为生产安全的宇航食品创建了该质量管理体系。HACCP管理是国际公认的一种先进的管理模式和有效的管理手段,2002年农业部就倡导在饲料行业要逐步推行该管理体制,2004年农业部又再一次强调:从试点工作看我国饲料行业推行HACCP管理的时机已经比较成熟,加快推行的步伐是非常必要的。HACCP管理系统是全面质量管理(TQM)、良好生产规范(GMP)、卫生标准操作程序(SSOP)、ISO 9000质量保证体系等管理系统很好的补充。实施HACCP,可以提高饲料生产企业的质量控制意识,提高饲料生产企业的质量控制技术水平。从饲料企业来看,我国饲料行业推行HACCP管理是完全可行的。

配合饲料产品质量安全的关键控制点有:饲料配方、饲料原料的采购、原料的接收控制和安全贮藏、原料的清理、加工设备管理、粉碎、配料、混合、制粒、打包、成品贮藏与管理等11个关键控制点,此外,员工素质对整个加工过程影响都很大,企业应对员工进行岗位技能培训和企业精神教育,不仅使他们熟练掌握操作技能,还要明确自己岗位对整个生产质量的重要性,提高员工饲料安全意识和工作质量。另外,在每个关键控制点都应设计相应的记录表格,记录关键控制点和监控内容,并要求相关岗位的员工作好各个关键控制点的监控记录,将关键控制点的监控措施落到实处,以便在销售或使用饲料的环节中出现安全问题时,能够提供相关记录作为追溯和审查的依据。

农业部公布的《饲料质量安全管理规范》,经2013年12月27日农业部第11次常务会议审议通过,2014年1月13日中华人民共和国农业部令2014年第1号公布。该《规范》分总则、原料采购与管理、生产过程控制、产品质量控制、产品贮存与运输、产品投诉与召回、卫生和记录管理、附则8章44条,自2015年7月1日起施行,进一步加强对饲料产品的质量安全管理。

【知识拓展】

收集国内外最新的饲料厂设计实例,对比分析其设计理念和要求,根据不同时期,生产不同种类饲料的要求,进一步提高饲料厂的设计水平。

职业能力和职业资格测试

1. 饲料加工厂设计前期应做哪些准备工作？
2. 饲料厂工程建设程序包括几个阶段？
3. 饲料加工工艺设计包括哪些主要内容？
4. 畜禽饲料加工工艺流程与水产饲料加工工艺流程有何异同？
5. 配合饲料产品质量安全控制应从哪几个方面进行控制？

附录一　饲料加工设备图形符号（BG/T 24352—2009）

1　范围

本标准规定了饲料工业中常用加工设备的图形符号。

本标准适用于绘制饲料加工工艺流程图。

2　规范性引用文件

下列文件中的条款通过本标准的引用而成为本标准的条款。凡是注日期的引用文件，其随后所有的修改单（不包括勘误的内容）或修订版均不适用于本标准，然而，鼓励根据本标准达成协议的各方研究是否可使用这些文件的最新版本。凡是不注日期的引用文件，其最新版本适用于本标准。

GB/T 4457.4　机械制图　图样画法　图线

3　一般规定

3.1　饮料加工设备的图形符号应按本标准规定的比例绘制；设备图形符号在饲料加工工艺流程图中的大小原则上应根据其代表的设备的尺寸以适当的比例绘制。

3.2　图形符号的图线线型执行 GB/T 4457.4 的规定。

3.3　本标准未规定的饲料加工设备图形符号，凡有国家或行业标准的可按相应的标准执行；没有国家或行业标准的原则上按设备主要工作部件组成绘制，图形应尽可能简单明了。

4　饮料加工设备图形符号

饮料加工设备图形符号见表 1。

表 1　饮料加工设备图形符号

4.1　接收设备			
编号	名称	图形符号	备注
4.1.1	袋装料下料坑	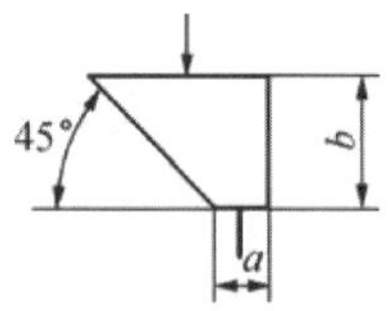	$a=0.5b$
4.1.2	散装车下料坑	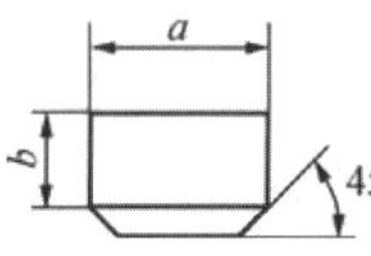	$b=0.5a$

4.1　接收设备			
编号	名称	图形符号	备注
4.1.3	转道衡	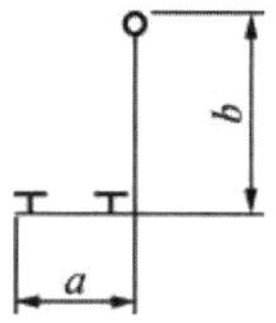	$a=0.6b$
4.1.4	地中衡	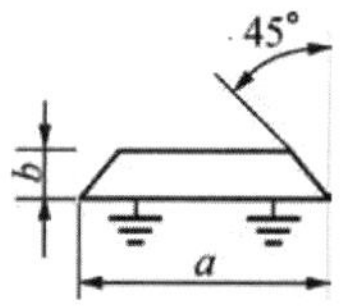	$b=0.2a$

续表 1

4.1　接收设备

编号	名称	图形符号	备注
4.1.5	气力输送下料坑	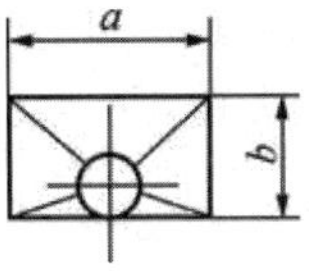	$b=0.6a$

4.2　料仓

编号	名称	图形符号	备注
4.2.1	利浦筒仓	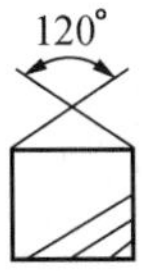	
4.2.2	装配式钢板仓	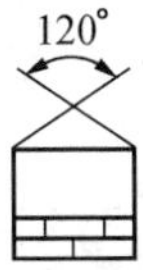	
4.2.3	其他筒仓	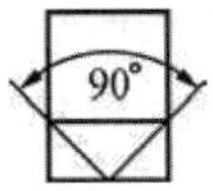	
4.2.4	螺旋出料仓	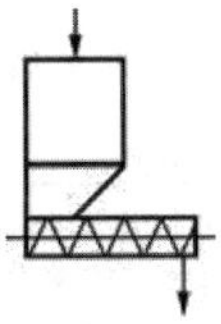	
4.2.5	振动出料仓	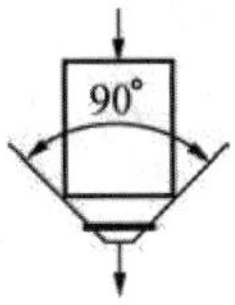	
4.2.6	普通料仓	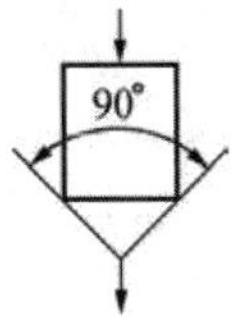	
4.2.7	缓冲斗	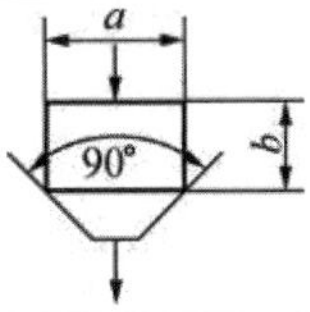	$b=0.6a$
4.2.8	料位器	（1）侧壁安装  （2）顶部安装  （3）正面安装 	

4.3　重力流动分配控制设备

编号	名称	图形符号	备注
4.3.1	自流管		
4.3.2	手动闸阀		
4.3.3	自动闸板	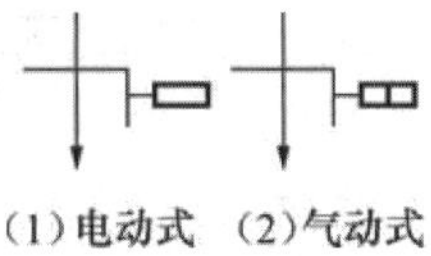	
4.3.4	手动三通蝶阀		
4.3.5	手动四通蝶阀	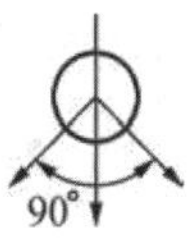	
4.3.6	自动三通蝶阀	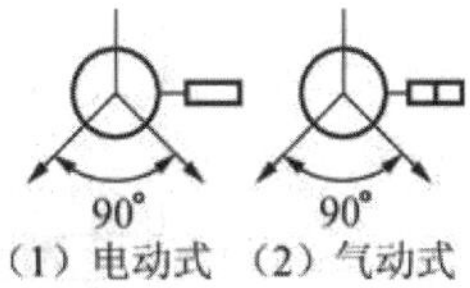	
4.3.7	自动四通蝶阀	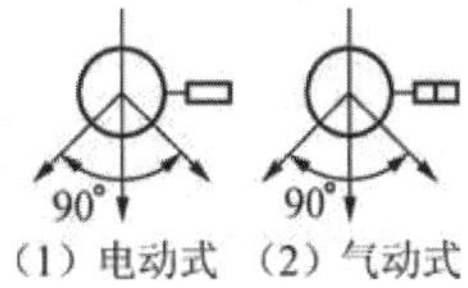	
4.3.8	旋转分配器	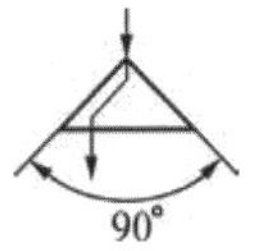	
4.3.9	摆动分配器	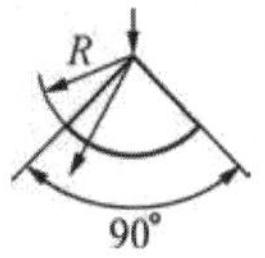	

续表 1

4.4 机械输送设备

编号	名称	图形符号	备注
4.4.1	螺旋输送机	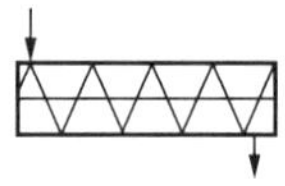	
4.4.2	双向螺旋输送机	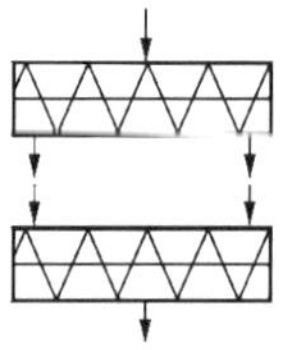	
4.4.3	带式输送机	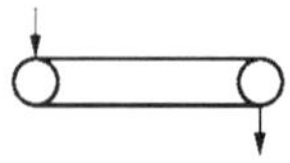	
4.4.4	刮板输送机	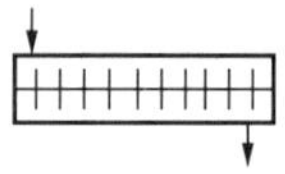	
4.4.5	振动输送机	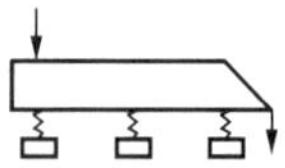	
4.4.6	气垫胶带输送机		
4.4.7	移动式胶带输送机	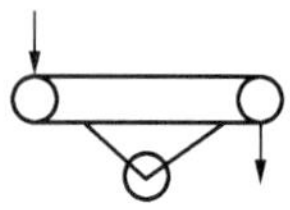	
4.4.8	摆动式输送机	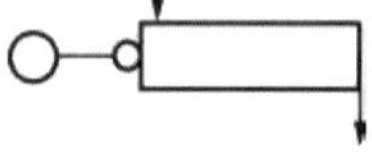	
4.4.9	斗式输送机	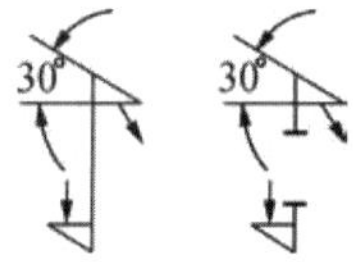	可任选

4.5 通风除尘和气力输送设备

编号	名称	图形符号	备注
4.5.1	气力输送管路		粗实线
4.5.2	吸风管路		点划线
4.5.3	压缩空气管路		双点划线
4.5.4	吸口吸尘罩		
4.5.5	弯头	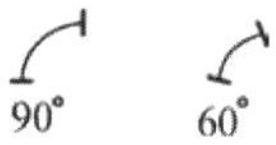	
4.5.6	三通	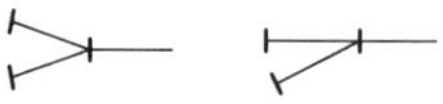	
4.5.7	风帽	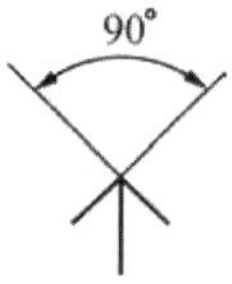	
4.5.8	蝶阀		
4.5.9	叶轮式闭风器		同叶轮配料器
4.5.10	接料器	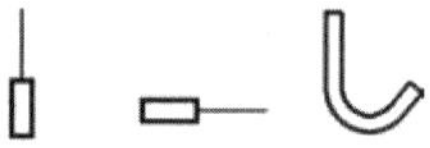	
4.5.11	离心集尘器或离心卸料器	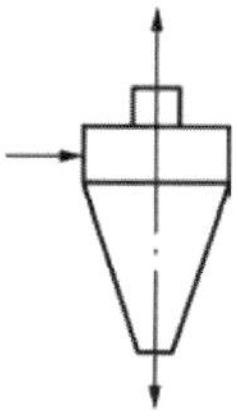	

续表 1

4.5　通风除尘和气力输送设备

编号	名称	图形符号	备注
4.5.12	卧式离心集尘器	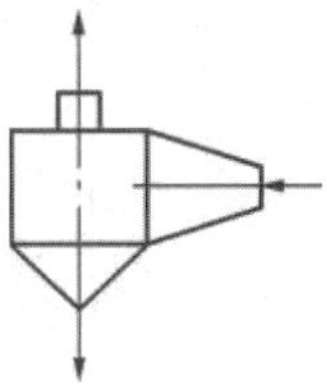	
4.5.13	离心随风机	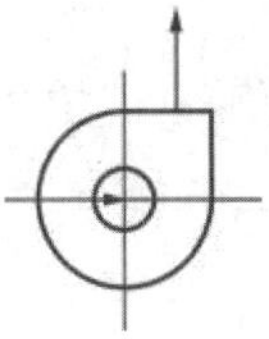	
4.5.14	罗茨鼓风机	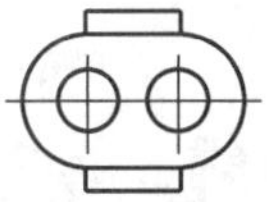	
4.5.15	布筒除尘器	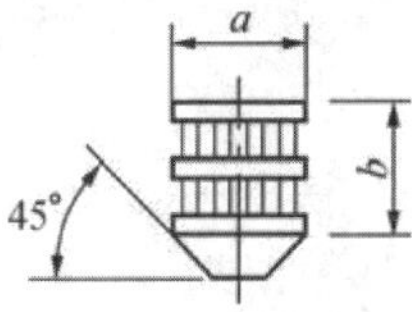	$a=b$
4.5.16	脉冲布筒除尘器	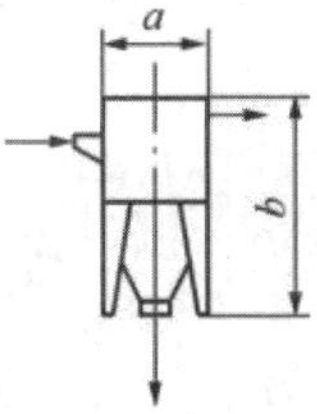	$a=0.5b$
4.5.17	组合脉冲除尘器	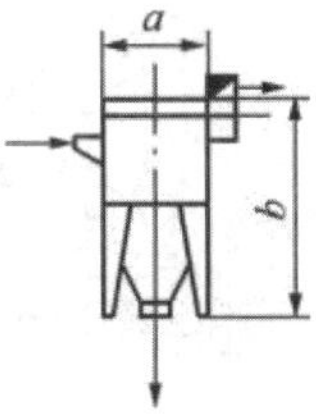	$a=0.5b$
4.5.18	直吸式组合脉冲除尘器	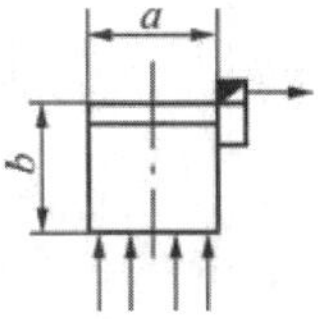	$a=b$

4.6　清理与分级设备

编号	名称	图形符号	备注
4.6.1	圆筒筛	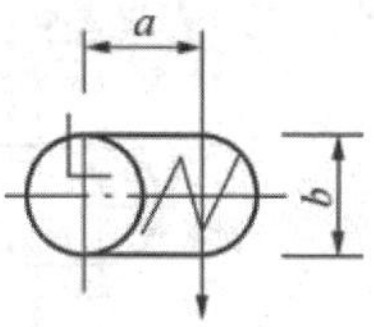	$a=b$
4.6.2	粉料清理筛	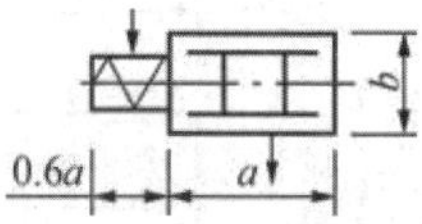	$b=0.6a$
4.6.3	锥筒筛	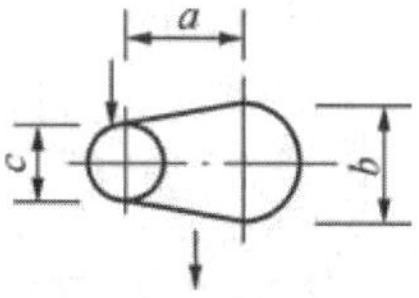	$c=0.6b$ $b=a$
4.6.4	栅筛	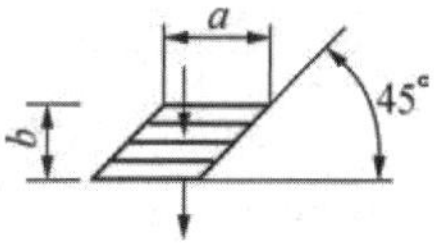	$b=0.6a$
4.6.5	平面回转筛	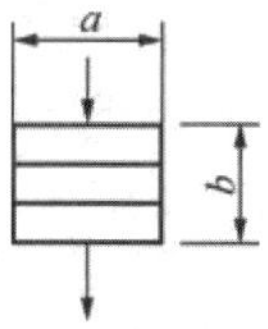	$b=0.6a$
4.6.6	振动分级筛	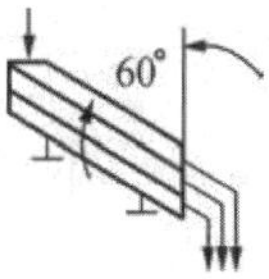	
4.6.7	分级方筛	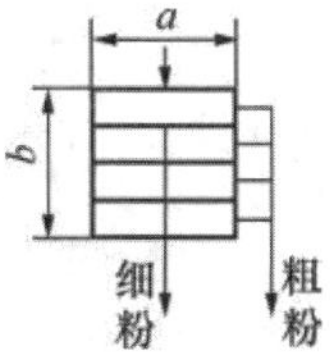	$a=b$
4.6.8	组合振动筛	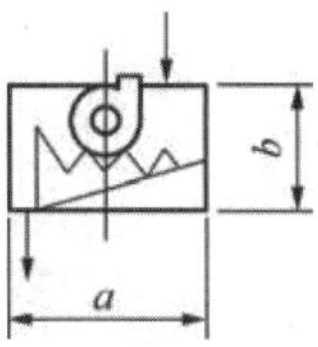	$b=0.6a$

续表 1

4.6 清理与分级设备

编号	名称	图形符号	备注
4.6.9	粉料保险筛	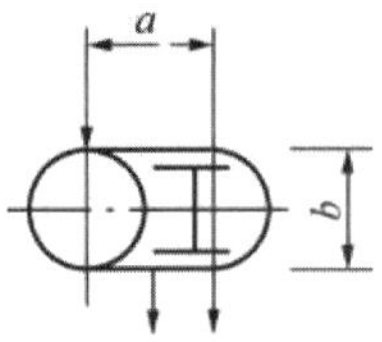	$a=b$
4.6.10	离心分级筛	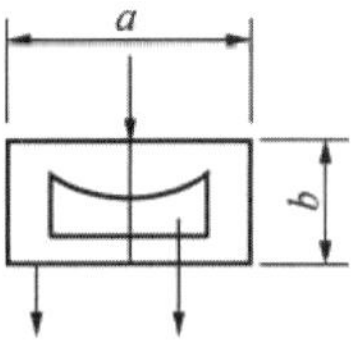	$b=0.5a$
4.6.11	吸式比重去石机	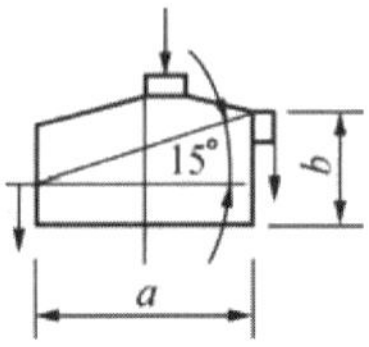	$b=0.5a$
4.6.12	吹式比重去石机	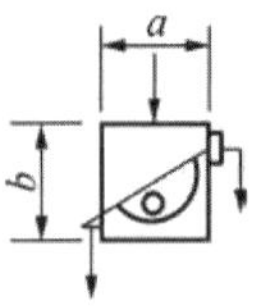	$a=b$
4.6.13	磁钢（铁）		
4.6.14	箆式磁选器	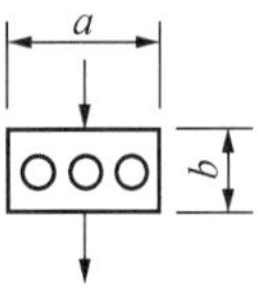	$b=0.4a$
4.6.15	永磁筒	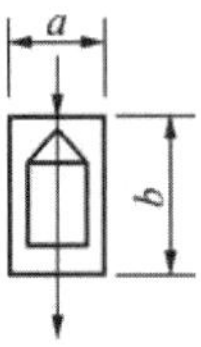	$a=0.6b$
4.6.16	永磁滚筒	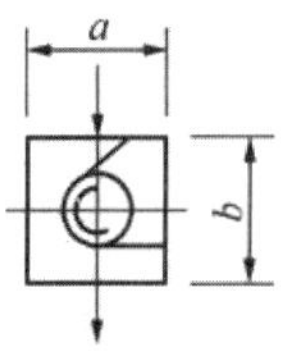	$a=b$
4.6.17	电磁滚筒	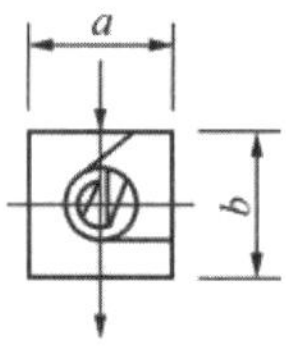	$a=b$
4.6.18	带式磁选喂料器	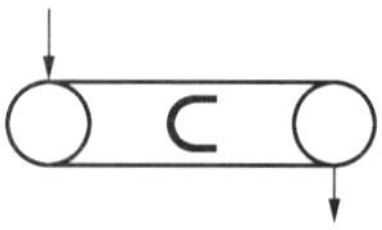	

4.7 粉碎设备

编号	名称	图形符号	备注
4.7.1	卧式锤片粉碎机	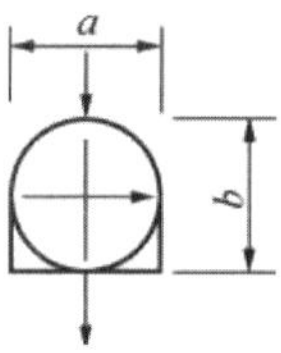	$a=b$
4.7.2	双轴卧式锤片粉碎机	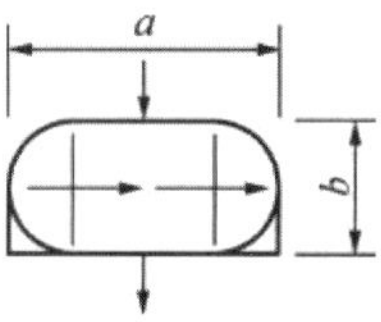	$a=2b$
4.7.3	单轴立式锤片粉碎机	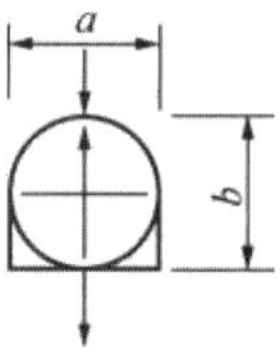	$a=b$
4.7.4	双轴立式锤片粉碎机	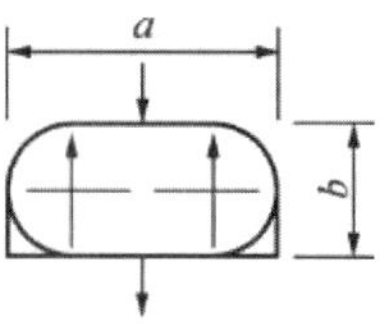	$a=2b$
4.7.5	无筛粉碎机	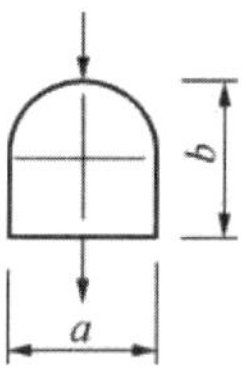	$a=b$

续表 1

4.7　粉碎设备

编号	名称	图形符号	备注
4.7.6	振筛卧式锤片粉碎机	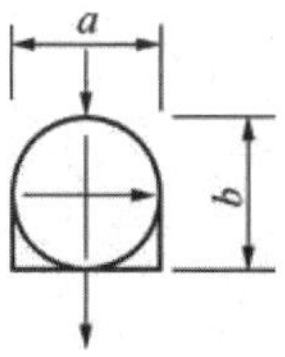	$a=b$
4.7.7	卧式锤片微粉碎机	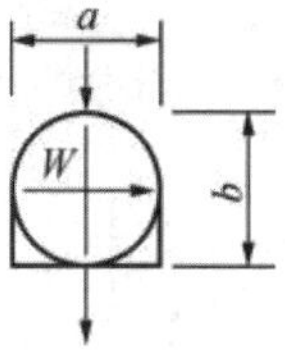	$a=b$
4.7.8	立式锤片微粉碎机	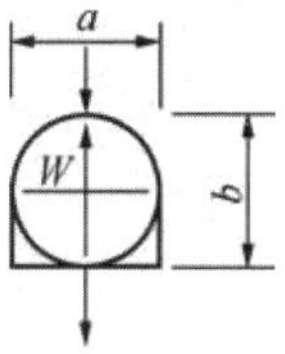	$a=b$
4.7.9	球磨机	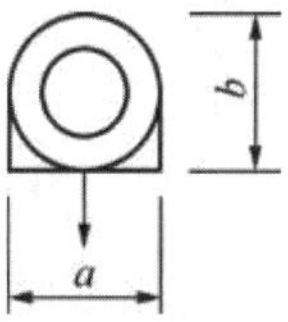	$a=b$
4.7.10	对辊式粉碎机	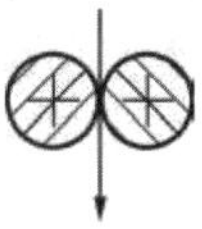	
4.7.11	盘式粉碎机	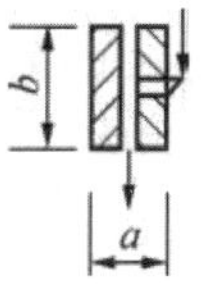	$a=0.6b$
4.7.12	劲锤式粉碎机	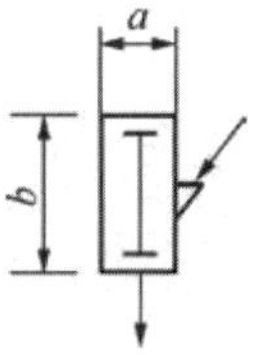	$a=0.6b$
4.7.13	爪式粉碎机	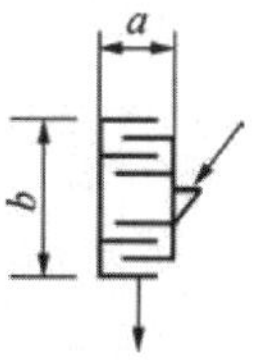	$a=0.6b$
4.7.14	锤片式碎饼机	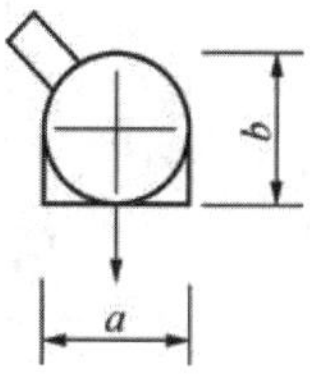	$a=b$
4.7.15	对辊式碎饼机	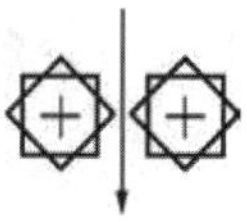	
4.7.16	单辊碎饼机	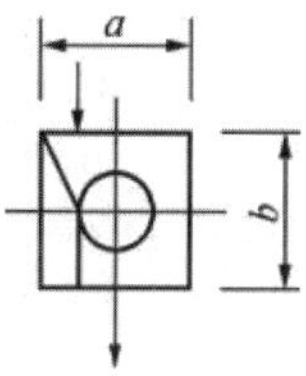	$a=b$
4.7.17	铡草机	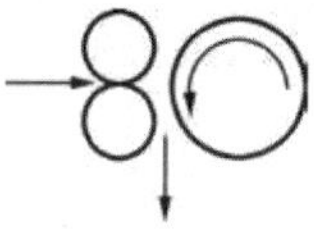	
4.7.18	秸杆揉碎机	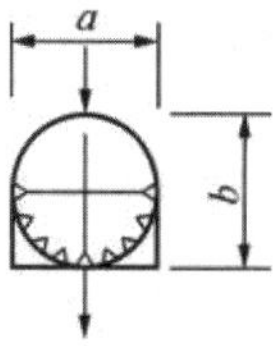	$a=b$
4.7.19	谷物脱壳机	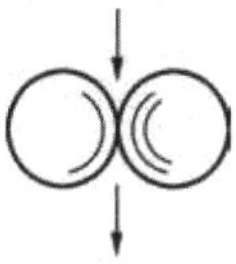	
4.7.20	脱胚机	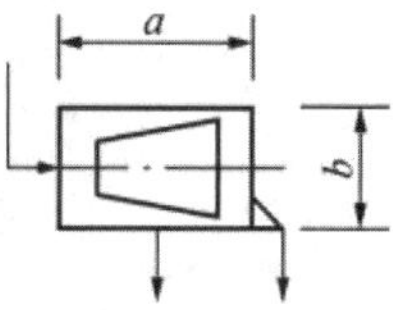	$b=0.6a$

续表 1

4.7 粉碎设备

编号	名称	图形符号	备注
4.7.21	微细分级机	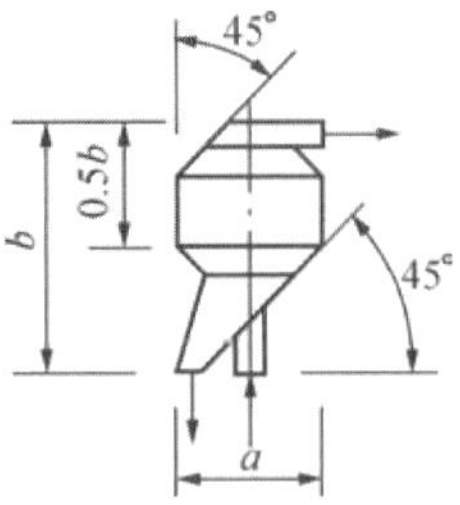	$a=0.6b$
4.7.22	磁选叶轮喂料器		
4.7.23	卧式锤片超微粉碎机	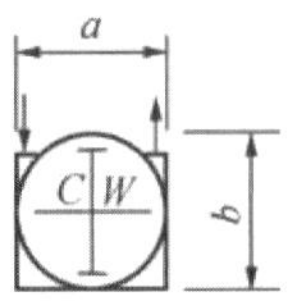	$a=b$
4.7.24	立式锤片超微粉碎机	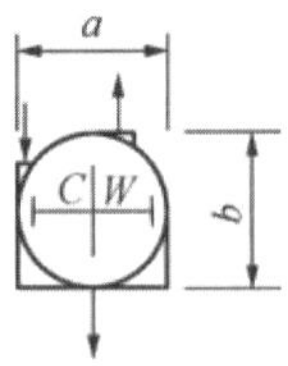	$a=b$

4.8 配料设备

编号	名称	图形符号	备注
4.8.1	螺旋喂料器	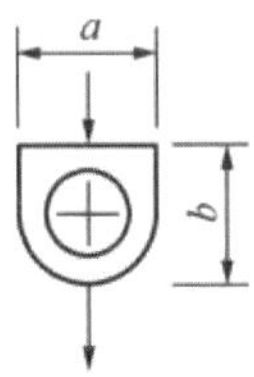	$a=b$
4.8.2	叶轮配料器	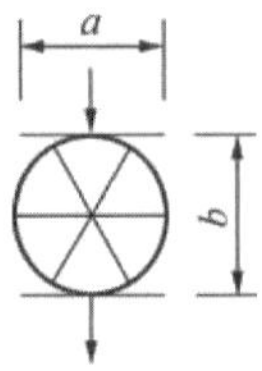	$a=b$
4.8.3	叶轮喂料器	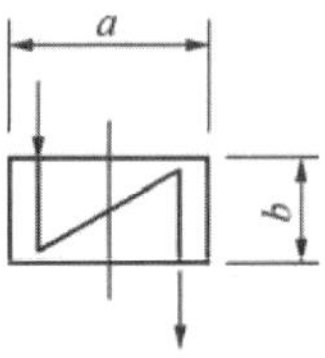	$b=0.6a$
4.8.4	电磁振动喂料器	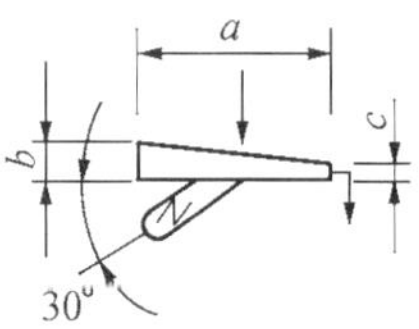	$c=0.5b$ $b=0.2a$
4.8.5	秤车	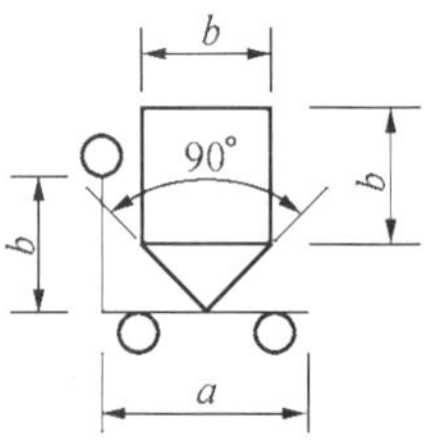	$b=0.6a$
4.8.6	机械式配料秤	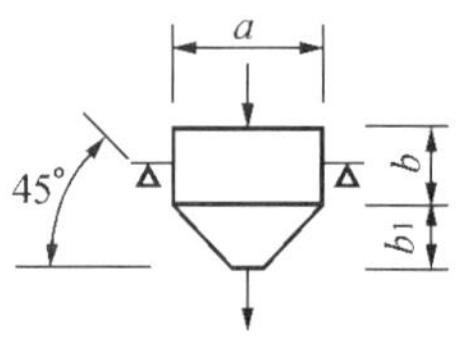	$b_1=0.6b$ $b=0.6a$
4.8.7	电子配料秤	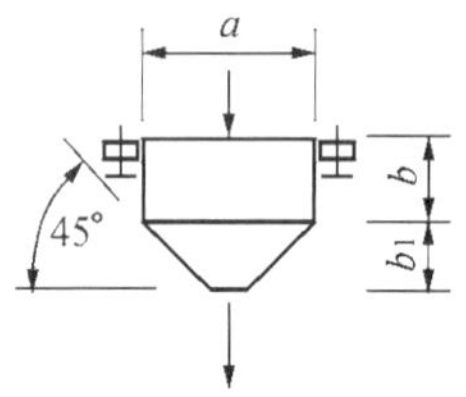	$b_1=0.6b$ $b=0.6a$
4.8.8	机电配料秤	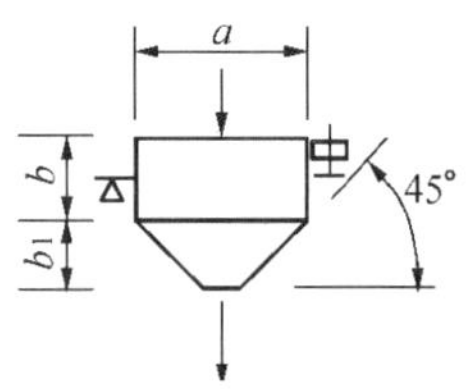	$b_1=0.6b$ $b=0.6a$
4.8.9	微量配料秤	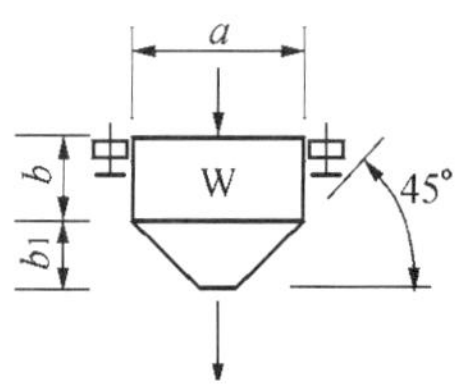	$b_1=0.6b$ $b=0.6a$

续表 1

4.8　配料设备

编号	名称	图形符号	备注
4.8.10	皮带配料秤	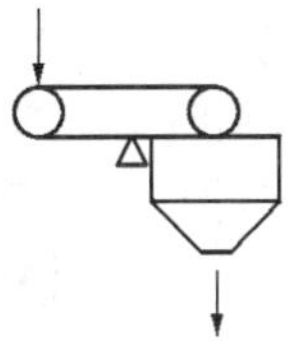	
4.8.11	重力喂料器		
4.8.12	冲击流量计	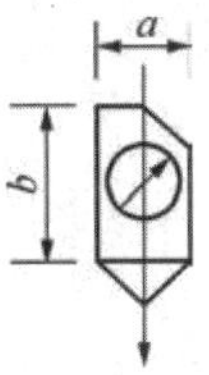	$a=0.6b$
4.8.13	组合除尘投料机	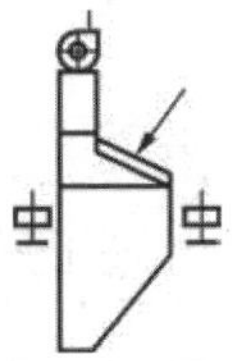	
4.8.14	液体配料秤	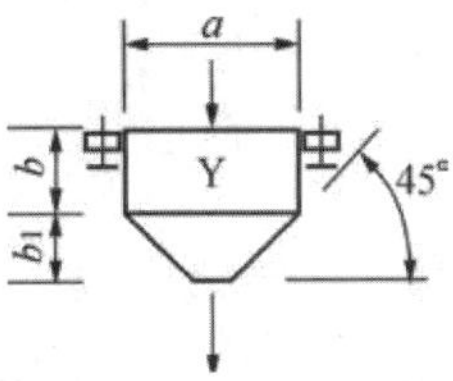	$b_1=0.6b$ $b=0.6a$

4.9　混合设备

编号	名称	图形符号	备注
4.9.1	卧式螺带混合机	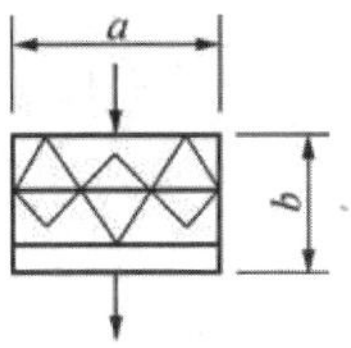	$b=0.6a$
4.9.2	单轴桨叶混合机	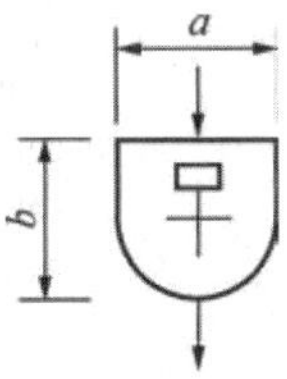	$a=b$
4.9.3	双轴桨叶混合机	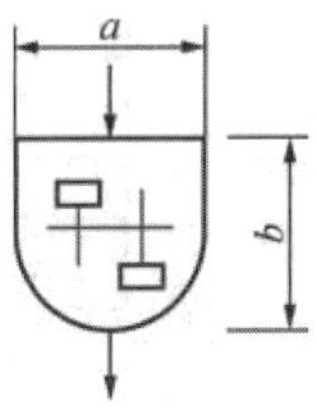	$a=b$
4.9.4	立式行星混合机	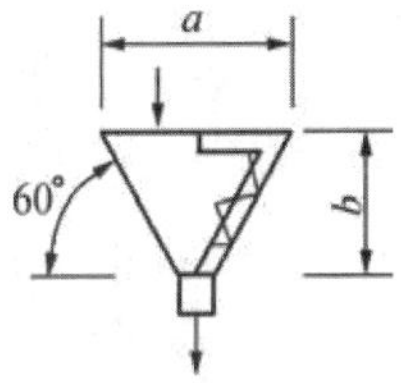	$b=0.8a$
4.9.5	立式螺旋混合机	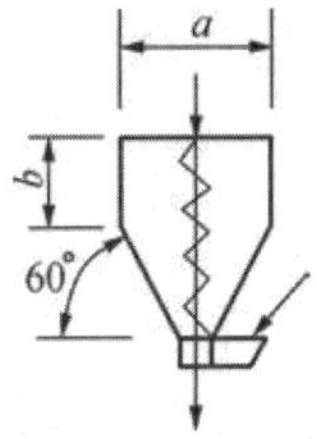	$b=0.6a$
4.9.6	卧式糖蜜混合机	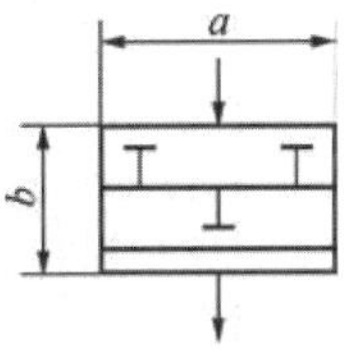	$b=0.6a$
4.9.7	V 型混合机	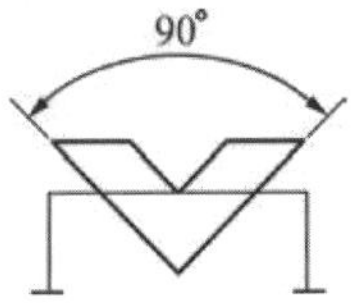	
4.9.8	转鼓式混合机	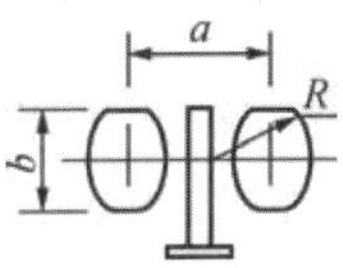	$b=R$ $R=0.7a$
4.9.9	滚筒式混合机	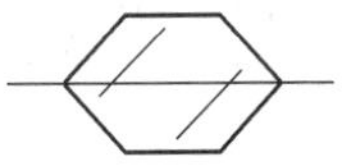	各边边长相等

续表 1

4.9 混合设备

编号	名称	图形符号	备注
4.9.10	连续式混合机	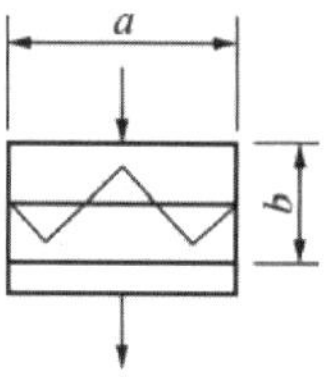	$b=0.6a$
4.9.11	自清式混合机	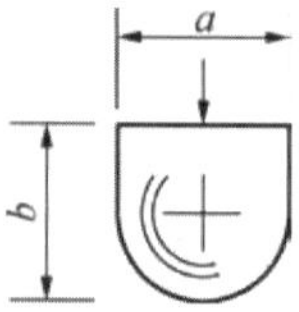	$a=b$

4.10 调质设备

编号	名称	图形符号	备注
4.10.1	桨叶式调质器	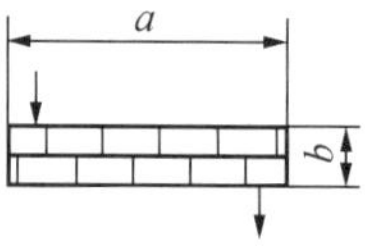	$b=0.2a$
4.10.2	喂料调质器	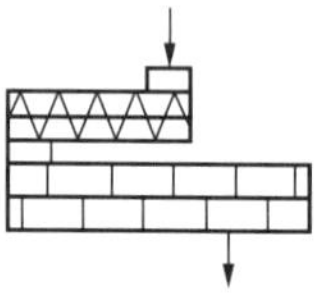	
4.10.3	组合式三层调质器	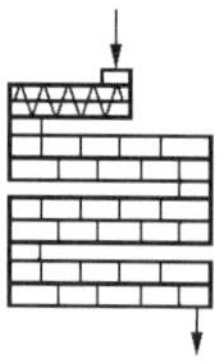	
4.10.4	夹套式调质器	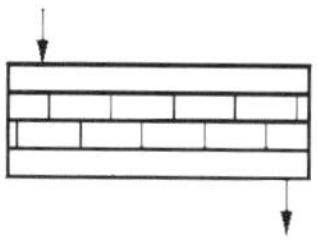	
4.10.5	熟化罐	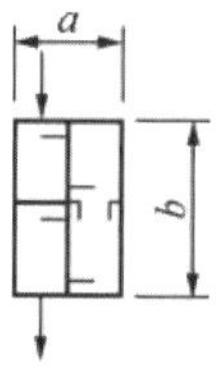	$a=0.6b$
4.10.6	组合式熟化机	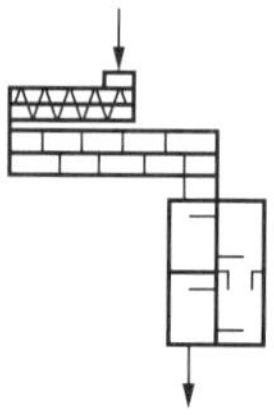	
4.10.7	直燃气炉	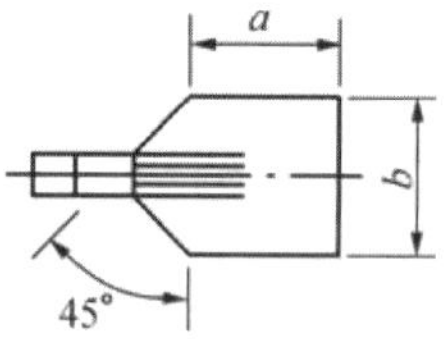	$a=b$
4.10.8	蒸汽加热器	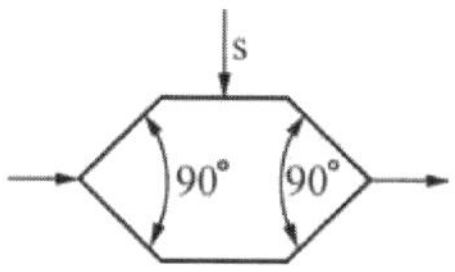	各边边长相等
4.10.9	双轴异径调质器	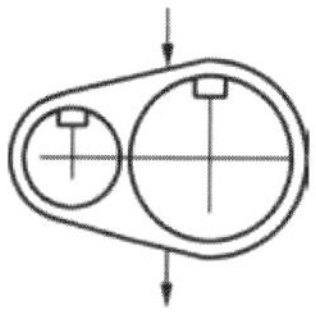	

续表 1

4.11　成型设备

编号	名称	图形符号	备注
4.11.1	平模制粒器	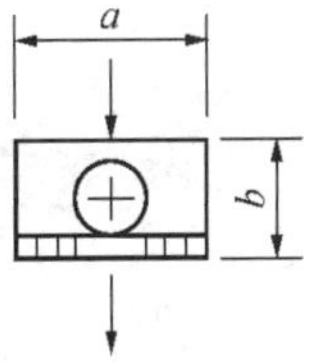	$b=0.6a$
4.11.2	平模制粒机	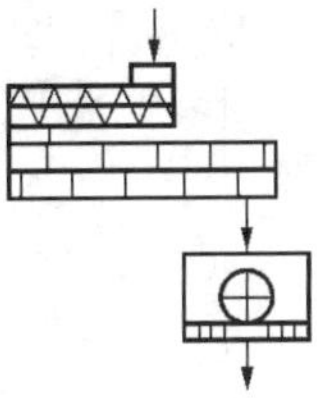	
4.11.3	环模制粒器	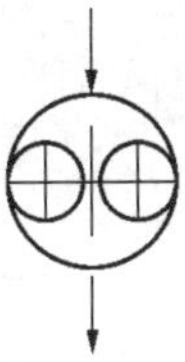	外轮廓为粗实线
4.11.4	环模制粒机	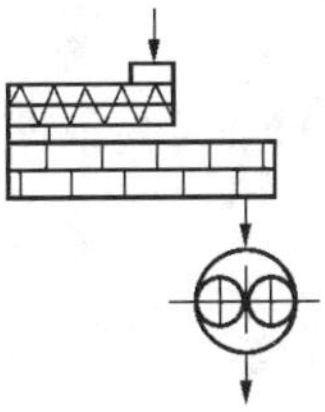	
4.11.5	软颗粒制粒机	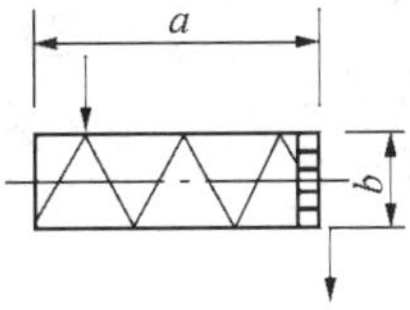	$b=0.3a$
4.11.6	挤压膨胀器	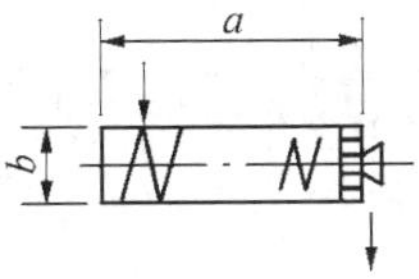	$b=0.3a$
4.11.7	挤压膨胀机	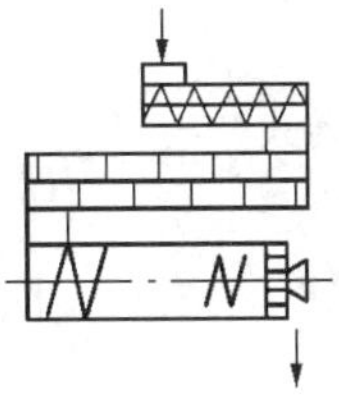	增加调质段可与4.10.3～4.10.6组合
4.11.8	挤压膨化器	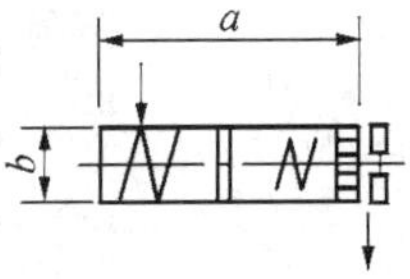	$b=0.3a$
4.11.9	干法挤压膨化机	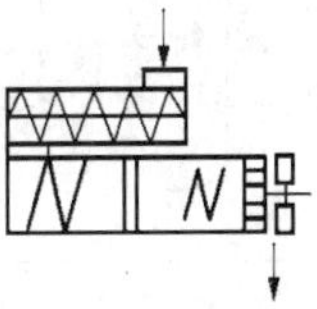	
4.11.10	湿法挤压膨化机	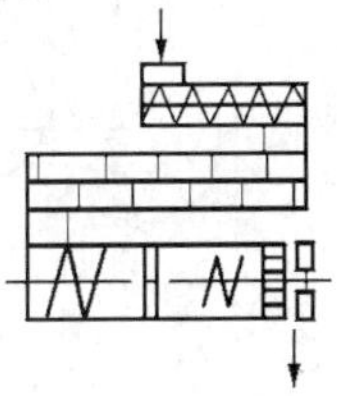	增加调质段可与4.10.3～4.10.6组合
4.11.11	滚轮制粒机		
4.11.12	挤压膨胀/膨化机	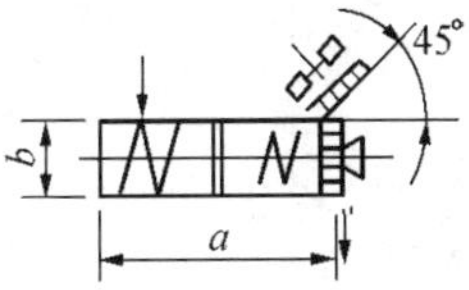	$b=0.3a$
4.11.13	对辊式压片机	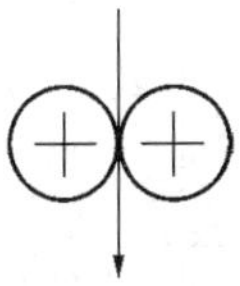	
4.11.14	挤压式制块机	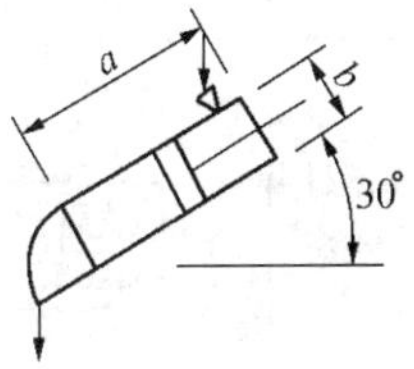	$b=0.3a$

续表 1

4.11 成型设备			
编号	名称	图形符号	备注
4.11.15	浇注式成块机	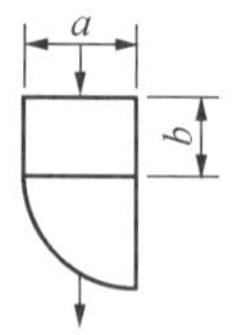	$b=0.6a$
4.11.16	立式双筒冷却器	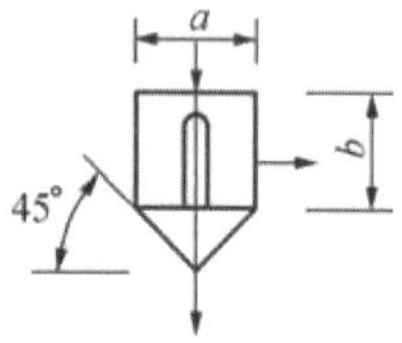	$a=b$
4.11.17	立式级联冷却器	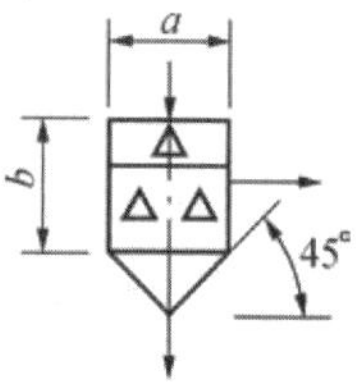	$a=b$
4.11.18	立式逆流冷却器	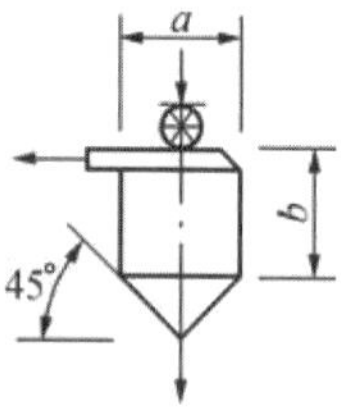	$a=b$
4.11.19	卧式单层冷却器	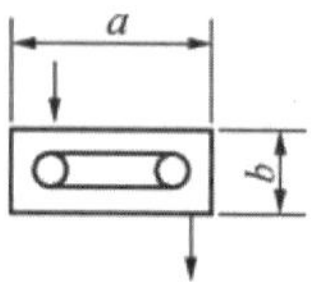	$b=0.4a$
4.11.20	卧式单层干燥机	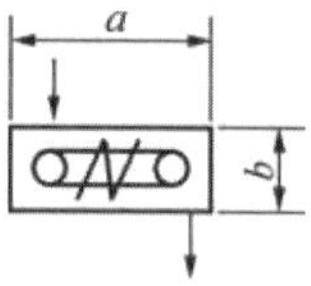	$b=0.4a$
4.11.21	卧式双层冷却器	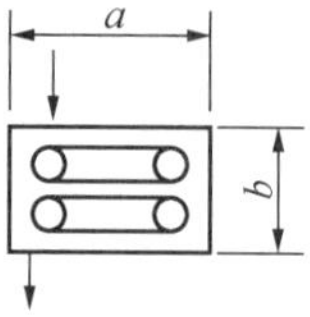	$b=0.6a$
4.11.22	卧式双层干燥机	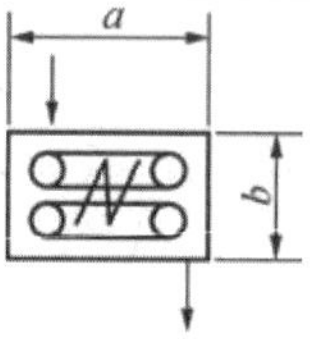	$b=0.6a$

4.11 成型设备			
编号	名称	图形符号	备注
4.11.23	双辊碎粒机	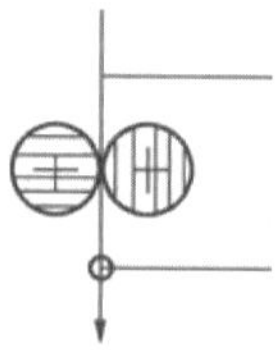	
4.11.24	四辊碎粒机	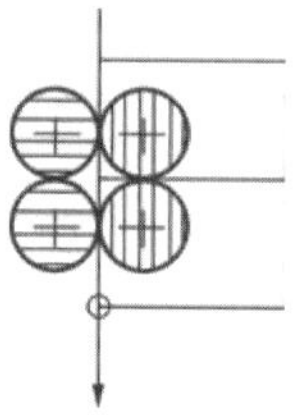	
4.11.25	滚筒式喷涂机	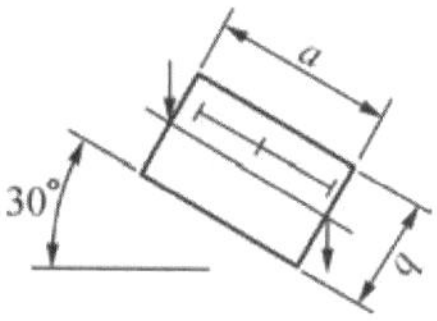	$b=0.6a$
4.11.26	转盘式喷涂机	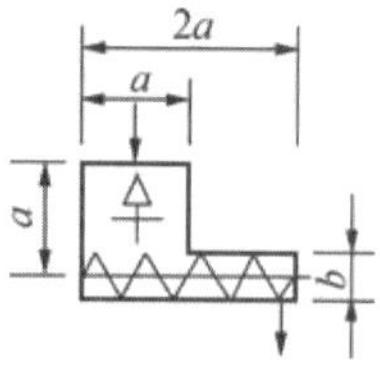	$b=0.3a$
4.11.27	双轴桨叶真空喷涂机	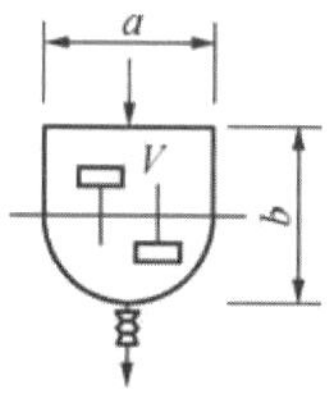	$a=b$
4.11.28	立式螺旋真空喷涂机	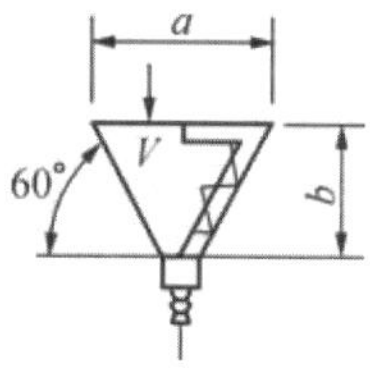	$b=0.8a$
4.11.29	旋转式真空喷涂机	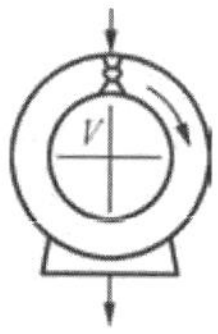	

续表 1

4.12　行包设备			
编号	名称	图形符号	备注
4.12.1	灌包机	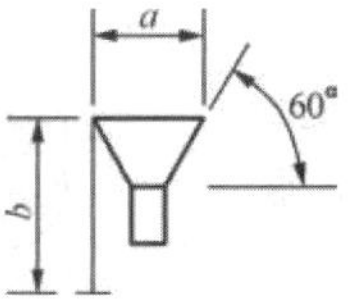	$a=0.6b$
4.12.2	缝口机	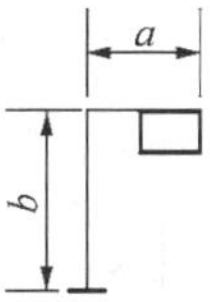	$a=0.6b$
4.12.3	自动定量包装秤	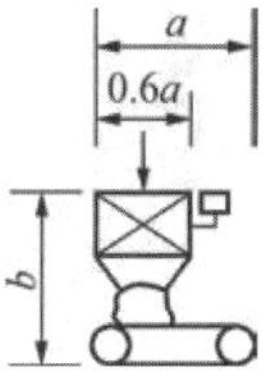	$a=0.9b$

4.13　流体处理设备			
编号	名称	图形符号	备注
4.13.1	阀门		
4.13.2	球阀		
4.13.3	三通阀	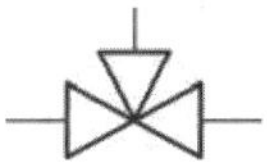	
4.13.4	减压阀		
4.13.5	泄（释）压阀	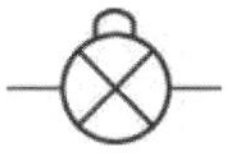	
4.13.6	立式液体贮罐	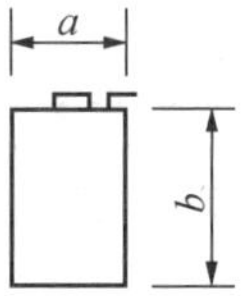	$a=0.6b$
4.13.7	卧式液体贮罐	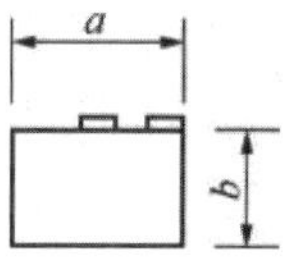	$a=0.6b$
4.13.8	内蛇管液体加热罐	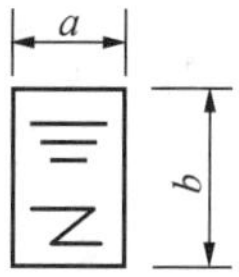	$a=0.6b$
4.13.9	外蛇管液体加热罐	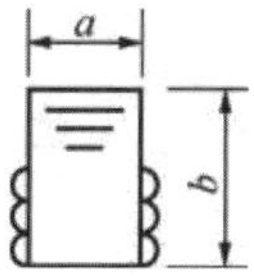	$a=0.6b$
4.13.10	热交换器或锅炉	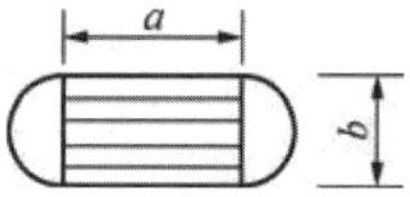	$b=0.6a$
4.13.11	压力表		
4.13.12	流量计		
4.13.13	检查阀		

续表 1

4.13 流体处理设备				4.13 流体处理设备			
编号	名称	图形符号	备注	编号	名称	图形符号	备注
4.13.14	液体过滤器			4.13.20	空气过滤器	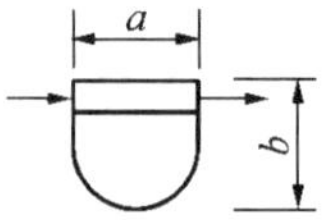	$a=b$
4.13.15	喷嘴	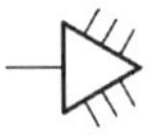		4.13.21	冷凝水排放器	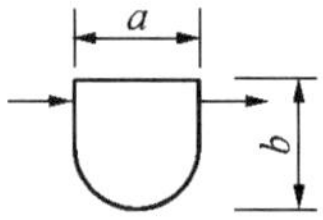	$a=b$
4.13.16	气缸	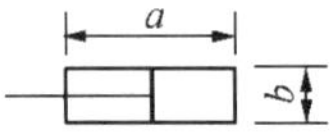	$b=0.3a$	4.13.22	水输送线	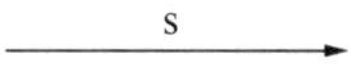	细实线
4.13.17	压力调节阀	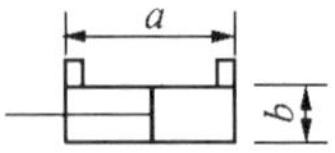	$b=0.3a$	4.13.23	油脂输送线		细实线
4.13.18	空压机	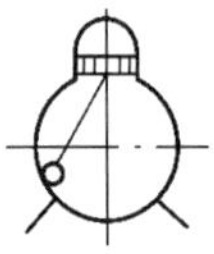		4.13.24	糖蜜输送线		细实线
4.13.19	润滑器	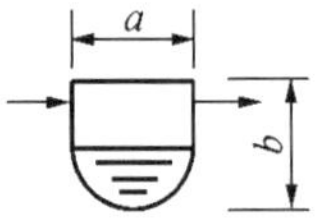	$a=b$	4.13.25	蒸汽输送线		细实线

附录二　饲料加工设备图形符号应用图例

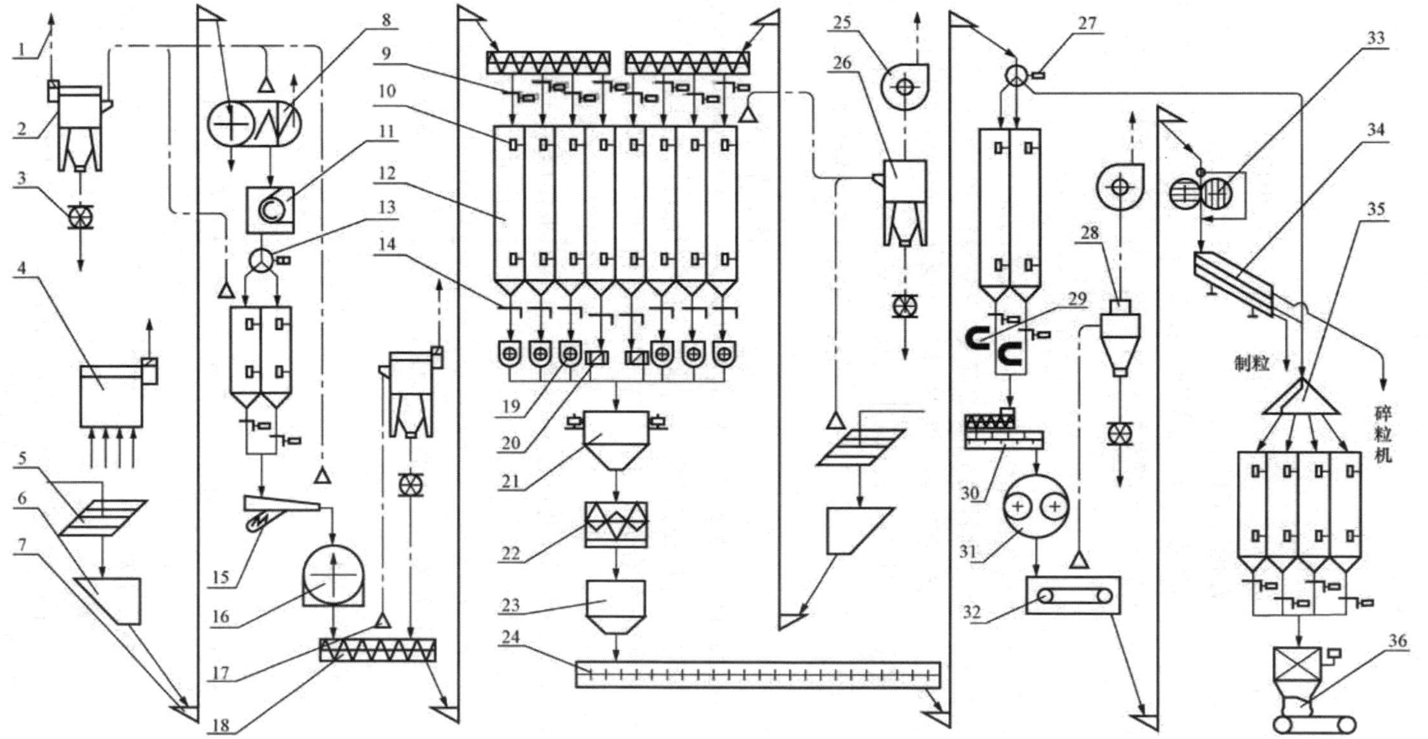

图 1　饲料厂工艺流程图

1—风帽；2—组合脉冲除尘器；3—叶轮式闭风器；4—直吸式组合脉冲除尘器；5—栅筛；6—袋装料下料坑；7—斗式提升机；8—圆筒筛；9—自动闸板；10—料位器；11—永磁滚筒；12—普通料仓；13—自动三通蝶阀；14—手动闸阀；15—电磁振动喂料器；16—单轴立式锤片粉碎机；17—吸口吸尘罩；18—螺旋输送机；19—螺旋喂料器；20—叶轮喂料器；21 电子配料秤；22—卧式螺带混合机；23—缓冲斗；24—刮板输送机；25—离心通风机；26—脉冲布筒除尘器；27—自动四通蝶阀；28—离心集尘器；29—磁钢（铁）；30—喂料调质器；31—环模制粒器；32—卧式单层冷却器；33—双螺丝碎粒机；34—振动分级筛；35—旋转分配器；36—自动定量包装秤

参 考 文 献

[1]杨在宾,杨维仁.饲料配合工艺学[M].2版.北京:中国农业出版社,1997.

[2]方希修,等.饲料添加剂与分析检测技术[M].北京:中国农业大学出版社,2006.

[3]庞声海,饶应昌,等.配合饲料机械[M].北京:中国农业出版社,1989.

[4]饶应昌,庞声海.饲料资源的开发与加工技术[M].武汉:湖北科学技术出版社,1997.

[5][美]Robert R McEllhiney,等.饲料制造工艺学[M].3版.武汉:商业部武汉粮科所,1991.

[6]谷文英,等,配合饲料工艺学[M].北京:中国轻工业出版社,1999.

[7]李德发.现代饲料生产[M].北京:中国农业大学出版社,1997.

[8]李复兴,李希沛.配合饲料大全[M].青岛:青岛海洋大学出版社,1994.

[9]饶应昌,等.配合饲料技术[M].北京:中国科学技术文献出版社,1987.

[10]庞声海,饶应昌.饲料加工机械使用与维修[M].北京:中国农业出版社,2000.

[11]饲料工业职业培训系列教材编审委员会.饲料加工设备维修[M].北京:中国农业出版社.1998.

[12]杨世昆,苏正范.饲草生产机械与设备.北京:中国农业出版社,2009.

[13]曹康.现代饲料加工技术[M].上海:上海科学技术文献出版社,2003.

[14]毛新成.饲料加工工艺与设备[M].北京:中国财政经济出版社,1998.

[15]李德发,龚利敏.配合饲料制造工艺与技术[M],北京:中国农业大学出版社,2003.

[16]饶应昌,等.饲料加工工艺[M].北京:中国农业出版社,1998.

[17]饶应昌.饲料加工工艺与设备[M].北京:中国农业出版社,1996.

[18]任杜德.粉碎筛分原理与设备[M].北京:冶金工业出版社,1984.

[19]顾华孝,王永昌.饲料资源及饲料厂设计与管理[M].郑州:商业部郑州粮科所,1987.

[20]中国饲料工业协会,等.饲料工业标准汇编[M](上、下册).北京:中国标准出版社,1996.

[21]达式奎,等.食品工程测试[M].上海:上海交通大学出版社,1987.

[22]中国农业百科全书.农业机械化卷及农业工程卷[M].北京:中国农业出版社,1992.

[23]姚维桢.畜牧机械[M].北京:中国农业出版社,1997.

[24]顾尧臣.粮食加工设备工作原理、设计与应用[M].武汉:湖北科学技术出版社,1998.

[25]许振英.动物营养研究进展[M].北京:中国农业科技出版社,1994.

[26]农业部动物营养重点开放实验室.动物营养代谢研究论文集[M].北京:北京农业大学出版社,1994.

[27]谭天祐.工业通风除尘技术[M].北京:中国建筑工业出版社,1984.

[28]王文奇,等.噪声控制技术[M].北京:化学工业出版社,1987.

[29]韩梦玮.顺序控制技术[M].北京:国防工业出版社,1987.

[30]王常力.廖道文.集散型控制系统的设计与应用[M].北京:清华大学出版社,1993.

[31]段文译. 童明做. 电气传动控制系统及其工程设计[M]. 重庆:重庆大学出版社,1989.
[32]GB/TI 9004—92 质量管理和质量体系要素指南,1993.
[33]SBJ 05—93 饲料厂工程设计规范. 商业部农业部联合发布,1993.
[34]廖祖裔,等. 工业建筑总平面设计[M]. 北京:中国建筑工业出版社,1984.
[35]蔡育之. 粮油工业建筑[M],北京:知识出版社,1983.
[36]顾水根. 定量秤[M]. 北京:中国计量出版社,1994.
[37]鲁绍曾译. 国际通用计量学基本术语[M]. 2 版. 北京:中国计量出版社,1993.
[38]常用计量检定规程汇编(衡器[M]). 北京:中国计量出版社,1998.
[39]门伟刚. 饲料厂自动控制技术[M]. 北京:中国农业出版社,1998.
[40]孔云生,虞国忠. 饲料制粒技术[M],北京:中国农业出版社,1998.
[41]CPM. Co. CPM 饲料制粒技术[M]. CPM. Co. 1991.
[42][德]Friedr Vieweg. 称重手册[M]. 邹炳易,施昌彦译. 北京:中国计量出版社,1992.
[43]宗力,等. 饲料原料清理上料[M]. 北京:中国农业出版社,1998.
[44]徐斌,等. 饲料粉碎技术[M]. 北京:中国农业出版社,1998.
[45]冯定远. 配合饲料学[M]. 北京:中国农业出版社,2006.
[46]李德发. 中国饲料大全[M]. 北京:中国农业出版社,2003.
[47]庞声海,郝波. 饲料加工设备与技术[M]. 北京:中国科学技术文献出版社,2001.
[48]饲料工业职业培训系列教材编审委员会. 饲料制粒技术[M]. 北京:中国农业出版社,2001.
[49]郝波. 饲料加工设备维修[M]. 北京:中国农业出版社. 1998.
[50]饲料工业职业培训系列教材编审委员会. 饲料工厂自动化控制技术. 北京:中国农业出版社,1998.
[51]饲料工业职业培训系列教材编审委员会. 饲料加工工艺[M]. 北京:中国农业出版社,1998.
[52]《职业技能鉴定教材》、《职业技能鉴定指导》编审委员会. 饲料加工设备维修工:职业技能鉴定指导[M]. 北京:中国劳动业出版社,1996.
[53]《职业技能鉴定教材》、《职业技能鉴定指导》编审委员会. 饲料加工设备维修工:职业技能鉴定教材[M]. 北京:中国劳动业出版社,1996.
[54][美]Robert R MeEllhiney,等. 饲料制造工艺[M]. 4 版. 沈再春,万学遂等译校. 北京:中国农业出版社,1996.
[55]张荣,王小玲. 饲料厂的噪声控制技术[J]. 西南民族学院学报:自然科学版,2002,28(3):408-411.
[56]凌秋宏. 配合饲料加工厂规划设计依据[J]. 养殖技术顾问,2002(9):40-41.
[57]苏立申,赵景奇,高凤山,等. 配合饲料厂工艺设计浅析[J]. 饲料工业,2006,27(15):5-8.
[58]杨慧. 应用 HACCP 系统推进饲料质量管理[J]. 福建畜牧兽医,2007,29(1):17-19.
[59]宋丹丕. 中国饲料工业发展概况[J]. 饲料工业,1998(12).
[60]庄建桥. 电子配料秤的计量性能[J]. 粮食与饲料工业,1997(12).
[61]谭鹤群,等. 微机配料误差分析[J]. 饲料工业,1998(7).
[62]乔玉锋. 不断推进技术进步加快饲料工业发展步伐[J]. 饲料工业,1997(1).

[63]白韵如. 迎接 21 世纪挑战，饲料工业任重道远[J]. 中国饲料，1998(6).

[64]王永昌. 饲料厂设备选型的基本原则[J]. 饲料工业，1998(2、3).

[65]何武顺，等. 膨化羽毛粉氨基酸有效性测定[J]. 粮食与饲料工业，1999(2).

[66]C T Whittemore. Animal Nutrition[J]，1986，37.

[67]D E Kidder. Digestion in the Feed Of Pig，1978.

[68]国务院第 266 号令. 饲料和饲料添加剂管理条例. 中国饲料(专刊)1999(13).

[69]A F B Van Der Poel. Expander Processing of Animal Feeds，1997.

[70]周汝海. 配合饲料生产中的糖蜜、油脂添加技术[J]. 饲料机械，1984(2).

[71]O B Smith. Factors in conditioning pellet mash[C]. In Pelleting and Reiated Subjects. Kansas City，M O，U S A：Feed Production School，1959.

[72]L E Hefier，H B Pfost. Gelatinization during pelieting[J]. Feedstuff，1973，845(23)：33.

[73]R Schultz. Heprogressive animal feed production and its fundamentals-pelleting in practice[J]. Advances in Feed Technology. 1990. No. 3：6-31.

[74]L G Jr Tabil，S Sokhansanj. Pelleting of animal feeds：a review on the factors affect hgphysical quality[C]. Research in Feed Processing and Storage. Ed. S. Sokhansanj. Saskatoon，SK：Department of Agricultural and Bioresource Engineering，University of Saskatchewan，1992.

[75]L G Jr Tabil，S Sokhansanj. Project on effect of process and material parameters on pektdur ability[C]. Saskatoon，SK：Department of Agricultural and Bioresource Engineering，University of Saskatchewan，1993.

[76]牛智有，谭鹤群，宗力. 影响颗粒饲料冷却效果分析及冷却风网系统的设计[J]. 饲料工业，1997(11)：7-9.

[77]国家技术监督局. GB/T 16765—1997[S]. 中华人民共和国国家标准-颗粒饲料通用技术条件.

[78]B Hill，D A Puikinen. A study of the factors affecting pellet durability and pelleting efficiency in the production of dehydrate daifalfa pellets[C]. A Special Report. Saskatchewan Dehydrators Association，Tisdale，SEC，Canada，25pp. 1988.

[79]L Vest，South eastern survey：factors which influence pellet production and quality [J]. Feed Management，1993，4(5)：60-68.

[80]W Wetzel. Pelleting trends[J]. Milling，1985，168(11)：20-23，38.

[81]Leaver R H. Pelleting dies：characteristics and selection[J]. Sprout-Waldron Feed Pointers. 1985. 26：1-6.

[82]王金文. 世界饲料工业发展趋势分析(一)[J]. 饲料广角，2003，17：3-6.

[83]王金文. 世界饲料工业发展趋势分析(三)[J]. 饲料广角，2003，19：14-16.

[84]秦富，尹金辉. 中国的饲料工业：发展和趋势[J]. 农业技术经济，2004，6：57-62.

[85]陈惠卿. 配合饲料生产中危害饲料安全的关键控制点[J]. 饲料研究，2007，2：28-30.

[86]中华人民共和国农业部. NY/T 903—2004[S]. 中华人民共和国农业行业标准-肉用仔鸡、产蛋鸡浓缩饲料和微量元素预混合饲料.

[87]中华人民共和国国家质量监督检验检疫总局，中国国家标准化管理委员会. GB/T 5915—2008[S]. 中华人民共和国国家标准-仔猪、生长肥育猪配合饲料.

[88]中华人民共和国国家质量监督检验检疫总局，中国国家标准化管理委员会. GB/T 5916—2008[S]. 中华人民共和国国家标准-产蛋后备鸡、产蛋鸡、肉用仔鸡配合饲料.

[89]中华人民共和国农业部. JB/T 9820. 2—1999[S]. 中华人民共和国机械行业标准-饲料混合机 技术条件.

[91]王卫国，朱礼海，廖国平. 产蛋鸡饲料的粉碎粒度研究[J]. 饲料工业，2002(2)：5-7.

[92]唐志良. 先粉碎后配料与后粉碎先配料工艺解析[J]. 南方农机，2006(6)：28.

[93]权伍荣，崔福顺，金光哲，等. 锤片式粉碎机主要参数对粉碎效率的影响[J]. 延边大学农学学报，2000(4)：293-296.

[94]Wondra K J，J D Hancock，K C Behnke，et al. Effects of milltype and particle size uniformity on growth performance，nutrient digestibility，and stomach morphology in finishing pigs[J]. J Anim Sci，1995，73：2564.

[95]张伟，张兆旺，卢新杰，等. 对不同类型饲料混合机最佳混合时间的研究[J]. 饲料工业，2006，27(5)：1-4.

[96]周岩民. 饲料混合均匀度对动物生产性能的影响[J]. 粮食与饲料工业，1997，12：15-16.